Rüchardt

Strategie-Guide Digitale Transformation

Dominik Rüchardt

Strategie-Guide Digitale Transformation

Anleitung und Methoden für den erfolgreichen Wandel

HANSER

MIX
Papier aus verantwortungsvollen Quellen
FSC® C083411

Print-ISBN: 978-3-446-47588-5
E-Book-ISBN: 978-3-446-47737-7
E-Pub-ISBN: 978-3-446-47943-2

Bibliografische Information der Deutschen Nationalbibliothek:
Die Deutsche Nationalbibliothek verzeichnet diese Publikation in der Deutschen Nationalbibliografie; detaillierte bibliografische Daten sind im Internet unter http://dnb.d-nb.de abrufbar.

www.hanser-fachbuch.de
Lektorat: Lisa Hoffmann-Bäuml
Herstellung: Carolin Benedix
Titelmotiv: © shutterstock.com/alazur
Coverrealisation: Max Kostopoulos
Satz: Eberl & Koesel Studio, Kempten
Druck und Bindung: CPI books GmbH, Leck
Printed in Germany

Inhalt

Ein Praxisbuch für die Strategie

Digitale Technologien wie Internet der Dinge, Künstliche Intelligenz, Lifecycle-Management, Augmented Reality, Blockchain, 3D-Druck, Plattformen, Cloud Computing, Edge Computing bewirken Veränderungen, die gleichzeitig Chance und Gefahr sind, denn sie verändern nicht nur Unternehmen, sondern auch die Randbedingungen, die Märkte und den Wettbewerb.

Die Digitale Transformation ist ein Veränderungsprozess, angetrieben durch neue Möglichkeiten und gefordert durch die Erkenntnis, dass es notwendig ist, sich weiterzuentwickeln und anders zu arbeiten. Nachhaltiger, flexibler, transparenter, mit mehr Verantwortung für die Welt und nachfolgende Generationen. Und befeuert vom Wettbewerb, lokal wie global. Die neuen Möglichkeiten verändern die Spielregeln, und noch herrscht große Unsicherheit, was wo und warum geschieht.

Dieses Buch unterstützt Sie und Ihr Unternehmen dabei, die eigene Strategie für die Digitale Transformation zu entwickeln. Es ist entstanden aus 30 Jahren Erfahrung des digitalen Wandels in der Industrie, aus unterschiedlichen Perspektiven: aus zehn Jahren des innovativen Drangs von Start-up-Unternehmen, aus zehn Jahren der Begleitung und Führung großer Veränderungsinitiativen in der Industrie und aus zehn Jahren der Begleitung der Transformation mit verschiedenen Industriesektoren und Märkten, gemeinsam mit Industrievertretern, Verbänden und Strukturen der Innovationsgestaltung.

Und es ist entstanden aus der Erfahrung, dass rund um digitale Innovation und Transformation immer noch mehr geträumt als verstanden wird. Chancen werden missverstanden, Risiken nicht erkannt, und Menschen verstehen sich gegenseitig nicht. Aufbruch wird oft mit Umbau verwechselt, und die Trägheit und Zähigkeit von Software wird oft gefährlich unterschätzt in der irrigen Annahme, man könne sie ja jederzeit ändern. All dies hemmt und lähmt den Prozess der Digitalen Transformation.

Die Digitale Transformation ist ein komplexes, vernetztes Geschehen im laufenden Betrieb der Industrie, das niemand aus der Gruppe der Beteiligten allein bewerkstelligen kann. Daher braucht sie Ordnung. Eine gemeinsame Sprache, gemeinsame Entscheidungen, gemeinsame Strukturen in Industrien und in Regionen. Der

Wandel dabei aber längst im Gange, und niemand weiß genau, was als Nächstes geschieht. Dem entspricht auch der Geist dieses Buches. Transformation planen und steuern im Angesicht der Klimaveränderung, im Angesicht globaler Krisen, im Angesicht der Erfahrung mit der Covid-Krise und deren Auswirkungen auf Sozialleben, Arbeit und Wirtschaft. Sein Umfeld gut verstehen und sich auf das zu konzentrieren, was aus der eigenen Stärke heraus im Zusammenspiel mit dem Umfeld wirklich etwas bewirkt, ist eine der größten Herausforderung für Unternehmen.

Wie lässt sich die Digitale Transformation erfolgreich im Unternehmen gestalten unter Berücksichtigung der eigenen, aktuellen Position, der eigenen Stärken, des Umfelds und den damit verbundenen Veränderungen? Was sollten Sie dabei kennen und beachten? Welche Strategie lässt sich für das eigene Unternehmen entwickeln und wie kann diese konkret umgesetzt werden? Diese Themen werden in dem Buch so praxisorientiert wie möglich beantwortet. Es ist ein Buch aus der Praxis für die Praxis! Erleichtert wird der Praxistransfer durch viele reale, aber anonymisierte Beispiele.

Ich wünsche Ihnen nun viele neue Erkenntnisse bei der Lektüre dieses Buches sowie viel Erfolg bei der Entwicklung Ihrer eigenen „Landkarte“ und dem Meistern der digitalen Herausforderungen!

München, Frühjahr 2023 *Dominik Rüchardt*

1 Leitfaden durch die Digitale Transformation

Die Weisheit „Wissen verändert die Welt“ trifft auch auf die Digitale Transformation zu, sogar im zweifachen Sinn. Das Wissen über aktuelle Zustände von Märkten, Kunden, Maschinen, Prozessen, Menschen verändert die Industrie. Es eröffnet neue Möglichkeiten und Vorgehensmodelle, in der Planung, in der Steuerung, in der Überwachung, in der Fehlervorhersage, im Service, in der Zusammenarbeit, in den Geschäftsmodellen mit innovativen Produkten, Prozesse, Angeboten und Arbeitsweisen.

Es ist damit nicht nur das Wissen, welches durch die digitale Welt neu verfügbar ist, sondern auch das Wissen um diese Veränderung. Zu wissen, wie man damit umgeht, wie andere damit umgehen und wo die wichtigen Fragen und die wichtigen Antworten für das eigene Unternehmen liegen, das ist die Herausforderung für die Unternehmen bei ihren Entscheidungen zu digitalen Investitionen.

Unternehmen und Menschen in der Industrie und in ihrem Umfeld, seien es Medien, Politik, Berater oder Investoren, müssen Antworten auf komplexe Fragestellungen finden:

- **Digitalunternehmen** müssen herausfinden, wie sie ihr Geschäft im Wandel der Industrie und des Wettbewerbs entwickeln und immer wieder neu positionieren können.
- **Industrieunternehmen** fragen sich, wie sie sich in einer digitalisierten Industrie erfolgreich positionieren sollen. Sollen sie Digitalanbieter werden? Wenn ja, in welchem Umfang und wie? Vorstände in der Industrie, die bisher in Maschinen und Produktion dachten, müssen Digitalstrategien verstehen.
- **Serviceanbieter** müssen herausfinden, was in einer serviceorientierten Industrie die Kundenbedürfnisse und Services der Zukunft sind, und sich entsprechend weiterentwickeln.
- **Berater** wollen in einer sich schnell verändernden Geschäftswelt Trends erkennen und welchen Rat sie ihren Kunden geben sollten, um deren und damit auch den eigenen Erfolg langfristig abzusichern.

- **Politiker** suchen Orientierung in einer Welt, die nach Fördergeldern schreit und die Regulierung gleichzeitig sucht und verhindern will. Die Politik muss ihre Rolle finden, wenn es darum geht, grundsätzliche Veränderungen in Wirtschaft und Gesellschaft zu gestalten.
- **Verbandsvertreter** sehen ihre Mitglieder vor neuen Herausforderungen und sind gefragt, an der Beantwortung der Fragen, die ihre Industrien betreffen, gestaltend mitzuwirken.
- **Forschungseinrichtungen** stehen vor neuen Fragestellungen, denn es geht weniger um neue Technologien, sondern um die Frage, wie Technologie zum Nutzen der Gesellschaft eingesetzt wird.
- **Medienvertreter** brauchen ein Verständnis dafür, was in einer Welt zwischen Visionen und Wirklichkeit sinnvoll und möglich ist.
- **Investoren** müssen wissen, welche Fragen sie stellen müssen, um Erfolgsaussichten von Unternehmen und ihren Investitionen zu bewerten.

Dieses Buch gibt zu einigen Fragen direkt Antworten, bei den anderen weist es den Weg zu den Antworten. Dazu ist es in drei Teile geteilt:

- **Teil 1** beschreibt die Situation in der Industrie zur Digitalen Transformation aus einer Digitalperspektive.
- **Teil 2** liefert eine Methodik zur Gestaltung der Digitalen Transformation aus Unternehmensperspektive.
- **Teil 3** beschreibt die Anwendung dieser Methodik sowie verschiedene Anwendungsszenarien.

Am Ende des Buches beschreibe ich eine Auswahl bestehender Industriekonzepte, die alle Beteiligten der Digitalen Transformation kennen sollten, und ich stelle eine Auswahl von Basistechnologien und Anwendungsfällen der Digitalen Transformation vor, die heute schon zur Anwendung kommen.

Dieses Praxisbuch baut immer wieder auf **Beispiele** auf, die oft anonym bleiben, da sie nicht immer schmeichelhaft sind. Und es enthält **Übungen**, um als Leser die Methodik im eigenen Kontext zur Anwendung zu bringen, zu trainieren, eine eigene Strategie zu entwickeln und deren Umsetzung in die Wege zu leiten.

Leserinnen und Leser sind am Ende in der Lage, eine **„Landkarte“ für die eigene Transformation** zu erstellen, sowie die **eigene Positionierung** des **eigenen Angebotes** in einer transformierten Industrie und einen **Plan**, um die Transformation sowohl organisatorisch wie im Ablauf **umzusetzen**.

Dieses Buch vermittelt eine Methode, die darauf aufbaut, gerade in Zeiten der Veränderung als Erstes sein Umfeld zu erkennen, dann zu beobachten, was dort geschieht, um anschließend die eigene Position und Stärke zu beschreiben und einen Plan zu machen, wie die umgesetzt werden kann.

Die Methode nutzt vier einfache Fragen „Where?“, „Why?“, „What?“ und „How?“ zur Beschreibung:

- **Where:** des Umfeldes mit seinen Eigenschaften, innerhalb dessen die Transformation stattfinden soll.
- **Why:** der Ereignisse und Phänomene, die dieses Umfeld aktuell beeinflussen.
- **What:** der eigenen Möglichkeiten, in diesem Umfeld etwas zu verändern.
- **How:** der Art und Weise, wie diese Veränderung geleistet werden kann.

Die Methode und ihre Anwendung werden im Lauf des Buches erarbeitet und beschrieben. In den Einleitungen der ersten Kapitel wende ich sie selbst beispielhaft an.

Teil 1: Ausgangslage der digitalen Transformation

2 Das Phänomen „digitale Transformation“

Where - *das Umfeld mit seinen Eigenschaften, innerhalb dessen die Transformation stattfinden soll.*	Alle Unternehmen, die an der Digitalisierung und dem digitalen Wandel der Industrie beteiligt sind, als Hersteller digitaler oder physikalischer Produkte oder als Dienstleister. Anwender digitaler Prozessketten und diejenigen, die mit diesen Unternehmen befasst sind, als Politiker, Verein, Berater, Medien.
Why - *Ereignisse und Phänomene, die dieses Umfeld aktuell beeinflussen.*	Neue Technologien zu Vernetzung, Wissensgenerierung, Wissensverwaltung und Automatisierung treiben den Wettbewerb an, während gleichzeitig weltweite Krisen die bisherigen Industriekonzepte infrage stellen und weitgehende Änderungen erfordern.
What - *eigene Möglichkeiten, in diesem Umfeld etwas zu verändern.*	Strukturen, Prozesse, Produkte, Geschäftsmodelle, Wertschöpfungsketten, Arbeitsweisen, Werkzeuge - es ist alles im Wandel, in den einzelnen Unternehmen wie über Industrien und Wertschöpfungsketten hinweg.
How - *Art und Weise, wie diese Veränderung geleistet werden kann.*	Information ersetzt Ressourcen, Dienstleistungen ersetzen Produkte, Verantwortlichkeiten und Wertschöpfungsketten setzen sich neu zusammen - doch es ist ein ungesteuerter Wandel, in dem von allen Beteiligten erwartet wird, dass sie für sich ihren Weg finden.

Der Begriff der digitalen Transformation hat sich eingeschlichen. Er ist ohne Not und ohne äußeren Zwang langsam in die Sprache der Industrie eingesickert, getrieben von einer schnell wachsenden Zahl digitaler Innovationen und der Idee von Industrie 4.0. Die wenigsten haben sich dabei darüber Gedanken gemacht, was er bedeutet. Die einen haben ihn mit Fortschritt gleichgesetzt, die anderen mit Digitalisierung, dritte mit Effizienz. Dieser unbedarfte Umgang ist einer der Gründe dafür, warum die Industrie und alle, die rund um die Industrie herum eine Rolle spielen, sich immer noch schwertun, sowohl den Verlauf der digitalen Transformation zu erfassen wie auch einen Plan dafür zu entwickeln. Es ist mehr ein Phänomen als ein Konzept, und so ist es zwar wirksam, muss aber von den Beteiligten und Betroffenen immer noch erst begriffen und verstanden werden. Was es mit Unternehmen macht, was es mit Industrien macht und wie man als Unternehmen, das nicht zufällig als „Einhorn“[1] mit einer genialen Idee das große Los gezogen hat, sinnvoll und nachhaltig damit umgeht. Und auch, wer ein Einhorn werden will, sollte das möglicherweise besser systematisch angehen, als sich auf sein Glück zu verlassen.

■ 2.1 Ersetzen von Ressourcen durch Information

Die Ressourcen eines Unternehmens sind in der Summe das, was Kosten erzeugt. Das schließt den eigenen Betrieb und seine Belegschaft ein, genauso wie gekaufte Leistungen und Waren oder Risiken, die wieder in den Verbrauch von Ressourcen münden. Ein großer Teil davon wird durch die digitale Transformation verzichtbar, weil er durch Information ersetzt wird. Information, die vermittelt, welches Material benötigt wird und wo es am besten beschafft werden kann. Wie es am besten recycelt wird, wie Abläufe gestaltet werden können, dass sie möglichst wenig Energie verbrauchen, wie sichergestellt werden kann, dass Maschinen lange halten und zuverlässig produzieren. Zudem, wie Transportkosten und Reisen vermieden werden können und wo Leistungen besser von Dritten eingekauft werden, weil die es einfach besser können (Bild 2.1).

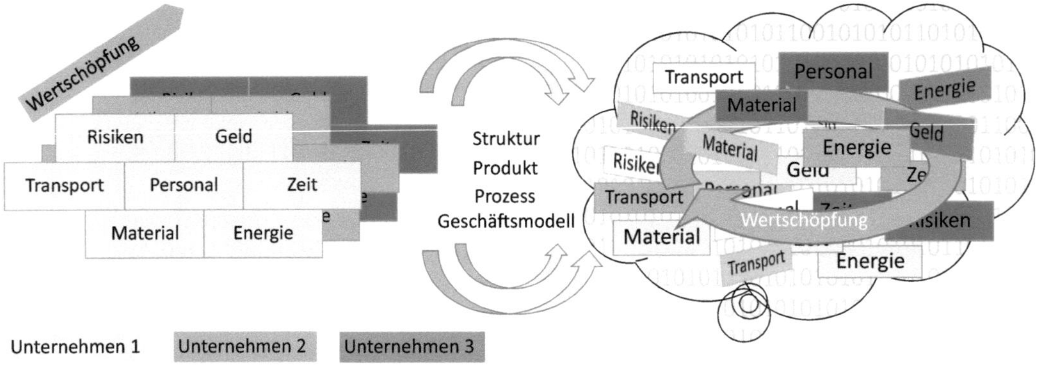

Bild 2.1 In der digitalen Transformation wird die starre Ordnung in Unternehmen und Wertschöpfungsketten durch flexible Verknüpfungen und zirkuläre Wertschöpfung ersetzt

[1] Einhorn: Ein Unternehmen, das als Technologie-Start-Up in kurzer Zeit mehr als eine Milliarde Dollar an Aktienwert erreicht hat.

Der Ressourcenverbrauch schrumpft, dadurch sinken die Kosten, und die Nachhaltigkeit der industriellen Arbeit steigt. Die Nutzung von Ressourcen wird neu organisiert, durch Information gesteuert und über Unternehmensgrenzen hinweg so verteilt, dass für alle das beste Ergebnis herauskommt.

Die digitale Transformation ist dabei etwas, was geschieht, weil es möglich ist. Es ist ein Phänomen der Veränderung, bei dem die Beteiligten neue Möglichkeiten und Werkzeuge nutzen, die es vorher nicht gab. Das war stets so bei allen Innovationen, die die Industrie über Jahrzehnte und Jahrhunderte optimiert haben. Die Dampfmaschinen machten plötzlich Energie überall verfügbar, die Elektrizität erlaubte komplexe Abläufe wie das Fließband, mit den Computern zogen systematische Informationsverarbeitung und Automatisierung, ein und die digitale Vernetzung durchbricht die Grenzen von Unternehmen und Prozessen, Produkten und Dienstleistungen.

Doch was unterscheidet die digitale Transformation von den Veränderungen, Optimierungen und Innovationen der Vergangenheit?

Es sind im Kern zwei Dinge:

- **Unterschied 1: Die digitale Transformation ist der größte Umbau der Industriegeschichte.**

  Eine laufende, hochproduktive und wirtschaftlich starke Industrie wird umgebaut. Nicht unbedingt, um sofort leistungsfähiger zu werden, sondern um langfristig wettbewerbsfähig zu sein, um nachhaltiger zu werden, um sich den großen Krisen der Welt wie die Erschütterungen in den globalen Lieferketten durch politische Verwerfungen und die Covid-Krise zu stellen. Das geht mit intelligenteren und flexibleren Werkzeugen, Strukturen und Prozessen, mit neuen, nachhaltigen Geschäftsmodellen und mit einer nie dagewesenen Transparenz. Und es ist eine Vielzahl einzelner Veränderung, die sich dabei summieren und ineinandergreifen.

- **Unterschied 2: Die Vorteile der Vernetzung entfalten erst dann ihre volle Wirkung, wenn viele Unternehmen sie gemeinsam angehen.**

  Denn erst dann kann sich der Ressourcenverbrauch so neu mischen, dass große Effekte entstehen. Vernetzte Wertschöpfungsketten schließen viele Unternehmen ein, und serviceorientierte Geschäftsmodelle wie etwa fernüberwachte medizinische Geräte bedürfen mindestens der Unterstützung von Anbieter und Kunde, die sich auf eine neue Art der Arbeitsteilung einigen. Wer in diesem Mischprozess gut aufpasst und das Spiel beherrscht, wird als Gewinner aus der Transformation hervorgehen.

Die Versprechen der Digitalisierung haben in den Zehnerjahren für große Aufregung gesorgt. Es war die erste Hype-Phase des Internets der Dinge. Der Vernetzung von Dingen, Prozessen und Personen wurde eine stark überzogene Wirkung zugemessen, und die aufgerufenen Zahlen der Innovationspropheten gingen in Größenordnungen jenseits des Vorstellbaren.

Der Gedanke *„Technologie sucht Sinn"* drängte sich auf, während die Welt vom vernetzten Kühlschrank träumte oder der petzenden Zahnbürste und sich jede Menge spielbegeisterter Menschen ihr Zuhause verkabelten, um aus dem Urlaub den Zimmerpflanzen beim Wachsen zusehen zu können.

Im Laufe der Zeit schälte sich die Sinnhaftigkeit vernetzter Industrieszenarien heraus, etwa in der Betriebsüberwachung von Maschinen, in der Unterstützung von Wartung und Service. Doch die wohlkonstruierten Szenarien hatten ebenfalls einen Haken: Sie passten nicht in den industriellen Alltag. Der permanent brummende Apparat der Unternehmen war auf eine Art und Weise aufgebaut, die anders funktionierte. Es gab weder passende Infrastrukturen noch passende Prozesse noch passende Organisationen noch passende Lieferketten oder Kunden, um vernetzte Anwendungen wie beispielsweise die Fernbeobachtung von Maschinen beim Kunden umzusetzen und die Vorteile in Service, Wartung und Produktverbesserung wirksam zu machen.

Die Innovation war nicht in der Lage, ihren Mehrwert zu realisieren. Weil die Umgebung nicht passte. Sie war im Laborbetrieb, doch außerhalb des geschützten Labors, des „Proof of Concept", wie es in den Unternehmen hieß, nicht lebensfähig. Und die Innovation war aus sich heraus nicht stark genug, um disruptiv zu sein, also die bestehende Industrie eiskalt zu überholen, wie es die großen Digitalisierer im Geschäft außerhalb der Industrie so eindrucksvoll geschafft hatten.

Die Folge war: Es entstand der Eindruck, der digitale Aufbruch ginge nicht so schnell voran wie erhofft. Er sei ins Stocken geraten und die Industrie zu träge, um sich um ihre eigene Zukunft zu kümmern. Dieser Eindruck entstand aus der Erwartung eines ungebremsten Fortschritts. Doch die Situation in der digitalen Transformation der Industrie ist eine andere.

2.1.1 Innovation und Transformation

Innovation und Transformation werden oft in einem Satz genannt, doch wie unterscheiden sich die Begriffe? Wie hängen sie voneinander ab?

Bei Innovation entsteht etwas Neues, Ungeahntes und verändert die Welt. Innovation füllt einen besetzten oder unbesetzten Platz und sorgt dafür, dass sich alles, was bisher da war, mit der Veränderung an diesem Platz konfrontiert sieht. Innovation ist wie der Bau einer Brücke über einen Fluss, der vorher mit Fähren überquert wurde. Es kann auf einmal sehr viel mehr Verkehr deutlich schneller fließen. Doch es geschieht noch mehr. Um die Landungsstellen der Fähren gab es Geschäfte für die wartenden Menschen, die Leistungen anboten, die sich in der Wartezeit erledigen ließen. Mit dem Bau der Brücke ist diesen Geschäften die Existenzgrundlage entzogen. Der Brückenbau zieht Folgeeffekte nach sich, manche waren geplant, andere ungeplant. An der einen Seite des Flusses entsteht ein Park, dort siedelt sich ein Teil der Geschäfte neu an, an der anderen werden Parkplätze geschaffen, dort siedelt sich ein anderer Teil der Geschäfte neu an (Bild 2.2).

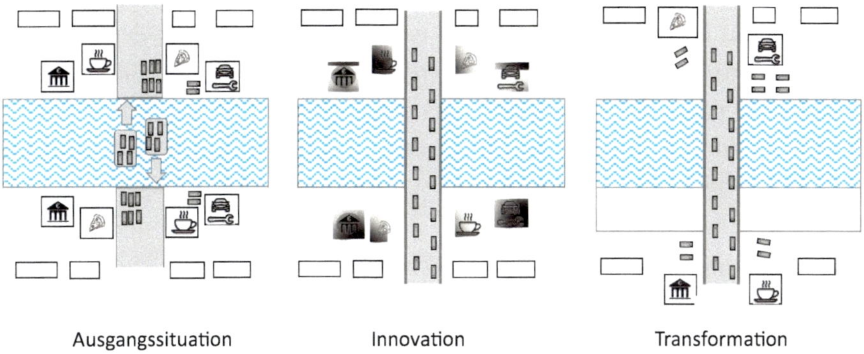

Bild 2.2 Innovation und Transformation

Dieses geänderte Verhalten des Umfeldes, bewirkt durch die Innovation, das ist die Transformation. Transformation ist selbst keine Innovation, sondern die Folge einer Innovation. Es ist das, wie sich die vorhandene Welt durch die Innovation verändert. Das kann zwei unterschiedliche Richtungen haben. Der eine ist eine Entwicklung in einem leeren Raum, der sich durch die neuen Möglichkeiten erst öffnet, die Autos fahren schneller. So wie beispielsweise die sozialen Netzwerke in einem unbesetzten Raum schnell wachsen konnten. Der andere ist der Umbau eines vorhandenen Raumes unter Nutzung der neuen Möglichkeiten der Innovation innerhalb desselben, schon besetzten Raumes. Das ist das, was momentan in der Industrie geschieht.

Der Unterschied

Während die digitalen Innovationen bis in die Zehnerjahre hinein im Wesentlichen neue Themen und Felder erschlossen haben, wie den Mobilfunk oder automatisierte Prozessketten, oder einzelne Berufe ersetzt oder verändert haben, etwa in der Buchhaltung oder im Design, verändert die digitale Transformation Wirtschaftssysteme, weit über einzelne Industriegrenzen hinaus. Ein jahrzehntelang gewachsenes Geflecht optimierter Prozesse und Geschäftsbeziehungen beginnt sich langsam, aber sicher zu verwandeln. Das erzeugt für die digitale Transformation andere Effekte, als es die Digitalisierungsphasen davor gebracht haben, als es mehr um Fortschritt in abgegrenzten Bereichen ging. Und wie bei der Wandlung komplexer Ökosysteme sind die Effekte meist unerwartet und unberechenbar.

Das unterscheidet sich von allem, was wir bisher im Zusammenhang mit der Digitalisierung erlebt haben. Es wurde verdrängt und vernichtet. Handys haben Kameras aus dem Feld gefegt, die E-Mail den Brief, Booking.com die Reisebüros und die sozialen Medien den Journalismus. Doch das alles war von einer ungestümen Stimmung des Aufbruchs geprägt, vom Rausch der Möglichkeiten und der Brutalität derer, die von den Innovationen profitieren wollten.

Industrie 4.0 findet in einem anderen Rahmen statt. Es geht nicht um Verdrängung und Siegen, es geht um Umbau. Eine Industrie mit ihren Eigenschaften, Traditionen, Fähigkeiten, Kunden, Lieferanten, Netzwerken baut sich um. Weil es nicht anders geht.

Man könnte es auch so formulieren: **Was bisher Fortschritt war, wird nun zu Umbau und Erneuerung.**

Das ist eine neue Erfahrung. Lange Zeit lebten wir im Eindruck der Stabilität, des Fortschrittes und der unbegrenzten Möglichkeiten. Es ging ums Gewinnen in einer Welt, die Gewinnen als Sport sieht und die Gewinner verehrt, weil sie Helden sind in einem Spiel ohne Grenzen. Innovation hieß Fortschritt, Neues machen, Grenzen sprengen. Die Welt baute darauf, dass sie wächst.

Das ist nun anders. Wir merken inzwischen, dass weniger Menschen ins Berufsleben nachrücken als ausscheiden. Wir merken, dass wir uns überlegen müssen, wie wir nachhaltig wirtschaften. Wir merken, dass die Globalisierung an ihre Grenzen gestoßen ist und die Industrie neue, robustere Modelle braucht, und wir merken, dass wir das Rad nicht zurückdrehen können, sondern nur nach vorne.

Die digitale Transformation heißt nicht umsonst so, wie sie heißt. Es ist nicht der digitale Fortschritt, nicht der digitale Aufbruch, sondern die Transformation. Der Umbau.

Im Industriekontext klappt es nicht, als Digitalunternehmen einfach andere vom Platz zu fegen oder in die Ecke der Lieferanten zu drängen, wie es Uber mit den Fahrern gemacht hat, Airbnb mit den Hotels und Lieferando mit der Gastronomie. Die industriellen Lieferketten sind zu komplex, als dass eine App sie überrollen könnte.

Die Blume im Garten – oder die **Formel der digitalen Transformation:**

Transformation = Innovation + Kontext

Eine Innovation an sich ist wertfrei, irgendetwas ist neu, aber das allein hat wenig Bedeutung. Eine neue Blume steht im Garten. Möglicherweise steht sie dort und nichts geschieht. Erst in der Interaktion mit dem Kontext wird die Innovation zur Veränderung, zur Transformation. Die Blume verschattet andere Blumen, die daraufhin eingehen, die Blume lockt die Bienen von anderen Blumen weg, die Blume überwuchert den Garten, die Blume lockt Menschen in den Garten, die dann die Wiese zertreten ... In diesen Fällen verändert sich der Garten, und es ist möglich, dass Menschen diese Veränderung fördern, indem sie die Blume gießen und pflegen, oder es ist möglich, dass sie die Blume für Unkraut halten und bekämpfen. Möglicherweise geschieht sogar beides, und die einen bekämpfen die Blume, während andere sie gießen und pflegen.

2.1.2 Berechenbarer Nutzen

Die Digitalisierungswelle, die Apple, Google und Facebook groß gemacht hat, drehte sich in erster Linie um das Geschäft mit Konsumenten. Dieser Wettbewerb fand in einem Umfeld purer Innovation statt. Das iPhone, Facebook, die Suchmaschine. Ein großes Geschäft disruptiver Innovationen, bei dem die Kunden aber mehr aus Leidenschaft handelten als aus Berechnung und im nahezu noch wettbewerbsfreien Raum neue Technologien hemmungslos wachsen konnten.

Die Digitalisierung der Industrie findet dagegen in einem professionell gemanagten Raum statt. Teams arbeiten vernetzt und nach perfekt organisierten Modellen mit aufwendiger Vorbereitung, es geht um viel Risiko und viel Geld, Lieferketten und Produktion müssen funktionieren, der Apparat muss laufen. Anstatt sich an unbegrenzten Möglichkeiten erproben zu können, erzeugt jede Möglichkeit gleichzeitig jede Menge Schwierigkeiten.

Problem und Lösung – was kommt zuerst?

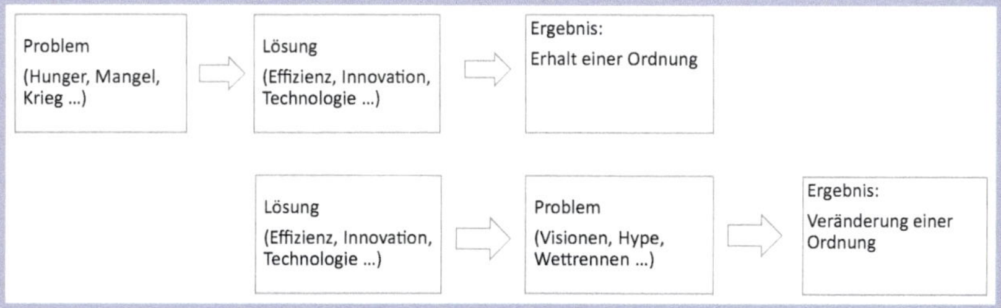

Bild 2.3 Die Reihenfolge von Problem und Lösung

Bei Problem und Lösung kommt es stets auf die Reihenfolge an (Bild 2.3). Folgt eine Lösung einem Problem, ist der Erhalt der Ordnung das Motiv. Das Problem ist eine Störung der Ordnung, die den konkreten Anlass gibt, sich damit zu befassen, wie man sie beheben kann.

> Entfällt das Problem allerdings, steht die Lösung selbst als Störung der Ordnung im Raum und erzeugt ein zunächst unkoordiniertes Verhalten, das am Ende dazu führt, dass die Ordnung sich ändert. Man kann den ersten Fall als „Kultivierte Entwicklung“ bezeichnen – das Neue kommt aus einem Plan – und den zweiten Falls als „Evolutionäre Entwicklung“ – das Neue kommt einfach so, ohne Plan. ■

Die disruptiven Innovationen der Zehnerjahre wirken sich zwar in einzelnen Aspekten aus, manche Einzelindustrie wie der Kameramarkt wurde nahezu eliminiert, „die Industrie“ als Gesamtbegriff ist jedoch weitgehend stabil. Industrie 4.0 ist nicht disruptiv, sondern der Umbau eines vorhandenen Netzes aus spezialisierten, kompetenten und vor allem professionellen Teilnehmern. Nicht umsonst spricht man hier auch von der digitalen Transformation und nicht von Disruption.

Und doch sprengt Industrie 4.0 Grenzen und ordnet neu. Kompetenzen verschieben sich, und Industrieunternehmen finden sich plötzlich in einer Situation, in der sie zu einem guten Teil Produkte und Modelle der Softwareindustrie in ihr eigenes Angebot übernehmen. Das ist neu, das ist anders, das haben die Unternehmen nicht geübt, weder, es zu planen, noch es zu leisten, geschweige denn, es langfristig zu beherrschen.

Für den Vertrieb und für den Einsatz von Digitaltechnologie ist das von entscheidender Bedeutung. Während die eine Phase vom Rennen um den Fortschritt geprägt war und der Schnellste gewinnt, ist die Phase von Industrie 4.0 eher eine Mikado-Phase: Wer sich zuerst bewegt, hat vielleicht schon verloren. Denn die Veränderung ist schmerzhaft, bedeutet erst einmal eine Schwäche und bringt erst langsam Gewinn, und zwar dann, wenn sich ein industrielles Umfeld etabliert hat, welches den Weg mitgeht. Auch wenn das Mikado-Bild die Industrie nicht wirklich vollständig widerspiegelt, zeigt es vor allem jedoch, wie sehr die Unternehmen in ihrer Stabilität voneinander abhängen in einem undurchschaubaren Gebilde, das allerdings nicht starr ist, sondern sich ständig als System bewegt, gerade wenn andere sich bewegen. Wie bei Mikado stimmt, dass Einzelne gelegentlich erfolgreich ausbrechen und dadurch ab und zu das gesamte Gefüge gewaltig durcheinandergerät. Das sind dann die Momente für große Veränderungen.

Die große Frage lautet daher: Wann lohnt es sich für ein Unternehmen auszubrechen, und welche gewaltigen Veränderungen löst das dann aus?

Begeisterung ist in der Welt der Industrie etwas, was Neugierde und Spieltrieb weckt, aber noch lange kein Investitionsgrund. Während Privatpersonen gerne das neueste und schickste Gadget anschaffen, bedenken Unternehmen gründlich, was sie benötigen, wie sich ihr Umfeld entwickelt und wie sie sich selbst entwickeln wollen. Sie machen dabei nicht alles richtig, doch sie sind in der Regel darauf bedacht, Risiken sinnvoll abzuwägen.

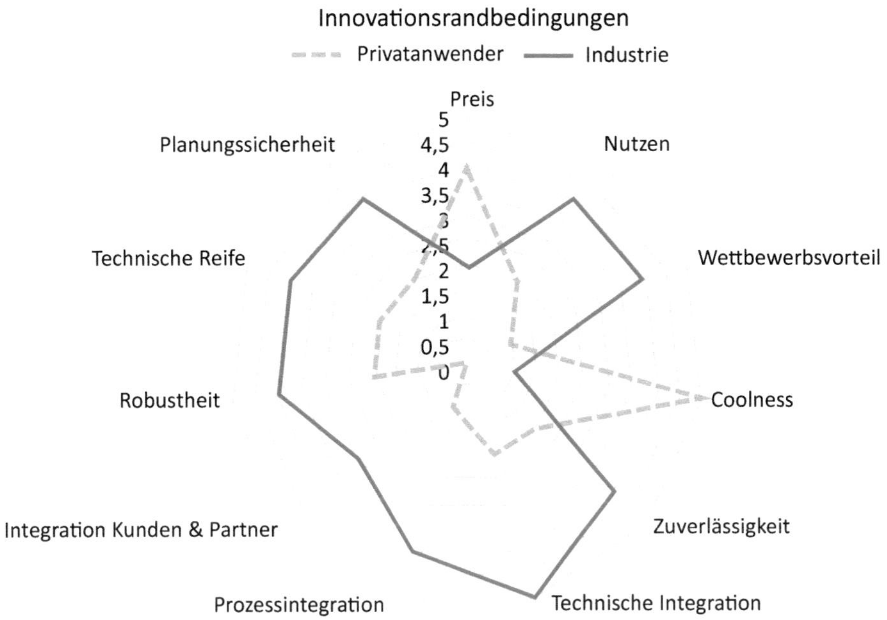

Bild 2.4 Randbedingungen für Innovation im Privatsektor und im Unternehmenssektor

Der Impact, also die geleistete Veränderung, ist es, was in der Industrie zählt. Während Privatkunden bei der Investition in Innovationen nur auf die Coolness und den Preis achten, befassen sich Unternehmen mit anderen Fragen (Bild 2.4). Nutzen und Wettbewerbsvorteil sind die Treiber einer Investition. Die Entscheidung hängt aber wesentlich an der technischen Integrierbarkeit einer Neuerung in das Unternehmen und im Weiteren an Qualitätskriterien wie Zuverlässigkeit, Robustheit und technischer Reife sowie Planungssicherheit als unternehmerisches Kriterium.

Um eine Veränderung zu erreichen, ist meist nicht nur neue Technik, sondern ein Umbau der vorhandenen Strukturen nötig. Das ist riskant, das braucht Zeit, und das belastet das Unternehmen. Das ist die Transformation.

2.1.3 Neue Fähigkeiten verändern Unternehmen und Prozesse

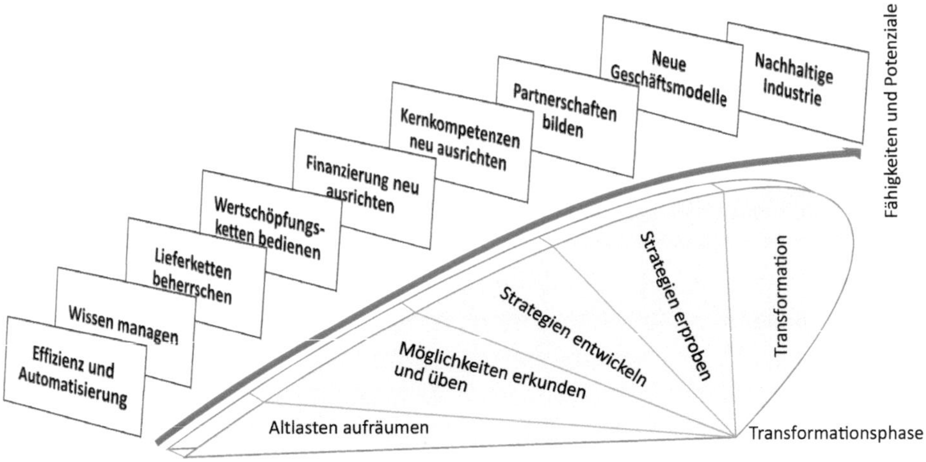

Bild 2.5 Entwicklungsstufen der digitalen Transformation schaffen neue Fähigkeiten

Obwohl digitale Transformation das Vorhandene umbaut, optimiert sie nicht Vorhandenes, sondern schafft neue Fähigkeiten, die über kurz oder lang den industriellen Alltag neu definieren. Digitale Transformation erzeugt eine neue Art des Wirtschaftens, vergleichbar mit dem Wechsel von der Agrargesellschaft zur Industriegesellschaft oder von den Jägern und Sammlern zu den Bauern. Es entstehen neue Währungen, Daten und Wissen sind neue Ressourcen, die gehandelt werden, es entstehen neue Kompetenzen, die vorher nie vorstellbar waren (Bild 2.5).

Effizienz und Automatisierung werden hier eher erwähnt, denn als Ziel genannt. Denn beide Themen sind nicht Bestandteil der digitalen Transformation, sondern von deren Vorläuferphasen. Effizienz und Automatisierung waren Kernthemen der Digitalisierung der Industrieprozesse in den Nuller- und Zehnerjahren mit dem Ergebnis, dass die Industrie heute in der Mehrzahl hocheffizient arbeitet. Das Ergebnis dieser Phasen waren oft stark individuell angepasste, sehr komplexe Digitalsysteme, die perfekt auf einzelne Unternehmen zugeschnitten waren. Der Preis dieser Entwicklung ist eine zunehmende Inflexibilität, denn die stark angepassten Systeme lassen sich kaum auf neue Anforderungen oder neue digitale Konzepte übertragen, etwa die Vernetzung und die geforderte Flexibilität in der Wertschöpfungskette. Das Problem der Optimierung: Der Athlet kann vor lauter Muskeln kaum mehr laufen. Die Herausforderung heute ist eher, die hoch optimierten Betriebe in eine neue, stark vernetzte Industriewelt überführen, ohne einen Zusammenbruch der empfindlichen laufenden Systeme zu riskieren.

Beispiel: Roboter und Automatisierungssysteme

Wichtigste Hilfsmittel für Effizienz und Automatisierung sind Maschinensteuerung und Roboter. Lackierroboter arbeiten sehr viel sauberer, schneller und sparsamer als Menschen, ebenso Schweißroboter. Sorgfältig durch ein Planungsprogramm aufeinander abgestimmte Auftragsabwicklung und Maschinentakte sorgen für Effizienz, automatisierte Prozessketten, gerade in der Information, vermeiden Fehler, etwa wenn kritische Information nicht per Hand notiert und weitergegeben wird, sondern durch Softwaresysteme.

Wissen managen

Die Grundübung der digitalen Transformation. Die neuen Technologien liefern einfache Methoden, Wissen zu erfassen und zu vermitteln. Wissensmanagement ist eine Art Puffertechnik zur Reduzierung von Aufwänden, Sicherstellung von Wissen und Verbesserung von Entscheidungen und Handlungen. Wissensmanagement ist noch kein Prozess, sondern nur eine Fähigkeit. Es kann punktuell betrieben werden und sich mit der Zeit entwickeln. Beispiele sind das Sammeln von Information zu Maschinen und Prozessen, um in digitalen Akten zu lernen, oder das systematische, lehrbuchartige Aufzeichnen von komplexen Expertentätigkeiten mit Videos oder als mächtigere Variante, mittels Augmented-Reality-Methoden. So können sich später jederzeit ungelernte Techniker direkt an einer Maschine mittels Augmented Reality zeigen lassen, wie sie bedient, repariert oder gepflegt wird.

Es gibt auch attraktive Werkzeuge, um über beliebige Distanzen hinweg Expertenwissen zu vermitteln. So gibt es einfache Methoden, mit denen Servicetechnikern vor Ort durch weit entfernte Experten vermittelt werden kann, wie Probleme behoben werden können und gleichzeitig auch die korrekte Problemlösung dokumentiert wird. Dazu werden räumliche Markierungen wie Pfeile oder Kreise genutzt, die, auf ein geteiltes Smartphone-Bild der Maschine gezeichnet, korrekt am gleichen Ort der Maschine bleiben, auch wenn sich das Smartphone im Raum bewegt. Ein einfacher Fall, der viel Zeit und Geld für lange Reisen spart.

Beispiele: Versuchsdaten, Expertenwissen speichern

Viele Unternehmen haben angefangen, beispielsweise Versuchsdaten zu sammeln, und so über die Zeit einen Fundus aufgebaut, auf dem viele Fragen ohne weitere Versuche beantwortet werden können. Reale Versuche sind oft sehr teuer. Es müssen Prototypen gebaut werden, die werden erprobt, man erkennt Schwächen und entwickelt weiter, dann geht es von vorne los. Wer auf eine gepflegte Datenbasis zurückgreifen kann, kann viele dieser Versuche simulieren und erst die letzte Version am Prototyp testen. Das geht schneller, ist billiger, kann öfter wiederholt werden und führt so zu besseren Ergebnissen. Die Autoindustrie macht das bereits, andere Industrien sind noch nicht so weit.

Das Aufzeichnen von Wissen mittels Augmented Reality ist eine mächtige Möglichkeit, Wissen zu speichern, wenn Menschen das Unternehmen verlassen. Dabei führen die Experten ihre Arbeitsabläufe wie gewohnt durch, doch sie werden gleichzeitig so aufgezeichnet, dass alle Handlungen, wie beispielsweise das Bedienen von Hebeln, das Drehen von Schrauben, zu gehende Wege und Bewegungen, erkannt und mitnotiert werden, sodass sie später für eine zu trainierende Person mittels einer Datenbrille wieder als Anleitung auf die Maschine projiziert werden können. Die Technik erscheint zwar aufwendiger als das Drehen von Videos, ist es aber nicht, und die gespeicherte Information lässt sich besser im Zusammenhang mit den betroffenen Geräten speichern und verwalten. ■

Lieferketten beherrschen

Ein Thema, das immer wieder neue Herausforderungen erzeugt. An der Lieferkette steht und fällt der unternehmerische Erfolg. Wo kommen sie her, die Teile? Die Federungsdämpfer, die Staubsaugerschläuche, die Medikamentenbindemittel, die Backzutaten, die Siliziumscheiben für die Chips, die Bremsanlagen, die Kühlaggregate im ICE …? Reißt die Lieferkette, steht die Produktion still, doch die Kosten laufen weiter. Doch die Lieferkette ist viel mehr. Sie ist Transparenz und Nachweisfähigkeit, sie ist Flexibilität und Ausfallsicherheit, sie ist ein Machtmittel, nicht nur der Käufer, sondern auch der Lieferanten. In der Vergangenheit wurde die Lieferkette in eine Richtung optimiert: Der Lieferant liefert, was verlangt wird, zur richtigen Zeit, möglichst billig. Heute kommen zwei neue Richtungen dazu: Der Kunde muss nachweisfähig sein, was er gekauft hat, nach Sicherheit, Qualität, ökologischen und sozialen Kriterien, die Rückverfolgbarkeit der Kette ist auf einmal essenziell. Dazu kommt Flexibilität: Die lange Stabilität eines globalen Lieferwesens ist einer krisengeschüttelten Weltwirtschaft gewichen, und die Fähigkeit, schnell zu handeln bzw. umzudisponieren, ist wettbewerbskritisch geworden.

Beispiel: Die Krisen der vergangenen Jahre

Die unterbrochenen Lieferketten durch die Ereignisse der vergangenen Jahre, seien es die globalen Zerwürfnisse, Covid, die Schiffshavarie im Suezkanal oder die Russlandkrise, haben die global optimierte Industrie schwer geschädigt. Digitale Lösungen sollen helfen, Lieferketten frühzeitig abzusichern und schnell Ersatzlösungen zu finden und zu prüfen. ■

Wertschöpfungsketten bedienen

Auch nach vorne gerichtet gilt das Gleiche. Die eigenen Produkte sind nicht mehr „Aus den Augen, aus dem Sinn“, sobald sie die Werkshalle verlassen haben, vielmehr steigt die Verantwortung des Herstellers für Produkte stetig an. In Haftungsfragen, in der Steuerung, die Produkte werden „intelligent“ und wollen dafür mit Software-Updates gewartet werden, im Service, in der Nachweispflicht - die Ansprüche, industrielle Produkte langfristig nachverfolgen zu können, geht bis zum Recycling, wenn geklärt werden muss, wer für was zuständig ist. Das bedeutet: Ähnlich wie bei den Lieferketten darf die Beziehung zum Produkt nie abreißen. Zum Roboter in der Produktionshalle des Kunden, zum Radlader auf der Baustelle, zum Analysegerät im Medizinlabor, zum Kühlschrank auf dem Bierzelt. Und jedes dieser Produkte fügt sich gleichzeitig in seiner Einsatzumgebung in die jeweilige Systemumgebung der Kunden ein. So entsteht ein neues Geflecht von Verbindungen, das auch nicht frei von Konflikten ist. Denn jeder möchte zwar den bestmöglichen Service, aber nicht jeder möchte alles Wissen teilen, was welche Maschine wann und warum tut.

Beispiel: Automobilindustrie

Tesla zeichnet sich nicht nur durch Elektromobilität aus, sondern durch sein Konzept, die Fahrzeuge zu jedem Zeitpunkt zentral verfolgen, steuern und verändern zu können. Der Kern eines Tesla ist die Kontrollsoftware. Sie berichtet den Fahrzeugzustand an die Zentrale, greift in das Fahrverhalten ein und wird im laufenden Betrieb aktualisiert. Andere Automobilhersteller sind auf einem vergleichbaren Weg, umstritten sind dabei weiterhin Qualitätsansprüche und der Umgang mit dem Datenschutz. Die Hersteller sprechen dabei schon längst von sehr viel weiter reichenden Konzepten. Auch wenn das autonome Fahren vermutlich stets auf abgeschlossene Bereiche wie Autobahnen oder Parkhäuser beschränkt bleiben wird, ist es das Technologieziel der Hersteller, denn dann wird das Auto zum kommerziellen Unterhaltungssystem, in dem mit Werbung sehr viel weiteres Geld verdient werden kann.

Finanzierungsmodelle neu ausrichten und Kapital freisetzen

Maschinen sind gebundenes Kapital, ihre Anschaffung ist eine Investition, ihr Verkauf ist ein einmaliger Akt, dem oft eine jahrzehntelange Laufzeit folgt. Die Digitalisierung steckt voller Möglichkeiten für neuartige Finanzkonzepte. So können beispielsweise Maschinenleistung und Maschinen-Output für leistungsbezogene Abrechnungen genauestens dokumentiert werden. Der Maschinenzustand kann zur Absicherung von Leasinggebern durchgehend verfolgt, die Betriebsaufwände können zur Unterstützung von Betreibermodellen optimiert und Risiken zur Senkung von Versicherungsaufwänden prognostiziert und minimiert werden.

Beispiel: Gebäudekühlung

Viele Betriebe benötigen Kühlung, sei es in der Lebensmittelproduktion oder im Gesundheitssektor. Das Betreiben von Kühlsystemen gehört nicht unbedingt zur Kernkompetenz eines Schokoladenherstellers und ist dementsprechend ein Ballast für das Unternehmen, der nicht nur Kapital bindet, sondern auch Aufmerksamkeit durch das Management verlangt. Professionelle Kühlungsanbieter können das besser und zuverlässiger.

Kernkompetenzen im Zusammenhang mit zunehmender Vernetzung neu ausrichten

In einer vernetzten, effizienteren Welt richten sich Kernkompetenzen neu aus. Das hat zwei wesentliche Ursachen: Als Anbieter einer Leistung ist es besser, sich auf das zu konzentrieren, was man gut kann und was einen von anderen unterscheidet. Beispielsweise ist die Kernkompetenz eines Automobilherstellers das Entwickeln und Produzieren von Autos und nicht die Wartung von Produktionsanlagen. Der Hersteller sollte sich also gut überlegen, ob er das selbst machen will, da es für ihn einen wichtigen Vorteil darstellt, oder ob er es lieber einem darauf spezialisierten Anbieter überlässt.

Für Kunden einer Leistung ist es wesentlich attraktiver, wenn nebensächliche Aspekte der Leistung möglichst aufwandsarm sind.

Beispiel: E-Scooter

Jeder kennt die „E-Scooter“, die vor einigen Jahren in die Innenstädte eingezogen sind. Es gibt eine große Zahl Anbieter und für jeden Anbieter eine eigene App, die man installieren muss, in der man sich registrieren und seine Kreditkartendaten hinterlegen soll, bis man endlich einen Roller mieten kann. Zählt die App zur Kernkompetenz des Rolleranbieters? Aus Sicht des Anbieters vielleicht ja, weil er sie zur Kundenbindung nutzen will. Allerdings ist die Pflege einer solchen App auch aufwendiger, als sich es mancher Anbieter vorstellt. Aus der Sicht des Kunden eindeutig nein, sie ist ein lästiges Hindernis um an die Leistung, den Roller, zu kommen. Die spannende Frage ist: Wie sehen Kernkompetenzen in einer vernetzten Industrie aus und wie verteilen sie sich neu? Die Frage ist in weiten Teilen noch unbeantwortet, und das ist mit ein Grund für das langsame Tempo der digitalen Transformation. Für diejenigen, die erste Schritte in der Transformation gehen wollen, ist diese Frage eine der ersten, die sie untersuchen sollten.

Partnerschaften bilden

In einer Welt, in der Wissen nicht mehr in Köpfen und Organisationen abgelegt ist, sondern in digitalen Modellen, die durch professionell gemanagte Systeme global verfügbar in der Cloud verwaltet werden, bekommen Partnerschaften eine neue Bedeutung. Das Teilen oder Nicht-Teilen von Wissen und das Öffnen oder Schließen von Schnittstellen wird ein Bestandteil digitaler Dienstleistungen, was eine eigene Ökonomie erzeugt. „Wer kann was besser?" wird nicht nur eine Frage des Wettbewerbs, sondern eine Frage der Differenzierung. Denn weder globale Entfernungen noch verfügbare Ressourcen bilden die Grenzen zwischen Wettbewerbern, sondern nur noch die Kompetenz und die Qualität der Services.

Beispiel: Plattformen

Die App-Plattform von Apple ist eine Partnerschaft zwischen Apple und Millionen von App-Anbietern. Ebenso die Shops von Amazon oder Dienste wie Lieferando. Vergleichbare Plattformen suchen sich ihren Weg in der Industrie. Sie werden dort wesentlich branchenbezogener sein und weniger schillernd, aber sie werden die Industrie an vielen Stellen nachhaltig verändern. ■

Die erste Königsdisziplin der digitalen Transformation sind die neuen Geschäftsmodelle

Das Ganze geht bis zum vollständigen **„Product-as-a-Service"-Modell,** bei dem eine Maschine nicht mehr verkauft, sondern nur noch ihre beim Kunden erfolgte Leistung bezahlt wird, so wie sie anfällt. Ökonomisch betrachtet bedeutet das „as a Service"-Modell, dass man den Kern der Wertschöpfung nicht mehr in der Erstellung eines Produkts sieht, sondern in der Verfügbarkeit des Mehrwertes des Produkts. Das verändert das Produktverständnis radikal, da alle investiven und betrieblichen Produktkosten dauerhaft beim Anbieter liegen und entsprechend gemanagt werden müssen, meistens mittels Digitaltechnik. Weiterhin ist eines der Grundprinzipien von „as a Service" das Ersetzen von Ressourcenverbrauch durch Information – einer der Kernaspekte einer nachhaltigen Industrie.

Die zweite Königsdisziplin der digitalen Transformation ist Nachhaltigkeit

Das führt zur zweiten Königsdisziplin, dem Thema **Nachhaltigkeit**. Parallel zu Covid hat das Thema nachhaltige Industrie sehr an Bedeutung gewonnen. Nachhaltigkeit ist ohne digitale Transformation nicht denkbar. Alle Stellhebel hängen von ihr ab:

- **Energieeffizientere Produkte** benötigen Informationsketten und Analysemethoden, die auf individueller Ebene die Produktnutzung mit dem Design verbindet, etwa die Auslegung eines Autos, das mehr im Flachland oder am Berg mehr Kurz- oder mehr Langstrecke fährt.

- Eine **energieeffiziente Wertschöpfungskette** benötigt einen umfassenden Informationsfluss über Zustände, Nutzung und Verfügbarkeit jedes Kettengliedes. Dann kann ein kontinuierlicher Lernprozess stattfinden, der den Ressourcenverbrauch mehr und mehr eliminiert.
- **Kreislaufwirtschaft** basiert auf durchdachten Konzepten und Planung, wie der Lebenszyklus von Produkten und ihren Bestandteilen durch Reparatur und Nachfolgenutzung gestaltet werden kann. Dazu gehört, Wissen aus späten Phasen der Wertschöpfung in frühe Phasen einzuschleusen, um zu lernen, und umgekehrt, um zu wissen, womit man es zu tun hat. Beispielsweise sollte ein Unternehmen, das eine Ölplattform zerlegt, genau wissen, mit welchen Materialien, welchen Eigenschaften und welcher Vorgeschichte sie sich befasst.
- Ein Kernthema von nachhaltiger Industrie ist die **Nachweispflicht:** zu CO_2 und Energieverbrauch ebenso wie zu sozialen und sicherheitsrelevanten Fragen in der Lieferkette. Wie sind die Bestandteile entstanden, durch wen, mit welchen Materialien, Methoden, Menschen? Das Informationsgeflecht, das die Grundlage für eine solche Nachweispflicht darstellt, ist eine große Herausforderung, die nur mit digitalen Systemen und Prozessketten bewältigt werden kann.

2.2 Die Kräfte in der digitalen Transformation

Die digitale Transformation ist die logische Folge der menschlichen Entwicklung. Der Wandel vom vereinzelten Jäger und Sammler zum Mitglied einer komplex organisierten Gesellschaft ist das durchgehende Narrativ der Menschheitsgeschichte und die Basis des Erfolgs der Menschheit. Dabei sind die Menschen stets von zwei Kräften getrieben: eine Schubkraft und eine Zugkraft.

Die Schubkraft besteht aus dem Willen, Großes zu leisten und Ansprüche an den Fortschritt zu erfüllen, aus Ideen und Innovationen, die Möglichkeiten zu schaffen und aus dem Wettbewerb, in dem es immer wieder zu bestehen gilt. Schubkräfte in der Vergangenheit waren das Feuer, der Ackerbau, die Schrift, das Geld, das Rad, der Buchdruck, das Schießpulver, die Antibiotika … die Reihe ist lang.

Die Zugkraft besteht aus den Problemen, die wir lösen müssen und die wir in der Regel selbst im Vorfeld angerichtet haben. Zugkräfte der Vergangenheit waren meist Kriege, Seuchen, Ernteausfälle, die die monokulturellen Ernährungssysteme niederstreckten.

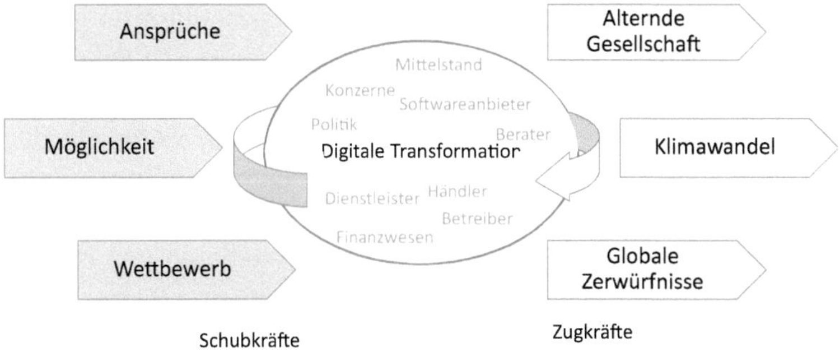

Bild 2.6 Schub- und Zugkräfte in der digitalen Transformation

Das Interessante im historischen Vergleich ist, dass meistens nur wenige Kräfte gleichzeitig auftraten. Im vielleicht dramatischsten Ereignis der letzten 1000 Jahre, dem 30-jährigen Krieg, vermischten sich Krieg und Pest mit der Schubkraft des Religionskampfes. In der Industrialisierung die technischen Schubkräfte durch Elektrizität und Eisenbahn mit dem zerfallenden Feudalismus und dem aufstrebenden Bürgertum. In den Katastrophen des 20. Jahrhunderts die Schubkräfte der motorisierten Massenkriegsführung und der Propaganda mit den Zugkräften des Streits unter fatalistischen autoritären Kräften zwischen unreifen Republiken, die zum Ideologiekampf führten.

Die Kräfte, die an der digitalen Transformation zerren, sind zahlreich (Bild 2.6). Angeschoben wird sie durch die Möglichkeiten der digitalen Innovationen, das Internet, Künstliche Intelligenz, endlose Rechenkraft, Visualisierungswunder, den Mobilfunk, leistungsfähige Verwaltungssysteme. Durch Ansprüche in der Gesellschaft nach Sicherheit, nach Komfort, nach Qualität, nach Unterhaltung, nach einer Reduzierung der Lebensrisiken, nach Stabilität. Außerdem durch einen Wettbewerb, der ständig das Tempo treibt, der keinen in Ruhe lässt und jeden Teilnehmer täglich neu auf die Probe stellt.

Die Zugkräfte, die Probleme, die wir zu lösen haben, sind nicht minder zahlreich. Die alternde Gesellschaft in den westlichen Ländern zehrt die Arbeitskräfte im gleichen Tempo auf, wie sie Menschen erzeugt, die im Ruhestand versorgt werden wollen. Die Wenigen, die noch arbeiten, können sich aussuchen, was sie tun und warum, und für unattraktive Tätigkeiten findet sich niemand mehr. Der Klimawandel ist in der Wirklichkeit angekommen, und die Industrie stellt sich um, ob sie will oder nicht. Und die globalen Zerwürfnisse zwingen uns, uns so flexibel zu organisieren wie nie zuvor.

Das alles sind Kräfte, die auf Unternehmen einwirken, die in einer vernetzten Welt unter Hochdruck arbeiten. Es sind keine Start-ups, die sich zu neuen Ufern aufmachen. Es sind Mittelständler, die mit spitzem Bleistift rechnen und dabei global agieren; es sind Konzerne, die im Korsett von Organisation, Prozess und Politik hängen; es sind Dienstleister, die mit geringer Marge Tausende von Mitarbeitenden in Auftrag halten müssen; es sind Digitalanbieter, die sich im schnelllebigen Geschäft des Digitalwesens behaupten müssen, innovativ sein und gleichzeitig die Software, die bei ihren Kunden läuft, am Laufen halten müssen. Sie werden begleitet von Dienstleistern, die Prozesse beschreiben, Systeme einführen, integrieren, schulen, von Beratern, die Strategien entwickeln und Konzepte, von der Politik, die fördert und regelt, von Betreibern, die in Rechenzentren investieren und in Wartungsmannschaften, von Händlern, die Daten und Dienstleistungen auf ihren Plattformen umschlagen, und vom Finanzwesen, das Maschinen finanziert, Investitionen absichert, Risiken bemisst und versichert und Kredite erteilt oder versagt.

■ 2.3 Transformationsnotwendigkeit und Veränderungsvermögen

Transformation gibt es in der Industrie seit jeher. Sie geschieht aus unterschiedlichen Motiven und verfolgt unterschiedliche Ziele.

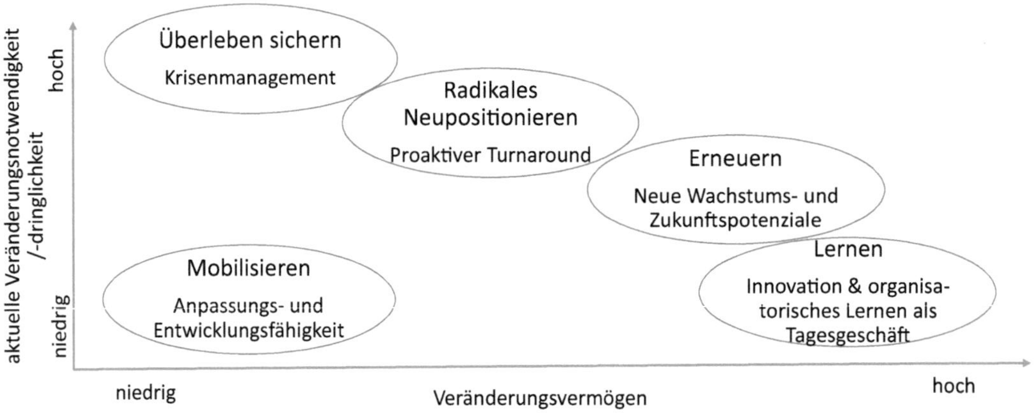

Bild 2.7 Feld der Transformationskonzepte (Heitger/Doujak 2002)

Veränderungsdringlichkeit und Veränderungsvermögen spannen das Feld der Transformationskonzepte auf (Bild 2.7). Sie haben jeweils einen Ausgangspunkt, ein Ziel und einen Weg, über den sie ihr Ziel erreichen wollen.

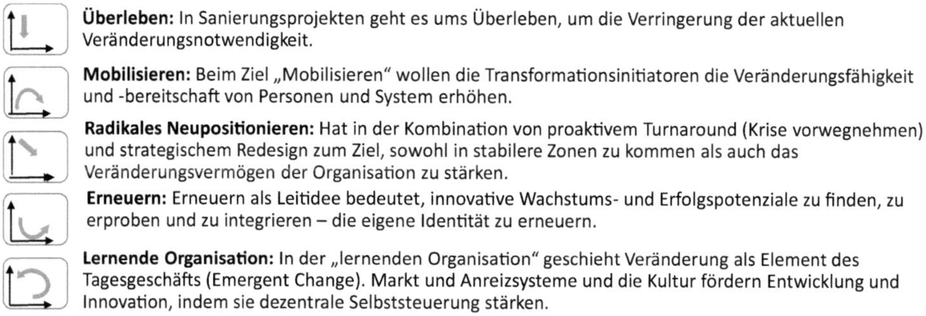

Bild 2.8 Konzepte im Umgang mit digitaler Transformation (Doujak 2021)

Für Unternehmen geht es darum, in einer Landkarte zu bestimmen, worum es in ihrer digitalen Transformation geht und welche Veränderungsstrategien und -angebote sie entwickeln müssen, um ihr Transformationsziel zu erreichen (Bild 2.8). Digitale Transformation kann nach jedem dieser Konzepte erfolgen.

Innovation ohne Transformation ist wirkungslos

Transformation ist auch ein starker Stressfaktor für ein Unternehmen. Unternehmen überlegen daher sehr genau, auf welche Veränderung sie sich wann einlassen, und prüfen die Auswirkungen auf den Betrieb, die Organisation und die Risiken. Gerade in komplexen Organisationen kann das sehr aufwendig sein.

Dazu kommt, dass jedes Unternehmen anders mit Transformation umgeht (Bild 2.9). Während für die einen Transformation Teil ihrer Kultur ist, ist Veränderung für andere etwas Bedrohliches. Wieder andere kämpfen mehr gegen Widerstände, weil die eigene Veränderung zunächst nur schwer zum geschäftlichen Umfeld passt.

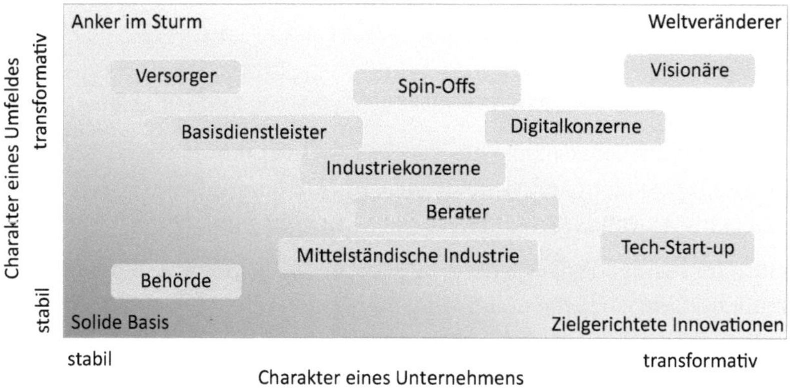

Bild 2.9 Transformativer Charakter eines Unternehmens und seines Umfeldes

Hinzu kommt, dass Stabilität ein wichtiger Faktor für geschäftlichen Erfolg ist und ebenso dafür, dass Unternehmen in dem, was sie tun, sehr effizient werden können. Auch wollen Menschen in einem sozial stabilen Umfeld arbeiten. Unternehmen sind oft deutlich mehr als Gewinnmaschinen. Sie sind ein sozialer Ort mit einer sozialen Gemeinschaft, die das Unternehmen prägt und trägt. Das heißt, Mitarbeitende wollen und müssen einbezogen werden in Art und Geschwindigkeit der Transformation, um Existenzsorgen zu begegnen, die sie bei großen Veränderungen entwickeln.

Und doch gilt für alle die gleiche Herausforderung, dass sie sich aus ihrer Position im Markt und ihrer Unternehmenskultur heraus überlegen müssen, wie sie sich in einer sich wandelnden Welt entwickeln können und wollen. Was macht Innovation mit dem Unternehmen? Welchen Weg kann das Unternehmen erfolgreich gehen? Welcher Weg wird dem Unternehmen geglaubt und welchen gehen Mitarbeitende mit? Wie ist es mit den Eigentümern? Bei den einen ist es die Familie, bei den anderen sind es Aktionäre, bei den dritten ist es die öffentliche Hand.

Innovation und Transformation – Glück und Schmerz

Es gibt Innovationen, die machen Mitarbeitende glücklich, und es gibt solche, die machen Mitarbeitergruppen unglücklich.

Mit dem „Product Lifecycle Management“ (PLM-Systeme) wurde beispielsweise eine Software eingeführt, die entlang der Prozesse rund um die Entwicklung von Industrieprodukten, also von der Idee über die Beschreibung und Ausarbeitung bis in die Planung, Qualitätssicherung und Produktion, alle Daten geordnet zusammenhält. Das sind viele sehr unterschiedliche Daten, und damit sie geordnet zusammengehalten werden können, braucht es strenge Regeln. Der Nutzen ist groß, denn mit geordneten Daten geschehen erstens weniger Fehler, und zweitens sind auf einmal viele Dinge möglich, die vorher nicht gingen, in der Simulation, in der Absicherung, in der Variantenplanung und vielem mehr.

Die Schmerzen sind allerdings ebenfalls groß, denn die kreative Freiheit der Ingenieure wurde auf einmal mit einem Regelwerk überschüttet, ihre Arbeit wurde transparent und damit auch ihre Arbeitsweise, was viele als Eingriff in ihre Intimsphäre empfanden.

Gleichzeitig waren die Systeme auch nicht perfekt. Sie hatten Fehler, waren aus der Perspektive jedes Anwenders auf andere Weise unvollständig.

Die Folgen waren jahrelange Projekte der Einführung, die gegen Konflikte anrannten, mit Irrungen und Verwirrungen, fehlgeleiteten und unsinnigen Anpassungen, nur um einzelne Anwender ruhigzustellen. Manche sind gescheitert, manche brauchten mehrere Anläufe, viele waren nach schmerzhaften Phasen erfolgreich, und alle, die es hinbekommen haben, haben danach sehr davon profitiert.

■ 2.4 Investitionen in Digitalisierung – Ein strategisches Risiko

Aus der Sicht eines Unternehmens ist der digitale Wandel zwar eine Chance, aber auch ein großes Risiko. Der damit verbundene Umbau ist ein bedeutender Aufwand. Es gibt wenig Erfahrung über den richtigen oder falschen Weg, die Abhängigkeit von Dritten ist groß, und es ist ungewiss, wie sich diese Dritten verhalten werden, seien es Kunden, Lieferanten oder Partner.

Wird sich die gewählte Digitaltechnologie durchsetzen oder ist sie in wenigen Jahren wieder verschwunden? Ist es besser, sich digitale Kompetenzen selbst aufzubauen und damit zum Kerngeschäft zu machen, oder ist es besser, sich auf andere zu verlassen, die das besser können? Wie sieht mittel- und langfristig das Kräfteverhältnis zu diesen anderen aus? Sind es verlässliche Partner? Das sind nur einige der Risiken (Tabelle 2.1).

Tabelle 2.1 Risiken für Unternehmen angesichts der digitalen Transformation

Thema	Problem	Mögliche Lösung
Investitionen	Für vorgeschlagene Szenarien der digitalen Transformation sind in der Regel hohe Investitionen nötig bei ungewissem Erfolg.	Reduzieren von Transformationsszenarien auf überschaubare Themenfelder
Technologie	Es ist ungewiss, welche Technologie sich langfristig durchsetzt, und daher unklar, welche Investition vertretbar ist.	Architekturmodelle, in denen Technologien klar und modular abgegrenzt werden
Wissen im Haus	Es gibt zu wenig Digitalexperten im Haus, um das Thema zuverlässig zu beherrschen.	Vernetzung mit Branchenkollegen, um unterscheiden zu lernen, welche Themen selbst beherrscht werden müssen und welche externalisiert werden können.
Sicherheit	Die möglichen Sicherheitsrisiken wie Know-how-Diebstahl, Systemausfall und digitale Erpressung sind zu groß.	Zusammenarbeit mit erfahrenen professionellen Partnern und rechtliche Absicherung über Branchenverbände
Marktdynamik	Ein wichtiger Digitalpartner könnte von einem Wettbewerber übernommen werden.	Wiederum Architekturmodelle und Orientierung an Technologiekonzepten mit mehreren austauschbaren Anbietern
Haftung	Stärkere Serviceorientierung bewirkt neue Haftungsrisiken, etwa im Bereich Verfügbarkeit und Maschinenbruch	Durchsprache mit Versicherungen und Versicherungsmaklern

Tabelle 2.1 Risiken für Unternehmen angesichts der digitalen Transformation *(Fortsetzung)*

Thema	Problem	Mögliche Lösung
Bilanzierung	Serviceorientierte Geschäftsmodelle verlagern Umsätze über die Zeit und sorgen für Bilanzierungsdellen.	Rücksprache mit Leasingunternehmen und Maschinenfinanzierern. Ggf. Gründung von Tochtergesellschaften für den Betrieb.
Marktreife	Die eigene Kundschaft ist noch nicht bereit für neue digitale Angebote.	Durchsprache von Innovationen mit Vertrauten entlang der Wertschöpfungskette.

Darüber hinaus ist es so, dass viele Unternehmen keine Erfahrung mit digitalen Geschäftsmodellen haben. In den frühen Jahren des Internets der Dinge war das auf der Internationalen Automobilausstellung für Nutzfahrzeuge eindrucksvoll zu erleben. Es gab nahezu keinen Zulieferer der Branche, der sich nicht vollmundig zum zukünftigen Flottenmanager aufschwang und der Ansicht war, sein Anteil im Nutzfahrzeug könnte die Basis für ein Wachstumsgeschäft der vernetzten Mobilität sein. Vom Getriebelieferanten ZF bis zum Anhängerlieferanten Krone ging die Reihe der Mobilitätsportale, alle mit viel Aufwand hochgezogen, mit teuren Einkäufern von Digitalexperten entwickelt, Rechnerarchitekturen und Ausgründungen von Digitaltöchtern, doch überlebt hat kein einziges dieser Unterfangen.

Doch es waren nicht nur die frühen Jahre, die Unternehmer verblendet haben. Was Mitte der Zehnerjahre das Flottenmanagement war, ist heute der digitale Zwilling. Unternehmen investieren in Digitalstrategien, ohne zu wissen, wie ihr Umfeld darauf reagiert. Sensorhersteller sind der Ansicht, ihre Sensoren könnten Daten sammeln und an Versicherungen verkaufen, die damit eine bessere Risikoabschätzung betreiben könnten. Spricht man hingegen mit Versicherungen, verfolgen diese andere Ziele und reagieren auf derartige Ideen mit Verwunderung. Hersteller von Apparaturen für Krankenhäuser investieren in Geschäftsmodelle, diese Apparaturen nicht nur zu verkaufen, sondern auch zu betreiben. Mittels Vernetzung ließe sich das wirtschaftlich machen und wäre an sich eine für alle Seiten attraktive Idee, nur haben sie die Krankenhäuser nicht gefragt und kamen nicht darauf, dass sowohl die medizinischen Regularien als auch die Betriebskonzepte der Krankenhäuser das nicht zulassen.

All diese Erkenntnisse bedeuten nicht, dass sich die erträumten Vorteile der Digitalisierung nicht realisieren ließen. Sie bedeuten nur, dass es darauf ankommt, die technischen und betrieblichen Abhängigkeiten, die betroffenen Parteien, die eigenen Möglichkeiten und das Timing richtig einzuschätzen.

Übungen

Innovation und Transformation trennen

Betrachten Sie ein Szenario der digitalen Transformation, mit dem Ihr Unternehmen befasst ist, und setzen Sie es in seinen Kontext.

Beschreiben Sie die Innovationsbausteine.

Beschreiben Sie die transformativen Effekte.

Setzen Sie beides in Zusammenhang und versuchen Sie, die Veränderung in möglichst kleine Schritte zu zerlegen.

Abfrage der Randbedingungen

Benennen Sie zu einem Ihrer Transformationskonzepte die Zielgruppe und betrachten Sie die Randbedingungen für eine Investitionsentscheidung aus deren Perspektive. Wenn Sie es nicht selbst einschätzen können, fragen Sie Kenner der Zielgruppe, im eigenen Unternehmen oder aus der Zielgruppe selbst.

Dann notieren Sie, wie die Randbedingungen erfüllt werden können. Ob sie aus eigener Kraft in Ihrem Haus erfüllt werden können oder ob äußere Einflüsse gelten, die Sie zusätzlich beeinflussen müssten, um erfolgreich zu sein.

Reduktion der Transformationseffekte in der eigenen digitalen Transformationsidee

Zerlegen Sie Ihre eigene Idee aus der Kundenperspektive in Veränderungsschritte und analysieren Sie die Schritte nach ihrem transformativen Effekt.

Bewerten Sie anschließend, welcher dieser Schritte wegfallen oder statt einer Transformation nur mit einer Prozessanpassung geleistet werden kann.

Leiten Sie daraus Ihre eigenen Prioritäten als Anbieter und die Prioritäten Ihrer Kunden ab.

Abfrage der Risiken

Benennen Sie zu einem Ihrer Transformationskonzepte die Zielgruppe und betrachten Sie die Risiken für eine Investitionsentscheidung aus deren Perspektive. Wenn Sie es nicht selbst einschätzen können, fragen Sie Kenner der Zielgruppe, im eigenen Unternehmen oder aus der Zielgruppe selbst.

Dann notieren Sie, wie die Risiken abgebaut werden können. Ob Sie das aus eigener Kraft in Ihrem Haus leisten können oder ob äußere Einflüsse gelten, die Sie zusätzlich beeinflussen müssten, um erfolgreich zu sein.

3 Außensichten auf die digitale Transformation

Where – *das Umfeld mit seinen Eigenschaften, innerhalb dessen die Transformation stattfinden soll.*	Berater und Verbände im Umfeld der digitalen Transformation
Why – *Ereignisse und Phänomene, die dieses Umfeld aktuell beeinflussen.*	Diese Einrichtungen bringen eigene Sichtweise von außen und haben ein Interesse daran, die digitale Transformation zu begleiten und zu gestalten
What – *eigene Möglichkeiten, in diesem Umfeld etwas zu verändern.*	Studien und Analysen zu Inhalt, Zustand und Ziel der digitalen Transformation
How – *Art und Weise, wie diese Veränderung geleistet werden kann.*	Beispielhafte Einblicke in die Sichtweise eines Verbandes, eines großen globalen Gesamtanbieters und eines reinen Strategieberaters

Die Zahl der Studien und Reports zu Industrie 4.0 zur Digitalisierung der Industrie, zur digitalen Transformation ist längst nicht mehr ermittelbar. Sie alle eint die Unsicherheit, was erreicht werden soll, und die Klage, es würde zu wenig erreicht. Was auch daran liegt, dass auch diese Einrichtungen selbst Teil der digitalen Transformation sind.

Sie alle bilden einen wichtigen Beitrag zur den Entscheidungsprozessen, gerade weil viele Aspekte der digitalen Transformation gerade nicht von einzelnen Unternehmen beschlossen werden können. Der gesamte Komplex der Standardisierung spielt bei der digitalen Transformation eine zentrale Rolle, es handelt sich schließlich um die Vernetzung der Industrie. Weiterhin öffnet sich das Themenfeld der Regulierung, das umfassende Beratungen erfordert, bis klare und gute Regeln gefunden werden können. Hinzu kommen die Entscheidungsprozesse um Konzepte und Geschäftsmodelle, Technologien und Anbieter. Wer alleine die öffentliche Auseinandersetzung um die Zulassung chinesischer Anbieter für den Ausbau der 5G-Infrastruktur verfolgt, bekommt mit, mit welcher Vehemenz hier um die einzelnen Bausteine der digitalen Transformation gerungen wird.

Dabei leisten alle ihren Beitrag: die großen Beratungshäuser ebenso wie viele regionale und spezialisierten Beratungshäuser, Verbände wie in Deutschland der Bitkom, der VDMA, der ZVEI, der VDI, der VDA und viele weitere Branchenverbände, Forschungseinrichtungen wie die RWTH Aachen, die TU München, aber auch die Fraunhofer Gesellschaft. Des Weiteren gibt es von der Politik geförderte Einrichtungen wie die Plattform Industrie 4.0 und die Acatech, die deutsche Akademie für Technikwissenschaften, es gibt bedeutende Industriekonsortien wie die „Industrial Digital Twin Association“ oder die „Open Manufacturing Association“. Der Versuch, alle aufzuzählen, wäre ein vergebliches Unterfangen. Zum Umfeld gehören des Weiteren Analysten und Medienunternehmen, die sich mit Veranstaltungen, Bewertungen und Foren am Entscheidungsprozess beteiligen.

Ich möchte mich hier auf eine kleine Auswahl von Außensichten konzentrieren, um einen Rahmen zu setzen, wie das Thema bewertet und welcher Reifegrad der Transformation gesehen wird.

■ 3.1 Bitkom e. V. – Verband der Deutschen Digitalwirtschaft

Der Bitkom, Deutschlands großer Verband für die Digitalindustrie, führt jährlich eine Erhebung zum Stand von „Industrie 4.0“ in der deutschen Industrie durch.

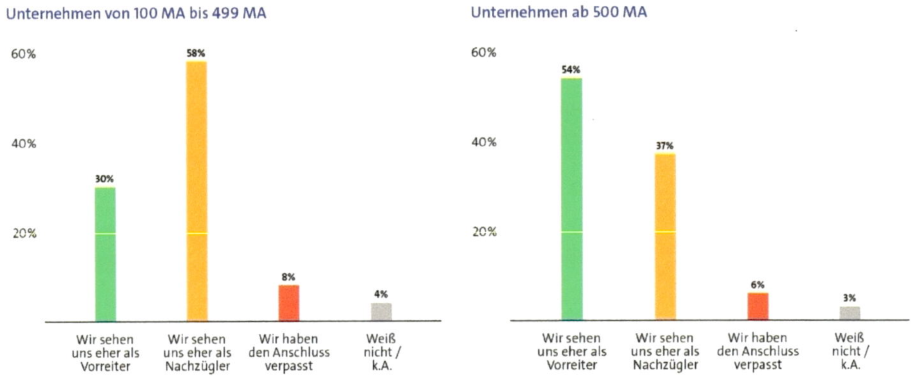

Bild 3.1 Große Unternehmen, die sich eigene Abteilungen für Digitalstrategien leisten können, sind am weitesten, die Mehrzahl nimmt sich selbst aber als Nachzügler wahr (Bitkom 2022)

„Industrie 4.0“ ist ein stehender Begriff, geschaffen Anfang der Zehnerjahre aus dem Umfeld der Acatech, der deutschen Akademie für Technikwissenschaften. Ziel von „Industrie 4.0“ ist es, durch Nutzung von Daten und Information die Industrie leistungsfähiger und zukunftsfähig zu machen.

Die Studie ergibt einen guten Spiegel, wie weit die Industrie in der Umsetzung der Konzepte rund um Industrie 4.0 ist (Bild 3.1).

Während sich bei den kleineren Unternehmen unter 500 Mitarbeitenden erst 30% als Vorreiter sehen und 58% als Nachzügler, ist das Verhältnis bei den Unternehmen mit mehr als 500 Mitarbeitenden nahezu umgekehrt. Die Gründe lassen sich am besten bei den Hindernissen ablesen. Sie lassen sich in zwei Gruppen zusammenfassen: Mangel an Ressourcen und Bedenken in Fragen der Sicherheit und der Gesetzmäßigkeit. Bild 3.2 fasst die Ergebnisse der Studie zusammen.

Beides sind Gebiete, bei denen größere Unternehmen die besseren Voraussetzungen haben, etwa mit einer eigenen IT-Abteilung, einer Strategieabteilung oder einer eigenen Rechtsabteilung. Die Hindernisse sind also nicht technischer Natur, sondern liegen in der Schwierigkeit des Themas an sich. Das ist verständlich, denn die Aspekte, mit denen sich Unternehmen im Zusammenhang mit digitaler Transformation befassen sollen, sind zahlreich und oft schlecht erklärt.

Gleichzeitig werden umfangreiche Chancen gesehen – in der Wettbewerbsfähigkeit und der Qualität ebenso wie im Bereich Nachhaltigkeit und der Veränderung der Geschäftsmodelle. Diese Chancen sollten für alle offenstehen. Daran zu arbeiten ist Aufgabe aller Beteiligten, der Verbände wie dem Bitkom, der Politik, der Beratungsunternehmen, der Lösungsanbieter, der Forschungseinrichtungen. Alle haben ihren Beitrag an der Transformation der Industrie, die, anders als ein Unternehmen, keine klare Führungsstruktur hat.

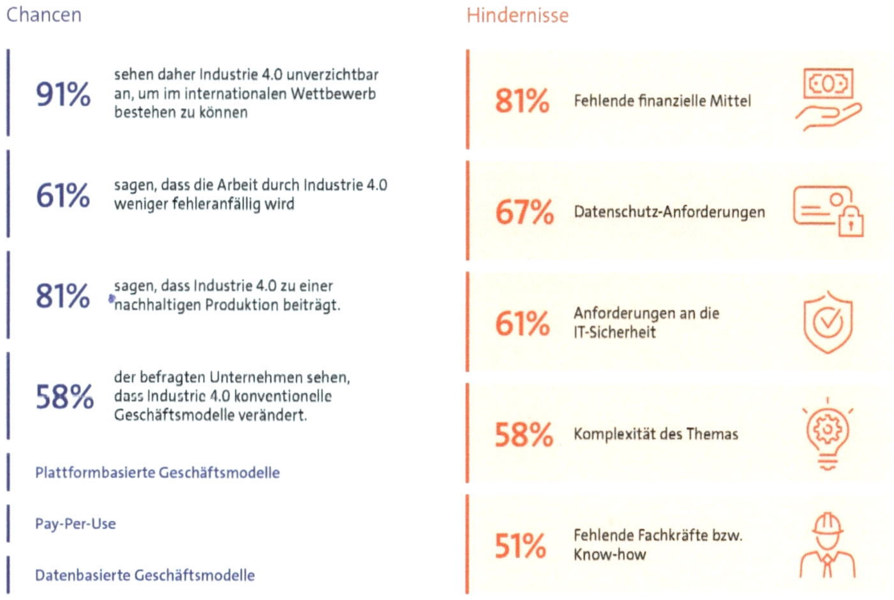

Bild 3.2 Stand von „Industrie 4.0" in der deutschen Industrie: Zusammenfassung (Bitkom 2022)

3.2 PwC-Studie Digital Factory Transformation 2022

Das Beratungsunternehmen PricewaterhouseCoopers (PwC) zeigt in einer globalen Studie ein vergleichbares Bild, wobei die Studie sich im Schwerpunkt auf die Transformation in der Produktion bezieht, weniger auf den weiteren Bereich neuer Geschäftsmodelle

PwC betrachtet dabei vier in der Produktion relevante Systemgruppen (Bild 3.3): Manufacturing-Execution-Systeme oder auch Produktionsleitsysteme, die Führung und Kontrolle der Produktion in Echtzeit ermöglichen, Product-Lifecycle-Management-Systeme, die vom Produkt ausgehend dessen Zustände, Versionen und Zusammensetzung durchgehend erfassen, Industrial-Internet-of-Things-Plattformen, die Maschinen, Systeme und Akteure vernetzen, sowie Low-Code-Automation-Systeme, die den Übergang von einer intuitiven Benutzerschnittstelle in eine Systemprogrammierung leisten. Zwischen den Industrien unterscheidet sich die Abdeckung nur geringfügig und lässt sich durch die Charakteristika der Industrien hinsichtlich Produktindividualität und Produktzusammensetzung erklären.

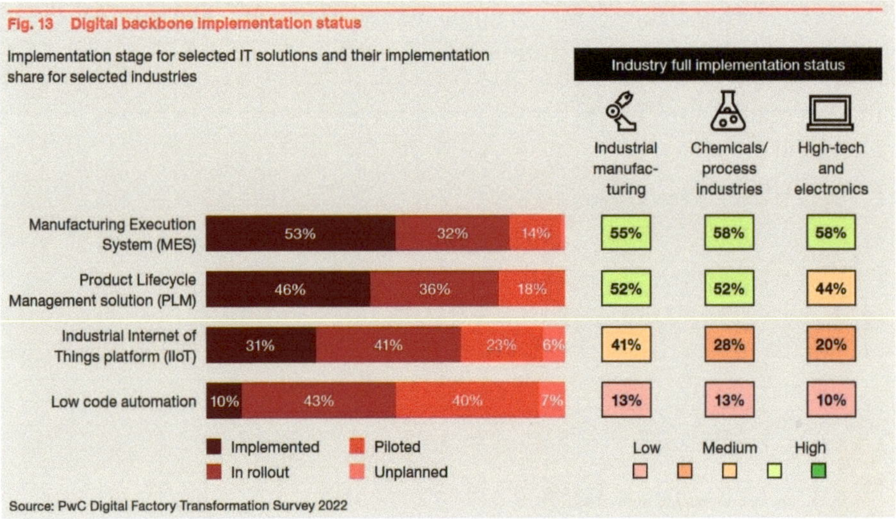

Bild 3.3 Kaum Unterschiede beim Implementierungsgrad zwischen den unterschiedlichen Industrien (PwC 2022)

PwC sieht weltweit eine kleine Gruppe von ca. 10 % der Unternehmen, sogenannte Digital Champions, die nach eigener Aussage die digitale Transformation ihrer Produktionsanlagen vollständig umgesetzt hat oder kurz davorsteht (Bild 3.4). Diese Gruppe ist der Gruppe aller Unternehmen weit voraus.

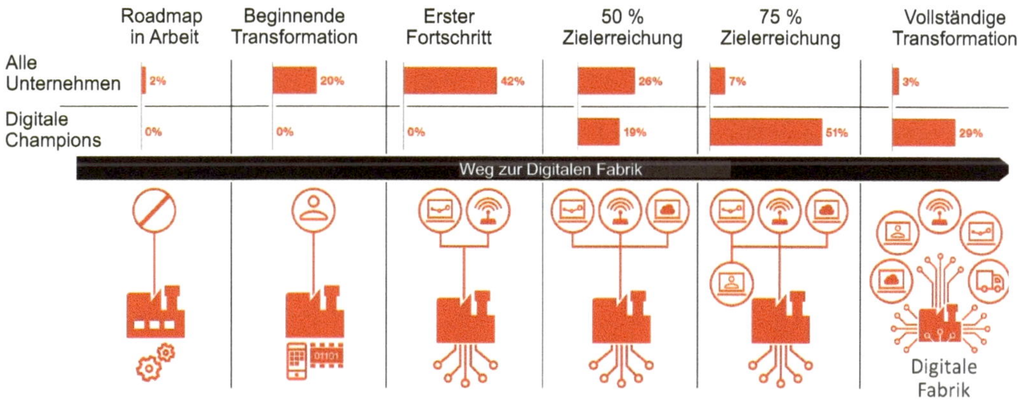

Quelle: PwC Digital Factory Transformation Survey 2022 (vom Autor aus dem Englischen übersetzt)

Bild 3.4 Transformation – ein langer Weg (PwC 2022)

Interessant an der PwC-Studie, die insgesamt noch deutlich tiefer ins Thema geht und sich zu lesen lohnt, ist auch die **Verschiebung der Motivation** zur Investition in die digitale Transformation.

Während in der Vergangenheit Kostenführerschaft und Effizienz die führende Motivation war, hat sich das Gewicht in Richtung Nachhaltigkeit und Resilienz verschoben (Bild 3.5). Die Auswirkungen der globalen Krisen werden auch hier sichtbar: sowohl die Klimakrise und ihre Auswirkungen, die die Industrie zu nachhaltigen Produkt- und Wertschöpfungsstrategien zwingen, als auch die globalen Krisen rund um eine teilweise Abkehr von der Globalisierung und der Verletzlichkeit von Lieferketten.

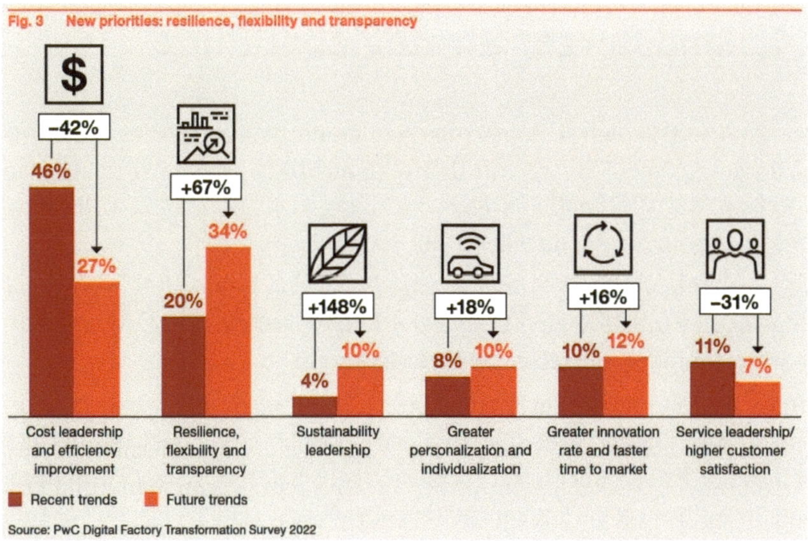

Bild 3.5 Resilienz und Nachhaltigkeit gewinnen an Bedeutung (PwC 2022)

Als weitere Aussagen ist das **Investment-Return-Verhältnis** bemerkenswert:

Wer viel investiert, bekommt noch mehr zurück. Firmen, die mehr als 3 % ihres Umsatzes in digitale Transformation investieren, haben ein unverhältnismäßig stärkeres Ergebnis als Firmen, die bis zu 2 % ihres Umsatzes investieren (Bild 3.6). Das ist ein Anzeichen für den Transformationscharakter: Es geht darum, eine Schwelle zu überwinden, ab der die Veränderung sich im Unternehmen auswirken kann.

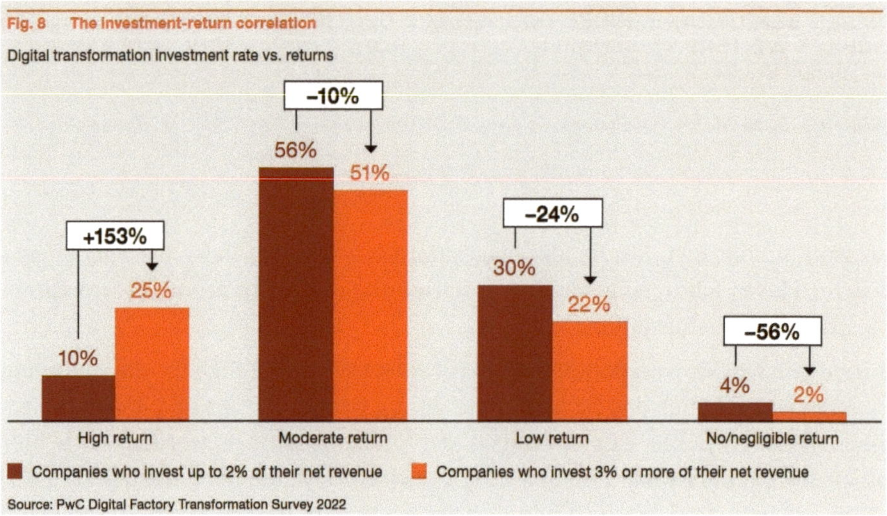

Bild 3.6 Investitionen zahlen sich aus (PwC 2022)

■ 3.3 Roland Berger Strategieberatung

Eine weitere Perspektive liefert Roland Berger, Deutschlands größtes Haus für strategische Beratung. Der „Kompass für Deutschland“ 2022 zeigt im Wesentlichen vier große Krisen, die Unternehmen dazu zwingen, sich in einer Zeit des Umbruchs selbst transformativ aufzustellen (Bild 3.7).

Im Interview im Rahmen dieser Studie erklärt Dr. Sascha Haghani, Sprecher der Geschäftsführung der DACH-Region bei Roland Berger, auf die Frage **„Wie schätzen Sie die weiteren ökonomischen Perspektiven ein?“:**

„Umsatzseitig wachsen viele Unternehmen schon lange nicht mehr, und die Aufholeffekte nach zwei Jahren Pandemie sind entweder bereits aufgebraucht oder werden durch neue Krisen überlagert. Branchen wie Energie, Handel und Automotive stehen unter massivem Transformationsdruck und ziehen sich gegenseitig nach unten. Jetzt kommen in allen Branchen Probleme bei der Versorgung mit Energie, Rohstoffen und Vorprodukten hinzu, Fachpersonal wird knapp und perspektivisch möglicherweise auch Kapital, wenn die erwartete Zinswende eintritt. Diese Vielfalt an Herausforderungen ist neu. Ständige Anpassung an veränderte Rahmenbedingungen wird zum „New Normal“ – denken wir nur einmal an neue Regulierungen. Auf viele Unternehmen kommt ein Jahrzehnt der Transformation zu mit hoher unternehmerischer Dynamik. Schumpeter is back.“

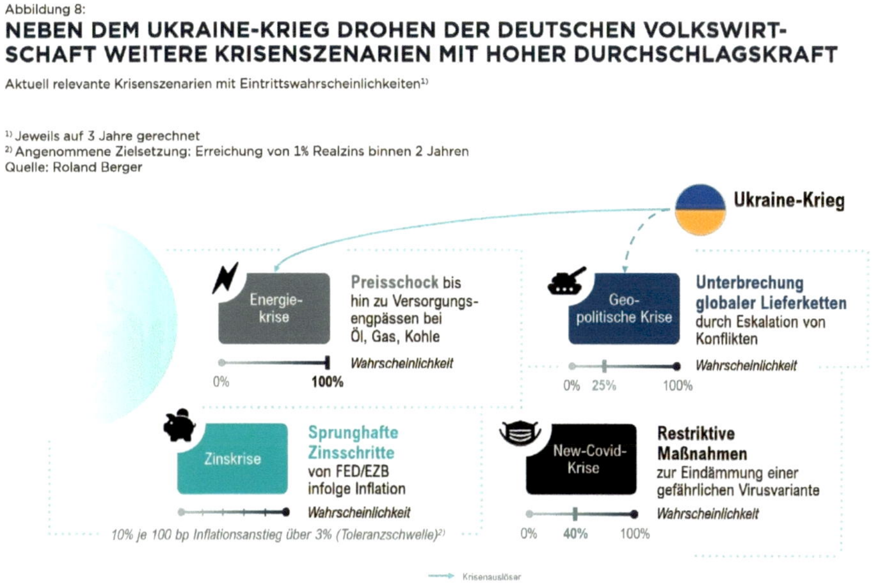

Bild 3.7 Vier große Krisen, mit denen Unternehmen umgehen müssen (Roland Berger 2022)

In derselben Studie zeigt Roland Berger auf, wie sich die unterschiedlichen Krisen auf die wichtigsten Branchen auswirken werden (Bild 3.8).

Auf die Frage **„Was bedeutet das für die strategische Planung?“** erklärt Sascha Haghani:

„Die multiplen Krisen der letzten drei Jahre zeigen: Lineare Planung funktioniert nicht mehr. Unternehmen brauchen zumindest einen Plan B, am besten auch einen Plan C. Denn vor dem Hintergrund einer weiter steigenden Ungewissheit müssen Pläne immer kurzfristiger angepasst oder sogar revidiert werden. Unternehmen sollten deshalb in Szenarien denken und auch seltene, aber maximal disruptive Ereignisse angemessen in ihrer Planung berücksichtigen. Für CEOs und CFOs gilt es, auf Grundlage bestmöglicher Information kalkulierte Risiken einzugehen und Wertsteigerungsmöglichkeiten, zum Beispiel durch Transaktionen – auch zur Abwehr aktivistischer Investoren –, optimal zu nutzen.“

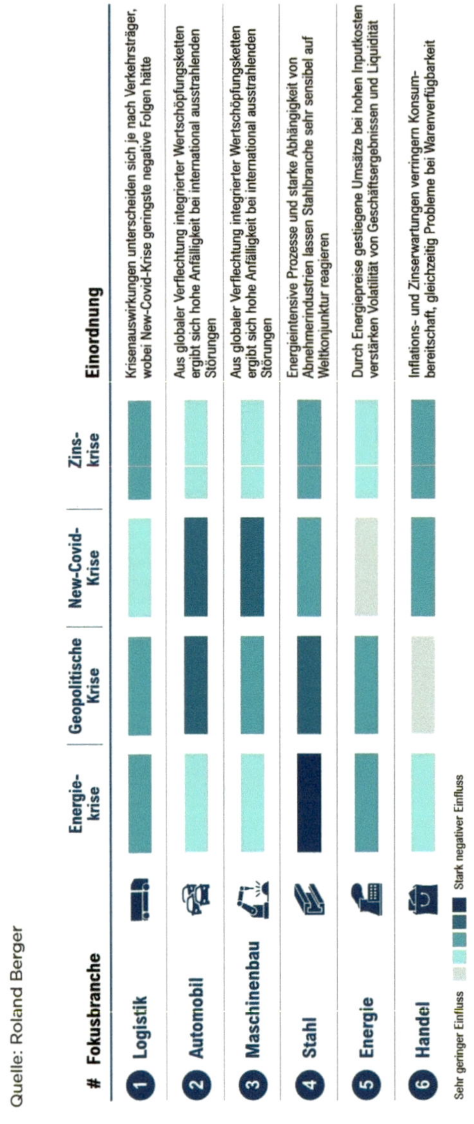

Bild 3.8 Auswirkungen globaler Krisen auf unterschiedliche Branchen (Roland Berger 2022)

Roland Berger gibt dabei einen deutlichen Hinweis auf die transformativen Randbedingungen, die der digitalen Transformation einerseits Richtung, andererseits auch einen konkreten Sinn jenseits des „Schneller, Weiter, Besser“ geben, das die industrielle Wettbewerbssituation der vergangenen Jahrzehnte geprägt hat.

4 Thesen zur digitalen Transformation in der Industrie

Where - *das Umfeld mit seinen Eigenschaften, innerhalb dessen die Transformation stattfinden soll.*	Anbieter und Kunden von Angeboten zur digitalen Transformation sowie Beratungsunternehmen als Begleiter der Entscheidungsprozesse und der Gestaltung der Umsetzung.
Why - *Ereignisse und Phänomene, die dieses Umfeld aktuell beeinflussen.*	In der digitalen Transformation ist die wichtigste Eigenschaft, dass einzelne Schritte robust und belastbar sind, denn alles weitere baut auf diese einzelnen Schritte auf.
What - *eigene Möglichkeiten, in diesem Umfeld etwas zu verändern.*	Digitalarchitekturen und Partnerschaftskonzepte, die die eigene Kernkompetenz hervorheben und alle anderen Aufwände reduzieren
How - *Art und Weise, wie diese Veränderung geleistet werden kann.*	Sichern der Stabilität der Digitalarchitekturen durch legen eines soliden Fundamentes, Beachtung von Standards, Wahl der geeigneten Partner und Kooperationsmodelle und der passenden Charaktere für die einzelnen Schritte

Angesichts der Herausforderungen der digitalen Transformation und der Spannungen zwischen klassischen Industrieunternehmen und Digitalunternehmen ist es angebracht, die Komplexität der Situation durch einige Grundannahmen zu reduzieren. Diese Annahmen oder Thesen sind nicht vollständig, und möglicherweise gibt es auch kontroverse Ansichten, dennoch helfen sie, Ordnung in ein sehr komplexes Bild zu bringen und eine Diskussion zu führen, die hilft, das Bild zu verbessern und weiterzuentwickeln.

4.1 Unsicheres digitales Fundament

Seit Beginn der Digitalisierung sind digitale Welten nahezu ungebremst gewachsen. Die schnelle Ausbreitung führte zu einem logischen Bedarf an einer gewissen Ordnung oder auch Architektur, doch in der Regel lösten sich die Konzepte dazu schneller ab, als sie umgesetzt werden konnten. Das Ergebnis ist ein Wildwuchs an verschachtelten Systemen, die heute in den Unternehmen stehen und oft nicht wirklich dafür geeignet sind, die Grundlage für eine zukünftige, vernetzte Industrie zu bilden.

Einer der frühesten Begriffe, den ich im Kontext der Digitalisierung erfunden habe, ist der „Digital Clean-up" – oder das Aufräumen des digitalen Kellers. Erstmals habe ich das Mitte der Zehnerjahre in einem Interview zur „digitalen Endmoräne" erläutert. In der Kurzfassung geht die Geschichte so:

In den Nullerjahren gab es eine Hochzeit der industriellen Digitalisierung. Allen voran waren Unternehmen mit eher komplexen Produkten und einer mittleren bis großen Serienherstellung, besonders die Automobilindustrie. Softwarehäuser für industrielles Prozessmanagement waren erst auf dem Weg zur Standardsoftware, den Weg hatte SAP als erster großer Anwender begründet, und das Konzept war neu. Die jungen, forschen IT-Manager in der Industrie pflegten das Credo „IT follows process" – die Software passt sich dem Kunden an. Schließlich heißt sie „Software", weiche Ware.

In relativ kurzer Zeit wurden auf diese Weise mächtige Systeme errichtet, doch die Folgen waren fatal. Die Systeme wurden immer individueller und größer, gleichzeitig rollte die Innovationswelle im Softwaregeschäft, und die Architekturen und Konzepte der Softwarehersteller gerieten bald in Konflikt mit dem, was in den Unternehmen eingestrickt war. Anpassungen und Änderungen wurden immer teurer, was zur Folge hatte, dass die Unternehmen immer größere IT-Abteilungen aufbauten, um die laufenden Systeme zu pflegen. Neue Machtstrukturen entstanden, die bald ihre eigenen Interessen vertraten. Es wuchs ein Geflecht von Abhängigkeiten, das sehr viel Geld verschlang und sehr viel Misstrauen erzeugte. Die Situation erschien ausweglos, die Abhängigkeit der Unternehmen vom Funktionieren ihrer aufgetürmten Systeme war einfach zu groß.

Ich nannte es „digitale Endmoräne" – ein digitales Schlammgebirge, das von einem sich langsam vorschiebenden Prozessgletscher aufgeschoben wurde. Das Spiel ging so lange gut, wie die Mechanismen der betroffenen Branchen im Wesentlichen gleichblieben. Als jedoch im Zuge der Digitalisierung neue Industriekonzepte auf den Tisch kamen, beispielsweise Elektromobilität, „Machine as a Service"-Angebote oder flexible Produktionskonzepte, da wurde klar: Diese alten Digitalgebirge waren nicht weiter tragfähig.

Das meiste Geld im Bereich Digitalisierung der Industrie wird derzeit mit dem Aufräumen dieser Hinterlassenschaften verdient. Denn allen ist klar: Eine robuste Zukunft kann nur auf einem robusten Fundament stehen. Auch das müssen jene verstehen, die über Investitionen in Digitalisierung der Industrie nachdenken. Die Reihenfolge der Investments hat ihre Ordnung, um die keiner hinwegkommt. Die Erfahrung lässt sich wie in Bild 4.1 gezeigt in einer Erkenntnis zusammenfassen.

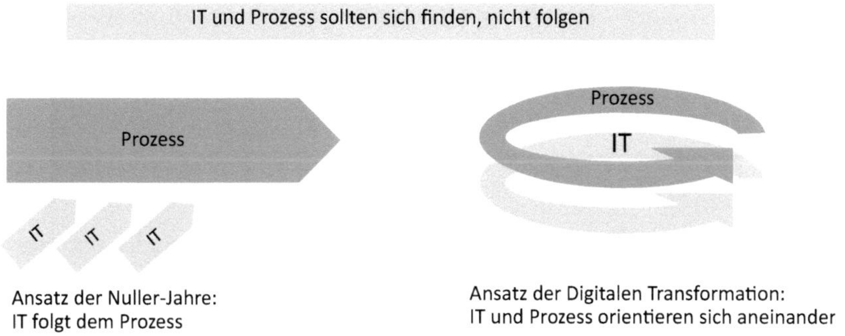

Bild 4.1 IT ist nicht mehr reine Unterstützung für Prozesse, sondern setzt Grundlagen und Randbedingungen, damit Prozessgeflechte langfristig robust und flexibel bleiben

Das Motto „IT follows process“ ist an dem Moment an seine Grenzen gestoßen, als die IT mehr dem sich wandelnden Prozess folgen konnte. Die vermeintliche „weiche Ware“ wurde hart, oder, um ein anderes Bild zu zitieren: Das Erbgut der alten, individuell angepassten Lösungen hat sich überall eingeschlichen und war kaum mehr zu bekämpfen. Eine invasive Art, die immer wieder unerwartet aus den Nischen sprießt und stört.

Es gibt nur zwei mögliche Auswege aus dem Problem: Die Software wird anpassungsfähiger oder der Prozess wird anpassungsfähiger. Und wenn man die Gesetzmäßigkeiten der Digitalarchitekturen betrachtet, die jeden bestrafen, der die falsche Sprache spricht, bleibt von den beiden Auswegen nur einer: Mit dem Grad der Vernetzung steigt die Notwendigkeit, dass Anwender sich der Technik anpassen.

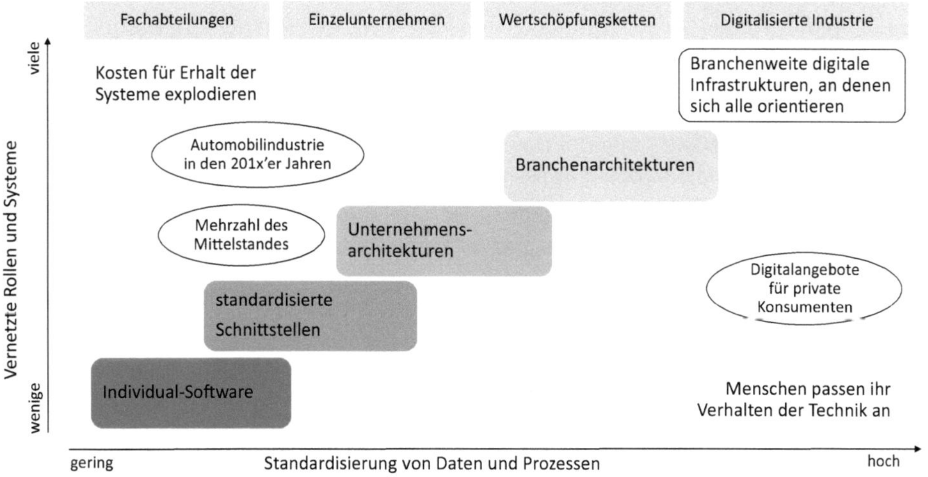

Bild 4.2 Standardisierung ist Voraussetzung für Vernetzung

Je mehr Rollen und Systeme zuverlässig zusammenarbeiten sollen, desto stärker steigt der Bedarf nach Standardisierung (Bild 4.2). Das geht bei den Datenformaten los über die Schnittstellen bis in die Architekturen und die Infrastruktur. Die digitale Infrastruktur kann man sich als die gemeinsame Sprache einer Industrie vorstellen. Und je enger die Zusammenarbeit ist, desto bedeutender wird diese gemeinsame Sprache.

Manche Branchen haben in den frühen Jahren der Digitalisierung verpasst, diese Strukturen zu entwickeln. Allen voran die Automobilindustrie, die wegen ihrer hohen Produktkomplexität bei gleichzeitig großen Serien besonders viel Nutzen aus automatisierten Prozessen zog. Dort wurden hochoptimierte Unternehmensarchitekturen aufgebaut, die jedoch so individuell waren, dass der Übergang zu Branchenarchitekturen nahezu unmöglich war. Standardisiert wurde nur an den Schnittstellen nach außen, die damals noch spärlich waren. Ein echtes Hemmnis für die Weiterentwicklung der Unternehmen, sobald ihre Produkte, die Autos, ebenso wie die Abläufe, mehr und mehr selbst zu vernetzten Objekten wurden.

Das Drama mit dem Joint Venture

Das Produkt Auto konnte sich durch digitale Kompetenzen in Entwicklung, Lieferkette und Produktion enorm verbessern und bekam zusätzliche Eigenschaften, ohne dass dabei der Preis nennenswert stieg. Doch ein Thema blieb über ungelöst: das Joint Venture.

Die Unternehmen hatten alle ihre auf ihre Unternehmen ausgerichtete Informationskette, die sich daran orientierte, dass Lieferanten Daten liefern, diese beim Autohersteller gebündelt werden und dort die Entscheidungen fallen. Jede dieser Strategien verfolgte ihre eigenen Datenformate und Übergaberegeln, was aus der Perspektive jedes Unternehmens auch sinnvoll war.

Hätte es da nicht das Joint Venture gegeben … Die Zusammenarbeit mit Wettbewerbern, um bestimmte Komponenten gemeinsam zu entwickeln, bis hin zu gemeinsamen Fahrzeugen, die unter den Marken der Partner dann nur leicht angepasst verkauft wurden. Das fand zwischen Herstellern aller Länder statt, deutschen und französischen, amerikanischen und asiatischen oder italienischen und vor allem auch zwischen Herstellern aller Länder mit den Chinesen.

Es war klar, dass der Schutz des geistigen Eigentums durch digitalen Datenverkehr bedroht ist. Und es war klar, dass in den technischen Beschreibungen im Automobilbau jede Menge geistiges Eigentum steckt. Nicht nur über die technischen Innovationen, sondern auch über Strategien und Konzepte, über Planungen und Finanzen. Und es war klar, dass ein bestimmtes Land alle Daten systematisch abgreift.

Das Problem des Joint Ventures war: Es wurde in Produkten gedacht und nicht in der Frage, wie diese entstehen. Erst wenn es losgehen sollte, wurde ein Verantwortlicher benannt, der unter anderem die Aufgabe hatte, für eine digitale Infrastruktur der Zusammenarbeit zu sorgen.

Dann wurden hektisch Softwarehersteller und Serviceanbieter befragt, ob sie eine sichere Plattform bereitstellen könnten. Es wurde bestätigt, es ginge, und würde Betrag X kosten und den Zeitraum Y dauern. Beide Faktoren, Kosten wie Zeit, waren nicht vorgesehen in der Planung, und somit trat das schlechteste aller Szenarien ein: Um den Start des Projektes nicht zu gefährden, wurden einfach alle Daten in einen gemeinsamen Projektraum gestellt. Die Partner im Joint Venture konnten zwar darüber nicht frei im anderen Unternehmen herumstreunen, doch über die Daten im Projektraum erfuhren sie aus den Daten der Bauteile mehr über Planungen, Technologien und Vorhaben, als nötig gewesen wäre. Denn kaum ein Bauteil bei einem Automobilhersteller wird nur für ein einziges Fahrzeugprojekt entwickelt und produziert.

Wenn Softwarehersteller und Dienstleister mahnten, man müsse sich für die nächsten derartigen Situationen vorbereiten, stießen sie auf taube Ohren: Bei den Automobilherstellern hatte dafür niemand Zeit, und es herrschte die Ansicht, das müssten die Softwarehersteller klären. Doch die kamen in ihrer Wettbewerbssituation ohne Kunden, die ihnen eine Geschäftsperspektive geben, ebenfalls zu keiner Antwort. ■

Ganz anders die Mehrzahl des Mittelstandes. Dort wurde, in der Regel aus Kapazitätsgründen, nur das Notwendigste in Digitalsysteme investiert, und in der Regel sind dort nicht einmal konsistente Unternehmensarchitekturen zu finden, sondern individuell aufeinander abgestimmte Einzelsysteme. Das ging so lange gut, wie die Unternehmen bei der Definition und Produktion ihrer Produkte im Wesentlichen auf sich allein gestellt waren. Je mehr das Geschäft von vernetzten Angeboten und flexiblen Wertschöpfungsketten geprägt wird, desto größer wird der Veränderungsdruck auf diese Unternehmen.

Die bekannten Digitalangebote für private Konsumenten, von Facebook bis Airbnb, kennen diese Probleme hingegen kaum. Ihre Geschäftsmodelle sind nur begrenzt vernetzt und können daher schnell in einer reinen Cloud-basierten Architektur realisiert werden.

■ 4.2 Vernetzung verlangt Standardisierung

Kommunikation funktioniert besser, wenn man die gleiche Sprache spricht. Es gibt zwar inzwischen Übersetzungshilfen, doch sie sind Hilfen, die den Kommunikationsfluss stören und die Sprachqualität mit all ihren Feinheiten mindern.

Ähnlich ist es mit der Vernetzung der Industrie. Die Industrie besteht aus vielen Fachdisziplinen sowie aus einer verschachtelten Zulieferkette, und in beide Richtungen müssen schon seit Beginn der Digitalisierung in den Achtzigerjahren Daten ausgetauscht werden. Der Streit ist dann schnell groß, denn die Interessen liegen weit auseinander. Lösungsanbieter wollen sich differenzieren und so im Wettbewerb einen Vorteil haben, Anwender wollen einmal eingeführte Formate nicht ändern, denn das kostet Zeit und Geld. Im Weiteren ist es eine Machtfrage, wer bei der Einführung eines Standards das Wort führt und vielleicht aufgrund der eigenen Vorgeschichte weiter ist als die anderen. Nicht zuletzt gibt es jede Menge von Serviceunternehmen, die gut davon leben, dass es keine Standards gibt, denn dann steigt der Bedarf an Zusatzsoftware, um Systeme zu verbinden, und an händischer Arbeit, um Daten anzupassen, beides schöne Einnahmequellen für Dienstleister.

	Netzwerkteilnehmer		
Standardisierung	Softwareanbieter	Softwareanwender	Dienstleister
Individuallösungen	**Pro:** starke Differenzierungsmöglichkeit für hochpreisige Produkte **Contra:** schwieriger Verkauf in den Massenmarkt	**Pro:** schnelle und konkrete Lösung von Problemen **Contra:** hohe Pflegeaufwände und langfristige Unsicherheit	**Pro:** hohe Margen bei Entwicklung und Pflege individueller Lösungen **Contra:** geringe Skalierbarkeit von Expertenwissen
Syntaktische Standardisierung (Formate)	**Pro:** formale Unterstützung als Vertriebsargument **Contra:** Pflegekosten und Einschränkung der Innovationsfähigkeit	**Pro:** Sicherheit der grundsätzlichen Stabilität von Systemarchitekturen **Contra:** hohe Aufwände zur Qualitätssicherung von Prozessen	**Pro:** große Serviceaufkommen für Pflege vernetzter Prozesse **Contra:** keines
Semantische Standardisierung (Bedeutung)	**Pro:** klare Einbettung des eigenen Produkts in eine Wertschöpfungskette **Contra:** Austauschbarkeit in der Wertschöpfungskette	**Pro:** Sicherheit und Flexibilität im Aufbau vernetzter Prozessketten **Contra:** Austauschbarkeit mit dem Wettbewerb	**Pro:** Grundlage für höherwertige Beratung **Contra:** wegfallendes Integrationsgeschäft

Bild 4.3 Standardisierung wirkt sich unterschiedlich auf die betroffenen Unternehmen aus. Was den einen nützt, schadet den anderen. Das erschwert Entscheidungsprozesse

Auch wenn scheinbar Einigkeit über Formate besteht, bedeutet das noch lange nicht, dass die unterschiedlichen Seiten einer Schnittstelle das Format auch gleich interpretieren. Die sogenannte syntaktische Standardisierung auf beiderseitig verstehbare Sprachelemente und die semantische Standardisierung auf die gleiche Bedeutung von Inhalten sind noch einmal zwei unterschiedliche Schritte (Bild 4.3).

Die Dynamik des Wettbewerbs baut in weiten Teilen auf permanenter Innovation auf. Bedenkt man das, wird schnell deutlich, dass Standardisierung und der Umgang mit Standardisierung äußerst wichtige Fragen sind. Davon hängt ab, wie sich Branchen und Unternehmen entwickeln. Das gilt umso mehr, je vernetzter eine Industrie ist und damit in besonderem Umfang für die digitale Transformation.

Die Effekte sind nicht rational, sondern evolutionär

Die wechselseitigen Abhängigkeiten von Innovation, Vernetzung und Standardisierung führen zu einem bestimmten Evolutionsmuster, das zwischen Kernkompetenz, Expertenforen, Support-Prozessen und digitaler Ökonomie unterscheidet (Bild 4.4):

- **Kernkompetenzen** werden mit auf den eigenen Bedarf ausgerichteten, unternehmensbezogenen Architekturen unterstützt. Standardisierung und Vernetzung werden auf das Notwendige beschränkt, auch um das Know-how im Unternehmen zu halten.
- **Expertenforen** setzen sich aus Vertretern der Kernkompetenzen unterschiedlicher Unternehmen zusammen und entwickeln Fragestellungen weiter, die über die Unternehmensgrenzen hinweg von Bedeutung und nicht wettbewerbskritisch sind. Da werden branchentypische Schnittstellen vereinbart, Positionen zu Regulierungen erarbeitet oder Architekturkonzepte entwickelt, die für die Zusammenarbeit über Unternehmen hinweg bedeutsam sind. Hier findet eine hohe Vernetzung statt, die aber nicht kommerziell untermauert ist. Diese Foren stellen in der Regel hohe Forderungen an Standardisierung, sind aber eher deren Wegbereiter als ihre Nutzer.

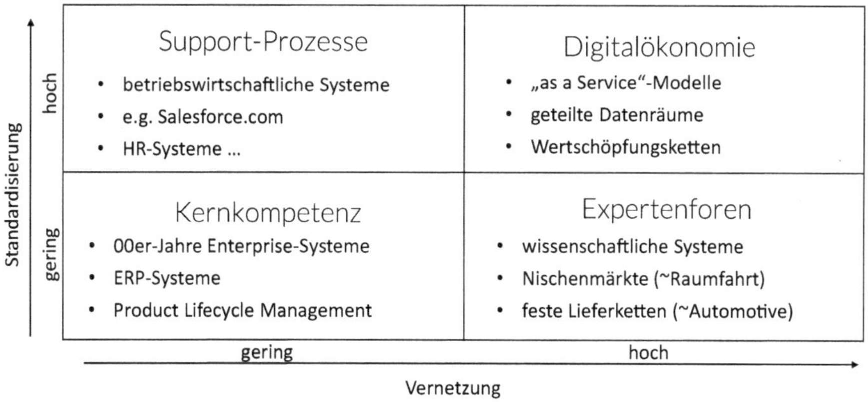

Bild 4.4 Evolutionsstufen von Standardisierung und Vernetzung

- **Support-Prozesse** betreffen nicht die fachliche Weiterentwicklung von Expertenkonzepten, sondern vielmehr den Teil des Unternehmensgeschehens, der jenseits des Expertenwissens verallgemeinerbar ist. Das sind häufig betriebswirtschaftliche Prozesse oder Prozesse im Rahmen der Infrastrukturpflege, die über viele Branchen hinweg vergleichbar sind. Hier sieht man wegen der größeren Möglichkeit der Verallgemeinerung ein schnelleres und teilweise auch stärkeres Wachstum als in den rein branchenbezogenen Themen. Einer der großen Namen hier ist Salesforce.com, aber auch Systeme im Bereich der Human Resources spielen hier eine große Rolle. Diese Systeme haben eine fachlich klare Eingrenzung und daher auch eine relativ geringe Vernetzung in unterschiedlichen Rollen.

- Die Vereinigung beider Aspekte, der Vernetzung wie der Standardisierung, füllt die Welt der **Digitalökonomie**. Dieser Spagat bildet eine Hürde, die meist erst nach langer Vorbereitung durch alle unterschiedlichen Beteiligten genommen werden kann.

  Die Digitalökonomie benötigt

  - klare, verlässliche Strukturen und Regeln, die erst verhandelt und festgeschrieben werden müssen, und oft existiert zunächst niemand, der solche Regeln verfassen könnte,
  - eine zuverlässige Infrastruktur als Grundlage für Investitionsentscheidungen,
  - eine tragfähige Rollenverteilung, die auch die Interessen und Risiken der Beteiligten berücksichtigt, schließlich geht es in einer sich verändernden Konstellation auch schnell um Macht,
  - Einigung über Geschäftsprozesse, im Technischen wie im Kommerziellen, einschließlich kritischer Fragen wie Know-how-Schutz und Datensicherheit,
  - rechtliche Rahmenbedingungen vergleichbar zu Verbraucherschutz bei Privatkunden. Das schließt eine gewisse Regulierung ebenso ein wie eine Regelung hoheitlicher Fragen, also an welcher Stelle Behörden in das Geschehen eingreifen, um einen sicheren Ablauf zu gewährleisten, vergleichbar mit dem Eisenbahnbundesamt oder der Regulierungsbehörde für das Fernmeldewesen.

All diese Themen brauchen Zeit. Sie müssen erst einmal erkannt werden, dann muss dazu Einigung erzielt werden. Der einzige Weg, das zu bewältigen, ist wieder das Zerlegen in beherrschbare Teile, und das beginnt mit der Überlegung, an welchen Stellen die digitale Transformation konkret angegangen werden soll.

Beispiel: Der vernetzte Kühlschrank

In der Frühphase des Internets der Dinge war viel vom vernetzten Kühlschrank die Rede, der automatisch erkennt, was eingekauft werden müsse. Eine irrwitzige Vision, die sich aber gut eignet, um herauszuarbeiten, was so ein Projekt auslösen würde.

Objekte im Kühlschrank müssten erkennbar sein, entweder anhand ihrer Form oder über eine Beschilderung. Das bedeutet, dass es entweder einen Normierungsprozess über Formen oder Datenbanken mit künstlicher Intelligenz über mögliche Formen oder eine standardisierte Codierung wie Barcodes braucht, mit denen alle Lebensmittel ausgezeichnet sind.

Der Kühlschrank müsste den Bedarf kennen, also bräuchte er ein detailliertes Wissen über das Leben und die Gewohnheiten seiner Nutzer. Er müsste ihre Terminkalender kennen, ihre Verhaltensweisen über die Zeit protokollieren, um daraus zu lernen, und Umstellungen in den Gewohnheiten erkennen. Dazu braucht er eine Vernetzung in ihre Lebensplanung, also in ihre Terminkalender, und eine künstliche Intelligenz, die aus den vorhandenen Daten Prognosen über den Bedarf erstellt.

Der Kühlschrank muss Verträge abschließen können, wenn er automatisiert Milch nachbestellen soll. Dazu braucht es Rechtssicherheit über die Gültigkeit der Verträge, es braucht ein fälschungssicheres Dokumentationssystem für die Verträge, wie etwa die Blockchain, und ein Haftungssystem für Fehlerfälle, wenn etwa der Kühlschrank aufgrund einer Irritation grenzenlos viel Milch nachbestellt.

Der Kühlschrank ist ein Abbild seiner Nutzer, und das Wissen über seinen Inhalt lässt sich vielfältig nutzen und auch missbrauchen. Es braucht also Maßnahmen gegen den Missbrauch, und die Möglichkeiten dafür sind groß. Hacker könnten den Kühlschrank anregen, hektoliterweise Champagner zu bestellen, Scheidungsanwälte könnten nach Verbrauchsmustern von Alkohol forschen oder Vermieter nach verfallenen Inhalten und Zeichen von Verwahrlosung. Der Kühlschrank muss gegen Missbrauch abgeschirmt werden, sich aber gleichzeitig in einem vernetzten Bestellumfeld bewegen. Wird das Bestellumfeld zu sehr abgeschottet und dabei der Wettbewerb ausgeschaltet, besteht wiederum die Gefahr der Preisbeliebigkeit, und auf einmal kostet ein Liter Milch das Doppelte als im Supermarkt.

Es braucht jede Menge innovative Technik in einer Welt, die sich ständig erneuert. Ein Kühlschrank hält aber in der Regel eher Jahrzehnte als Jahre, und somit ist es alles andere als sicher, dass die Technik im Kühlschrank auch nur nach wenigen Jahren noch leisten kann, was von ihr erwartet wird. ■

■ 4.3 Zu viel Technologie

Industrielle Innovation benötigt Forschung, auch jenseits einzelner Hochschulen oder Unternehmen im Kontext von Verbünden, die auf Basis innovativer Grundlagen für bestimmte Industrien passende Innovationen erarbeiten. Diese Tätigkeiten werden zur Förderung der Wettbewerbsfähigkeit der heimischen Wirtschaft gerne von Regierungen gefördert.

In den Statuten der Forschungsförderung steht, es sollten Technologien geschaffen werden, die der Industrie Vorteile verschaffen. Zudem sollten heimische Jungunternehmen gefördert werden, die mit innovativen Technologien den Weltmarkt erobern. Doch das ist fatal.

In einer technologiesüchtigen Welt erstickt die Welt in Technologien. Jeder kann irgendetwas, aber nichts passt zusammen. Die Leistung liegt darin, vorhandene

Technologien nutzbar zu machen, sie in industrielle Szenarien einzubauen und dafür zu sorgen, dass unterschiedliche Beteiligte, etwa Komponentenhersteller, Systemhersteller, Dienstleister für Entwicklung, Simulation und Test, Produzierer, Abnehmer, in einer Sprache sprechen.

Das Prinzip „Verbinden statt erfinden“

Würde jemand auf die Idee kommen, das Alphabet durch ein effizienteres zu ersetzen, weil es möglich wäre, mit weniger Buchstaben auszukommen? Das Y kann weg, das J, das K oder das C, das Z, man könnte dafür einen neuen Buchstaben für das „SCH“ einführen? Nein. Es macht keinen Sinn, diese zuverlässig funktionierende Grundlage zu bekämpfen, der Preis wäre viel zu hoch. Das ist Evolution. Dinge bleiben, solange sie passen. Die Kunst ist also, die Dinge so zusammenzufügen, dass sie passen und nur da, wo wirklich Lücken entstehen, Neues zu schaffen.

Eine vernetzte Welt lebt davon, dass Verbindungen funktionieren und so robust sind, dass sie auch Veränderungen aushalten. Das Zusammenspiel des Vorhandenen ist es, was ein Ökosystem ausmacht, das ist in einem Biotop nicht anders als in der industriellen Wertschöpfungskette. Das Überleben geschieht in erster Linie durch Anpassung, also Verbindungen, nicht durch Störung, also neue Technologien.

Was die Technologien betrifft: Einige fügen sich ein und werden so stark, andere sind selbst so mächtig, dass sie das Ökosystem verändern. Das gelingt aber nur wenigen, auch wenn viele genau davon träumen. Für die meisten von ihnen reicht aber der Artenschutz, wenn er im digitalen Zoo stattfindet, in den Archiven der Hochschulen und Forschungsinstitute.

Innovation liegt heute weniger in Technologie als in attraktiven Geschäftsmodellen und in der Fähigkeit, vorhandene Technologien so zu integrieren, dass eben solche Modelle funktionieren und erfolgreich werden.

Sinnvoll ist, Probleme mit vorhandener Software zu lösen und nur echte auftretende Lücken zu schließen. Keine Technologie für das digitale Museum zu erstellen, sondern in Ökosystemen zu denken: in der kommerziellen Realität des Wettbewerbs, des Bedarfes nach Integrationsfähigkeit und Durchgängigkeit von Informationsfluss und im Bewusstsein des Aufwandes, die Technologie zu pflegen.

4.4 Kernkompetenz Kooperation

Je mehr sich die Welt vernetzt, desto mehr gilt die Regel: Alles muss zu allem irgendwie passen. So wie Sprachen aussterben, weil es keine isolierten Gruppen mehr gibt, die gut mit ihnen leben, so sterben Technologien aus, weil der Preis zu hoch ist, sie mit der Welt zu verbinden. In der Vernetzung entsteht wiederum Neues, das ist der Lauf der Evolution – auch in der Technologie und in der digitalen Welt.

Der große Unterschied der digitalen Transformation in der Industrie zu vorangegangen Veränderungswellen ist der absolut dominierende Aspekt der Vernetzung.

Ich habe vor einiger Zeit einer HR-Managerin, die eifrig dabei war, den Mitarbeitenden ihres Unternehmens den Wandel der Welt zu erklären, gesagt: Alles, was sie schreibe, müssen auch jede Menge Menschen lesen. Sie hatte einen Moment gestutzt und wurde dann nachdenklich.

Dieses Verhalten ist typisch für das, was wir in Unternehmen heute immer noch erleben: das Denken aus der eigenen Sicht heraus. Das betrifft Mitarbeitende im internen Betrieb, das betrifft Abteilungen untereinander, und das betrifft Prozesse und Geschäftsbeziehungen zwischen Unternehmen. Zu verstehen, wie andere denken, ist eine große Herausforderung, die immer wieder unterschätzt wird. Doch je weniger Menschen, Abteilungen und Unternehmen funktionierende Einheiten sind, die nach klaren Vorgaben Dinge annehmen oder herausgeben, desto konfliktreicher wird der Umgang miteinander. Und je vernetzter Geschäftsprozesse werden, desto mehr steigt dieses Konfliktpotenzial an.

Wer das Spiel „Stille Post“ kennt, erahnt, um was es geht. In eine Reihe von Menschen flüstert der erste dem zweiten einen Satz ins Ohr, der flüstert ihn weiter dem dritten ins Ohr, und so geht es weiter, je nachdem, wie viele Menschen in der Kette sind. Der letzte spricht den von ihm gesagten Satz dann laut aus. Nahezu immer ist es ein ganz anderer Satz als der, den der erste in der Kette geflüstert hatte.

Und hier sitzen nur Menschen mit mehr oder weniger gleichen Interessen in der Kette. Bei großen Softwareprojekten in Industrieunternehmen gibt es in der Regel einen Softwarehersteller, einen Kunden und einen Dienstleister, der das Projekt mit Experten für Programmierung, Integration, Prozessberatung und Einführung umsetzt. Alle Beteiligten schwören zu Beginn, das gleiche Ziel zu verfolgen, und legen sich einen Plan zurecht. Nach wenigen Monaten ist das Projekt in der Regel in der Schieflage.

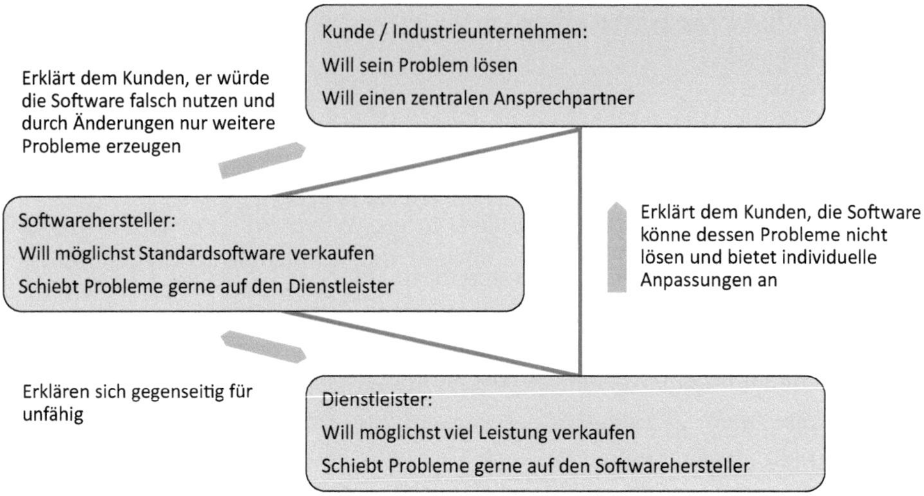

Bild 4.5 Stakeholder-Dilemma

Der Grund sind zwei Gründe, die zusammen das „Stakeholder-Dilemma" bilden (Bild 4.5):

- **Unterschiedliche Vorstellungen:** Jeder der Beteiligten hat zu Beginn unter dem Auftrag eine eigene Vorstellung entwickelt und nicht ausreichend geprüft, ob diese Vorstellung mit derjenigen der anderen übereinstimmt: aus Zeitgründen, weil das Thema meist doch recht komplex ist und viele zur Vereinfachung neigen, oder einfach in guter Hoffnung, es werde schon klappen.
- **Unterschiedliche Interessen:** Die Interessen der Beteiligten liegen in ihrer Natur weit auseinander. Der Kunde möchte, dass alles besser wird, dabei aber in seinem Alltag möglichst wenig durch Veränderung belastet werden, denn das erzeugt Unsicherheit bei der Belegschaft und hält die Leute von ihrer Arbeit ab. Der Softwarehersteller, der pauschal bezahlt wird, möchte am liebsten die Software unverändert so einführen, wie sie ist, denn jede Abweichung erzeugt einen hohen Wartungsaufwand für eine Lösung, die nur einen einzigen Kunden hat. Mit dieser Haltung geht er mit dem Kunden immer wieder in einen Konflikt. Der Dienstleister hingegen möchte dem Kunden am liebsten jeden Wunsch erfüllen. Erstens macht er sich damit beim Kunden beliebt, zweitens sorgen Extrawünsche für zusätzliche Beauftragungen beim Dienstleister, der nach Tagen bezahlt wird. Auftauchende Probleme werden dann in der Regel dem Softwarehersteller untergeschoben mit dem Argument, die Lösung leiste nicht, was erwartet sei.

Allein diese Dreierpaarung gerät in der Praxis oft in große (auch emotionale) Konflikte, die Projekte zum Scheitern bringen, Kosten ins Unermessliche treiben und Karrieren vernichten. Und es sind nur drei Parteien, die es nicht schaffen, ihre Interessen untereinander offen zu verhandeln.

In einer vernetzten Industrie prallen in der Regel mehr Parteien in kürzerer Taktung aufeinander. Der Bedarf an Zuverlässigkeit und Planungssicherheit ist demnach groß. Alles muss zueinander passen. Davon sind viele digitale Träume noch weit weg.

Die Art der Beauftragung von Partnern beeinflusst die Projektarbeit

Auch bei Digitalprojekten gibt es unterschiedliche Philosophien, wie Projekte beauftragt werden. Auftraggeber, also Kunden, stehen oft vor dem Problem, dass ihre Lieferanten sich gegenseitig die Schuld zuweisen. Ein naheliegender Ausweg ist, das Problem dadurch zu lösen, dass man die Projektverantwortung durch die Auftragsvergabe an eine der beiden Parteien vergibt. Der Kunde hat dann nur noch einen Ansprechpartner, und der muss die Konflikte lösen.

Dieses Modell hat jedoch seine Tücken. Kurz gefasst kann man sagen: Durch die Verschiebung der Verantwortung an einen Generalunternehmer erlebt der Kunde einerseits einen Kontrollverlust, andererseits vergibt er die Chance, die Transformation im eigenen Hause aktiv zu üben (Bild 4.6).

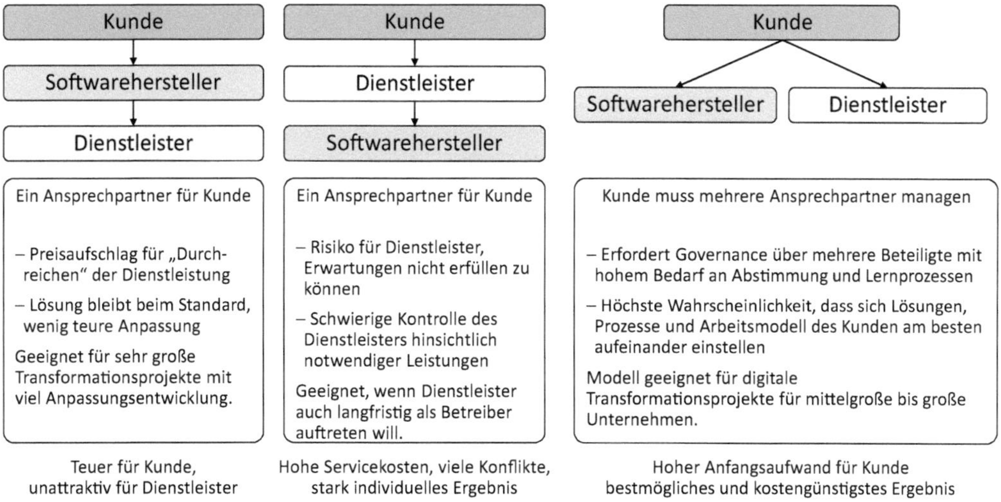

Bild 4.6 Auftragsmodelle führen zu unterschiedlichen Projektverläufen und -ergebnissen

Vergibt der Kunde die Generalunternehmerschaft an den **Softwarehersteller**, geschehen zwei Dinge: Der Softwarehersteller wird darauf achten, dass die umgesetzte Lösung nahe am Standardprodukt bleibt. Das macht Sinn, denn das senkt langfristig die Kosten und stellt die langfristige Vernetzbarkeit der Lösung sicher. Andererseits werden in diesem Modell oft Bedürfnisse der Anwender übergangen und die Lösung selbst führt zu großer Unzufriedenheit in der eigenen Belegschaft.

Zusätzlich taucht das Problem des Margenaufschlages auf. Zumindest wenn der Softwarehersteller börsennotiert ist, ist dessen Gewinnmarge im Verhältnis zum Umsatz ein wichtiger Wert. Projekte, die den Umsatz erhöhen, aber nicht den Gewinn, sind daher schädlich für den Aktienkurs. Der Hersteller muss also einen hohen Preisaufschlag verlangen dafür, dass er den Dienstleister in seinen eigenen Vertrag mit aufnimmt.

Das Modell ist geeignet, wenn von vornherein klar ist, dass viele Anpassungen nötig sind, um das Produkt für die Industrie des Kunden fertigzumachen. Dann hat der Softwarehersteller ein Interesse daran, Lücken zu identifizieren und zu schließen und mit einer gut passenden Lösung aus dem Projekt herauszukommen.

Vergibt der Kunde die Generalunternehmerschaft an den **Dienstleister**, sieht es anders aus. Das Interesse des Dienstleisters ist, sich mit den Anwendern zu verbünden und möglichst viel Servicezeit zu verkaufen. Wo immer er kann, wird er also erklären, die Software würde den Bedarf nicht erfüllen, um dann Anpassungsentwicklungen anzubieten. Das führt zu hohen Kostensteigerungen und Verzögerungen und in der Regel zu heftigen Konflikten mit dem Softwarehersteller. Der Kunde hingegen hat kaum Möglichkeiten, die Situation zu kontrollieren, da der Dienstleister im Namen der Wünsche der eigenen Mitarbeitenden handelt, die selbst zwischen Veränderungsschmerz und Sonderwunsch die einfachste Wahl treffen.

Das Modell ist geeignet, wenn der Dienstleister gleichzeitig im Anschluss als Betreiber anbieten will. Dann liegen die Kosten der Anpassungen langfristig bei ihm, und er wird alles tun, um diese von vornherein gering zu halten.

Die sicherste und empfohlene Variante ist allerdings, dass der Kunde **alle Beteiligten selbst beauftragt** und selbst in die aktive Projektführung einsteigt. Der Aufwand ist zwar zunächst größer und die Rolle ungewohnt, doch es zahlt sich aus.

Viele der Schwierigkeiten in digitalen Transformationsprojekten liegen intern im Haus des Kunden. Wenn der Kunde die Generalunternehmerschaft auslagert, bekommt er diese Schwierigkeiten nicht mit und verpasst die Chance, seine internen Rollen, Prozesse und Strukturen der Veränderung anzupassen.

In der aktiven Projektleitung kann der Kunde zudem viel besser herausfinden, wo in Zukunft die eigenen Kernkompetenzen liegen sollen und wo sich das Unternehmen besser an ein Standardvorgehen der Industrie anpasst. Innerhalb der Kernkompetenz wird er individuelle Lösungsanpassungen fordern, außerhalb wird er den Standard wählen. Damit schafft der Kunde die Voraussetzung, sich in der digitalen Transformation zu behaupten.

■ 4.5 Helden und Strategen nötig

Wie so oft teilt sich die Welt in Charaktere, die unterschiedliche Fähigkeiten haben und an unterschiedlicher Stelle ihre beste Wirkung entfalten. Die beiden Grundcharaktere im Falle der digitalen Transformation sind Helden und Strategen. Sie haben grundsätzlich unterschiedliche Charaktereigenschaften und brauchen doch einander, um erfolgreich zu sein. In unserem Zusammenhang stehen Helden für Innovation und Strategen für Transformation (Bild 4.7).

Die digitale Transformation stellt eine Veränderung der Industrie dar und nutzt dabei einen Strauß an innovativen Technologien beispielsweise Augmented Reality, Internet der Dinge, Künstliche Intelligenz, Lifecycle-Management, drahtlose Netzwerke, autonome Objekte, 3D-Druck, Edge Cloud ... Es sind vielleicht knapp ein Dutzend Technologien, die gleichzeitig auf die Industrie einprallen und deren Welt verändern.

Diese Technologien wollen wachsen und gedeihen, wollen eingesetzt und begehrt werden, Nutzen bringen und ein wichtiger Bestandteil der industriellen Welt werden. Dazu müssen sie aber zunächst einmal verstanden werden. Es müssen misstrauische Kunden überzeugt werden, technische Hindernisse überwunden, Verständnisprobleme beseitigt, kleine Helfer gebastelt werden. Dazu braucht es Shows, Überzeugung, nächtliche Fleißarbeit und den Willen, im Gefecht um die Investitionsentscheidung zu gewinnen. Und dieses Gefecht ist hart. Es geht nicht nur um das technische Misstrauen, sondern auch, aufseiten der Kunden, um das Vertrauen, dass die Veränderung Gutes bringt und nicht die eigene Existenz gefährdet. Es geht um das Vertrauen, dass die Veränderung auch nachhaltig tragfähig ist und in die eigene Welt passt.

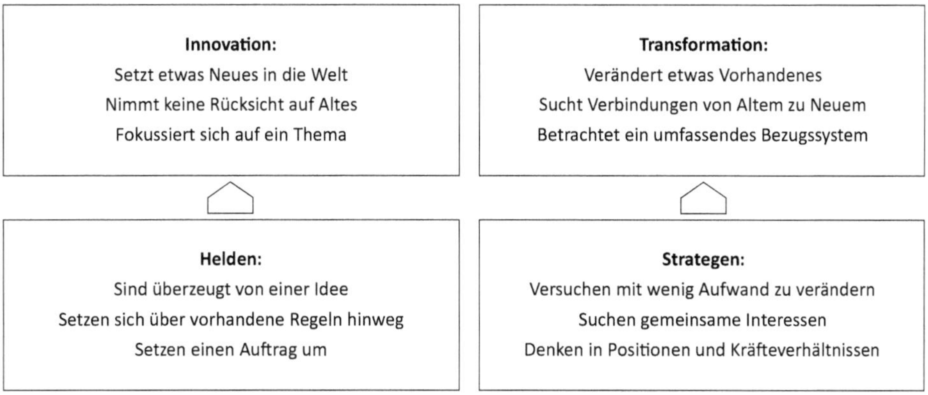

Bild 4.7 Helden unterstützen Innovation, Strategen Transformation

Vertriebsaktivitäten rund um digitale Innovationen ähneln oft einer militärischen Schlachtenvorbereitung. Die Intensität und Geschwindigkeit der digitalen Innovation erzeugt so viel Unsicherheit zwischen Anbieter und Kunde einerseits und so viel Wettbewerbsdruck andererseits, dass das Misstrauen groß und die Routine der Teilnehmer klein ist. Das sorgt leicht dafür, dass zwischen den Parteien eine Kampfstimmung entsteht und sie sich gegenseitig infrage stellen, um die eigene Unsicherheit zu überdecken und um sich selbst zu schützen.

In diesen Situationen ist die Souveränität echter Helden Gold wert. Die sich nach vorne stellen in der verstrickten Auseinandersetzung und durch Auftritt und Können die Situation klären. Helden müssen die immer wieder neu auftauchenden Unsicherheiten überwinden, und zwar hier und jetzt, vor laufender Kamera und unter Zeugen. Das kann in der Vorstandsetage genauso stattfinden wie in der Werkshalle, denn die Entscheidungen werden überall geprägt.

Helden wollen im Kampf bestehen, Strategen wollen den Kampf vermeiden

Eine Kerneigenschaft von Helden ist allerdings, dass sie sich in der direkten Konfrontation am wohlsten fühlen und dass ihnen andererseits Politik suspekt ist. Sie gewinnen erfolgreich einzelne Auseinandersetzungen, doch das reicht nicht, um sich im großen Stil durchzusetzen. Hier sind die Strategen gefragt. Ihre Aufgabe ist es, die Situation aus einer angemessenen Distanz zu verstehen, zu lernen, welche Mechanismen wie greifen und wie man sie so einsetzen kann, dass sie mit möglichst viel Effekt wirken. Strategen müssen die gegnerischen Kräfte genauso verstehen wie die eigenen, müssen die Interessen Dritter einkalkulieren, Bündnisse schließen, Positionen erarbeiten und Pläne aufstellen, wie diese Positionen erreicht werden können. Sie müssen dafür sorgen, dass eine Organisation lernt, unter neuen, veränderten Bedingungen erfolgreich zu sein, und sie müssen die Regeln dafür erarbeiten. Und sie müssen erkennen, wo die Räume für das eigene Geschäft sind, unter welchen Bedingungen sie sich öffnen und was die entscheidenden Kriterien sind, hineingelassen zu werden.

Ein Grundproblem in vielen Unternehmen ist, dass Helden und Strategen sich gegenseitig verachten (Bild 4.8). Helden halten Strategen für Theoretiker und Nichtsnutze, Strategen halten Helden für notwendige Legionäre, von denen man sich besser fernhält, weil sie so in ihren eigenen Erfolg verliebt sind. Das führt zu einer Entwicklungsblockade, an der viele Unternehmen scheitern.

Das Thema füllt Literaturregale und wird daher in diesem Buch nur am Rande betrachtet. Eines ist allerdings zentral: Den Graben zwischen Helden und Strategen einigermaßen zu überbrücken, ist eine zentrale Führungsaufgabe. Unternehmensführer, denen das nicht gelingt, werden große Probleme bekommen, in der digitalen Transformation eine wichtige Rolle zu spielen.

	Held → Stratege	Stratege → Held
Nutzen	Setzt sich mit konkreten Personen auseinander im Ringen um Entscheidungen Gewinnt konkrete Gefechte Handelt stark eigenverantwortlich	Gibt sichere Randbedingungen für die konkrete Auseinandersetzung beim Kunden Gibt Hintergrundinformationen Ist gelegentlich nützlich für Strategiegespräche beim Kunden
Abneigung	Hält den Einsatz des Helden stets für zu groß Versteht die Erwartung des Helden nach Lob und Anerkennung nicht Sieht sich in Konkurrenz zum Helden, der mehr Anerkennung erhält	Hält Strategen für schwach Akzeptiert ungerne warnende Signale des Strategen, die das Gefecht stören Hält Entscheidungsmacht der Strategen für unangemessen

Bild 4.8 Beziehungen zwischen Helden und Strategen

Helden stehen in jedem Unternehmen nur in begrenzter Zahl zur Verfügung, und jede vertriebliche Auseinandersetzung kostet Zeit. Es ist daher eine zentrale Aufgabe der Strategen, dafür zu sorgen, dass genau die Auseinandersetzungen ausgefochten werden, die den Weg zur angestrebten Veränderung öffnen.

■ 4.6 Vertriebsaufgabe „digitale Transformation“

Im Rahmen der Reflektionen zu zehn Jahren Industrie 4.0 Anfang der Zwanzigerjahre kam die Erkenntnis zutage, dass die Idee von Industrie 4.0 als „technische Vision“ geschaffen worden war. Auf Basis der Innovationen, die am Ende der Nullerjahre des Jahrtausends sichtbar waren, wurde eine mögliche Industriewelt skizziert, die für die Herausforderungen der Zukunft gewappnet sein sollte. In den späteren Jahren wurde diese Vision immer wieder als Ziel zitiert und geklagt, es sei noch nicht erreicht, während andere offenbar deutlich schneller wären, beispielsweise in den asiatischen Ländern. Der Unterschied ist, dass es in anderen Ländern keine Transformation war, sondern reine Innovation. Dort gab es keine oder kaum vorhandene Strukturen, die umgebaut werden mussten, es wurden einfach neue gebaut.

Wenn Strukturen erst umgebaut werden müssen, müssen Menschen davon überzeugt werden. Unternehmerinnen und Unternehmer, Mitarbeiterinnen und Mitarbeiter, Partnerinnen und Partner, Kundinnen und Kunden, denn digitale Transformation findet in Netzwerken statt. Daher ist digitale Transformation in ihren grundlegenden Eigenschaften ein Vertriebsthema. Menschen müssen überzeugt werden, in eine Veränderung zu investieren. Dazu benötigt es ein Investitionsmotiv, ein Angebot und einen Plan. Das ist unabhängig davon, ob die Transformationsthematik innerhalb des eigenen Unternehmens stattfindet, etwa beim Umbau von Abteilungen wie Produktion oder Service, ob es sich um eine Initiative der Geschäftsentwicklung handelt oder ob es sich um eine konkrete Vertriebssituation handelt, bei der zahlende Kunden gewonnen werden sollen.

Die Methodik dieses Buches richtet sich an jedes dieser Szenarien, denn die Herausforderungen sind stets die gleichen. Wenn sie sich unterscheiden, dann in der Wortwahl: In einem Fall spricht man beispielsweise von Kunden, im anderen von Betroffenen. Worauf es aber ankommt, ist, dass man sich als Gestalter einer Transformation sehr genau mit dem Kontext auseinandersetzt und ausgehend davon Motive, Lösungen und Vorgehen ableitet.

Übungen

Architekturskizze

Arbeiten Sie eine Architekturskizze aus, welche die Lösungsbausteine und den Datenfluss Ihrer digitalen Transformationsidee abbildet, und benennen Sie die unterschiedlichen Digitalisierungstechnologien, die dabei eine Rolle spielen.

Beschreiben Sie, welche Kompetenzen für den Betrieb dieser Digitaltechnologien als Bestandteil Ihrer Idee benötigt werden.

Skizzieren Sie, wer in einem langfristigen digitalen Betriebskonzept welchen Anteil verantwortet.

Beauftragungskonzept

Erstellen Sie für die Kompetenzen, die zur Realisierung Ihrer Transformationsidee benötigt werden, ein Beauftragungskonzept. Wer kauft welche Leistung bei wem ein und wer überprüft die erfolgreiche Umsetzung?

Testen Sie unterschiedliche Beauftragungsmodelle und erstellen Sie aus der Perspektive jedes Beteiligten jeweils eine „Pro"- und „Contra"-Tabelle.

Leiten Sie daraus die Gesamtrisiken für jedes Beauftragungsmodell ab und begründen Sie eine Entscheidungsempfehlung an den Auftraggeber.

Stakeholder-Betrachtung nach Helden und Strategen

Machen Sie eine Liste der beteiligten Personen an ihrem digitalen Transformationskonzept.

Charakterisieren Sie die Personen nach Strategen oder Helden.

Notieren Sie sich die Verbindungen zwischen den beteiligten Personen und welchen Nutzen und welche Abneigungseffekte aus den Beziehungen entstehen.

5 Entwicklung zum Digitalunternehmen zwingend?

Where - *das Umfeld mit seinen Eigenschaften, innerhalb dessen die Transformation stattfinden soll.*	Industrielle Branchen mit ihren Teilnehmern, allen voran die Industrieunternehmen selbst, aber auch Dienstleister.
Why - *Ereignisse und Phänomene, die dieses Umfeld aktuell beeinflussen.*	Innovation liegt in der Software. Wer das bei der Gestaltung seines Angebotes übersieht, wird schnell abgehängt im Wettbewerb.
What - *eigene Möglichkeiten, in diesem Umfeld etwas zu verändern.*	Es ist für Industrieunternehmen nur begrenzt sinnvoll, sich in Digitalunternehmen zu verwandeln. Vielmehr sollten sie üben, digitale Möglichkeiten und Digitalunternehmen in ihrem Sinne zu nutzen.
How - *Art und Weise, wie diese Veränderung geleistet werden kann.*	Herausarbeiten der Rolle von Digitalunternehmen und ihres Unterschieds zu Industrieunternehmen und ihres gemeinsamen Wirkens auf die digitale Transformation.

Die digitale Transformation bildet neue ökonomische und architektonische Konzepte. Das Grundprinzip „Ressourcen durch Information ersetzen" ersetzt das Grundprinzip „Lieferketten optimieren". Während „Lieferketten optimieren" vom eigenen Unternehmen als Zentrum ausgeht, stellt „Ressourcen durch Information ersetzen" das eigene Unternehmen als Mitglied in ein Netzwerk gleichwertiger Partner.

Was das mit Unternehmen macht, ist keine pauschal beantwortbare Frage. Eine weitverbreitete Sicht ist, dass sich alle Unternehmen in Zukunft in Digitalunternehmen verwandeln müssen, um wettbewerbsfähig zu bleiben. Unbezweifelbar ist, dass Unternehmen sich mit der Frage befassen sollten, wie sich ihr Geschäftsmodell in einer vernetzten Welt verändern wird, welche Digitalkompetenzen sie für den zukünftigen Erfolg brauchen und welche sie besser bei Partnern suchen, die sich darauf konzentrieren.

Zunächst geht es dabei darum zu verstehen, wie die digitale Transformation sich auf die Rahmenbedingungen auswirkt, wie sie Unternehmenskompetenzen beeinflusst und wie sich Digitalunternehmen in ihrem Charakter von Industrieunternehmen unterscheiden.

5.1 Erschwerte Orientierung durch parallele Veränderungen

Der vielleicht wichtigste Unterschied zum klassischen Geschäft der Digitalisierung, in dem viele Unternehmen über die letzten 40 Jahre groß geworden sind und aus dem sich die Masse der Lehrmeinungen und Literatur zum Digitalgeschäft speist, ist die Neuordnung der Märkte. Also die Neuverteilung der Rollen innerhalb einer Industrie und über Industriegrenzen hinweg.

Im klassischen Digitalgeschäft waren Unternehmen in erster Linie damit befasst, sich unter Zuhilfenahme der neuen Möglichkeiten zu optimieren. Ab und zu kam ein dramatischer Killer dazu, der komplette Branchen vernichtet hat, wie die Smartphones den Markt der Digitalkameras, aber das waren eher punktuelle Effekte.

In der digitalen Transformation der Industrie bauen sich Marktsysteme um, und das tun sie gleichzeitig. Das heißt, die Anbieter sind genauso mit dem Umbau beschäftigt wie die Kunden, und oft wissen sie zunächst nicht, wer Anbieter ist und wer Kunde, wer Partner ist und wer eine andere Rolle hat, als Berater oder Dienstleister. Geschäftstreffen enden häufig damit, dass beide Seiten feststellen, dass sie der jeweils anderen etwas verkaufen wollten, etwa Daten. Das Unternehmen A, beispielsweise eine Versicherung, wollte dem Unternehmen B, beispielweise ein Sensorhersteller, eine digitale Leistung anbieten, um deren Prozesse zu optimieren und abzusichern. Das Unternehmen B dachte hingegen, es könnte mit den Daten aus seinen Kundenbeziehungen ein Geschäft machen, für das Unternehmen A viel Geld bezahlt.

In der digitalen Transformation wissen die Parteien jeweils sehr wenig übereinander. Sie kennen weder die Sprache noch die Probleme noch die Ziele der Märkte, in die sie gerne hineinverkaufen würden. Denn auch wenn sie glauben, sie aus früheren Erfahrungen zu kennen, verändern sie sich gerade.

Die Situation lässt sich am besten mit der bekannten Kurve des Gartner Hype Cycle erklären (Bild 5.1).

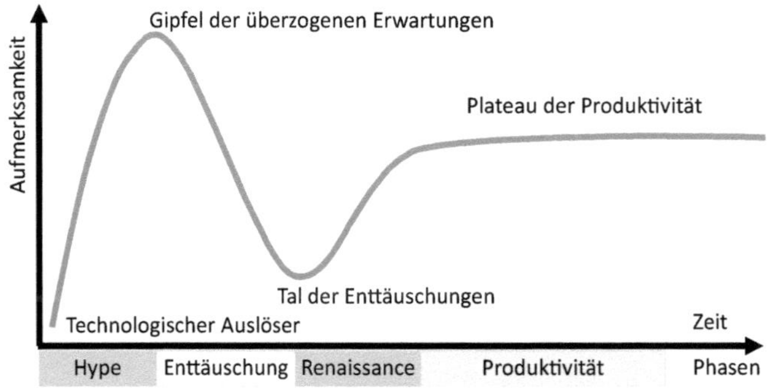

Bild 5.1 Der Gartner Hype Cycle für technische Innovationen

Der Hype Cycle zeigt, wie lange es dauert, bis eine Innovation in der Wirklichkeit ankommt und dass sie vermutlich auf dem Weg dahin mehrfach ihre Gestalt gewandelt hat. Eine technische Innovation erzeugt hohe visionäre Aufmerksamkeit. Doch dann muss sie sich den Bedingungen der Realität stellen und sinkt ab ins Tal der Enttäuschungen, da alles anders und schwieriger ist als erwartet. Erst dann lernen die Märkte, wie sie die Innovation mehrwertstiftend nutzen können, und langsam beginnt wieder der Aufstieg auf das Plateau der Produktivität. Beispielsweise ist virtuelle Realität in der Industrie einst hoch gehandelt worden und führt heute allenfalls ein Nischendasein. Das Internet der Dinge wurde zunächst für die Vernetzung von Alltagsgegenständen gehandelt und erweist sich inzwischen vor allem für Industrieprozesse als bedeutend.

In der digitalen Transformation kommt der Hype Cycle verdoppelt zur Wirkung

Denn es geht nicht nur um die die **Desillusionierung** einer Innovation, sondern auch um die **Veränderung** ihrer **Randbedingungen**. Durch die sich neu ordnende Industrie und die Vielzahl der gleichzeitig auftretenden Veränderungen ist die Landschaft aus Gipfel, Tal, Pfad und Plateau keine stabile, erforschbare Geografie, sondern bewegtes Gelände, schwimmenden Inseln gleich oder vulkanischen Landschaften oder dem sich ständig verändernden Treppenhaus von Hogwarts, dem Zauberschloss aus J. K. Rowlings „Harry Potter"-Romanen.

Noch kann niemand wirklich sagen, wie sich Kombinationen aus künstlicher Intelligenz, vernetzten Maschinen und Augmented Reality auf die Geschäftsmodelle rund um die Service- und Wartungsprozesse von Maschinen auswirken, aber alle wissen, sie werden sich verändern. Und keiner weiß, in welcher Form und welcher Geschwindigkeit Cloud und Software as a Service dafür sorgen werden, dass sich die Konzepte der Plattformökonomie in der Industrie breitmachen.

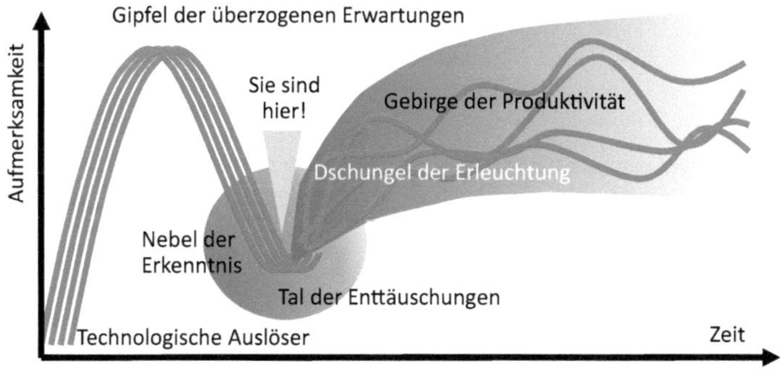

Bild 5.2 In der digitalen Transformation wirken viele technologische Auslöser gleichzeitig. Sich gegenseitig beeinflussende Effekte erschweren die Vorhersagbarkeit

Auch nach der schmerzvollen Erfahrung im Tal der Enttäuschungen ist die digitale Transformation ein komplexer Dschungel der Möglichkeiten, dessen Wege sich erst langsam zeigen (Bild 5.2).

Es gibt drei Auswege aus dieser Situation, und nicht jeder dieser drei Auswege ist erfolgversprechend:

- **Ausweg 1:** Ignorieren
- **Ausweg 2:** Abwarten
- **Ausweg 3:** Umfeld beobachten

Ausweg 1 ist der beliebteste. Man setzt auf den sichtbaren Trend, gibt sich innovativ und stellt alle anderen als träge Nachzügler dar. Der Weg erfordert eine gewisse Risikofreudigkeit, bringt jede Menge Lerneffekte und birgt die Gefahr des Verschleißes, sodass früh Nüchternheit einsetzt und die Innovation als nicht tragfähig beiseitegeschoben wird.

Ausweg 2 ist der verbreitetste. Man lässt erst einmal die anderen gegen die Wand laufen, um dann von den gemachten teuren Erfahrungen das Beste herauszupicken. Das Problem ist, dass möglicherweise zum entscheidenden Zeitpunkt die anderen schon viel weiter sind und man selbst aus der Zeit gefallen ist.

Ausweg 3 ist der anstrengendste. Weil es ständig darum geht, Zweifel auszuhalten und neue Einschätzungen zu verarbeiten. Dennoch ist er der erfolgversprechendste. Ausweg 3 bedeutet aber, die gängigen Entscheidungsstrukturen in Unternehmen zu verlassen und ein Thema funktionsübergreifend auf strategischer Ebene langfristig zu verfolgen. Digitale Transformation ist immer noch ein Thema der Strategieabteilungen, Kernaufgabe der CEOs und sollte nicht delegiert werden.

5.2 Unterschied Kundenverhältnis

Bewährte Industrieunternehmen wissen oft sehr genau, was ihre Kunden wollen. Und das macht ihre Stärke aus und prägt gleichzeitig ihre enge Verflechtung in das Netzwerk aus Kunden, Lieferanten und Partnern der Industrie.

Die Kenntnis auch der besten Unternehmen über die Kunden endet aber da, wo die bewährten Geschäftsmodelle enden. Dann bewegen sie sich schnell in etwa auf dem gleichen Niveau wie viele Digitalunternehmen, die oft wenig über ihre Kunden wissen.

Denn Digitalunternehmen sind jung und wachsen schnell, und eine zu enge Bindung an einzelne Kunden oder Branchen, an deren individuelle Wünsche und Bedarfe, wirkt oft als Ballast, als Hindernis für die Skalierung. Denn die Skalierung ist das Ziel aller ehrgeizigen Digitalunternehmen – eine Standardlösung für alle, das ist das beste Mittel für stabiles Wachstum. Die Folge ist, dass gerade Digitalunternehmen dazu neigen, mehr in ihrer Lösung zu denken als in den Details der Probleme ihrer Kunden.

Digitalunternehmen schauen mehr auf Märkte als auf Kunden

Das Spannungsfeld zwischen Kundenorientierung und Standardisierung begleitet jedes Unternehmen in seiner Entwicklung. Erfolgreiche Unternehmen gliedern sich in unterschiedliche Typen mit jeweils eigener Ausrichtung.

Hersteller von **Unternehmenslösungen** liefern relevante Anteile an den Geschäftsprozessen ihrer Kunden und sind dabei für die Kunden wichtige Partner. Das sind Firmen wie SAP, Oracle oder PTC.

Integratoren befassen sich eher damit, vorhandene Lösungen in einen Kundenkontext einzubinden. Sie befassen sich mit Architekturen und beschäftigen viele Spezialisten für Schnittstellen und Anpassungen. Das sind Unternehmen wie Accenture oder die großen indischen Systemhäuser wie Infosys.

Projekthäuser schaffen kundenindividuelle Lösungen, die meist große zentrale Projekte des Kunden darstellen. Hier werden Themen angegangen, die stark an der Kernkompetenz der Kunden hängen und stark individuell sind. Beispiele sind die IABG im Wehrbereich oder Elektrobit für Automobillösungen.

Massenanbieter liefern Lösungen, die wenig individuellen Kundenbezug haben, ihr Vorteil liegt in der Standardisierung, was sie robust und günstig macht. Es sind Firmen wie Adobe oder Autodesk.

Plattformanbieter zeichnen sich dadurch aus, dass sie Prozessteile des Geschäftes ihrer Kunden auf eine Art und Weise abdecken, die die Kunden mit ihrem Geschäftsumfeld verbindet. Hier findet man Unternehmen wie Salesforce oder auch Microsoft.

Typischerweise startet Innovation irgendwo zwischen Unternehmenslösungen, Projektgeschäft und Integration als initiale Idee und entwickelt sich von dort aus weiter. Einige Themen schaffen es ins Produktgeschäft und damit auf die rechte Seite des Bildes, andere schaffen es nicht und bleiben mehr bei der Dienstleistung auf der linken Seite oder verschmelzen mit etwas anderem. Auf dem Weg nach rechts gibt es zwei unterschiedliche Kräfte. Während die Kunden ein Interesse daran haben, dass eine Lösung sich zur Plattform entwickelt (das allerdings unter starker Berücksichtigung ihrer eigenen Anforderungen), haben Investoren und Börse zwar ebenfalls ein Interesse an der Entwicklung zur Plattform, allerdings über den Weg des Massenherstellers (Bild 5.3).

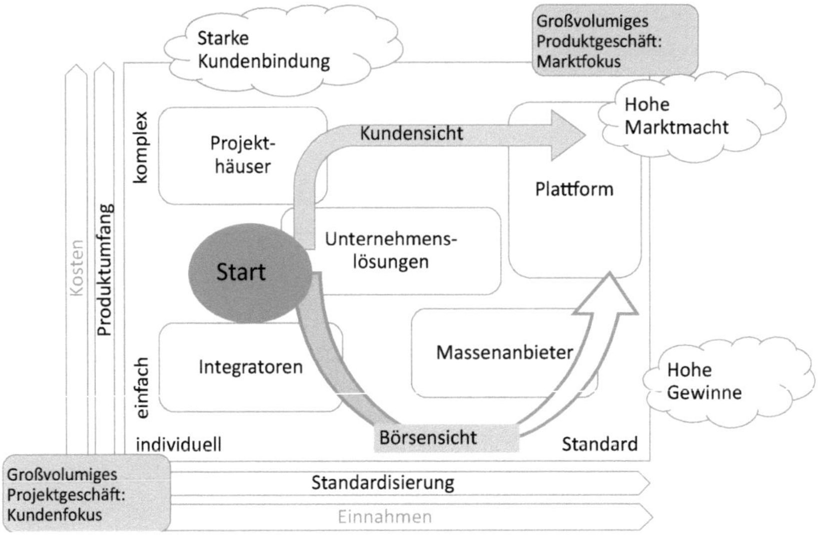

Bild 5.3 Die Entwicklung eines Digitalunternehmens zum erfolgreichen Produktanbieter läuft unter dem Druck der Börse meist anders, als es die Kunden sich vorstellen

Welcher Weg der richtige ist, ist ein andauernder Entscheidungskonflikt, denn nur wenn ein Produkt von den Kunden angenommen wird, wird es sich zur Plattform entwickeln, doch falls es zu individuell bleibt, wird es nicht skalieren.

Der Entwicklungsdruck auf Digitalunternehmen ist für Neueinsteiger schwer vorstellbar

Leicht wird übersehen, dass etablierte Industrieunternehmen in der Regel bereits mit ihren Kunden ihr Geschäftsverhältnis geklärt haben. Bei ihnen gibt es eine klare Abgrenzung, wer was erwartet, und ein eingespieltes Rollenverständnis, eine Verortung in der Wertschöpfungskette.

Digitalunternehmen oder Unternehmen, die sich im Rahmen der digitalen Transformation wandeln, haben das nicht und müssen wieder von vorne anfangen und sich diese Position erst neu schaffen.

Dabei unterliegen sie jeder Menge Herausforderungen:

- Sie sehen die großen Plattformen wie Amazon oder Apple, Airbnb und Booking.com als Vorbild und übersehen dabei, dass diese Unternehmen erstens einen Startvorteil in einer frühen Phase hatten, als die Bedingungen noch anders waren, und zweitens, dass deren Zielgruppen mehr im Privatkundengeschäft anzufinden sind als in der Industrie.
- Sie unterliegen einem hohen Erwartungsdruck seitens ihrer Investoren, die schnelle Erfolge verlangen und oft nicht genug Zeit geben, sich mit dem Aufbau einer Position zu befassen.

- Sie unterschätzen den Aufwand für den Aufbau einer eigenen Position, den sie aus ihrem angestammten Geschäft nicht kannten, und denken ihre Strategie viel zu sehr vom eigenen Produkt und dessen Wachstumspotenzial aus als von der Kaufbereitschaft der Kunden.
- Sie kennen ihre Kunden nicht, die oft zwar in der gleichen Branche wie bisher sind, jedoch in anderen Rollen und Netzwerken.
- Die Kunst eines Unternehmens, beim Aufbau der eigenen Position ist demnach nicht, alles zu tun, was ihre Kunden wollen. Die Kunst ist, die Kunden zu verstehen und im Einklang mit deren Interessen eine Abgrenzung zu schaffen, wer was in der neuen Wertschöpfungskette leistet, damit es für alle funktioniert.

Da Digitalunternehmen weder Maschinen noch Produktionshallen brauchen und daher wenig Investitionen in langfristige Anschaffungen tätigen, funktionieren sie nach anderen Gesetzen als Industrieunternehmen und werden auf den Kapitalmärkten auch anders behandelt. Das geht von der Margenerwartung bis zur Veränderungsgeschwindigkeit. Die „Rule of 40“, nach der die Summe aus Wachstum und Gewinn in Prozent die Zahl 40 ergeben soll, ist eine akzeptierte Größe. Das bedeutet aber nicht, dass Digitalunternehmen das Geld an ihre Eigentümer abliefern, sondern dass sie genügend Geld besitzen, um schnell in neue Themen investieren zu können. Das beeinflusst wiederum, wie solche Unternehmen jeweils geführt werden. Für die Frage, ob alle Unternehmen Digitalunternehmen werden müssen, spricht es eher dagegen, denn als Industrieunternehmen unterliegt man wieder anderen Bedingungen, und es ist oft kaum möglich, beides zu vereinbaren.

5.3 Fortlaufender Veränderungsprozess

In der Digitalindustrie gibt es eine Zweiklassengesellschaft. Das eine sind die Unternehmen, die skalieren, das andere sind diejenigen, die das nicht tun. Die Skalierung ist der heilige Gral. Skalierung bedeutet: stark wiederholbares Geschäft und damit Wachstum. Durch Standardprodukte, durch wenig Varianz.

Softwaregeschäft wird weiterhin häufig falsch eingeschätzt. Software ist schnell entwickelt und schnell verändert. Doch Software ist, zumindest in der industriellen freien Wildbahn, sehr langlebig und sehr teuer in der Wartung. Umso teurer, je mehr Schnittstellen bzw. Abhängigkeiten sie hat. Denn Softwareumgebungen ändern sich dauernd, und jede Änderung bedeutet eine Gefahr für die Lauffähigkeit der bestehenden Software in der Umgebung.

Und die Welt der Software ist innovativ. Ständig wird verbessert, werden neue Themen erschlossen, werden neue Prinzipien eingeführt, man denke nur an die Wechsel der Basissysteme von Großrechnern über UNIX-Systeme zu Windows-Systemen und von da ins Internet und von da in die Cloud. Und auf jeder Stufe gab es dauern Updates der Betriebssysteme. Das ist aber nur die Spitze des Eisberges, denn die Umgebungssysteme, mit denen eine typische Industrie-Software kommuniziert, sind noch viel unüberschaubarer.

Der Wettbewerb im Softwaregeschäft ist dabei hart und schnell und kostenintensiv. Die Vertriebskosten sind hoch, da Auswahlverfahren lange sind und oft gleichzeitig zur Ausbildung der Kundenteams missbraucht werden. Das Bestreben ist daher immer, ein Feld stabil zu besetzen, um dort mit hoher Qualität auf lange Zeit ein gutes Kundenverhältnis zu pflegen. Die Kunden wiederum sind anspruchsvoll und wollen auf der Höhe der Zeit oder dieser sogar voraus sein.

Das führt zur genannten Klassenteilung. Die skalierenden Unternehmen sind ständig damit befasst, ihre Konzepte weiterzuentwickeln, um dem Wettbewerb voraus zu sein und Felder besetzen zu können. Dabei sind sie gezwungen, sich von Kundenwünschen zu distanzieren, da Extrawünsche Varianten erzeugen, die die Pflege und Weiterentwicklung der Software verteuern. Kluge Kunden wissen das, setzen auf „den Standard" und fahren damit kostengünstig. Aber bei Weitem nicht alle Kunden sind so geartet.

Die Lücke füllen nicht-skalierende Softwareunternehmen. Sie orientieren sich stark am Kunden, entwickeln individuelle Lösungen und leben über kurz oder lang im Wesentlichen vom Dienstleistungsgeschäft. Es ist vermutlich eine Charakterfrage, in welcher dieser Welten man sich eher wohlfühlt.

Die Welt der industrienahen Software hat sich auf diese Weise lange Zeit in „Skalierer" und „Dienstleister" geteilt. Die Skalierer waren ständig auf dem Weg in die Innovation, während die Dienstleister treu neben dem Kunden standen und dafür sorgten, dass der Laden läuft. Es geht um die Kernkompetenz. Die Kernkompetenz der einen ist, stabile Standardsoftware zu entwickeln, die der anderen, diese in die industrielle Praxis zu integrieren. Sie hängen voneinander ab, und doch verachten sie sich gegenseitig, weil die einen die anderen für arrogant halten und die anderen die einen für Langweiler.

Bei den Digitalunternehmen führt das zu einer immer stärkeren Polarisierung zwischen Projektgeschäft und Produktgeschäft. Während Industrieunternehmen ihren Geschäftsanteil im Bereich Service der Maschinen ausbauen, trennen sich Softwareunternehmen zunehmend von ihren hauseigenen Serviceabteilungen, weil die Interessen zwischen beiden Bereichen so schwer vereinbar sind. Dazwischen bleiben „Dinosaurier" der digitalen Frühzeit wie IBM und spezialisierte Nischenanbieter übrig (Bild 5.4). Auf der Seite der digitalen Dienstleistungen findet hingegen eine starke Konzentration statt. Häuser wie Accenture oder Infosys haben Mitarbeiterzahlen, die in die Millionen gehen.

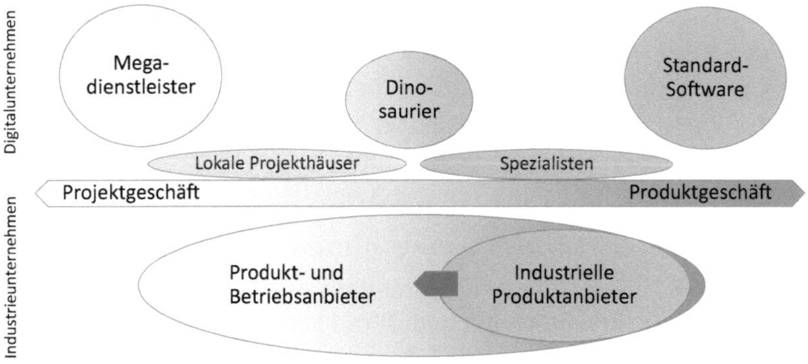

Bild 5.4 Trends im Produkt- und Projektgeschäft entwickeln sich bei Digital- und Industrieunternehmen unterschiedlich

5.3.1 Migration der Geschäftsmodelle

Mit der digitalen Transformation bekommt diese einfache Trennung bei den Digitalunternehmen aber eine neue Dynamik. Einerseits wird der Begriff der Dienstleistung neu definiert und auch neu untergliedert, andererseits steigen die Industrieunternehmen teilweise in die Geschäftswelt der Digitalunternehmen ein.

Transformation bedeutet: der Übergang von einer Ordnung in eine andere Ordnung. Genau das findet derzeit in der Industrie statt (Bild 5.5):

- Industriekunden wandern in das Feld der Digitalunternehmer als industrielle Serviceanbieter. Dabei geht es im Kern darum, die Industrieprodukte in Zukunft in einem „Product as a Service“-Modell anzubieten einschließlich der gesamten digitalen Infrastruktur, die dazu benötigt wird.
- Projekthäuser werden zum Transformationsbegleiter für die Industriekunden und unterstützen sie beim Aufbau ihrer digitalen Kernkompetenz. Teilweise werden sie sogar komplett von den Industrieunternehmen übernommen, da diese die digitalen Leistungen als ihre zukünftige Kernkompetenz betrachten, für die sie allein verantwortlich sind.
- Skalierende Digitalunternehmen wenden sich mehr und mehr dem Plattformgeschäft bzw. dem „Software as a Service“-Modell zu, das durch sogenanntes „Decustomizing“ (also dem Rückbau der kundenindividuellen Anteile) auf eine hohe Standardisierung und Robustheit gebracht und so Vernetzungstauglich gemacht wird.
- Massenanbieter, die kommerzielle Standardlösungen anbieten, wandern ebenfalls in die Gruppe der Plattform-/SaaS-Anbieter. Wie sich die Verhältnisse innerhalb dieser Gruppe entwickeln werden, lässt sich noch nicht genau sagen. Es ist jedenfalls zu erwarten, dass es auch hier zu einer Konsolidierung kom-

men wird, da im Plattform-/SaaS-Umfeld die Mechanismen der Plattformökonomie zum Tragen kommen, allen voran „The winner takes it all“, also die große Dominanz eines Marktführers. Möglicherweise werden Industrie und Politik jedoch auch so klug sein, dafür zu sorgen, dass ein gewisser Wettbewerb erhalten bleibt.

- Integratoren verwandeln sich zunehmend in Betreiber. Sie übernehmen teilweise selbst als Cloud-Anbieter Teile der Geschäftsprozesse ihrer Kunden, das verlagert sich aber weiter in die Rolle des reinen Prozessanbieters, je mehr Lösungen insgesamt als Cloud-Lösungen angeboten werden. Hier geht es dann um die Aufgabe, aus Kundensicht die Vollständigkeit und Stabilität der Prozesse im Gefüge globaler Digitalarchitekturen sicherzustellen, in die weiterhin bestehenden kundenindividuellen Welten zu integrieren und den weiteren technologischen Wandel zu verwalten.

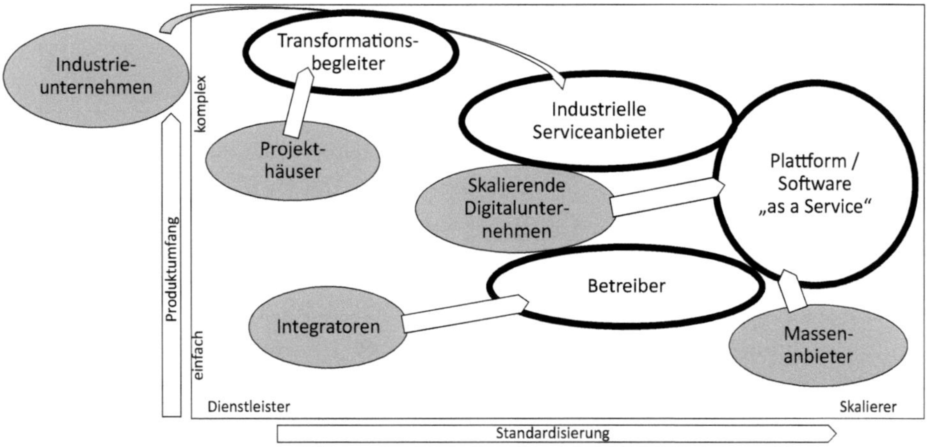

Bild 5.5 Geschäftsmodelle verwandeln sich gemeinsam mit Kernkompetenzen

Bei aller Logik der Verschiebung in den Geschäftsmodellen gilt aber:

Der Wandel erfolgt mit hoher Dynamik, aber unorganisiert.

In der Realität ist es so, dass keines der Unternehmen weiß, was die anderen tun, jedes fällt seine Entscheidungen für sich allein. Industrieunternehmen werden zu Digitalunternehmen und leiden darunter, denn sie haben die Prinzipien eines Digitalunternehmens weder geübt noch geahnt. Skalierende Digitalunternehmen werden zu paranoiden Hyperskalierern. Nicht-skalierende Digitalunternehmen begeben sich auf eine Suche nach ihrer Rolle. Neue Spieler betreten den Raum: die Betreiber.

Deutschlands größter Automobilhersteller hat von Apple einen „Chief Digital Officer“ abgeworben, der nach wenigen Jahren das Unternehmen genervt verlassen hat. Einer der größten Zulieferer hat den von IBM abgeworbenen CDO nach wenigen Jahren selbst freigestellt. Es gibt in der Industrie jede Menge Innovationsausgründungen für „*Markenname*-Digital“, für „DigitalTwins“, für Logistik, Betriebs- und Wertschöpfungsmodelle mit Kunstworten als Namen, die schneller wieder verschwinden, als man sie sich merken kann.

Das ist normal. Zu verstehen, wie digitale Welten funktionieren, wie man sich positioniert oder abgrenzt, wie man Gewinnpotenziale gegen Risiken und Kosten rechnet, wie man Produkte stabil, attraktiv und beherrschbar macht, wie man wirbt und Kunden gewinnt, das haben klassische **Industrieunternehmen** nie gelernt, und durch dieses Tal der Tränen ist die Digitalindustrie über Jahre gegangen.

Die **Digitalindustrie** hingegen sieht diesen Wandel auf sich zurollen, kennt ihre eigenen Erfahrungen und sucht ihre Zukunft in der Cloud. Dort kann sie sich viel besser den Sonderwünschen ihrer Kunden entziehen und kann standardisieren, was sich bewährt hat. Das Problem ist dabei nur, dass sie sich dabei noch weiter von den Kunden entfernt und nicht weiß, welchen Weg die Kunden gehen werden. Dadurch geraten Digitalunternehmen selbst in eine schwierige Planungsunsicherheit. Sie reduzieren sich auf den Standard, aber wer weiß denn wirklich, was für die mittlere Zukunft „der Standard“ ist? Die Digitalindustrie steht in dem Dilemma, gleichzeitig in einer permanenten Innovationsgewohnheit zu leben und dennoch abwarten zu müssen.

Dienstleister stehen vor der großen Herausforderung, dass sich ihre Themen verschieben. Ein Phänomen der digitalen Transformation ist die zunehmende Konsolidierung digitaler Lösungskonzepte. Das ist schlicht notwendig, um die Vielfalt und damit die Komplexität zu reduzieren. Es bedeutet konkret: Während sich in der Vergangenheit Softwarelösungen den Kunden angepasst haben, und zwar mithilfe von Dienstleistern, werden sich in Zukunft die Kunden den Softwarelösungen anpassen. Auch dazu wird es die Unterstützung kompetenter Dienstleister brauchen. Allerdings ist die Aufgabenstellung eine andere: Es geht weniger um das Umprogrammieren kommerzieller Softwareprodukte als um Beratung und Prozessgestaltung und um das Schließen von Lücken durch Hilfsprogramme, etwa zur Datenübertragung in Spezialsysteme oder zur Schaffung individueller Benutzeroberflächen.

Eine neue Gruppe, die sich langsam herausbildet, sind die **Betreiber**. Sie kümmern sich, wie der Name schon sagt, um den Betrieb digitaler Lösungen im Gesamtgefüge der digitalen Welt. Das fängt an bei den großen Cloud-Providern wie Microsoft und Amazon und geht weiter in mehr und mehr spezialisierte Themen und spezielle Industrien. Die „as a Service“-Kultur greift in der Industrie mehr und mehr um sich. Dabei werden Leistungen, die außerhalb der Kernkompetenz der Kunden liegen, als Service angeboten, und zwar von jemandem, der sich auf diese Leistung spezialisiert und sie daher kostengünstiger anbieten kann. Das geht von der Maschinenwartung bis hin zum Maschinenbetrieb, von der Pflege von Softwaresystemen bis zu dessen kompletter Zurverfügungstellung inklusive aller Datenverwaltung und Rechnerkapazität. Softwarehersteller gehen selbst gerne in dieses Geschäft, erhöht es doch sofort den Umsatz, wobei allerdings in der Regel die Marge leidet. Daher wittern auch viele Dienstleister hier ein Zusatzgeschäft, um etwa für bestimmte Branchen Leistungen gebündelt zu erbringen: im Accounting im Rechnungswesen, in der Übernahme kompletter Prozesse wie etwa die Warenlogistik oder die Dokumentation.

Insgesamt gilt für alle Beteiligten die Herausforderung, in der sich ändernden Industrieordnung ihre Rolle neu zu finden. Wo stecken welche neuen Potenziale? Welche Dinge werden so nicht mehr gehen? Wie verändern sich die Randbedingungen? Welche Kompetenzen werden für die digitalisierte Industrie benötigt? Welche will man selbst stellen? Welche zukaufen? Wie verändern sich die Bedarfe der Kunden? Wie verändern sich die Möglichketen der Lieferanten? Eine Menge Fragen, von denen über kurz oder lang das unternehmerische Schicksal abhängt.

5.3.2 Strukturwandel „Plattformökonomie“

In einer Plattformökonomie verschwindet die Bedeutung einzelner Anbieter hinter dem Angebot einer Plattform. Das ist vergleichbar mit einem Netz, bei dem Knoten und Kanten vertauscht werden. Während in einer klassischen Lieferkette die Knoten eindeutig Unternehmen sind und die Kanten Lieferprozesse, ist in der Plattformökonomie die Plattform der Knoten und das Unternehmen eine Kante – entweder als Beitragender an der Plattform oder als Kunde.

Die Plattformbetreiber selbst konzentrieren sich auf das Erscheinungsbild, das Angebot, die Prozesse der Plattform und um die Qualität.

Ein Beispiel ist der Vergleich zwischen der Automobilindustrie und der Bauindustrie in der Vergangenheit: In der Automobilindustrie wird das klassische Lieferkettenprinzip gelebt, in dem eine Zulieferkette nach einem klar geregelten Lieferprozess die Bestandteile eines Autos entwirft, fertigt und liefert und das Auto dann von einem „OEM“ wie etwa Ford oder Volkswagen gebaut und verkauft wird. Kern ist hier ein stark standardisiertes, komplexes Produkt, das genau durchgeplant wird, bis es in einer Serienproduktion hergestellt wird.

Die Bauindustrie denkt genau andersherum. Dort gibt es eine Vorstellung eines Gebäudes, das von einem Architekten aus der Individuellen Nutzung heraus entworfen wird. Der Kunde oder der Bauträger beauftragt dann eine Projektfirma, die wiederum die einzelnen Bestandteile wie das Fundament, den Rohbau, die Gebäudetechnik, den Innenausbau an unterschiedliche Bauunternehmen vergibt, die wiederum Unterauftragnehmer für die Umsetzung einzelner Gewerke einsetzt. Die holen sich die Geräte bei Maschinenverleihern und die Arbeiter bei Agenturen.

Lieferketten und Plattformen

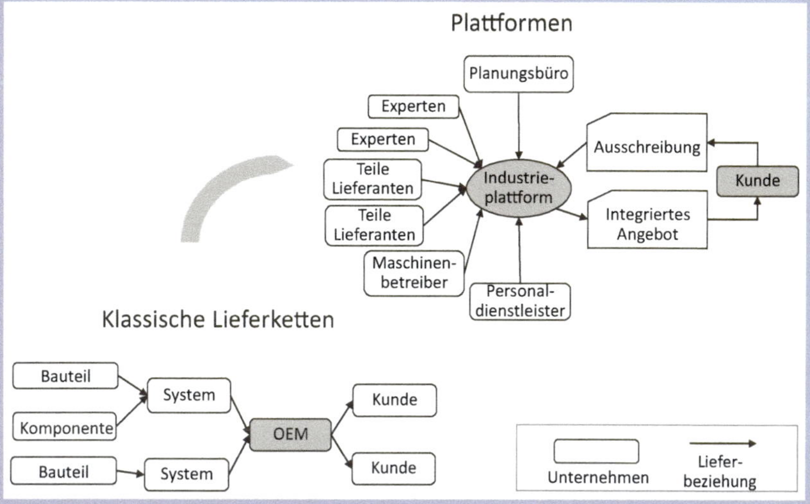

Bild 5.6 Lieferketten und Plattformen

In der digitalen Transformation wird der Begriff der Virtualisierung auf einmal konkret. Anbieter von Leistungen werden virtualisiert und durch die Leistung selbst ersetzt. Woher sie kommt, ist für den Kunden nicht entscheidend. Im Privatleben erlebt man das beispielsweise bei Lieferplattforen für Essen, wenn der Kunde nicht mehr weiß, wer das Essen zubereitet hat.

Was als Rechtsvorschrift in der Europäischen Union vor Jahrzehnten festgelegt wurde, wird nun konkrete Wirklichkeit. Einkaufsprozesse geschehen nicht mehr über etablierte Geschäftsbeziehungen und bekannte Pfade, sondern über Plattformen, in denen das beste Angebot den Zuschlag erhält. Das verändert die industriellen Lieferketten.

Klassische Lieferketten bestehen aus Unternehmen und Lieferbeziehungen zwischen diesen Unternehmen, die individuell nach einem Ziel vereinbart werden und in ein Endprodukt münden, das dann an einen Kunden verkauft wird. Wer ein Auto kauft, geht zu einem Hersteller, der das Produkt nach einem stark auf seine Bedürfnisse angepassten Prozess entworfen hat und produziert.

Vernetzte Plattformen basieren auf standardisierten Gewerken und Leistungen, die auf einer Plattform angeboten werden. Die Erbringer einer Leistung treten dabei in den Hintergrund. Wer eine Reise antritt, fragt einen Reiseanbieter, der diese Reise aus unterschiedlichen Verkehrsmitteln, Unterbringungsmöglichkeiten, Führungen und Gastronomieangeboten zusammenstellt. (Bild 5.6)

Die Bauindustrie ist nicht unbedingt ein Vorbild für Digitalisierung, strukturell ist sie aber gut darauf vorbereitet. Das liegt unter anderem daran, dass die Bauindustrie viel stärker im Projektgeschäft denkt und wirtschaftet als die produzierende Industrie, die im Produktgeschäft groß geworden ist.

Mit der digitalen Transformation einer Industrie beginnt sich dieser Unterschied aufzulösen. Eine starke Serviceorientierung bei industriellen Angeboten und eine starke Zweckorientierung bei Produkten rücken die industriellen Lieferketten immer näher an das Konzept der Plattformen. Das ist Strukturwandel hin zur Plattformökonomie.

Das geschieht nicht von heute auf Morgen, aber es geschieht mit einer klaren Konsequenz, und diese Konsequenz gilt es für Unternehmen zu verstehen und für sich und ihre Strategie einzuordnen.

Übungen

Technologien der digitalen Transformation

Stellen Sie die Technologien der digitalen Transformation zusammen, die in Ihrer Transformationsidee zur Geltung kommen, und bewerten Sie für jede dieser Technologien die Reifephase im Hype Cycle.

Analysieren Sie, ob sich daraus ein vermittelbares Bild ergibt, oder ob Sie es reduzieren sollten.

Partner und eigene Rolle

Erstellen Sie eine Liste, welche Art Partner Sie zum Vertrieb, der Einführung und dem Betrieb Ihrer Transformationsidee benötigen.

Beschreiben Sie für jeden dieser Partner die Interessen und die zu erwartende eigene Entwicklung im Rahmen der digitalen Transformation.

Beschreiben Sie die eigene Rolle und inwieweit Sie selbst als Digitalunternehmen aktiv sein werden.

Veränderungsstrategie in der Wertschöpfungskette

Skizzieren Sie Ihre Wertschöpfungskette: als Kunde, als Lieferant oder beides.

Markieren Sie die Stellen, an denen eine Plattformökonomie Lieferantenbeziehungen nachhaltig verändern würde. ■

6 Entscheidungen in der digitalen Transformation

Where - *das Umfeld mit seinen Eigenschaften, innerhalb dessen die Transformation stattfinden soll.*	Das Zielgebiet einer digitalen Transformation - Anbieter von digitalen Lösungen und deren angestrebte Kunden.
Why - *Ereignisse und Phänomene, die dieses Umfeld aktuell beeinflussen.*	Kunden denken anders über Transformationsangebote als Anbieter. Was der eine als Geschäftsmöglichkeit sieht, nimmt der andere entweder als Chance oder als Belastung wahr.
What - *eigene Möglichkeiten, in diesem Umfeld etwas zu verändern.*	Die Transformationsziele und ihre Ziele und Möglichkeiten, die eine Investition entweder unterstützen oder ihr im Weg stehen.
How - *Art und Weise, wie diese Veränderung geleistet werden kann.*	Erkennen der Marktreife des Angebotes und derjenigen Kundenunternehmen, die in dieser Marktreifephase bereit sind zu investieren. Betrachtung des eigenen Angebotes aus der Perspektive der Kunden und Aufbau der geeigneten Schrittfolge, um Transformation aus der Perspektive der Kunden leistbar zu machen.

Bild 6.1 Gewinnpotenziale ergeben auf den zweiten Blick nicht immer schlüssige Strategien

Eine der großen Frage der digitalen Transformation ist, nach welchen Aspekten und Kriterien Investitionsentscheidungen fallen. Während die Industrie von Technologien geradezu überrollt wird, die das Geschäft besser, einfacher und sicherer machen, scheint es verwunderlich, warum diese Technologien nicht in Windeseile zum Einsatz kommen. Doch in der digitalen Transformation gelten andere Regeln.

Entscheidungen fallen weniger über den Mehrwert als über die strategische Positionierung.

Während die reine Digitalisierung in der Industrie in erster Linie dem Mehrwert gewidmet war und dazu diente, Strukturen, Prozesse und Abläufe zu optimieren, geht es in der digitalen Transformation zunächst einmal darum, Strukturen, Prozesse und Abläufe neu aufzubauen, um sie auf eine veränderte Zukunft vorzubereiten. Dass dabei auch viele Dinge effizienter werden, ist ein willkommener Effekt, aber nicht die Hauptsache bei der digitalen Transformation.

Das wirkt sich auf die Beziehung zwischen Anbietern einer digitalen Transformationslösung und ihren Kunden aus. Anbieter sind dabei Digitalunternehmen oder Industrieunternehmen, die gerade selbst digitale Angebote entwickeln, Kunden sind entsprechend deren Kunden. Auf beiden Seiten gilt es zu verstehen, wie sich die digitale Transformation auf die eigenen Entscheidungen und auch auf die Entscheidungen des jeweils anderen auswirkt.

6.1 Passender Kunde zum Angebot?

Die traditionelle Lehre der Digitalmärkte kennt sechs Käufertypen, die unterschiedlich mit Innovation, Risiken und Möglichkeiten umgehen und die je nach Reifegrad der Technologieannahme in einem Markt eine Investition tätigen. Überall gibt es manche, die sehr früh auf Innovationen ansprechen, und andere, die vorsichtiger handeln. Das kann sich je nach Thema unterscheiden: Während die einen für Neuerungen in Digitalfragen affin sind, sind es andere in Verfahrensfragen und wiederum dritte in Fragen der Unternehmensführung. Die Phasen orientieren sich an der Reife und damit auch der Verbreitung einer neuen Technologie am Markt. Je nachdem, wie neu etwas ist, interessieren sich die einen bereits dafür, und die anderen warten lieber noch ab – jeweils aus guten Gründen.

Die Vertreter der unterschiedlichen Typen entscheiden als potenzielle Kunden (wir sprechen hier von Industriekunden, nicht von Konsumenten) nach gänzlich unterschiedlichen Kriterien. Als Anbieter einer innovativen Technologie hat man die Aufgabe zu erkennen, in welcher Phase sich das Angebot befindet, und darüber hinaus bei jedem einzelnen Kunden, welcher Typ er ist, also ob er überhaupt bereit wäre, in der aktuellen Phase bereits zu investieren (Bild 6.2).

Bild 6.2 Der Übergang von der Strategiephase in die Mehrwertphase ist die kritischste Phase. Reifegradkurve (Moore 2014) von Märkten für neue Technologien

Die Benennung der Phasen unterscheidet sich immer wieder geringfügig, aber in der Sache sind sie stets gleich. Die ersten beiden Phasen sind „Käuferphasen", bei denen der Kunde die Lösung gestaltet, die übrigen sind „Anbieterphasen", in denen der Anbieter mit einem Lösungskonzept auftritt:

- **Visionärsphase:** Kunden entscheiden aus einer vagen Idee heraus, die sie ausprobieren möchten. Hier werden viele Ideen geboren, von denen nur wenige überleben. Verantwortlich auf Kundenseite sind häufig Nachwuchsführungskräfte auf dem Weg zum eigenen Profil. Softwarehersteller sollten sich hier vorsichtig verhalten, zwar ihre Technologien zur Verfügung stellen, aber das Feld sonst Forschungseinrichtungen überlassen.
- **Strategiephase:** Kunden entscheiden aus einer eigenen Strategie heraus und suchen sich die geeigneten Technologiepartner, um diese Strategie umzusetzen, basierend auf einer Vorstellung der Welt von Morgen. Es ist eine spannende Phase, da hier ernsthaft bei noch viel Unsicherheit um unternehmerischen Erfolg gerungen wird. In Zeiten des Umbruchs sind diese Konstellationen zwischen Kunde und Softwarehersteller fruchtbare Möglichkeiten der schnellen Innovation, doch beide Seiten müssen aufpassen, nicht an der restlichen Welt vorbeizuarbeiten. In dieser Phase entstehen Referenzkunden.
- **Mehrwertphase:** Kunden haben den grundsätzlichen Wert von bestimmten Innovationen erkannt und möchten verstehen, an welcher Stelle in ihrem Unternehmen diese Innovationen wirksam werden können. Lösungsanbieter und Kunde gehen in diesen Phasen in ein Beraterverhältnis, in dem sie viel voneinander lernen. Aus Sicht der Lösungsanbieter ist es eine sehr teure Phase, aus der jedoch starke Referenzen entstehen.

- **Trendphase:** Eine Technologie hat sich in einem Markt bewiesen, und Kunden kaufen sie, weil andere sie kaufen. Das ist die Phase der echten Transformation, in der eine Herdenbereitschaft entsteht, bestimmte Themen neu anzugehen. Für Kunden ist das eine Phase des heftigen Umbaus, für Hersteller eine rauschartige Phase des Wachstums, für Dienstleister ein fruchtbarer Markt der Nachfrage, wobei alle Beteiligten noch aufpassen müssen, den Trend am Laufen zu halten und die Sicherheit des Trends auch nachhaltig zu vermitteln.
- **Commodity-Phase:** Eine Technologie hat sich durchgesetzt und wird als notwendig anerkannt. Jetzt ist es eine Sache der Gewöhnung. Es gibt breite Ausbildungsprogramme und einen hohen Grad der Standardisierung, Kaufentscheidungen fallen nach dem Preis.
- **Standardphase:** Eine Technologie ist so etabliert, dass sie nicht mehr explizit gekauft wird, sondern Teil von Gesamtpaketen ist, die gekauft werden.

„Käuferphasen" und „Verkäuferphasen" lösen sich ab

Die ersten beiden und die letzten beiden Phasen verlaufen nach einem **„Käufermodell"**: Die aktive Rolle liegt im Wesentlichen beim Käufer, und der Anbieter reagiert. Die mittleren beiden Phasen verlaufen im **„Verkäufermodell"**: Hier liegt der aktive Teil beim Verkäufer, der den Kunden anleitet und führt.

Die Reifegradphasen und ihre Bedeutung für die Angebotsgestaltung und den Vertrieb verlieren ihre Gültigkeit auch in der digitalen Transformation nicht. Dennoch gibt es nun einen weiteren Aspekt zu beachten, der diese Phasen in der digitalen Transformation betrifft.

Denn ein Unternehmen entscheidet nicht für sich allein, sondern immer **in Bezug auf seinen Geschäftskontext**, der sich aus Lieferkette, Infrastrukturpartnern, Angebotspartnern und der Wertschöpfungskette zusammensetzt (Bild 6.3).

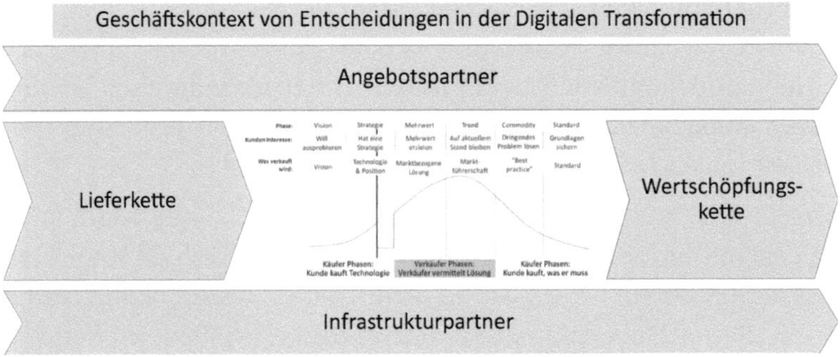

Bild 6.3 Investitionsentscheidungen werden in der digitalen Transformation stärker als bisher vom betrieblichen Umfeld eines Unternehmens beeinflusst

Die Frage ist nicht mehr: **„Wie kann ich mein Unternehmen besser machen?“**,

sondern:

„Wie kann ich mein Unternehmen für eine sich verändernde Welt wappnen und es darin besser machen?“

In einem Bild gesprochen: Für einen Marathonläufer heißt das nicht mehr „Wie kann ich am schnellsten einen Marathon laufen?“, sondern „Wo finden in Zukunft Marathons statt und unter welchen Bedingungen, auf die ich mich einstellen muss?“. Oder für Musiker ändert sich die Fragestellung von „Wie kann ich noch besser spielen“ zu „Welche Auftrittsformen gibt es in Zukunft?“, „Welche Techniken verändern die Musik?“ und „Wie entwickelt sich der Musikgeschmack?“. Diese Fragen finden sich in unterschiedlicher Weise in den beschriebenen Phasen wieder:

- Die **Visionärsphase** beschäftigt sich zusätzlich zur eigenen Produktwelt mit dem Umfeld und dessen Entwicklung.
- Die **Strategiephase** setzt bewusst auf die Entwicklung des Umfeldes und fokussiert weit mehr als bisher auf neue Geschäftsmodelle und deren Umsetzbarkeit.
- Die **Mehrwertphase** befasst sich zuallererst mit der Positionierung des eigenen Unternehmens in einem sich verändernden Wettbewerb: mit den eigenen Stärken, der Abgrenzung zu Umfeld und Wettbewerb, der Absicherung der Zukunftsfähigkeit der Konzepte. Erst dann kommen Fragen der Effizienz.
- Die **Trendphase** ist bereits eine Getriebenenphase. Jetzt geht es darum, den Anschluss nicht zu verpassen und aus den Erfolgen, aber auch den Fehlern der anderen zu lernen.
- Die **Commodity-Phase** und die **Standardphase** bleiben weitgehend gleich, denn sie betreffen in erster Linie die Unternehmen, deren Kerngeschäft vom digitalen Wandel weniger betroffen ist.

Die beiden folgenden Abschnitte zeigen an zwei Beispielen aus der Digitalisierungswelle der Neunziger- und Nullerjahre, wie sehr digitale Innovation im Kontext betrachtet werden muss.

6.2 Product Market Fit: Passende Technologie finden

Wer ein Klavier kaufen will, sollte unter anderem darauf achten, dass das Klavier durch die Eingangstüre passt.

Bild 6.4 Eine Investition sollte ins Unternehmen passen

Es gibt fast nichts Ärgerlicheres, als wenn nach einer Investition und ihren Vorbereitungsarbeiten die Dinge unvorhergesehen nicht zusammenpassen. Hoffnung schlägt um in Enttäuschung, Zorn und Schuldzuweisung stehen im Raum, Kosten und Zeitkalkulationen kollabieren und zerbrechen dann oft am schwindenden Vertrauen in die weitere Machbarkeit. Der Wille muss schon groß sein, um die Türe zu verbreitern. Der Aufwand, der Schmutz, die angegriffene Statik des Hauses, die Ästhetik ... alles steht auf einmal im Weg.

Industrieunternehmen sind darauf angewiesen, dass Dinge zusammenpassen: Maschinen in der Werkshalle ebenso wie Softwaresysteme und in einer vernetzten Industrie Ketten aus Maschinen, Softwaresystemen, Menschen, Fabriken, Partnern und Anwendern. Das ist wichtiger, als dass die einzelnen Dinge perfekt sind. Und sie müssen auch noch dann zusammenpassen, wenn sich die Welt ein wenig ändert. Wenn die Liefermengen steigen, die Produkte sich mit der Zeit anpassen, neue Regeln und Richtlinien einziehen, Lieferketten sich ändern. Gerade dann muss sichergestellt sein, dass die Dinge auch danach noch zusammenpassen können.

Zwei Beispiele aus der frühen Zeit der Digitalisierung von Unternehmen geben einen Einblick in die Schwierigkeiten, dafür zu sorgen, dass Dinge zusammenpassen.

Das Geisterhafte des Digitalen – oder der Digital Mock-up

Ein Mock-up ist ein prototypischer Zusammenbau eines Produkts, um zu testen, ob alles passt: das Zusammensetzen, das Montieren, das Benutzen. Ein Vorgehen, das in vielen Industrien, aber besonders in der Automobilindustrie angewandt wird.

Mit der Einführung computergestützter Konstruktion konnte man Bleche, Zahnräder, Gehäuse, Achsen und alles andere, woraus sich ein Produkt zusammensetzt, auf dem Computer zeichnen und dann die einzelnen Teile durch an den Computer angeschlossene Maschinen stanzen, fräsen, gießen oder biegen.

Der Vorteil war, dass man mehr Gestaltungsfreiheit bekam, der Nachteil war, dass am Computer zunächst nicht erkennbar war, ob die Teile wirklich zusammenpassen. Man hat zwar mit geplanten Maßen gearbeitet, aber die Sollvorgaben waren bei Weitem nicht detailliert genug, um jede Kleinigkeit zu erfassen, und die kreative Freiheit der Ingenieure war auch nicht frei von Fehlern. Die Teile selbst waren nichts als Formeln, die wenig von ihren Nachbarformeln wussten.

Folgerichtig stellte sich beim Zusammensetzen der gefertigten Teile dann oft heraus, dass sie nicht zusammenpassten.

Unvergesslich ist die Geschichte eines bekannten LKW-Herstellers. Das LKW-Geschäft ist geprägt von einer starken Individualität der Produkte. Je nach Einsatzziel hat ein LKW mehr oder weniger Achsen, einen größeren oder kleineren Tank, einen anderen Aufbau der Kabine usw. Einmal kam ein besonderer, teurer Auftrag herein, das Fahrzeug wurde geplant und gebaut. Am Ende stellte sich dann heraus, das Fahrzeug passte nicht durch das Tor der Werkshalle, um ausgeliefert zu werden.

Dieses Beispiel ist nur eines dafür, dass in einer digitalen Welt die Frage, ob Dinge zusammenpassen, häufig schwer zu beantworten ist. Das Digitale kümmert sich nicht darum, ob es zusammenpasst.

Der Digital Mock-up hat der formelbasierten Beschreibung der Bauteile eine davon komplett unabhängige zweite Beschreibung verpasst, die die Teile in ihren Kontext eingebettet hat. Mit einer Art räumlicher Landkarte wurden die Teile zueinander positioniert und verglichen. So konnten Überschneidungen, Abstandsverletzungen und auch Montagehindernisse erkannt werden.

Das Vorgehen ist heute eine Grundlagentechnologie in allen montierenden Industrien. Ich beschreibe es hier stellvertretend dafür, weil es das Geisterhafte des Digitalen verdeutlicht. Eine abstrakte Beschreibung der Welt, die erst wieder in die Welt zurückübersetzt werden muss, um wirksam zu werden. Die digitale Welt ist eine gedachte Welt. Sehr leistungsfähig, aber auch in der Lage, Dinge zu erzeugen, die sich von den Bedingungen der realen Welt entkoppeln, wenn das nicht sorgfältig überprüft wird.

Der „digitale Zwilling“ ist ein auf einen bestimmten Zweck ausgelegtes digitales Abbild der Wirklichkeit, das das eben Beschriebene in den Kontext der digitalen Transformation hebt.

Im Kontext wirken Kräfte und Interessen, die sich manchmal nur schwer fassen und verbinden lassen

Ein asiatischer Wettbewerber von Airbag-Systemen war in existenzielle Schwierigkeiten geraten, weil zum zweiten Mal hintereinander ein Airbag in einem Fahrzeug eines großen US-Herstellers nicht ausgelöst hatte. Einmal werden Fehler verziehen, doch wenn sie wiederholt passieren, heißt das, das Unternehmen hat nicht daraus gelernt. Dann hat es schnell sein Vertrauen verspielt.

Der europäische Airbag-Hersteller stand jedenfalls dann unter großem Druck sicherzustellen, dass ihm Derartiges nicht passieren kann. Keine leichte Aufgabe in einem weltweit verteilten Unternehmen mit dezentralen Projektteams und permanentem Druck, kostengünstig und pünktlich zu liefern.

Wenn man den Airbag-Hersteller als Beispiel nimmt, zeichnet sich schnell ab, wie komplex die Abläufe sind, um sicherzustellen, dass ein Fehler nicht zweimal passiert (Bild 6.5).

Da gibt es zentrale Entwicklungsabteilungen für die Technologie. Weiterhin gibt es kundennahe Projektteams verteilt vor Ort in der Welt, die für einen bestimmten Auftrag die Details klären. Schon hier entsteht ein Zielkonflikt: Das zentrale Team verfolgt die langfristige Strategie des Herstellers, das Projektteam dagegen sieht sich als Interessensvertreter des Kunden. Wenn da mal ein Problem schnell gelöst werden soll, weil es unter dem Lenkrad, wo der Airbag sitzt, besonders eng zugeht, wird schnell mal an den Prozessen vorbei gearbeitet.

Ein Fehler wird aber erst an dritter Stelle sichtbar, und zwar bei einem Serviceteam, das ein einzelnes Fahrzeug nach einem Unfall untersucht.

Die Frage ist nun, wie so ein Problem in das Unternehmenswissen überhaupt einfließt. Es gibt Anforderungen, Designvorgaben, Spezifikationen, Testvorschriften, die ineinandergreifen. Das Problem wird durch eine Abweichung von den Vorgaben erzeugt, die aber im Kundenbezug notwendig ist. Das eine Team hat gelernt, in die Prozesskette der anderen passt es nicht hinein. Wie erreicht man nun, dass nicht ein anderes Team den gleichen Fehler wiederholt?

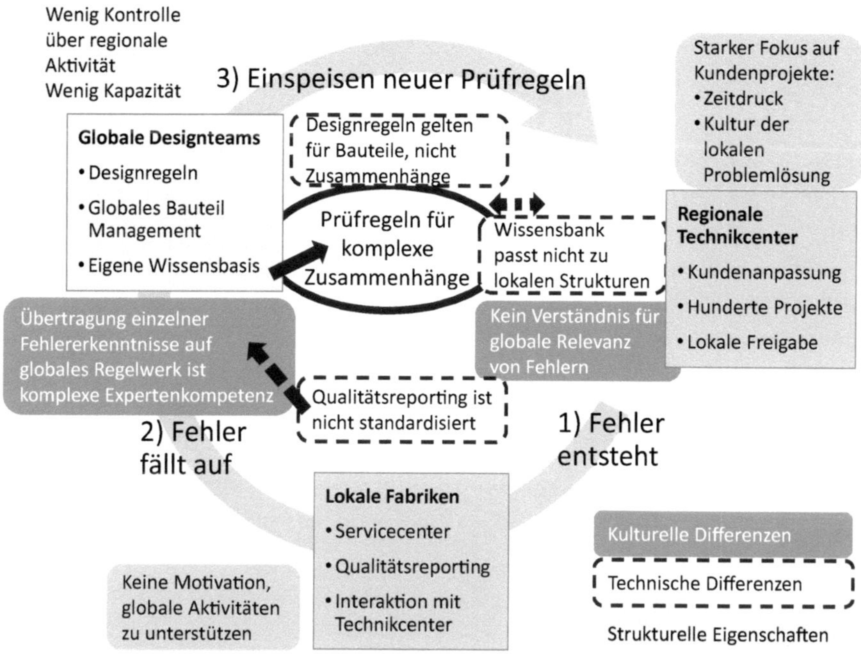

Bild 6.5 Transformationsschmerzen beim Versuch, in einem global verteilten Konzern ein durchgängiges und lernendes Qualitätsmanagement einzuführen

In jedem der beteiligten Teams wird nach bestem Wissen und Gewissen gearbeitet, und doch funktioniert das Gesamtsystem nur bedingt, denn ab dem Moment, wenn der Kontext nicht mehr zusammenpasst, verliert alle Information an Wert. Eine Organisation und ihren Wissensaustausch so zu designen, dass sie tatschlich nicht nur als ausführende, sondern auch als lernende Organisation zuverlässig funktioniert, ist eine der großen Herausforderungen der vernetzten Industrie. Und um sich an der nicht zu überheben, gilt auch hier die Devise „Start with where" - erkenne zunächst das Umfeld, in dem eine Veränderung stattfinden soll.

■ 6.3 Mehrwert und Transformation in Konkurrenz

Ein häufiger Konflikt dreht sich darum, dass sich die beteiligten Parteien nicht darüber einig waren, worüber sie entscheiden. Mehr noch, sie waren sich dessen nicht einmal bewusst. Was in den Augen der einen eine Mehrwertentscheidung war, war in den Augen der anderen eine Transformationsentscheidung, oder alle hielten es für eine Mehrwertentscheidung und keiner erkannte, dass es eine Transformationsentscheidung ist. Ein unausgesprochener Widerspruch, der die weiteren Schritte blockiert und in ungewollte Richtungen lenkt.

Die Entwicklung der Leistungsfähigkeit einer Organisation verläuft nicht linear, sondern entlang einer Kurve, die sich aus Lernen, Optimieren und Verändern zusammensetzt. Eine bestimmte Vorgehensweise, meist eine Kombination aus Technologie, Methodik, Prozess und Organisation, wird eingeführt, beispielsweise das Vorgehen im Service von industriellen Maschinen, da werden Serviceteams gebildet, Servicestandardpakete beschrieben, Servicedaten erhoben und in Systemen hinterlegt, Serviceschulungen geschaffen usw. Die Vorgehensweise wird eingeübt, bis die Beteiligten gut zusammenarbeiten. Anschließend durchläuft sie unterschiedliche Optimierungsphasen, bei denen bestimmte Aspekte deutlich verbessert werden. Etwa durch digitale statt gedruckter Service Manuals, durch eine verbesserte Servicedatenbank oder durch effizientere Prozesse bei der Serviceplanung. Die Optimierung steigert die Leistungsfähigkeit (Bild 6.6).

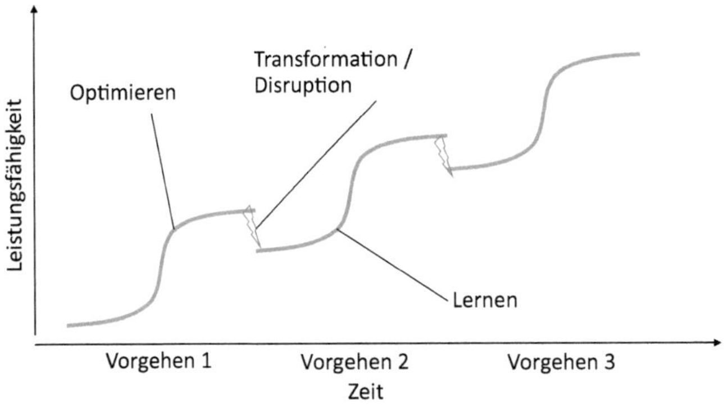

Bild 6.6 Die Leistungsfähigkeit einer Organisation entwickelt sich in Wellen, die aus den Phasen Veränderung, Lernen und Optimieren bestehen

Irgendwann ist das Vorgehen hoch optimiert. Gleichzeitig ändern sich aber die Bedingungen. Neue Rahmenbedingungen, neue Kundenanforderungen, neue Technologien erfordern oder ermöglichen neue Vorgehensweisen. Etwa, dass Serviceleistungen nicht mehr von eigenen Leuten beim Kunden vor Ort erbracht werden, sondern von Fachunternehmen vor Ort, die von den eigenen Serviceexperten nur noch per Fernanweisung angeleitet und kontrolliert werden. Oder durch neue Geschäftsmodelle, dass die Maschinen nicht mehr verkauft und per Service gepflegt werden, sondern nur noch die Maschinenleistung vermietet wird und die Maschinen in der Betriebsverantwortung des Herstellers bleiben.

Solche neuen Vorgehensweisen erhöhen zunächst nicht die Leistungsfähigkeit, aber sie eröffnen neue Möglichkeiten, die Leistungsfähigkeit zu entwickeln. Zunächst geht die Leistungsfähigkeit aber zurück, bis die Organisation das neue Vorgehen gelernt hat und es reibungslos funktioniert. Dann geht der Zyklus wieder über in die Optimierung.

Während die Optimierung sich klar an einem Mehrwert ausrichtet, geht es bei der digitalen Transformation mehr um die Veränderung der Vorgehensweisen. Entsprechend ist es wichtig, die Entscheidungsmotive richtig einzuschätzen und die Schritte richtig aufzubauen:

- Teilpakete der digitalen Transformation können als Optimierung eingestuft werden, wie etwa bessere Serviceorganisation durch das frühe Erkennen von Servicebedarf mittels vernetzter Maschinen.
- Transformative Schritte sollten eine Organisation nicht überfordern und den zu erwartenden Leistungsabfall möglichst geringhalten. Man sollte daher nicht gleich die eigene Serviceorganisation abschaffen, sondern erst einzelne, abgegrenzte Pakete mit externen Partnern im Service erproben.
- Die benötigten Kompetenzen sollten gut abgegrenzt und bewertet werden, insbesondere Digitalkompetenzen, die von Industrieunternehmen häufig falsch eingeschätzt werden.

6.3.1 Der Dominoeffekt der Veränderung

Was eine innovative Technologie bewirkt, ist oft schwer vorstellbar. Im Privatkundengeschäft sind sowohl die Entscheidungsprozesse als auch die Abhängigkeiten vergleichsweise gering, und der Mehrwertbegriff bewegt sich irgendwo zwischen „Macht das Leben einfacher“, „Spart Geld“ und „Ich mache es, weil ich will“.

Im Industriegeschäft geht es deutlich komplexer zu, dafür geht es im Einzelfall auch um deutlich mehr Geld. Kern jeder Veränderung ist hier zu verstehen, was sich verändert: was der Dominoeffekt von Veränderungen auslöst, wenn das sorgfältig zwischen Vorschrift und Gewohnheit austarierte Prozessgefüge der Unternehmen gestört wird.

Eine Geschichte aus der Automobilindustrie erläutert die widersprüchliche Vielfalt von Veränderung.

> Vor einigen Jahren kaufte ein großer Automobilzulieferer eine Softwarelösung, die die Abläufe in der Produktentwicklung besser steuern sollte. In diesem Unternehmensbereich trafen sich drei Kulturen: innovative Ingenieure, kundennahe Problemlöser und disziplinierte Qualitätssicherer. Von jedem Typus gibt es in größeren Unternehmen Hunderte, die in Projekten und Programmen aufeinanderprallen und sich neue Fahrzeuge, neue Bremsen, neue Erlebnisse, neue Fertigungsverfahren ausdenken, die alle gemeinsam in einem Produkt enden sollen, das eine Realschullehrerin oder ein Schreinermeister gerne kauft und bei dem sie oder er auch gute Qualität zu einem guten Preis bekommt. Dafür setzen die Ingenieure ihre Innovationskraft und ihre Leidenschaft ein.

Jetzt kommt eine Software, die die Abläufe unter diesen Menschen optimiert.

Das Problem der Unternehmen ist bis zu diesem Zeitpunkt, dass kein Mitglied der Ingenieursteams sein kann, ob die Informationen stimmen, die es als das Arbeitsergebnis seiner Kollegen bekommt. Jeder legt seine Daten nach eigenen Vorstellungen ab, jeder teilt seine Ergebnisse nach eigener Einschätzung, jeder ändert, wann und was er oder sie will.

Das Ergebnis sind Fehler. Jede Menge Fehler, weil Menschen im guten Glauben mit falscher Information gearbeitet haben.

Aus der Perspektive des Softwareherstellers ist es eine logische Konsequenz, diese Abläufe durch ein programmgestütztes Regelwerk zu koordinieren und so dafür zu sorgen, dass jeder weiß, wann welche Information für welchen Zweck sicher zur Verfügung steht.

Aus Sicht des Unternehmers ist das ebenso klar. Die Kosten für Fehler, Wiederholleistungen, Abstimmungszeiten und mangelnde Qualität sind eklatant und relevant für den Unternehmenserfolg.

Aus Sicht der Ingenieure ist es eine dramatische Disqualifizierung. Auf einmal werden sie durch ein System in ihrer Fähigkeit, Innovation zu schaffen, Kundenprobleme zu lösen und Dinge zu verändern deutlich eingeschränkt. Zudem müssen sie ein System erlernen, das sich offensichtlich gegen sie wendet und ihre Zeit raubt.

Im Beispiel des Automobilzulieferers führte das Projekt zu einer dramatischen Verschlechterung der Entwicklungsleistung. Der Kunde warf dem Softwarehersteller vor, ihn betrogen zu haben, Vertrauen, Karrieren, Freundschaften wurden zerstört.

Und keiner war schuld. Keiner?

Die Analyse, was geschehen war, dauerte Jahre und brachte Gründe und Fehler hervor, an die nie jemand gedacht hätte.

Problem 1: Verkäufer wie Kunde hatten in ihrer Begeisterung die Erwartung überhöht und sich kaum mit den Fragen der Umsetzung befasst. Sie hatten mögliche Ergebnisse mit konkreten Erwartungen vermischt und damit eine Erwartungshaltung erzeugt, die kaum erfüllbar war.

Problem 2: Diejenigen, welche die Lösung einführen sollten, wurden nicht informiert, welche Veränderungen durch das Management angestrebt waren. Vielmehr folgten sie dem Prinzip, die betroffenen Anwender im Unternehmen zu befragen, was die neue Lösung denn so leisten solle. Diese Anwender bevorzugten ihre bisherige Arbeitsweise und diktierten sie den Beratern genau so in das Anforderungsdokument. Die Folge war, dass die innovative Softwarelösung mit viel Aufwand so verändert wurde, dass sie die alten Abläufe unterstützt. Es wurde also ein hoher Aufwand für etwas erzeugt, was vorher auch schon funktionierte, aber hätte verändert werden sollen.

Problem 3: Es wurde gelogen. Und zwar aus der Not heraus. Entgegen den Erwartungen dauerten gerade die Prozesse zum Freigeben der Arbeitsergebnisse für nachfolgende Teams deutlich länger als vorher. Das wurde der neuen Lösung angelastet und erzeugte großen Unmut beim Vorstand.

Eine spätere Prüfung fand heraus: Es lag daran, dass mit der neuen Software die vorgeschriebenen Qualitätsprozesse vollständig durchlaufen werden mussten. Die hatten die Ingenieure vorher großzügig übergangen, sie wussten ja, was sie taten, und Zeit ist Geld.

Das konnte der Softwarehersteller wiederum nicht so dem Vorstand weiterreichen. Die Organisation wäre implodiert und das Vertrauen der Belegschaft zerrüttet. Die Situation musste diskret bereinigt werden, sodass alle heil herauskamen. Das dauerte lange und verlangte viel Geschick. ■

Die Erkenntnis aus dieser Geschichte: Innovation findet oft zwischen den Zeilen statt.

Unternehmen, in denen alles transparent und berechenbar ist, sind eher selten innovativ, sie sind produktiv. In wettbewerbsintensiven Industrien müssen die Unternehmen aber beides sein. Das verlangt eine gewisse Grundflexibilität und damit auch eine gewisse Undurchschaubarkeit der Zusammenhänge. Gewinne werden in der Regel weniger durch Effizienz gemacht, sondern durch die Verschleierung der Effizienz. Ein unternehmerisches Spiel aus Wissen und Nichtwissen. Der Vorteil macht den Gewinn. Und den gibt man ungerne preis.

Das ist ein wichtiger Faktor bei der digitalen Transformation. Die Vorteile, von denen Unternehmen heute leben, sind nicht transparent und sollen es zum großen Teil auch nie werden. Es geht aber darum, diese Vorteile zu verstehen und in die Strategien einzubauen.

Man muss verstehen, wie eine Industrie funktioniert, wenn man sie verändern will. Ein Unternehmen muss sich also gut überlegen, in welcher Industrie es unterwegs ist, und verstehen, nach welchen Regeln dort gespielt wird, bevor es die Frage beantworten kann, warum es dort einen wichtigen Beitrag zur Innovation leistet.

6.3.2 Veränderungen in Organisationen

Bei der Entscheidungsfindung, insbesondere im Zusammenhang mit der digitalen Transformation, werden oft die Folgen unterschätzt. Oft sogar unbewusst. Transformative Schritte, die große Veränderungen nach sich ziehen, werden als einfache Verbesserung verkauft, gegenüber Kunden genauso wie gegenüber den eigenen Leuten. Es geschieht oft im guten Willen, um die anderen „mitzunehmen“, doch die Folgen sind fast immer schmerzhaft und teuer.

Um diesen Fehler zu vermeiden, lohnt es, sich noch einmal mit Veränderungen zu befassen im Hinblick darauf, wie groß Veränderungspakete sein sollten, um Entscheidungen auch umsetzen zu können.

Ich möchte dabei zwischen **drei Arten der Veränderung** unterscheiden: dem Big Bang, der Innovation und der Vereinigung (Bild 6.7):

- Der **Big Bang** ist ein äußeres Ereignis, das die Situation nachhaltig verändert. Der Urknall. Der Asteroideneinschlag, der die Saurier aussterben ließ, ein kriegerischer Einmarsch oder eine feindliche Übernahme eines Unternehmens. Big-Bang-Ereignisse sind schwer vorherzusehen und schwer zu planen, außer man ist selbst der Auslöser des Big Bang – und dann ist der Ausgang oft ungewiss.
- Die **Innovation** ist etwas komplett Neues, das entsteht. Das Leben, ein Virus, die Schrift oder das Internet. Innovationen geschehen andauernd in großer Zahl, wobei nur die allerwenigsten überleben, weil die Randbedingungen der Wirklichkeit meist schwierig bis feindselig sind. Die Überlebensaussicht sowie die Auswirkungen einer Innovation sind schwer vorhersehbar, und eher eine Glückssache, einen Megaerfolg wie Facebook oder Google zu erzielen. Investoren, die in Start-ups investieren, wissen genau, wie schwer es ist, den Erfolg einer Idee vorherzusagen.
- Die **Vereinigung** ist das bescheidenste, aber erfolgversprechendste Prinzip. Bestes Beispiel ist das Prinzip der Sexualität, das mit einem Schlag die vor sich hin dümpelnde Evolution, die bis dahin rein auf Innovation gesetzt hatte, sehr wirkungsvoll vorangetrieben hat. Die Vereinigung setzt darauf, vorhandene Mechanismen, die sich im Überlebenskampf bereits bewährt haben, zusammenzuführen und daraus etwas Neues zu formen, mit zusätzlichen Eigenschaften.

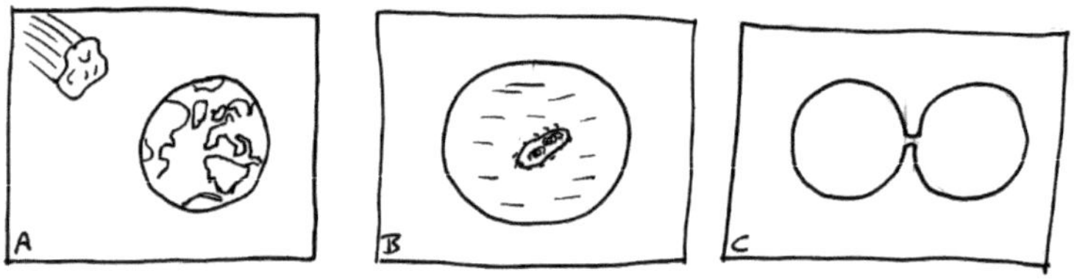

Bild 6.7 Big Bang, Innovation und Vereinigung

Die digitale **Transformation der Industrie** ist zunächst einmal durch einige erfolgreiche Innovationen wie das Internet, künstliche Intelligenz, hohe Rechenkapazitäten und Modellierung und Simulation der Welt ausgelöst worden. Es haben im Weiteren ein paar Big-Bang-Ereignisse wie der Klimawandel, der zunehmende Nationalismus und die Covid-Krise beschleunigend gewirkt. Einige Protagonisten versuchen, per Gesetzgebung weitere Big-Bang-Situationen herbeizuführen, der wirkliche Wandel wird aber erst durch Vereinigung vorhandener Strukturen entstehen.

Führungskräfte stehen in einer hohen Verantwortung, Veränderung richtig einzuschätzen

Entscheidungen durch Führungspersönlichkeiten in der Industrie teilen sich in **zwei Typen**:

1. **Freigaben im Rahmen der vorgesehenen Konzepte** und
2. **Veränderung der Konzepte.**

Da die Industrie in ihrem Großteil ein eingeschwungenes, nach bewährten Regeln funktionierendes Geschäft ist, sind viele Führungskräfte dafür eingestellt, den ersten Typus von Entscheidungen zu beherrschen. Oder sie sind zwar nicht nur dafür eingestellt, aber sie können nur das.

Das ist ein Problem, wenn man die Konzepte ändern möchte. Dann müsse Führungskräfte Risiken eingehen, die sie nicht gewohnt sind.

„Never change a running system“ ist ein beliebter Leitsatz, der viel Sinn macht. Es geht also viel mehr darum, vorhandene Systeme zu verbessern, als sie zu erneuern. Oder es so hinzubekommen, dass man die Systeme erneuert, ohne dass die Beteiligten es als störende Revolution bekämpfen.

An diesem Phänomen sind schon viele Innovationen gescheitert. Sie haben es nicht geschafft, sich in den Betrieb der Welt einzugliedern. Ihre Protagonisten sind gegen den Strom geschwommen oder gegen die Fahrtrichtung gefahren - es gibt viele Bilder, die man hier zitieren könnte, sie haben zu viel Energie verschlissen, um erfolgreich zu sein.

Handys hatten dieses Problem nicht, sie haben keinen laufenden Betrieb gestört. Ebenso wenig Digitalkameras oder Airbnb. Mietfahrräder schon eher. Vor einigen Jahren wurden viele Großstädte mit sogenannten „oBikes“ vollgestellt. Mieträdern, zum überall Mitnehmen und überall Abstellen. Diese Räder wurden von den Menschen systematisch sabotiert, da sie als störend und hässlich wahrgenommen wurden und ihre Geschäftsmodelle nicht klar verständlich waren. Nach wenigen Monaten war der Spuk vorbei, die Anbieter zogen sich zurück, und noch immer sieht man gelegentlich hinter einem Baum ein verbogenes oBike herumliegen. Ähnlich eScooter - die mietbaren Elektrotretroller. Die Revolution im Nahverkehr blieb aus, die Dinger sind teuer, für jeden braucht man eine extra App, ihre Nutzungsgebiete sind intransparent. Das ist kaum zu ändern, da die Pflege und das Laden der Batterien aufwendig ist und sich kein Anbieter unter einer allgemeinen App einordnen will, die würde nämlich einen guten Teil des eh schon knapp kalkulierten Gewinns abgreifen. Und das sind alles relativ einfache Konzepte, die aber bereits dadurch ins Schleudern kommen, dass sie sich in eine Infrastruktur einfügen müssen.

Industrielle Infrastrukturen sind komplexer und vielseitiger. Etwas für sich allein Stehendes wie eine Digitalkamera kommt kaum vor. Allein die Einführung von Barcodes in der Logistik dauerte Jahre, wenn nicht Jahrzehnte, ebenso wie die Inbetriebnahme von WLAN in Werkshallen. An jeder Veränderung hängen Unmengen Folgeeffekte, die oft in keinem Plan stehen, sondern erst erkannt werden, wenn die Veränderung startet.

6.3.3 Das Tunnelprinzip

Es gibt ein paar klare Lehren aus diesem Phänomen, zusammen ergeben sie das „Tunnelprinzip“. Es basiert auf dem Gedanken der „Veränderung durch Vereinigung“ und verfolgt den Ansatz, mit einem möglichst kleinen Durchbruch erst eine Verbindung zwischen bis dahin getrennte Welten zu erzeugen, so erst einmal neue Perspektiven zu schaffen und dann diesen Tunnel im Rahmen der Erfahrung, wie sich davor und dahinter die Welt verändert, auszubauen.

Das Tunnelprinzip (man könnte es genauso gut „Brückenprinzip“ nennen) setzt auf eine überschaubare Entwicklung zwischen Dingen, die im Prinzip zusammenpassen (Bild 6.8). Eine Art Bündnispolitik, bei der sich aufgeschlossene Partner zusammentun und sich die nötige Zeit nehmen zu üben, was sie gemeinsam besser erreichen können als getrennt.

Bild 6.8 Veränderung durch Vereinigung so klein halten, dass der Mehrwert den Veränderungsschmerz übersteigt. Dann als Organisation lernen und optimieren, um anschließend den nächsten Vereinigungsschritt vorzunehmen

Es geht beim Tunnelprinzip um eine organische Entwicklung zwischen vorhandenen Einheiten. Es ist dabei wichtig zu verstehen, dass diese Einheiten aus Menschen bestehen, die ihre Erfahrung, ihr Selbstverständnis und ihren Stolz haben. Daher sollte man ein paar Regeln einhalten, um das organische Wachstum möglichst schmerzfrei und erfolgreich zu machen.

Erster Grundsatz: Veränderungen möglichst klein halten

Die Anzahl der Abhängigkeiten reduzieren und sich auf ein Szenario konzentrieren, das einen überschaubaren, klar abgegrenzten Mehrwert hat. An diesem Szenario lernen die Beteiligten dann, die Innovation überhaupt zu verstehen, damit umzugehen und ihre Folgen einzuschätzen. Dieser Lerneffekt führt zu einer schnelleren Akzeptanz und zu einer Eigendynamik, die Innovation auch in anderen Bereichen einzusetzen. Das ist der sogenannte Dominoeffekt.

Ein Beispiel ist die visuelle Unterstützung von Menschen durch Augmented Reality, bei der mittels Brillen Informationen wie Arbeitsanweisungen, Gefahrenhinweise, Bedienhinweise oder Zustandsinformationen in den Blick eines Menschen auf reale Objekte eingespeist werden. Man kann das bei vielen Tätigkeiten in der Industrie anwenden: bei der Wartung der eigenen Maschinen im Betrieb, bei den Serviceingenieuren vor Ort beim Kunden, im Vertrieb, um Kunden Dinge zu erklären, in der Ausbildung neuer Mitarbeitenden, in der Produktion, um Mitarbeitenden Anweisungen zu übermitteln. Es ist aber besser, sich zuerst auf eines dieser Szenarien zu konzentrieren, zu lernen und dann Schritt für Schritt weitere anzugehen.

Zweiter Grundsatz: Möglichst wenig unterschiedliche Rollen

Eine weitere Lehre für die Anbieter der Innovation ist: sich einen klar abgegrenzten Kundenkreis aussuchen. Kunden, bei denen die Ausgangslage weitgehend gleich ist und die am besten auch untereinander kommunizieren. Um im Bild des Tunnels zu bleiben: Kunden, für die der erste, noch bescheidene Tunnel auch passt.

Was bei dem einen funktioniert, wird dann auch beim anderen klappen, und wenn es sich herumspricht, werden es alle machen. Das ist der Skalierungseffekt. So macht es beispielsweise Sinn, die beschriebene Augmented-Reality-Lösung zunächst bei Wartungsfirmen einzusetzen, die vor Ort schnell und günstig Probleme lösen müssen. Unter diesen Firmen findet ein Wettbewerb statt, und wer diese neue Technologie einsetzt, ist im Vorteil. Also werden das relativ schnell alle tun.

Wenn man dann in einer zweiten Welle aufzeigen kann, wie man die Branche der Wartungsfirmen damit verändert hat, kann man mit dieser Erfolgsstory auf neue Kundengruppen zugehen, beispielsweise Trainingsanbieter.

In der geschickten Kombination beider Regeln lässt sich also ein attraktives Wachstum organisieren.

Das Entscheidende aber ist: Die Lösung muss passen, sonst funktioniert das nicht. Sonst wird sie als lästig und kompliziert empfunden. Und es ist einfacher, eine Lösung zu bauen, die den klar abgegrenzten Bedarf einer Wartungsfirma unterstützt, als eine zu schaffen, die gleichzeitig den Bedarf von Trainingsfirmen, Vertriebsorganisationen und Produktionsunternehmen unterstützt.

Der „Product Market Fit" ist die entscheidende Kenngröße, ob sich eine Innovation durchsetzen kann. Und gleichzeitig bei der digitalen Transformation der Industrie eine der am häufigsten unbeachteten Eigenschaften.

Hier wiederholt sich die Kernaussage dieses Buches, die sich in den vier Fragen „Where?", „Why?", „What?", „How?" verbirgt: Suche genau den passenden, überschaubaren Zielmarkt aus, beschreibe sehr genau und nachvollziehbar die Veränderung, die dort durch den Wandel eintritt, erkläre genau, was konkret geschieht und was es kostet, und beschreibe, wie diese Veränderung umgesetzt wird. Das wende dann Schritt für Schritt auf weitere Themen und Kundengruppen an.

6.3.4 Make or buy: Bewertung transformativer Kompetenzen

Für Unternehmer aus der Industrie geht es beim Thema digitale Transformation derzeit häufig um eine Entscheidung, die sie in eine große Abhängigkeit versetzt, innerhalb derer sie andererseits wenig Einfluss haben. Viele Unternehmen setzen daher zunächst auf „DIY" – **„Do It Yourself".** Ein Konzept, das gut ist, um zu lernen, aber ein extremes Risiko, wenn es um eine Strategie geht. Software machen muss man können und wollen, und die Fallstricke im Softwaregeschäft sind zahlreich und tückisch, wenn man sich nicht mit vollem Bewusstsein und ganzer Energie auf sie einlässt.

In der langen Phase der Optimierung, die die Industrie in den vergangenen Jahren geprägt hat, haben Manager geübt, stets zuerst die Mehrwertfrage zu stellen und diese in messbaren Faktoren abzubilden. Das ist ein vernünftiges Konzept, solange man sich auf stabile äußere Rahmenbedingungen verlassen kann. In der digitalen Transformation ist das nicht so. Bedarfe aufseiten der Kunden verändern sich ebenso schnell wie die Kompetenzen der Wettbewerber. Das Risiko ist hoch, die Kontrolle zu verlieren, wenn man in schwer beherrschbare neue Technologie investiert, die weit von der eigenen Kernkompetenz entfernt sind, auch wenn es zunächst kostengünstig und schnell erscheint.

Aufwände von Digitalunternehmen

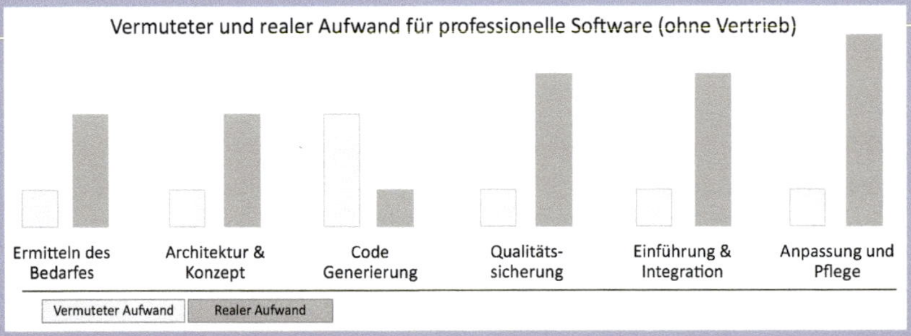

Bild 6.9 Wer von außen auf Digitalunternehmen schaut, schätzt die Verteilung der Kosten und Aufwände in Digitalunternehmen meist falsch ein

Die Aufwände für Erstellung und Pflege professioneller Software werden meist falsch eingeschätzt (Bild 6.9). Software zu schreiben, ist relativ einfach und wird heutzutage durch professionelle Werkzeuge hervorragend unterstützt. Die Aufwände finden vorher und nachher statt. Hier kommt die Formel der Transformation ins Spiel: Transformation = Innovation + Kontext. Die Code-Generierung ist die Innovation. Vorher geht es darum, genau zu verstehen, was man tut und warum. Bedarf, Architektur und Konzept müssen wirklich verstanden und durchdacht sein, wenn die Idee überleben soll. Ist sie einmal erzeugt, muss sie im Kontext leben lernen und sich ihrer Feinde erwehren. Qualitätssicherung ist die Grunddisziplin jeder Softwareerstellung und im Aufwand weit über der Codierung. Menschen davon zu überzeugen, das zu benutzen und ihre ungeahnten Bedürfnisse aus dem Alltag zu bedienen, ist ein noch größerer Aufwand, besonders da sich diese Bedürfnisse mit der Zeit ändern. Die damit verbundene Pflege, die unweigerlich mit dem schnellen Wandel der digitalen Welt einhergeht, ist schließlich der größte Block der Aufwände. ■

Neben der „Do It Yourself"-Alternative bleiben bei Investitionsentscheidungen zwei Fragen übrig: „Auf was lasse ich mich ein?" und „Was bringt es mir?". Sie bestimmen die Entscheidung zusammen.

Der strategische Teil – **„Auf was lasse ich mich ein?"** – ist dabei etwas, was das gesamte Umfeld betrifft. Alle Abhängigkeiten zu Lieferanten, Partnern, Behörden und Kunden müssen mit dieser Entscheidung bedient werden können – und zwar langfristig.

Das schließt „Do It Yourself" aus, denn die Kosten, das zu pflegen, sind hoch. Aber es ist eine Entscheidung mit Unbekannten, denn noch ist nicht sicher, was sich dauerhaft durchsetzen wird. Dazu ist die Digitalwelt viel zu jung und viel zu veränderungsbereit.

Der kaufmännische Teil, der **Mehrwert**, ist dagegen besser kalkulierbar. Hier geht es aus Kundenperspektive vor allem darum, Blendwerk von Wirklichkeit zu unterscheiden.

Viele Digitalisierungsvisionen haben sich als unsinnige Träumereien entpuppt. Keine Privatperson braucht einen vernetzten Kühlschrank, und kein Industrieunternehmen wird sich in seinen Kernprozessen permanent beobachten lassen. Viele idealistische Vorstellungen scheitern am Arbeitsrecht und am Datenschutz, andere daran, dass die Menschen sie einfach nicht wollen. Welcher Lagerarbeiter will sich schon den ganzen Tag von einer Brille beherrschen lassen, die ihm sagt, was er wo holen soll? Und welche Monteurin will sich einem Report ausgesetzt sehen, der exakt protokolliert, welche Bewegung sie wann und wie ausgeführt hat?

Die wirklichen Mehrwerte liegen jedoch „zwischen den Zeilen". Nicht die bekannten Handlungen sind es, die optimiert werden, sondern das, was dazwischen passiert. Das bisher Unbedachte, Unverstandene. Erfolgreiche Veränderung ist immer eine Überraschung.

Daher ist die Mehrwertermittlung zunächst einmal meist etwas Unvorhersehbares und bei jungen Innovationen aufwendig. Hersteller und Kunden sind hier gefragt, ehrliche Betrachtungen zu machen, wollen sie nicht in einer Tragödie gegenseitiger Enttäuschung enden.

Mit etwas Erfahrung ändert sich die Situation. Was bei einigen Unternehmen geklappt hat, wird auch bei vielen anderen klappen. Insbesondere innerhalb der gleichen Industrie. Die Mehrwertargumentation entwickelt sich also mit den Referenzen, und gleichzeitig entwickelt sich mit diesen die strategische Argumentation – wer viele Kunden hat, wird sich auch durchsetzen.

6.3.5 Geschäftsmodelle als Prüfstein

Ein immer wiederkehrendes Beispiel für „vernünftige Transformation“ sind Plattformen, in denen Unternehmen ihre Bestandteile zu zusammengesetzten Industrieprodukten und Dienstleistungen anbieten und so eine hohe Wiederverwendung vorhandener Ressourcen erreicht wird. Häufig wird dabei allerdings das unternehmerische Prinzip übersehen, dass ein Geschäftsmodell aus der Perspektive aller Beteiligten stimmen und zusammenpassen muss. Bei der Idee einer Plattform werden häufig zwei Dinge übersehen: Die Plattform braucht einen Betreiber, der sehr mächtig werden wird, und es braucht klar definierte Regeln und Mechanismen des Bezahlens, die im Einklang mit den Mehrwertaussagen zwischen den beteiligten Partnern stehen. Hier herrscht oft Uneinigkeit, und es entstehen Wettbewerbs- und Machtkämpfe.

Derartige Strukturen entstehen daher meist nicht direkt und aus einer offenen Initiative heraus, sondern sie leiten sich aus anderen Initiativen ab und entwickeln sich Stück für Stück aus dem konsequenten Ausbau der Kernkompetenz eines Marktteilnehmers.

Die Abbildung einer Geschäftsidee der digitalen Transformation in einem **Business Model Canvas**, oder eine vergleichbare Methode, ist daher unbedingt notwendig. Auf einem einseitigen Überblick werden die Protagonisten eines Geschäftsmodells und ihre Beziehungen untereinander erarbeitet. So werden Widersprüche und Schwachstellen aufgedeckt (Bild 6.10).

Bild 6.10 Business Model Canvas: Das ökonomische Modell muss aus der Sicht aller Beteiligten stimmen

Übungen

Charakterisieren Sie Ihren Zielmarkt und analysieren Sie den Reifegrad Ihrer Kunden dazu

Reflektieren Sie dazu die Kaufentscheidungen und vor allem das Entscheidungsmotiv Ihrer Kunden. Was kaufen die Kunden im Sinne der Reifegradkurve nach Moore Bild 6.2? Was entsteht unter wessen Anleitung daraus?

Leiten Sie daraus weitere Antworten ab:

- Wie ist der Reifegrad des Marktes gemäß der Reifegradkurve nach Moore?
- Handeln Sie als Anbieter entsprechend dieses Reifegrades?
- Wie beeinflussen Kundenstrategie, eigene Lösungsreife und Geschäftsumfeld den Eintritt in eine nächste Reifegradphase?
- Welche Risiken oder KO-Kriterien gibt es, die einer Investition Ihrer angestrebten Abnehmer im Weg stehen?

Mehrwertaussage

Beschreiben Sie, was Ihr Digitalisierungsangebot bei der Zielgruppe verändert.

Unterscheiden Sie dabei in taktische Mehrwerte wie Zeitgewinn, Qualitätsgewinn und Kosteneinsparung und strategische Mehrwerte wie „Ausbau des Geschäftsmodelles“ oder „Risikoabsicherung zu Compliance-Fragen hinsichtlich Nachhaltigkeit“.

Stellen Sie den jeweiligen Mehrwerten die Veränderungskosten gegenüber, die auf die Zielgruppe zukommen.

Leiten Sie daraus einen „Elevator Pitch“ ab, die kurze Aussage, die Sie machen können, wenn Sie zufällig beim Kunden das für Ihr Thema zuständige Vorstandsmitglied im Aufzug treffen.

Überführung in „schrittweise Veränderungen“

Zerlegen Sie Ihr Angebot gemäß der Mehrwertaspekte in möglichst kleine Teilpakete, die Sie nacheinander anbieten können, sodass sich möglichst Mehrwert und Veränderungskosten mindestens ausgleichen.

Prüfen Sie dabei, welche Leistungen aus der Perspektive Ihrer Kunden besser bei Dritten gekauft werden sollten, und prüfen Sie eine Partnerschaft mit diesen Dritten nach den Aspekten der guten Zusammenarbeit. ■

Teil 2: Methodik für die digitale Transformation

7 Das „Where, Why, What, How“-Framework

7.1 Die digitale Transformation meistern

Der größte Fehler, den Unternehmen bei der Entwicklung und Vermarktung digitaler Lösungen begehen, ist, zu sehr auf sich selbst zu sehen: unser Unternehmen, unsere Produkte, unsere Prozesse, unsere Belegschaft. Die bewährten Leitsätze „We are one company“ oder „Gemeinsam sind wir stark“ haben die Unternehmen durch manche Krise geführt, in der digitalen Transformation werden sie hingegen zur Gefahr.

Die folgenden Abschnitte befassen sich mit der Methodik der Strategiefindung, mit deren Planung und Umsetzung. Das gilt für Digitalunternehmen genauso wie für Industrieunternehmen, die mit Digitalangeboten wachsen wollen. Es kann dabei um reine Vertriebsfragen gehen, um Anpassungen der Produkte oder um neue Lösungen. Die einen bieten Datenbanken für den Nachweis von nachhaltigen Rohstoffen an, die zweiten Plattformen für den Verleih von Baumaschinen, die dritten Softwares zur Vernetzung von Maschinen oder zur Simulation auf Basis digitaler Zwillinge. Andere offerieren Fernwartung für Kraftwerke oder autonome Verteilerfahrzeuge für Produktionshallen, wieder andere entwickeln und vertreiben intelligente Sensoren oder sie bauen ihr eigenes Unternehmen intern um und flexibilisieren die Produktion oder führen rein digitale Servicekonzepte ein.

Es sind stets Investitionen in eine veränderte, vernetzte Geschäftswelt, die nach eigenen Regeln funktioniert, welche allerdings oft noch nicht vollständig erfasst sind. Der Schwerpunkt der Strategiefindung liegt daher in der Identifikation des passenden neuen vernetzten Geschäftsfeldes. Das ist oft eine Kernaufgabe von Geschäftsentwicklung und Vertrieb, um anschließend die vorgefundenen Potenziale und Randbedingungen in die eigene Produktstrategie abzubilden und eine Gesamtstrategie zu erarbeiten.

Die Sache mit der Giraffe, dem Dodo und den Ratten

Charles Darwin und die Evolution - „Survival of the fittest“: Das Darwin'sche Prinzip wird häufig falsch interpretiert als „das Überleben des Stärksten“, dabei übersetzen wir *„fit“* gerne mit unserer Vorstellung von „gut trainiert“, also stark.

„Fit“ bedeutet aber vielmehr „passend“, also der Situation angepasst. Das muss nicht unbedingt Stärke sein, sondern eher Flexibilität oder die Fähigkeit zur Anpassung.

Der Begriff spaltet sich im Weiteren auf in zwei unterschiedliche Phasentypen: die Krise und die fetten Zeiten.

In der Krise geht es um bedrohliche Veränderungen. Das kann Verknappung sein oder ein Wandel der äußeren Umstände. Giraffen haben deshalb so lange Hälse, weil sie auf diese Weise in Krisenzeiten besser an das Futter auf den Bäumen herankamen. Zu irgendeiner Zeit in irgendeiner Region, als das überlebenswichtig war, haben die Giraffen mit den längsten Hälsen als einzige überlebt und im Weiteren die mit den immer noch längeren Hälsen. Eine natürliche Auslese der am besten angepassten Wesen.

In dieser Zeit haben Giraffenweibchen gelernt, dass es besser ist, sich einen Bullen mit langem Hals als Partner für die Vermehrung zu suchen.

In fetten Zeiten bleibt diese zweite Eigenschaft erhalten. Die Partnerwahl funktioniert nach dem aus der Krise erworbenen Muster, weswegen die Hälse auch in fetten Zeiten immer länger wurden.

Das heißt, in Zeiten der Transformation geht es um die persönliche Anpassungsfähigkeit, in fetten Zeiten geht es um die Attraktivität als Partner.

Tiere, die sich im Laufe der Evolution über Attraktivitätsmerkmale stark spezialisiert haben wie das Mastodon oder der Dodo, sind ausgestorben, weil sie in einer aufkommenden Krise, beispielsweise durch das Auftreten der Menschen in ihrem Lebensraum, nicht in der Lage waren, sich anzupassen. Andere, die mehr Flexibilität hatten wie etwa Ratten, Mäuse oder auch Füchse, haben derartige Katastrophen problemlos gemeistert und sind sogar gestärkt daraus hervorgegangen, da sie sich die menschlichen Lebensräume als Nahrungsrevier zunutze machen. ■

Im Fall der Transformation kann die Veränderung des Lebensraumes durch den Einzug digitaler Innovationen in die industrielle Wirklichkeit zu einer Frage des Überlebens werden.

Erste Fragen, um eine Überlebensstrategie zu entwickeln, sind:

- Wie verändert sich mein eigener Lebensraum?
- Wie verändert sich der Lebensraum meiner Kunden und Partner?

Es geht also als Erstes um den Lebensraum und die Frage nach dem „Wo“ oder auf Englisch dem „Where“ - und nicht um das „Wie“, also die konkrete Handlung.

Es gibt den Spruch „Wer nur einen Hammer hat, für den besteht die Welt aus lauter Nägeln“. Diese Person hat aber ein Problem, wenn die Welt sich aufs Schrauben oder Kleben einigt oder wenn die Welt andere Probleme hat, beispielsweise das Beschaffen von Holz, wofür eher Sägen gebraucht werden. Nachfolgende Szenarien greifen dieses Beispiel auf und veranschaulichen, wie wichtig es wäre, eine veränderte Lebenswelt mit in die Betrachtung einzubeziehen, so wie in Bild 7.1 gezeigt.

Zwei typische Szenarien, wenn Unternehmen Veränderungen ignorieren

Ein Unternehmen produziert Hammer und stellt fest, dass die Umsätze zurückgehen. Es wird eine Initiative gestartet, die das Geschäft ankurbeln soll.

Szenario A: Das Unternehmen befasst sich damit, wie man den Hammer noch besser macht oder wie man den Nutzen des Hammers besser vermittelt.

Möglichkeiten dazu gibt es viele: Man kann den Hammer mit digitalen Zusatzfunktionen ausrüsten wie digitaler Schlagkrafterfassung oder durch kundenindividuelle Hammerauslegung auf Basis von Sensordaten, die das Nutzerverhalten übermitteln. So kann der Hammer gemäß dem Verhalten in Form, Gewicht und Material optimiert werden.

Eine andere Möglichkeit ist, große Hammerkampagnen zu starten, Hammerkurse anzubieten, Hammerbotschaften durch soziale Medien zu treiben, Vertriebsschulungen zu machen oder Sonderangebote wie „Kauf einen, bekomme zwei".

In beiden Fällen wird viel Geld ausgegeben und Zeit investiert und das Ganze vermutlich ohne nachhaltigen Erfolg. Denn der Fokus auf das eigene Produkt, die eigene Attraktivität, geht an den veränderten Lebensbedingungen vorbei.

Szenario B: Das eigene Produkt wird am Bedarf, der im Prinzip da wäre, vorbei konzipiert. Wenn der Hammerhersteller an metallverarbeitende Betriebe verkauft, die Hämmer brauchen, um Bleche zu formen, haben die ein anderes Kaufmotiv und brauchen deshalb einen etwas anderen Hammer als z. B. ein Schreiner. Auch sprechen die Metallverarbeiter eine andere Sprache: Sie reden nicht vom Nageln, sondern vom Dengeln, sie reden nicht von Anzahl Nägeln pro Minute, sondern von Formgenauigkeit. Für sie muss der Hammerhersteller das Produkt und ebenso die Kommunikation anpassen, um erfolgreich zu verkaufen. Das gilt für den einfachen Hammer genauso wie für den digitalisierten mit der Schlagkrafterfassung, der möglicherweise in der Blechbiegerei wirklich ein großes Potenzial hat. Wenn er nicht im Kontext der Blechbieger konzipiert ist, werden die ihn weder verstehen noch kaufen. Deshalb ist es in der digitalen Transformation wichtig zu überlegen, wie die Blechbieger erreicht werden, um den Hammer dort erfolgreich zum Einsatz zu bringen. Dazu wird es nicht reichen, in die Baumärkte zu gehen, sondern der Hersteller muss herausfinden, wie sich Blechbieger über neue Hämmer informieren und austauschen. Er muss herausfinden, wo sie ihre Werkzeuge einkaufen und wie er den Hammer in die Abläufe der Blechbiegerei integrieren kann, dass es einfach wird, ihn erfolgreich zu nutzen. Er muss sich auch über das Preisgefüge der Blechbieger Gedanken machen, das wieder am Nutzen hängt, den der Hammer dem Blechbieger bringt. ■

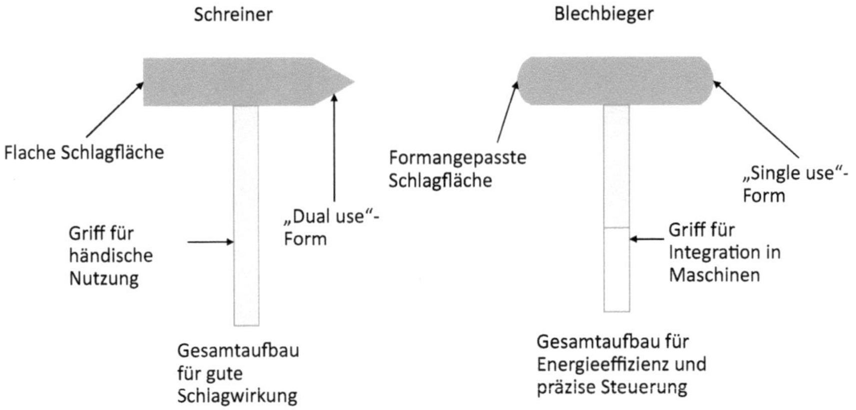

Bild 7.1 Nutzenorientierte Anpassung von Produkten für unterschiedliche Zielgruppen

Diese Geschichte führt zum Methodenansatz von „Start with where": das „Where, Why, What, How"-Prinzip, das eine Anleitung zum erfolgreichen Weg durch die digitale Transformation darstellt.

■ 7.2 Grundprinzip des Frameworks

Das Wichtigste in einer Transformation ist Orientierung im veränderten Lebensraum. Wenn man sich zudem nicht nur selbst transformiert, sondern das Umfeld sich gleichzeitig ebenfalls transformiert, ist Orientierung im Kontext doppelt bedeutend.

Das „Where, Why, What, How"-Framework sorgt für diese Orientierung und bringt gleichzeitig einen Planungs- und Kommunikationsrahmen für ein sich veränderndes Unternehmen (Bild 7.2).

Das Framework setzt darauf, bewährte Methoden, die es rund um Strategie, Vertrieb und Digitalisierung in großer Zahl gibt, zu nutzen und im richtigen Kontext und in der richtigen Reihenfolge einzusetzen.

Die Leserinnen und Leser werden demnach immer wieder Bekanntes wiederentdecken. Das ist gut so, denn gerade in Zeiten der Transformation ist es besser, Bewährtes richtig zu nutzen, als Neues zu erfinden.

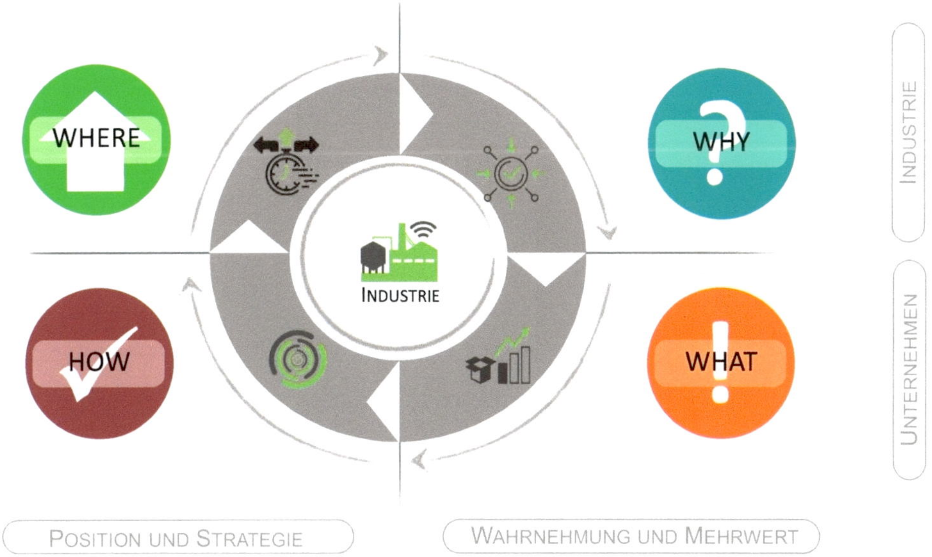

Bild 7.2 Das „Where, Why, What, How"-Prinzip führt mit vier Fragen, die immer wieder wiederholt werden, durch Strategiefindung, Planung und Umsetzung in der digitalen Transformation (Bild: PTC)

Das Framework besteht aus einer Matrix aus zwei Achsen. Auf der vertikalen Achse wird die Frage nach dem Umfeld, in das sich das Unternehmen im Rahmen der digitalen Transformation begibt, eingeordnet. Das „Where" und das „Why" befassen sich mehr mit dem Umfeld, einer Industrie oder einem Markt und das „What" und das „How" mehr mit dem Beitrag des eigenen Unternehmens zur Transformation. Die horizontale Achse gliedert sich in die Positionierung und Strategie im Sinne von Plan und Erreichen des Zieles und in die Wahrnehmung von außen und den Mehrwert der Veränderung, den das eigene Angebot bei den Kunden schaffen soll.

Für die Position und die Strategie sind die Fragen des „Where" und des „How" entscheidend, für die Wahrnehmung und die Frage nach dem Mehrwert das „Why" und das „What".

Die wesentliche Neuerung gegenüber den üblichen Strategiefindungsprogrammen in der Digitalisierung, die oft mit dem „Why" beginnen, ist das Voranstellen des „Where". Es verschafft im Zusammenhang mit der digitalen Transformation Orientierung, sowohl in der Abbildung des Kontextes als auch in der Definition von Richtung und Größe eines beherrschbaren Transformationszieles.

Die Auswahl der Zielgruppe ist mit das Wichtigste bei der Markteinführung transformativer Angebote. Schließlich handelt es sich um eine Situation, in der sich gerade alle Beteiligten wandeln, Anbieter, Kunden und deren Marktbegleiter. Das

„Where“ zieht sich daher dann auch durch die weiteren Fragen konsequent mit durch und beeinflusst die weiteren Antworten.

Die vier Fragen werden nicht einmal gestellt, sondern immer wieder, in einer sich wiederholenden Schleife, um der Transformation gerecht zu werden. Denn mit jedem transformativen Schritt ändert sich die Situation und muss neu überprüft werden, und das eigene Unternehmen lernt bei jedem Schritt dazu.

Ich habe allzu oft erlebt, dass Einführungsteams gesagt haben: „Lasst uns schnell loslegen, breit herangehen, dann lernen wir am schnellsten, wer anbeißt“. Diese Teams sind nahezu immer gescheitert, außer sie hatten wirklich Glück. Der Grund ist, sie nehmen sich die Möglichkeit zu lernen und stolpern stattdessen von einer unvorbereiteten Situation in die nächste. Frustration ist die Folge, und wenn sie einmal einen Erfolg landen, ist der meist klein und verpufft bald wieder. Solche Teams mit der Zeit immer verzweifelter, haben nach jedem Strohhalm gegriffen und sich in der Regel nach einem Jahr wieder aufgelöst, um durch eine neue, frische Truppe ersetzt zu werden.

„Learning by doing“ ist eine gute Lernform, das ist unbestritten, weil sich hier Idee und Überprüfung der Idee in kurzen, schnellen Zyklen die Hand reichen. Nur: Wer ohne eine überprüfbare Idee losgeht, kann auch nichts überprüfen. Dann wird aus „learning by doing“ ein „doing without learning“.

Das „Where, Why, What, How“-Modell stellt Einführungsteams dagegen stets ein konkretes Ziel, einen konkreten Inhalt und ein konkretes Vorgehen zur Verfügung. Auch wenn das zu Beginn nicht perfekt ist, ist es dennoch geeignet, sich in kurzen Zyklen zu verbessern und sich schnell weiterzuentwickeln.

Das „Where“ ist der Einstieg in die Idee, das „Why“, das „What“ und das „How“ folgen ihr, und zwar in genau der Reihenfolge. Die Überprüfung läuft in die entgegengesetzte Richtung.

Es ist wie wissenschaftliches Arbeiten, das sich kurz gefasst aus Theorie und Experiment bzw. Hypothese und Validierung zusammensetzt. Erst wer einmal eine Zielvorstellung konkret formuliert hat und sich darauf einlässt, kann sie überprüfen und daraus lernen.

7.3 „Where“

7.3.1 Das Umfeld mit seinen Eigenschaften, innerhalb dessen die Transformation stattfinden soll

„Where“ bedeutet nichts anderes als die Vermessung der Welt bzw. die konkrete, detaillierte Auseinandersetzung mit der Frage, was der Markt, das Umfeld ist und wie sich beides verhält. Lässt sich der Markt (oder die Märkte) beschreiben? Wie lässt er sich abgrenzen? Wie groß ist er? Welche Eigenschaften hat er? Was für Unternehmen und Menschen trifft man dort? Wer sind die Käufer? Das „Where“ ist Landkarte und Navigationssystem auf dem Weg der Transformation und damit ein elementares Werkzeug für alle, die in der digitalen Transformation unterwegs sind.

Eine Karte ist dabei stets nur so gut wie das, was auf ihr eingezeichnet ist. Auf was kommt es nun beim „Where“ besonders an?

Zunächst geht es um das grundlegende Verständnis, was ein Markt ist. Industrielle Märkte lassen sich laut Geoffrey A. Moore (Moore 2014) nach drei Kriterien abgrenzen:

- nach ihrem **Thema**, also „Produktion“, „Verwaltung“ oder „Servicemanagement“,
- nach ihrer **Industrie**, also „Maschinenbau“, „Automobilindustrie“ oder „Gerätebetreiber“,
- nach einer **Region**, also „Europa“, „Deutschland“ oder „spanischsprachige Länder“.
- Weiterhin charakterisiert Moore den Begriff des Marktes nach der originalen Eigenschaft, dass die Menschen dort miteinander reden. Sie tauschen Erfahrungen aus, bilden gemeinsam Meinungen und unterstützen sich gegenseitig in den Themen, die sie gemeinsam interessieren.

Die richtige Abgrenzung eines Zielmarktes und das Erstellen des richtigen Produkts sind unmittelbar voneinander abhängig. Das Produkt muss zum Markt passen wie der Markt zum Produkt, sonst entsteht weder bei den Kunden noch im eigenen Vertrieb die notwendige Begeisterung, die es braucht, um eine Transformation zu leisten.

Geoffrey A. Moore beschreibt in seinem Werk „Crossing the Chasm“ ausführlich, wie man sich seinen Markt zurechtschneidet, um eine möglichste starke Ausgangsposition für eine Marktführerschaft zu erhalten, von der aus man sich dann in weitere, benachbarte Märkte ausbreiten kann. Moores Regeln gelten hier weiterhin, und sein Werk kann ich jedem, der sich für Hightech-Marktstrategien interessiert, nur wärmstens empfehlen.

7.3.2 Die Aspekte des „Where"

Angewandt auf die digitale Transformation teilen sich die Aspekte des „Where" in einen analytischen Blick von außen und die Abbildung auf die eigene Organisation (Bild 7.3):

- Die **strategische Positionierung**: Mögliche Märkte zu identifizieren. Märkte anhand geeigneter Kriterien in Form eines geeigneten Kundenprofiles zu beschreiben, anhand dieses Profils zu quantifizieren und ihr jeweiliges Marktvolumen zu ermitteln.
- Die **quantitative Betrachtung**: Den Markt oder die Marktkandidaten quantitativ zu erfassen: Wie groß ist die eigene Präsenz bisher in diesem Markt? Wie gesättigt ist der Markt hinsichtlich des eigenen Angebotes? Was ist der Wettbewerb und wie gut ist er vertreten?
- Die **qualitative Betrachtung**: Das Geschehen im Markt zu formulieren. Jeder Markt hat seine eigene Sprache, seine eigenen Gesetze, seine eigenen Meinungsführer und seine eigene Kultur. Wer diese nicht kennt oder mit ihnen nicht umgehen kann, wird es in diesem Markt schwer haben oder bekommt keine Chance, dort Fuß zu fassen. Das gehört zum „Where" und damit zur Auswahl des „Jagdrevieres". Die Kernaufgaben des „Where" sind damit:
  - Herausarbeiten von **Zielbranchen** anhand der **eigenen Kompetenz**. Formulieren der wichtigsten Eigenschaften einer Zielbranche, etwa darüber, wie sie arbeitet, welche Herausforderungen sie hat, wie sie sich im Sinne eines Branchenverständnisses abgrenzt. So sind beispielsweise Automobil- und Flugzeugbauer in vielerlei Hinsicht ähnlich: Sie bauen komplexe Produkte, die Menschen transportieren, die auf einer gut abgegrenzten Lieferkette aufbauen und durch einen Montageprozess entstehen. Sie unterscheiden sich allerdings durch unterschiedliche Regulierungssysteme, durch unterschiedliche Seriengrößen und damit andere Produktionsverfahren, durch einen anderen Vertriebs- und Auslegungsprozess. Anhand solcher Kriterien kann eine Zielbranche mit den notwendigen Eigenschaften beschrieben und vergleichbar gemacht werden, welche Branche bei den eigenen Möglichkeiten am erfolgversprechendsten ist. Dazu gehört auch die Wettbewerbsbetrachtung: Ist der Markt bereits besetzt oder noch offen für mich? Gibt es andere etablierte Unternehmen in diesem Markt, dem die Kunden die Lösung des Problems, um das es mir geht, eher zutrauen würden?

- Benennung des Marktes anhand üblicher **Branchen- oder Industriekriterien** und **charakteristischer Merkmale** für diese Branchen.
  - Benennung der Branchen und Unterbranchen – ist es im Flugzeugbau nur der zivile oder auch der militärische Bereich? Sind es nur die Hersteller oder auch die Lieferanten? Ist es in der Medizinbranche die Pharmaindustrie oder die Gerätehersteller? Oder beide?
  - Quantifizierung des Marktes: Anzahl Unternehmen, typische Größe, Umsatz, potenzielles Investitionsvolumen in das Thema des eigenen Angebotes.
  - Analyse des Ausgabeverhaltens: In welche Themen investieren diese Unternehmen in welchem Umfang? In vielen Fällen gibt es Analysten, die derartige Daten erheben, in anderen Fällen muss man auf qualitative Analysen wie Jahres- und Quartalsberichte, Ausschreibungen, Stellenangebote oder auch das persönliche Gespräch zurückgreifen.
- **Aktuelle Umbruchsituation** im Markt: Gibt es eine signifikante Veränderung, die das Geschäft der Marktteilnehmer maßgeblich beeinflusst? Das können Regularien sein, ein veränderter Wettbewerb, neue Technologien, neue Trends, Krisen – je schmerzhafter eine Veränderung ist, desto höher ist die Bereitschaft zur Innovation. Gerade dieses Kriterium ist im Kontext der digitalen Transformation von besonderer Bedeutung, denn die Marktverschiebungen, die dadurch entstehen, öffnen auch jeweils neue Felder für innovative Angebote.

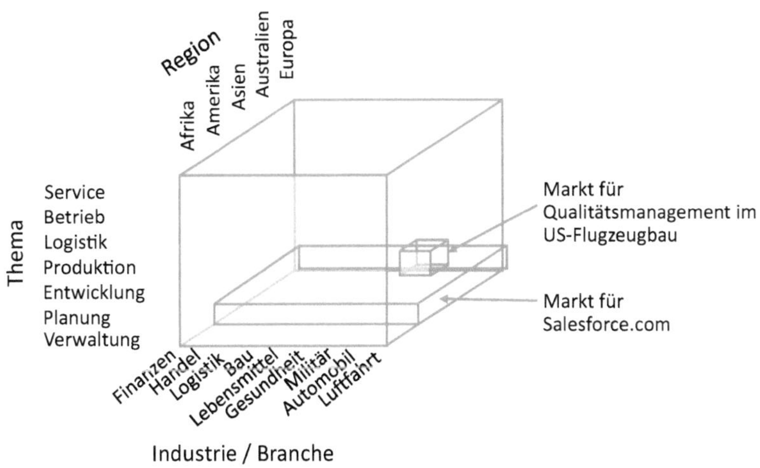

Bild 7.3 Märkte lassen sich nach Region, Thema und Industrie eingrenzen

Es ist wichtig, diese Aspekte konkret herauszuarbeiten und in einer Art und Weise zu formulieren, die leicht vermittelbar und überprüfbar ist. Maßstab ist, dass jeder Beteiligte im erweiterten Team es sich auswendig merken kann und es auf einer einzigen Präsentationsfolie vermittelbar ist. Ein Lerneffekt entsteht nur dann, wenn gemachte Erfahrungen diskutiert und die Annahmen bewusst korrigiert werden.

7.3.3 Abbildung auf die eigene Organisation

Die analytisch beschriebenen Zielmärkte können nun mit dem eigenen Unternehmen und seinen Eigenschaften verglichen werden.

- Passt der Markt zum eigenen Unternehmen?

  Ein Anbieter muss sich dort wohlfühlen, die Sprache und Kultur verstehen, die Probleme verstehen, ebenso alle Mitarbeitenden.
- Ist der Markt in einer Situation, in der das Angebot eine hohe Priorität bekommt?

  Welche Themen beschäftigen die Unternehmensführung? Wenn die eigene Produktidee nicht konkret zu einem der Top-Themen passt, wird es schwierig.
- Passt das eigene Unternehmen zum Markt?

  Wie sehen die Kunden das Unternehmen und wie ist die Wettbewerbssituation? Ist das Unternehmen bereits bekannt? Wenn nicht, würden die Kunden es als neuen Anbieter akzeptieren?
- Hat der Markt die richtige Größe und die richtigen Eigenschaften, dass das Unternehmen schnell bekannt wird?

  Bei neuen Themen spielt die Marktführerschaft eine wichtige Rolle. Es ist zunächst wichtiger, eine Marktführerposition zu erhalten, als schnell zu wachsen, aber dennoch unbekannt zu sein. Geoffrey A. Moore schlägt dazu vor, den Markt zwischenzeitlich künstlich zu verkleinern. So ist es beispielsweise besser, Marktführer bei der digitalen Transformation von Aufzugsherstellern zu sein als ein Anbieter von vielen im Markt der Personenbeförderung.

Vorsicht Falle: „Wir kennen unsere Kunden“

Systematische Marktbetrachtung wird in vielen eingespielten Organisationen als theoretische Übung betrachtet, die die Leute vom Arbeiten abhält. Das ist eine Gefahr. Gerade Vertriebsteams wollen gerne gleich mit dem „How“ anfangen, loslegen und sehen, was kommt. Dieses Vorgehen ist aber gerade in der sich transformierenden Industrie ein Fehler und eine Gefahr.

In digital-transformativen Situationen sind häufig die gewohnten Ansprechpartner selbst Betroffene einer Veränderung und nur bedingt objektiv. In anderen Fällen sind sie sogar die falschen Ansprechpartner, da das Thema woanders angesiedelt ist, in anderen Abteilungen, Hierarchieebenen oder sogar Unternehmen.

Zudem ändern sich Kundenbeziehung: In einem kontinuierlichen Geschäft unterscheidet sie sich fundamental von der Kundenbeziehung in einem digital-transformativen Geschäft. Im ersten Fall geht es mehr darum, sich in einem langfristigen Interessensgefleht möglichst effizient aufeinander einzustellen, passende Angebote zu machen, Rabatte zu geben, wenn es einmal knapp ist, oder Tipps zu geben, wie aufkommende Probleme umschifft werden können. Im digital-transformativen Fall geht es um ein Bündnis in der Veränderung, um Risiken, Machtverhältnisse, Gewohnheiten und Interessen. Die Ansprechpartner beim Kunden haben andere Eigenschaften, entweder in der Rolle in der Organisation oder in ihrem Charakter und damit auch in ihren Bedürfnissen und ihrer Sprache.

Es ist daher eine zentrale Frage, ob man ein transformatives Angebot innerhalb der etablierten Kundenbasis startet oder ob man sich bewusst eine Zielgruppe am Rande dieser Basis oder sogar außerhalb sucht und wie man mit den jeweiligen Ansprechpartnern das Gespräch aufbaut. ■

Bild 7.4 Ein alter Witz handelt von einem betrunkenen Mann, der unter einer Laterne etwas sucht. Eine Dame kommt und fragt, was er suche. „Meine Schlüssel“, antwortet der Mann. Sie hilft suchen, findet nichts. Sie fragt: „Wo haben Sie sie denn verloren?“ „Dort drüben“, antwortet der Mann und zeigt auf eine dunkle Stelle mit Büschen. „Und warum suchen Sie dann hier und nicht dort?“ „Weil ich hier etwas sehen kann.“

Wie der Mann in Bild 7.4 verhalten sich viele Unternehmen. Sie suchen ihr Geschäft dort, wo sie sich auskennen, und nicht dort, wo es ist. Denn durch die Transformation der Industrie verschiebt sich das Geschäft und damit auch die Kunden. Etwa wenn nicht mehr ein Maschineneinkäufer eine Maschine zur Flaschenabfüllung kauft, sondern die prozessverantwortliche Kollegin für die Flaschenabfüllung die Maschinenleistung als Dienstleistung mietet.

7.4 „Why“

7.4.1 Ereignisse und Phänomene, die das Umfeld beeinflussen

Egal ob im Vertrieb einer neuen digitalen Lösung oder in der Entwicklung einer digitalen Strategie. Vor einer eigenen Investitionsentscheidung sollte bekannt sein, wie potenzielle Endkunden denken und handeln, was deren Bedarf ist und deren Entscheidungskriterien. Bei Angeboten der digitalen Transformation ist es zudem häufig so, dass sich die Ansprechpartner ändern - seien es andere Gesprächspartner bei den Kunden, seien es interne neue Ansprechpartner oder neue Organisationen. Die neuen Gegenüber sind im laufenden Geschäft tagtäglich jeder Menge Blendern ausgesetzt, die ihnen dieses oder jenes als besonders bedeutend beschreiben. Diese Menschen sind daher mit aller Wahrscheinlichkeit erst einmal auf „Abwehr“ geschaltet, wenn ihnen ein fremder neuer Anbieter begegnet. Diese Abwehr zu durchbrechen mit einer interessanten, greifbaren Option auf Veränderung, das ist die Kunst des „Why“.

Vor einigen Jahren war ich auf einer der frühen Digitalisierungskonferenzen der Industrie unterwegs und unterhielt mich mit einem Werksleiter eines internationalen Multis der Nahrungsmittelbranche. Mein Unternehmen hatte gerade Technologien entwickelt, welche unter anderem die Leistungsfähigkeit von Produktionsanlagen steigern konnten, und ich war daran interessiert, in diesem Umfeld Kontakte zu knüpfen.

Die Unterhaltung war ernüchternd.

Bereits auf die erste Frage „Was machen Sie?“ konnte ich nur Sätze hervorbringen, die mein Gegenüber offensichtlich nicht verstand. Auf die zweite Frage „Was haben Sie in unserer Branche schon gemacht?“ konnte ich nur betreten schweigen. Dann ging das Gespräch in eine kurze Lehrstunde zur Nahrungsmittelproduktion über, um dann schnell beendet zu sein.

Es war ein Lehrstück für das „Why“ - warum sollte mein Gegenüber mir zuhören?

Wenn ich nicht bereits etabliert bin, kennt mich mein Gegenüber nicht. Und von einem Wildfremden hört sich einer mit einem vollen Terminkalender ungerne wirre Geschichten an.

Ein neuer Anbieter muss also in der Lage sein, dieses bei seinem Gegenüber innerlich formulierte „Warum soll ich dem jetzt zuhören?“ schnell und klar zu beantworten.

Dazu gehört zu wissen, womit sich dieser Mensch vermutlich tagaus, tagein beschäftigt und wo seine persönlichen Ziele liegen. In der Produktion ist das die Effizienz der Anlagenauslastung, die Qualität, die Kosten, die Ausfallrisiken, im Service ist es die Vorhersehbarkeit von Schäden, die Schnelligkeit der Problemerfassung, die Dauer bis zur Problemlösung usw.

Dann muss er verstehen, wie er in diesem Kontext das Geschäft des Kunden verbessern kann, und er muss erklären können, warum der Kunde ihn noch nicht kennt, er aber dennoch wichtig ist. Dazu muss er die jüngsten Veränderungen der Branche kennen und deutlich machen, dass er erst derentwegen in seiner Branche auftauche, während er woanders bereits vergleichbare Probleme erfolgreich gelöst habe. Gelingt ihm das, dann ist er auf einmal ein interessanter Gesprächspartner.

7.4.2 Die Aspekte des „Why“

7.4.2.1 Der Bedarf

Der Blick auf die Welt aus den Augen meines Gegenübers. Das „Warum“ beschreibt eine Veränderung auf mehreren Ebenen. Die Wichtigste ist zunächst die Ebene des faktischen Geschehens, als Beschreibung äußerer Einflüsse in der Welt, die eine Veränderung notwendig machen. Globale Lieferketten brechen weg, wegen einer Seuche oder wegen eines Handelskrieges, Arbeitskräfte werden knapp wegen der alternden Gesellschaft, Betriebskosten werden zu hoch wegen der hohen Serviceaufwände, wenn Mitarbeitende auf Reisen gehen müssen, Kunden werden anspruchsvoller wegen einer zunehmend leistungsfähigeren Konkurrenz. Alles Aspekte des „Why“, und zwar die problemdefinierenden Aspekte des „Why“, der Bedarf.

> Ein klassisches „Why“ in der Industrie ist der Arbeitskräftemangel, vereint mit der Neigung der nachwachsenden Generation, wenn Reisen, dann aus privaten Gründen anzutreten, und dem Kostendruck im internationalen Wettbewerb.
>
> Das bedeutet, dass es ein wichtiges Thema wird, wie sichergestellt wird, dass Maschinen in den Fabriken der Kunden zuverlässig laufen und in Pakistan Stoffe zuschneiden, in der Türkei Reifen gießen oder in Boston/Massachusetts Verpackungen von Rasierklingen herstellen.

7.4.2.2 Die Fähigkeit

Eine andere Ebene des „Why“ ist das Angebot. Einem Bedarf wird als Angebot eine Fähigkeit gegenübergestellt, welche die Situation verändert oder zumindest verändern kann. An dieser Stelle ist das Angebot aber noch kein Produkt, sondern eine Partnerschaft. Es geht in erster Linie darum, sich selbst zu beschreiben und zu transportieren, dass man aufgrund seiner Fähigkeiten der richtige Partner ist, um die anstehenden Probleme zu lösen. Der Kunde soll den neuen Anbieter erst einmal kennenlernen und einordnen können, und erst dann auf dieser Grundlage eine eigene Erkenntnis entwickeln, wie er sich mit ihm als Partner weiterentwickeln kann. Es geht also darum, sich selbst in kurzen Worten als Unternehmen zu beschreiben, die eigenen Fähigkeiten, Interessen, Erfahrungen und Ziele in der digitalen Transformation, und dann zu erklären, wie diese Erfahrungen und Fähigkeiten das Problem des Kunden betreffen und lösen.

Auch geht es darum zu erklären, warum der Kunden einen bis dahin möglicherweise noch nicht kennt. Der Grund kann sein, dass der Kunde dieses Problem bis dahin noch nicht hatte; es kann aber auch sein, dass der Anbieter selbst bis dahin noch nicht in der Industrie des Kunden aktiv war, sondern in einer anderen, in der er ein ähnliches Problem gelöst hat, das ihn nun qualifiziert. Vielleicht hat er es bisher auch nur in einem anderen Land gemacht. Er muss demnach erzählen können, wo er bereits vergleichbare Fragen erfolgreich gelöst hat, dazu braucht er Referenzgeschichten, im besten Fall aus der Industrie des Kunden oder in einer verwandten Industrie, möglicherweise auch aus einer anderen Region.

Das Ergebnis des Gesprächs sollte sein, dass der Kunde am Ende das Gefühl hat, eine Entdeckung gemacht zu haben, mit der er sich unbedingt näher befassen muss.

Eine „Why“-Story: Überraschende Problemlösung mit Augmented Reality

Im Fall des Arbeitskräftemangels für Servicepersonal greift ein starker Anwendungsfall aus der digitalen Transformation: vernetzte digitale Services. Sie basieren im einfachsten Fall auf der Technik der „Augmented Reality“. Dabei kann ein Profi einer ungelernten Person vor Ort aus der Ferne zuverlässig eine Maschine erklären, deren Bedienung trainieren und ihn anleiten, wie er Wartungsarbeiten und Reparaturen ausführen kann. Der Techniker steht dabei unmittelbar vor der Maschine und betrachtete es mittels eines Digitalgerätes, das kann ein Tablet, ein Smartphone oder eine Digitalbrille sein. In das Kamerabild des Gerätes werden digitale Zusatzinformationen eingespielt. Grafische Hinweise zeigen an, welche Teile bedient oder welche Bewegungen ausgeführt werden sollen, es können aber auch Zahlen, Text oder Tabellen sein, Warnungen oder jede andere visuelle Information. Parallel kann auch miteinander gesprochen werden.

Bild 7.5 Augmented Reality liefert Zusatzinformationen zu Produkten in eine überlagerte Ansicht (Bild: PTC)

Aber wie erklärt man das „Why“ in wenigen Sekunden einem gestressten Servicemanager, den man zufällig in der Schlange am Buffet eines Kongresses trifft? Oder wie schreibe ich es in eine Botschaft, die als Werbung in einem Serviceportal läuft?

Das „Why“ ist, man entschuldige das Bild, der bezaubernde Satz, mit dem der Frosch die Prinzessin dazu bringt, sie zu küssen. Die Überwindung, die eine neue Perspektive eröffnet. Das „Why“ an dieser Stelle für einen Anbieter von Augmented Reality wäre also, die Situation zu umreißen, dass es schwierig und teuer sei, Servicetechniker vor Ort zu entsenden, und zu erklären, dass man ein Anbieter sei, der das Problem lösen kann. Dann kurz zu erklären, wie es funktioniert und in welcher Weise es das Problem des Kunden löst, nämlich indem der Maschinenexperte nicht mehr auf Reisen geht, sondern von zuhause aus mit dieser neuen Technologie den Kunden anleitet, seine Probleme selbst zu lösen. Auf diese Weise kann ein Serviceexperte mehr Kunden bedienen, da er sich alle Reisezeiten und auch die dazugehörigen Kosten spart. ■

7.4.2.3 Die Randbedingungen

Eine gelungene Mahlzeit muss nicht nur gut aussehen, sondern auch gut schmecken. Neben dem interessanten Angebot ist es wichtig, frühzeitig erläutern zu können, wie sich eine Innovation als transformatives Element in die Welt des Kunden einfügt. Es ist in der Regel nicht so, dass der Kunde bis zu dem Zeitpunkt noch nichts getan hätte, sondern er befindet sich in einem laufenden Geschäft, das möglichst wenig gestört werden sollte (Tabelle 7.1).

Tabelle 7.1 Randbedingungen einer Transformation, deren typische Kriterien in einer Industrie kennen sollte, wer erfolgreich verkaufen will

Technische Randbedingungen	Schnittstellen und Datenformate entlang der Prozesskette müssen passen, damit Information fließen kann. Das kann bei einer gewachsenen Systemlandschaft eine relevante Herausforderung werden, insbesondere wenn mehrere Technologiegenerationen zusammentreffen. Weiterhin geht es darum, vorhandene Architekturkonzepte zu berücksichtigen oder sicherzustellen, damit Systemumgebungen langfristig wartbar und beherrschbar bleiben. Hier geht es insbesondere auch um Cloud-Konzepte und wie in der Industrie damit umgegangen wird.
Prozessuale Randbedingungen	Unternehmerische Abläufe, die prägend sind für Investitionen, Möglichkeiten und Abgrenzungen, beispielsweise Qualitätssicherung. Produktionskonzepte oder typische Lieferkettenverhältnisse, beispielsweise die Notwendigkeit, wechselnde Lieferanten einzubinden oder bestimmte Normen einzuhalten.
Kommerzielle Randbedingungen	Vertragswesen in der Branche, Investitionsverhalten und Risikomanagement. Beispielsweise der Grad der Automatisierung abhängig von der Seriengröße der Produkte und Leistungen oder die Art der Bilanzierung von Kosten als Investitions- oder Betriebskosten.
Strategische Randbedingungen	Industriebezogene Trends der digitalen Transformation. Entstehung neuer Geschäftsmodelle, Wettbewerbsverschiebungen, Marktverschiebungen etwa durch neuartige Services oder neue Marktteilnehmer oder Kundentypen wie etwa durch das Auftreten von Carsharing-Modellen in der Autoindustrie.
Regulative Randbedingungen	Regulierungen zum Verbraucherschutz insbesondere im Bereich Datenschutz und zum Urheberrecht, Regulierungen zu Fragen der Sicherheit, zum Wettbewerbsrecht, zu Fragen des Arbeitsschutzes und der Einhaltung sozialer Standards in der Lieferkette bis hin zum stark zunehmenden Regulierungsumfang rund um Nachhaltigkeit und Klimaschutz.

Es kann sein, dass ein Markt zwar existieren müsste, es aber nicht tut

In der Automobilindustrie werden bereits seit vielen Jahren, bei der Entwicklung von Bauteilen Lieferanten eingebunden, Lieferanten, die Bremsen, Sitze, Kabelbäume, Lenkräder, Getriebe, Achsen, Beleuchtung, Fensterheber, Radios, Dachhimmel und was auch immer sonst lieferten. Bei der Entwicklung war es von großer Bedeutung, die Arbeitsergebnisse der Lieferanten einzubeziehen. Da deren Arbeit zeitgleich mit der des Autoherstellers verlief und sich alles ständig änderte, mussten sie sich gut abstimmen und dazu einfach die aktuellen Daten austauschen können.

Nun war es aber so, dass alle Hersteller unterschiedliche Entwicklungssysteme nutzten, die, vereinfacht gesagt, unterschiedliche Datenformate verlangten. Die Lieferanten mussten also die gleiche Bremse, das gleiche Lenkrad, die gleiche Lampe stets in vielen verschiedenen Datenformaten bereitstellen und entsprechende Änderungsvorschläge in Empfang nehmen können. Eine teure und nicht wertschöpfende Belastung, noch dazu da sich die „Dialekte" der Hersteller auch regelmäßig änderten, nämlich mit jeder Aktualisierung ihrer Softwaresysteme. Die Softwareversion CATIA 5.3.1 verlangte ein anderes Datenformat als CATIA 5.3.2.

Ich wollte dieses wichtige Problem damals lösen und habe mit mehreren Partnern ein Angebot geschaffen, das einerseits die Übersetzungsleistung regelt, andererseits durch eine konsequente Informationspolitik zu Softwareversionen die Übersetzungsaufwände deutlich reduziert. Die Mehraufwände für Datenübersetzung bzw. die Kosten dafür hätten sich dadurch erheblich reduzieren lassen.

Das Angebot wurde damals von allen Beteiligten, Automobilherstellern wie Lieferanten, einhellig begrüßt, dennoch ist das Projekt gescheitert. Der Grund war, dass sich Hersteller und Lieferanten nicht darauf einigen konnten, wer die Kosten für diese neue Dienstleistung tragen soll. Mangels einer zentralen Autorität, die diese Frage klärt, ist die Initiative eingeschlafen.

Äußere Veränderungen schaffen Märkte

15 Jahre später, Anfang der Zwanzigerjahre, ist das Thema wieder zum Leben erwacht, da nun eine zentrale Autorität auftauchte: die Politik in Verbindung mit dem Thema Nachhaltigkeit. Es wurden Gesetze erlassen, die verlangen, dass der CO_2-Verbrauch von Produkten und ihren Bauteilen durchgängig nachvollziehbar ist. Das war mit der lange geübten Praxis der Datenübertragung in andere Formate nicht vereinbar, denn diesen Nachweis kann man nur zuverlässig erbringen, wenn es auf dem Weg der Daten keine Kopien gibt, sondern nur Verweise auf Quelldaten. Auf einmal entstanden aus der Industrie selbst heraus große Initiativen, die das 15 Jahre alte Datenübertragungsproblem angingen.

Es war eine Veränderung der Randbedingungen, in diesem Fall ein äußerer Zwang, der einen neuen Markt entstehen ließ. ■

Das „Why" ist in der Positionierung eines digitalen Transformationsangebotes die positive Erfahrung der Verführung. Erfolgreiche Verführer sind nicht nur attraktiv, sondern beobachten genau, reflektieren ihr Gegenüber und stellen sich auf dessen Signale ein. Das geht so weit, dass sie deren Gedanken erahnen und deren Fragen beantworten, bevor sie sie selbst formuliert haben. Wer erfolgreich Transformation verkaufen will, muss sich also mit seiner Zielbranche auseinandersetzen und sie kennenlernen.

Daher steht das „Why" nach dem „Where" an zweiter Stelle, denn zuerst muss die Branche benannt sein, erst dann kann ein Team bewusst lernen und, falls nötig, sein Zielgebiet und seine Position korrigieren.

Beispiel: Die Bewertung der Randbedingungen in Industrien bestimmt die Zielmärkte

Die technologische Innovation „Augmented Reality“ kann industrielle Geschäftsmodelle in einigen Bereichen dramatisch verändern:

- Serviceeinsätze können per Fernanleitung durch lokales Personal ausgeübt werden, was Zeit und Reiseaufwände spart.
- Arbeitsvorgänge können direkt am Gerät aufgezeichnet und später beliebig oft abgespielt werden, was das Problem des Wissensverlustes durch das Ausscheiden älterer Fachkräfte löst und Spezialwissen schnell und überall verfügbar macht.
- Vertrieb kann stark vereinfacht, beschleunigt und kostengünstiger gestaltet werden, da ein visuelles Produkterlebnis nicht mehr an die Verfügbarkeit des Produkts oder der Einsatzumgebung gekoppelt ist. Das Gleiche gilt für Ausbildungsprozesse.

Als Zielindustrien kommen **Medizingeräte** in Frage, **Industrie**- und **Spezialmaschinen**, etwa im Bauwesen, und das **Mobilitätswesen** vom **Auto** bis zum **Flugzeug**. In einer Tabelle können nun Aufwand und Nutzen der Themenbereiche in den Industrien gegenübergestellt werden (Bild 7.5).

Im Maschinenmarkt startet man also am besten mit dem Thema Servicefernanleitung. Hier ist der Aufwand vergleichsweise gering und der Nutzen hoch.

Wissen aufzeichnen ist ein Thema für den Medizingerätemarkt, wo der Bedarf groß ist und der Aufwand überschaubar, da erst wenig Systeme integriert oder ersetzt werden müssen.

Vertrieb und Ausbildung sind sowohl in der Mobilität als auch im Medizingerätebereich attraktiv, wobei es bei Mobilität mehr um Kosteneinsparung geht und im Medizingerätemarkt mehr um zeitkritischen Nutzen in der Anwendung.

	Maschinen	Mobilität Auto	Mobilität Flugzeug	Medizinwesen
Service-fernanleitung	Datenbereitstellung im Unternehmen oft noch mangelhaft organisiert Aufwand: mittel, Nutzen: hoch	Wettbewerbsintensiver Servicemarkt, Know-how-Schutz und Kundenschnittstelle sind kritisch Aufwand: hoch, Nutzen: mittel	Aufwendige Regularien zur Qualitätssicherung und -prüfung müssen erfüllt werden Aufwand: hoch, Nutzen: hoch	Aufwendige Regularien zur Qualitätssicherung und -prüfung müssen erfüllt werden Aufwand: hoch, Nutzen: hoch
Wissen aufzeichnen	Gesamtkonzepte zu Archivierung von Wissen noch unreif Aufwand: mittel, Nutzen: mittel	Große Firmen haben bereits komplexe Umgebungen für Wissensmanagement Aufwand: hoch, Nutzen: mittel	Geringe Seriengrößen bewirken eine lückenhafte Lösungslandschaft Aufwand: mittel, Nutzen: mittel	Verfügbarkeit von Wissen ist oft zeitkritisch Aufwand: mittel, Nutzen: hoch
Vertrieb oder Ausbildung	Geringe Serienzahl rechtfertigt Aufwände für Digitalmodelle nicht Aufwand: hoch, Nutzen: mittel	Datenverfügbarkeit und Prozesse müssten geregelt werden Aufwand: mittel, Nutzen: hoch	Simulatoren sind bereits Teil der Ausbildung Aufwand: mittel, Nutzen: gering	Ausbildung ist zeit- und kostenkritisch wegen vieler Personalwechsel Aufwand: mittel, Nutzen: hoch

Bild 7.6 Aufwand und Nutzen von Augmented Reality unterscheiden sich je nach Szenario und Industrie

7.5 „What“

7.5.1 Eigene Möglichkeiten, im Umfeld etwas zu verändern

In Digitalgeschäft, insbesondere in der digitalen Transformation, kaufen Kunden „Business Impact“ - Auswirkungen auf ihr Geschäft im Sinne von Veränderung und im Sinne von Mehrwert. Das „Was“ hat also viele Gesichter.

Zunächst das Gesicht der „Veränderung“ - was wird in der Wirklichkeit des Kunden anders als vorher und in welcher Form wird es anders? Der Kunde muss sich das vorstellen können. Soll einem Kunden eine automatisierte Qualitätsprüfung verkauft werden, wird der Nutzen sein, dass automatische Fehlererkennung direkt am Produktionsort und sofort stattfindet und so sämtliche Folgeeffekte von Fehlern vermieden werden. Das leitet dann gleich zum Mehrwert über, nämlich die Kosten der Folgeeffekte, die eingespart werden und sehr groß sein können. Das kann sich der Kunde dann aber gleich selbst ausrechnen. Im Vertrieb wirken Mehrwertversprechen immer am besten, wenn der Kunde den Mehrwert selbst erfasst. Je nach Misstrauen oder technischem Interesse folgt als Nächstes die Transformation, also die Erläuterung der kundenseitig vorhandenen oder noch nicht vorhandenen Mittel, die diese Veränderung herbeiführen könnten, und die Veränderungsaktion, die das Ganze ermöglicht.

Im nächsten Schritt des „What“ geht es um die Möglichkeit, wie Veränderung stattfinden kann. Dass z. B. Kameras die Produktion beobachten und das Ergebnis mit der digitalen Produktspezifikation vergleichen, die sie anhand der Fertigungsfolge und der Bauteilnummern aus den Entwicklungssystemen holen. Das führt zum Produkt, das aus Kameras besteht, sowie aus Software, die die Daten beschafft und abgleicht.

Die eigene Auseinandersetzung mit dem „What“ im Dialog mit möglichen zukünftigen Nutzern führt zur Frage, ob das Versprechen denn haltbar sei und damit zum letzten Teil des „What“, den Referenzen. Die Beschreibung, dass eine vergleichbare Anwendung bereits bei anderen Unternehmen, mit denen der Kunde sich vergleichen würde, erfolgreich gelöst wurde, schafft das notwendige Verständnis für eine zielgenaue Entwicklung, für einen erfolgreichen Vertrieb sowie für die erfolgreiche Nutzung.

Möglicherweise findet noch eine Diskussion zu Alternativen statt, etwa dem Wettbewerb, oder über den Preis, diese Diskussion lässt sich aber mit einem guten Verständnis, worum es geht, sehr viel besser führen.

7.5.2 Die Aspekte des „What"

Das „What" ist die digitale Transformation, die beim Kunden stattfindet, und nur zum kleinen Teil das verkaufte Produkt. Es bildet die Brücke von der Kundenperspektive zur Anbieterperspektive (Bild 7.7).

Übertragen auf das Gespräch mit einem Hersteller von Motorrädern sind im „Why" bereits die Gründe für Veränderung im Service gesprochen: Motorräder sind komplexere Produkte mit viel Elektronik geworden, die eine hohe Spezialisierung auch im Service erfordern. Gleichzeitig ist es teuer, überall auf der Welt derartige Profis zu etablieren, in vielen Ländern lohnt es sich auch nicht. Ersatzweise müssten bei Bedarf Spezialisten ins Land geschickt oder die Motorräder für den Service außer Landes gebracht werden. Das Problem steigert sich dadurch, dass wegen Fachkräftemangel und einer abnehmenden Reiselust kaum Servicekräfte zu finden sind.

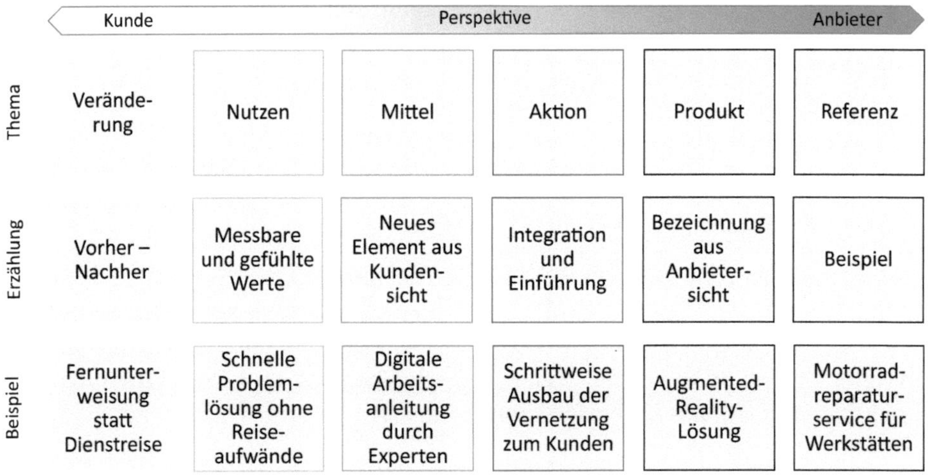

Bild 7.7 Je nach Perspektive bekommt das „What" eine andere Gestalt hinsichtlich Themenschwerpunkt und Art der Erzählung

Die Möglichkeit, die mit der digitalen Transformation entsteht, ist die **Veränderung**, dass ungelernte Fachkräfte vor Ort per Fernunterweisung durch Experten aus dem Stammsitz des Herstellers angeleitet werden können, und zwar direkt am Motorrad, das repariert werden soll. Der **Nutzen**: Es können überall auf der Welt die komplexen Serviceleistungen in kürzester Zeit erbracht werden, ohne teure Ausbildung oder Reisezeit. Die **Mittel** dazu sind die vorhandenen Daten über die Motorräder, die Datenverbindung in das Land der Werkstatt, gewöhnliche Smartphones oder Tablets oder, in der Luxusversion, Datenbrillen sowie ein Softwarepaket, das das leisten und verwalten kann. Als **Aktion** muss die Software eingerichtet, Mitarbeitende in der Zentrale geschult und die notwendige Datenbasis erstellt werden, dann geht es los. Die Servicekräfte in den entfernten Ländern werden erst geschult, wenn es notwendig ist. Das **Produkt** ist die Augmented-Reality-Lösung des Softwareanbieters, verbunden mit den dazu passenden Werkzeugen für die Datenverwaltung und Datenverarbeitung. Als **Referenz** dienen im besten Fall andere Motorradhersteller oder aber Hersteller vergleichbarer Produkte wie etwa Baumaschinen oder Aufzüge.

Soll eine Augmented-Reality-Lösung an jemand anderes verkauft werden, beispielsweise einen Flugzeughersteller, sieht die Geschichte bereits anders aus. Der Flugzeughersteller hat strenge Regeln für den Service, die von Aufsichtsbehörden vorgegeben und überprüft werden. Er kann kaum in kurzer Zeit seine Serviceprozesse umstellen. Er würde die gleiche Technologie aber für etwas anderes einsetzen, nämlich die Schulung der eigenen Belegschaft. Im Flugzeugbau gibt es spezielle Handlungen, die nur von Zeit zu Zeit vorgenommen werden müssen, gerade in der Montage von Flugzeugen mit nur kleiner Serie. Es gibt wenige Mitarbeitende, die diese Handlungen sicher beherrschen, viele gehen bald in den Ruhestand, und deren Wissen ist in deren Köpfen.

Was im Falle des Motorradherstellers direkt von Experte zu Anwender vermittelt wird, kann im Flugzeugbau digital zwischengespeichert werden. Die Arbeitsanweisungen werden auf die gleiche Weise erstellt, dann aber gemeinsam mit den Flugzeugdaten abgespeichert und können später jederzeit abgerufen werden, wenn das nächste Flugzeug gebaut werden soll.

Das *Produkt* ist also nahezu das gleiche wie beim Motorradhersteller, nur ergänzt durch die Speicherung. Veränderung, Mittel, Aktion und Nutzen unterscheiden sich aber deutlich. In der Kundenansprache ist es wichtig, auf diesen Unterschied einzugehen, da die Kunden in ihrem schnelllebigen Alltag andernfalls Schwierigkeiten haben, den Nutzen für sich richtig zu erkennen.

Im Kundendialog ist es immer wieder von entscheidender Bedeutung, eine alte Weisheit der Kommunikation zu beherzigen: Das Gesagte ist noch lange nicht das Gehörte geschweige denn das Verstandene. Ebenso ist das Verkaufte noch lange nicht das Gekaufte, geschweige denn das Gewollte:

Gesagt ≠ Gehört ≠ Verstanden

Verkauft ≠ Gekauft ≠ Gewollt

Diese Unterschiede zwischen Aussage und Verständnis gemeinsam mit den Kunden herauszuarbeiten, ist ein entscheidender Faktor für den Erfolg der digitalen Transformation.

7.6 „How“

7.6.1 Art und Weise, wie die Veränderung geleistet werden kann

Das „Wie“ beschreibt den Prozess der Umsetzung, mit dem eine digitale Transformation begonnen wird. Wie soll das gemacht werden? Diese Frage ist nach der Formulierung einer grandiosen Idee oder eines großen Wunsches meistens die Killerfrage. Das Konkrete, das diese Frage einfordert, deckt alle Illusionen auf, die sich im Vorfeld aufgetürmt haben. Es muss nun das gesamte Vertriebs- Implementierungsszenario durchgespielt werden, selbst wenn man noch am Beginn einer Entwicklung steht.

Das Wesentliche ist aber: Wer die vorhergehenden drei Fragen „Where“, „Why“ und „What“ sinnstiftend beantwortet hat, wird sich mit dem „How“ nicht mehr so schwertun.

Dann gibt es bereits ein Ziel, eine Möglichkeit und ein Mittel. Es ist nur noch die Frage, wie das Mittel eingesetzt wird.

Es geht um drei Dinge:

- **Wie erreicht die Botschaft der vielversprechenden Veränderung die Kunden?**
- **Wie entsteht die Entscheidung beim Kunden?**
- **Wie wird die Lösung umgesetzt, sobald die Entscheidung da ist?**

Diese drei Fragen spiegeln jede für sich alle Aspekte der digitalen Transformation wider.

7.6.2 Die Aspekte des „How“

So wie das „What“ für die digitale Transformation steht, steht das „How“ für die Auseinandersetzung mit der Lösung in der Wertschöpfungskette. Es geht von der „Make or buy“-Entscheidung (also der Unterscheidung, was die eigene Kernkompetenz ist und was besser von anderen, deren Kernkompetenz es ist, zugekauft wird) bis zur erfolgreichen Wertschöpfung des Kunden, also dem Moment, an dem der Kunde das Produkt oder die Leistung erfolgreich nutzt. Dazwischen liegen Produktentstehung, Absicherung, Qualifizierung, Marketing, Vertrieb, Einführungsunterstützung und Servicekonzept. In Zeiten der Nachhaltigkeit geht es noch weiter in Richtung Reparaturkonzepte, Wiederverwendung und Kreislaufwirtschaft bis hin zum Recycling.

Jeder dieser Bereiche unterliegt der digitalen Transformation und verdient daher eine entsprechende Betrachtung:

- **Lieferkette:** Ganz wichtig: Wie verschieben sich die Rollen in der Lieferkette? Es geht zum einen um die Last der Verantwortung und zum anderen um die Macht der Kundenschnittstelle. Zum dritten um die Freiheit der Wahl, also sich nicht abhängig zu machen. Empfehlenswert ist, zunächst nicht „maximal“ zu denken, also möglichst viel abzudecken, sondern eher „minimal“ und so herauszufinden, was der Kern der eigenen Innovation ist. Dann arbeitet man im zweiten Schritt heraus, was man nicht doch lieber selbst macht. Das hat den Vorteil, dass man dabei automatisch das Umfeld kennenlernt und sich damit beschäftigt, wer sich wohin entwickelt.
- **Produktion:** Produktion wird im Kontext der digitalen Transformation mehr und mehr zur Dienstleistung. Unternehmer entscheiden sich, Produzent zu sein, Betreiber oder Anbieter, denn ein Mischbetrieb ist anstrengend und teuer. Produktionskosten sind längst nicht mehr nur in China niedrig. Digitalisierung und Automatisierung in der Produktion marginalisieren die Arbeitskosten, dafür sind andere Aspekte wie Transportwege, Stabilität der Lieferkette, Kundennähe und Flexibilität wichtiger als zuvor.
- **Wertschöpfung bei Kunden:** Ein sensibler Bereich ist die Frage, ob und wie das eigene Angebot beim Kunden seine volle Wirkung entfaltet. Oft sind Zusatzleistungen nötig, im Bereich Wartung und Service oder im Bereich Integration in die Wertschöpfungskette. Hier ist oft die große Frage, wer das leistet. Große Serviceanbieter? Lokale Integratoren? Günstige Lohnarbeiter? Je nachdem gilt es, andere Beziehungen aufzubauen und zu pflegen, um sicherzustellen, dass die Wertschöpfung beim Kunden stabil und zuverlässig ist.
- **Qualifizierung:** Oft sind es die eigenen Leute, die vergessen werden. Ein Produkt durchläuft bis zum erfolgreichen Einsatz eine Kette von Abteilungen, Menschen und Prozessen, und alle müssen einbezogen werden. Die Automatismen in Unternehmen sind meist mächtiger, als man denkt, und eine Idee, die die eingespielten Wege verlässt, bekommt schnell den Status einer unreifen Verrücktheit, wenn betroffene Personen nicht richtig eingebunden sind.
- **Einführung:** Ein noch sensiblerer Bereich als die Wertschöpfung. Die Einführung beim Kunden bedeutet dessen eigene Transformation. Man kann also davon ausgehen, dass die Strukturen in der betroffenen Organisation zunächst nicht darauf vorbereitet sind, die angebotene Veränderung anzunehmen. Die Einführung kann damit zum sehr großen Projekt werden, bei dem viele Partner eine Rolle spielen – von der Veränderungsberatung über die technische Integration bis zum Betriebsmanagement.
- **Vertriebsweg:** Wer spricht mit den Kunden? Sind es die eigenen Leute? Sind es ausgesuchte fachliche Partner? Ist es ein Massenvertrieb? Der Vertriebsweg

ist entscheidend für die Entfaltung einer Veränderung. Solange der Markt die Veränderung nicht oder kaum kennt, empfiehlt es sich, mit eigenen Leuten Erfahrung zu sammeln. Je klarer und einfacher eine Veränderung technisch leistbar ist, desto mehr lohnt es sich, auf Partner zu setzen, die sich stärker auf ihre speziellen Kunden einlassen können.

- **Marketing:** Die richtigen Zielgruppen erreichen und in einen Dialog bringen, das ist die Kernaufgabe von Marketing. Darin stecken die ersten beiden W's: das „Where“, die Zielgruppe, und das „Why“, der Dialog. Beide weichen bei Themen der digitalen Transformation von den traditionellen Mustern ab, an die das Marketing gewöhnt ist. Das Marketing sollte sich daher bewusst von eingefahrenen Mustern frei machen und die Themen neu denken.
- **Implementierung:** Angebote der digitalen Transformation werden meistens anders implementiert als herkömmliche Industrieprodukte. Das liegt an der besonderen Bedeutung der Vernetzung, das liegt an den anderen Geschäftsmodellen, die andere Verantwortlichkeiten mit sich bringen, das liegt an dem hohen Maß an Veränderung, mit dem die betroffenen Anwender konfrontiert werden. Oft fehlt das nötige Personal, um in die Breite zu gehen, oder Schulungskonzepte sind unausgereift, weil die Themen so neu sind und es keine Vorlage gibt. Bei der Implementierung sollte jeder Geschäftsführung klar sein, dass die Überwachung in den ersten Phasen Führungsaufgabe ist.
- **Betrieb:** Da es sich meistens um dienstleistungsnahe Geschäftsmodelle handelt, liegt im Betrieb eine besondere neue Verantwortung. Sie muss gut durchdacht und durchkalkuliert sein und vor allem auch geübt werden. Wie die Implementierung ist der Betrieb in der ersten Phase Führungsaufgabe, da Probleme schnell erkannt und gelöst werden müssen und dafür Entscheidungen gefällt werden müssen, die in der Regel die Kompetenzen einzelner Ressortleiter sprengen.
- **Service:** Der Service verschmilzt mit dem Betrieb, doch auf dem Weg dorthin ist das Servicemanagement ein kritischer Faktor. Wenn sich Geschäftsmodelle in Richtung Service verschieben, wandelt sich der Kundennutzen vom initialen zum permanenten Faktor. Nimmt er ab, wird der Service gekündigt. Die Aufmerksamkeit auf Wertschöpfung und Effizienz im Betrieb wird also zum zentralen Thema für den Service, und der Kunde ist kein Bittsteller mehr, sondern ein flüchtiges Tier, das bei Laune gehalten werden muss.
- **Kreislaufwirtschaft:** Ein neuer Aspekt im „How“ ist die Kreislaufwirtschaft, also das Ressourcensparen und Wiederverwenden. Hier treffen sich zwei Interessen auf harmonische Weise, denn das Kernthema der digitalen Transformation, Ressourcenverbrauch durch Information zu ersetzen, deckt sich mit dem Kernthema der Nachhaltigkeit. Im „How“ macht es also Sinn, Nachhaltigkeit konsequent in Planung und Umsetzung einzubauen und da auch entsprechend

zu argumentieren. Damit wird die digitale Transformation gleichzeitig eine ökologische Transformation, und beide unternehmerischen Ziele können gemeinsam gedacht werden, was wichtig ist, um Konflikte zu vermeiden und stattdessen Synergieeffekte zu erzielen.

7.6.3 Wie erreicht die Botschaft den Kunden?

Wie erreicht die Botschaft den Kunden? Über Werbung? Über soziale Medien? Über Direktvertrieb? Über Veranstaltungen? Über Einflussnehmer? Die gesamte vertriebliche Kommunikation hängt stark vom Markt bzw. der Industrie ab sowie vom Reifegrad des Angebotes bzw. des Käuferverhaltens im Markt.

Wie lernen es die Menschen, die das transportieren sollen? Wie werden sie motiviert, sich damit zu befassen? Mit Geld? Mit Begeisterung? Mit Pflicht?

Die Käufertypen, abgeleitet von Geoffrey A. Moores Meisterwerk „Crossing the Chasm“ (Moore 2014) und den Marktreifegraden, sind ein entscheidendes Kriterium für die Kommunikation. Ich muss jeden Käufertyp anders ansprechen, mich auf andere vertriebliche Abläufe einstellen, brauche andere Experten und eine andere Zielsetzung.

Stelle ich mich auf einen schnell wachsenden Massenmarkt oder auf ein Hochpreisprodukt mit langen Vertriebszyklen ein? Brauche ich wenige Profis oder sehr viele, die vor allem zuverlässig ein überschaubares Wissen pflegen sollen? Arbeite ich lieber mit eigenen Leuten oder macht es mehr Sinn, mit Partnern zusammenzuarbeiten? Weil die schneller skalieren können, weil die billiger sind, weil die einen anderen Kundenzugang haben, weil ich mich in einem Land bewege, in dem ich mich selbst nicht auskenne, kulturelle oder auch politische Grenzen habe, über die ich nicht hinwegkomme?

Im „How“ stecken viele Fragen und viele Fehlermöglichkeiten, und gerade, weil es so ist, neigen viele Firmen dazu, das „How“ der Einfachheit halber so anzugehen, wie sie es immer schon gemacht haben, da kennen sie sich wenigstens aus. Und darin steckt einer der Bremsklötze der digitalen Transformation.

Das „How“ ist auch in der Lage, eine Geschäftsidee niederzustrecken, die es bis dahin erfolgreich durch das „Where“, das „Why“ und das „What“ geschafft hat. Das Durchdeklinieren des „How“ ist der letzte große Test vor einer Investitionsentscheidung. Deswegen lohnt es sich, die eigene Organisation auf die Probe zu stellen und zu prüfen, ob sie das „How“ zu leisten vermag. Wenn es dabei keine Überraschungen gibt, war es vermutlich keine Transformation.

Bild 7.8 Bei der Umsetzung können jede Menge Missverständnisse entstehen

Der **Kommunikationsweg** zum Kunden ist lang und voller Fallstricke, und Anbieter müssen sich bewusst sein, dass in jungen Phasen einer Transformation dieser Kommunikationsweg noch nicht eingeübt ist. Das gilt für alle Beteiligten, intern wie extern.

Ein häufiger Fehler in Organisationen ist, dass niemand darauf achtet, dass dieser Kommunikationsweg intakt bleibt. Das neue Thema eines Transformationsangebots verstehen die meisten Beteiligten noch nicht richtig, sie wollen sich aber nicht die Blöße geben, das zuzugeben, oder sie verstehen nicht einmal, dass sie es nicht verstehen. Stattdessen versuchen alle Beteiligten, ihren Job möglichst gut und professionell zu machen, und bauen ihre Arbeit auf das auf, was sie verstanden haben, eingebettet in die Muster ihrer bisherigen Arbeit.

Da es sich aber um eine Transformation handelt, ist ziemlich sicher, dass bei so einem Vorgehen viele getane Arbeit wirkungslos oder sogar kontraproduktiv ist. Da fängt das Marketing an, Filme zu drehen, die Themen und Begriffe enthalten, die keiner versteht, und es fällt ihnen nicht auf, weil sie selbst früher die Fachbegriffe auch nicht verstanden haben. In Wirklichkeit bräuchte das Thema aber vielleicht noch keine Filme, sondern eher Diskussionsrunden, wie sie auch digital gut abgehalten werden können und in denen sich interessierte Fachleute zum Thema austauschen können. Oder der Vertrieb zwingt Partner, das Thema in den Verkauf zu nehmen, die aber noch lange noch nicht dazu in der Lage sind. Sie sind bis dahin meist weder darin geschult und können das Produkt nicht erklären noch besitzen sie die Kompetenzen, bei Unsicherheiten in Kundensituationen Entscheidungen zu fällen, wie Probleme gelöst werden könnten. Oder der Vertrieb geht zu den falschen Kunden oder Ansprechpartnern beim Kunden, weil niemand ihnen gesagt hat, dass im neuen Modell eine andere Zielgruppe angesprochen werden müsste.

Praxistipp: Kleine funktionsübergreifende Teams bilden

Transformative Initiativen und Linienorganisationen vertragen sich nicht miteinander. Die Reibungsverluste in der Abstimmung steigen exponentiell mit der Anzahl der Funktionen und der „Stille Post“-Effekt in den Inhalten genauso. Am Ende haben es alle richtig gemacht und schuld sind die jeweils anderen. Das Problem ist nur, dass *alle* „die anderen“ sind.

Das „How“ in der digitalen Transformation lernt in der Praxis. Es ist also das beste Rezept, genau das zum Prinzip zu erheben und kleine, funktionsübergreifende Teams zu bilden, die gemeinsam den Auftrag haben, die Umsetzung des Wandels zu leisten. Im Idealfall werden die Teams aus dem restlichen Tagesgeschäft herausgenommen und können sich voll auf diese Aufgabe konzentrieren. Oft ist das nicht möglich, dann ist dennoch eine klare Zuordnung und auch Abgrenzung der Aufgabenstellung zum restlichen Tagesgeschäft nötig, um den Teamgedanken zu etablieren.

Die Leitung des Teams sollte bei einer Person liegen, die ausgehend vom „Where“ und vom „Why“ den transformativen Charakter der Initiative verkörpert und gleichzeitig mit den Themen des „What“ und des „How“ ausreichend vertraut ist. Die Leitung hat dabei mehrere Kernaufgaben:

- Das Thema in seinem Zusammenhang und Kontext immer wieder neu verständlich formulieren.
- Aufgaben und ihre Zusammenhänge erfassen und an die Beteiligten vermitteln.
- Konflikte in der Organisation erkennen und moderierend zur Lösung führen.
- Permanent über den „Ist-Zustand“ hinausdenken und die weitere Entwicklung der Transformation erfassen und einordnen.
- Die „Community“ der Transformation pflegen, mit internen Kollegen ebenso wie mit Partnern und Kunden.
- Ein funktionierendes Transformationsteam kann eine starke Gemeinschaft werden und den Kern einer zukünftigen Linienorganisation bilden. Das geht bis hin zum Kulturwandel, einer der stärksten Effekte in Organisationen. In der restlichen Organisation werden derartige Teams häufig als Fremdkörper wahrgenommen, die das gewohnte Muster und die gewohnte Kultur verlassen. Das kann dazu führen, dass die falschen Leute in solchen Teams landen, nämlich die, die „nicht so gebraucht werden“. Kluge Unternehmensführer senden erfahrene Mitarbeitende in Transformationsteams, die das Unternehmen kennen und stark genug sind, Widerstände zu überwinden.

Praxistipp: „Die Anderen“

Ein guter Indikator für ein undurchdachtes „How“ und damit in der Regel auch für ein undurchdachtes Geschäftskonzept nach dem „Where“, „Why“, „What“, „How“ ist es, wenn Kollegen sich über andere Kollegen beschweren oder wenn sie erklären, andere müssten etwas liefern, die dann oft nicht wissen, dass oder was sie liefern sollen. Das bedeutet dann, das der Wunsch die Wirklichkeit überholt hat und das Projekt an einem Missverständnis zu scheitern droht.

In Projekten im Kontext der digitalen Transformation ist das eher die Regel als die Ausnahme, denn da sich alle Rollen verschieben, weiß keiner mehr, was seine eigene Aufgabe ist und was die der anderen.

Es ist daher wichtig, sich stets zu vergewissern, ob die unterschiedlichen Teams wirklich das gleiche Verständnis davon haben, worum es geht. Man sollte nicht nur fragen „Wisst ihr, was ihr tun sollt?“, sondern auch „Wisst ihr, warum ihr es tun sollt?“ und sich dabei nicht mit einem „Ja“ als Antwort zufriedenzugeben, sondern mit einer Erklärung, die zur eigenen Vorstellung passt.

Das empfinden viele als übergriffig. Vor allem solche Kolleginnen und Kollegen, die sich in der Vergangenheit eine selbstbewusste Position erarbeitet haben. Aber gerade die sind es, an denen die Veränderung oft scheitert. Haben sie es andererseits verstanden und unterstützen sie das Neue, können sie eine wichtige Stütze werden. In der Praxis lohnt es sich daher, auf ein Murren, das zu erwarten ist, wenn man anzweifelt, sie hätten die Veränderung verstanden, mit einem Lob zu reagieren: Es sei deswegen, weil sie so wichtig seien, daher wolle man ganz sicher sein. ■

7.6.4 Wie entsteht die Entscheidung beim Kunden?

Der Traum vom sich selbst verkaufenden Produkt ist immer groß. Viele Unternehmen lassen sich von dieser Idee verführen und vergessen dabei ihre Kunden. Selbstverkaufend sind nur Commodity-Produkte, die gekauft werden, ohne nachzudenken. Das sind entweder Produkte, bei denen der Preis die Kaufentscheidung bestimmt, weil alle anderen Eigenschaften klar sind, oder bei denen der Anbieter eine so starke Marktmacht hat, dass er sich diese Vertriebsform leisten kann. Beides ist in den seltensten Fällen der Fall, und daher empfehlen sich Vertriebswege, welche das Gespräch mit dem Kunden suchen und Vertrauen aufbauen, bevor eine Kaufentscheidung fällt.

Entscheidungen sind die Kernkompetenz der Anführer

Entscheidungen sind mit das Schwierigste, was die Evolution hervorgebracht hat. Sie erfordern ein Bewusstsein über die Situation, eine Erfassung der Alternativen und die Fähigkeit, diese gegeneinander abzuwägen. Und das ist für eine Person im mittleren Management eines Industriebetriebes angesichts der Unwägbarkeiten der digitalen Transformation viel.

Entscheidungen entstehen entgegen dem schönen Bild einer rational wirtschaftenden Welt meistens irrational oder zumindest semi-rational. Das hat einen einfachen Grund: Zum Zeitpunkt der Entscheidung gibt es einfach zu wenig Information, um rational zu entscheiden.

In der Gesellschaft gibt es für diese Aufgabe die Politik. Politiker oder Politikerinnen sind dafür da, Entscheidungen zu fällen, für die es keine zuverlässige sachliche Grundlage gibt. Alle anderen Entscheidungen fällen die Behörden, gemäß ihrem Auftrag.

In Unternehmen ist das nicht sehr viel anders. Strategieabteilungen und Führungsspitze müssen genau das tun: Entscheidungen fällen ohne sichere Grundlage, Mut beweisen, Risiken abwägen, Kritik aushalten. Und digitale Transformation ist ein Thema, für das es bisher nur wenig sachliche und messbare Grundlagen für Entscheidungen gibt.

Die Erkenntnis daraus: Kaufentscheidungen sind Managemententscheidungen, keine Expertenentscheidungen, und neben der Ratio sind also zwei weitere Aspekte bei der Investitionsentscheidung von Kunden elementar: das Vertrauen und die Absicherung.

Vertrauen meint: „Diese Leute werden das hinbekommen, kurz- oder auch langfristig, zumindest so lange, wie die Folgen der Entscheidung mich betreffen.“ Dazu schätzen Kunden die Anbieter ein: Ist ihre Geschichte glaubwürdig? Können die das? Wollen die das wirklich oder probieren die nur etwas aus? Bin ich für die wichtig genug, dass sie auf mich eingehen, wenn ich Schwierigkeiten habe? Verstehen wir uns persönlich? Halten die eine Krise durch?

Absicherung meint: „Wenn ich diese Entscheidung fälle, kann mir später niemand einen Vorwurf machen.“ Es ist bei Managemententscheidungen klar, dass sie Risiken enthalten und sich nachträglich als falsch herausstellen. Ein echtes Problem bekommen Entscheider allerdings in der Regel nur, wenn ihnen vorgeworfen werden kann, sie hätten fahrlässig gehandelt. Aus Anbietersicht geht es also darum, zu den gerade genannten Fragen des Vertrauens passende Antworten zu finden, und zwar bevor der Kunde die Frage gestellt hat. ■

Vertrauen ist bei transformativen Investitionen in der Industrie ein entscheidender Investitionsmotivator. Hier zeigt sich wieder einer der wesentlichen Unterschiede zum Konsumentenmarkt. Während für Privatkunden Investitionen in digitale Geräte in erster Linie eine Frage der Selbstdarstellung oder der Bequemlichkeit sind und in den seltensten Fällen ihr wirtschaftliches Schicksal daran geknüpft ist, ist es bei Industrieunternehmern genau andersherum. Hier geht es darum, sicher zu sein, dass der eingeschlagene Weg stimmt und in eine stabile Zukunft führt.

Wie dieses Vertrauen aussieht, hängt von der Reife der Transformation und vom Typus des Käufers ab. Manche Käufertypen kaufen gerne in frühen Phasen, anderer lieber erst in späteren – und sie tun dies aus unterschiedlichen Motiven.

Während Käufer in frühen Phasen in der Regel aus einer eigenen Motivation heraus investieren, weil sie eine Idee umsetzen wollen, eine Strategie verfolgen, investieren Käufer in späteren Phasen eher aus einer externen Motivation heraus, etwa um im Wettbewerb mitzuhalten oder sich in Bereichen außerhalb des eigenen Kerngeschäftes zu optimieren.

Der Käufer in frühen Phasen vertraut dabei weniger auf ein Produkt als auf die Möglichkeit einer Technologie und einen Partner, der diese Möglichkeiten mit ihm zur Umsetzung bringt. Das sind Partner, die er entweder sowieso kennt oder denen er auf Augenhöhe begegnen kann, um sich in einer Phase des Ausprobierens aufeinander zu verlassen.

Der Käufer in mittleren Phasen vertraut auf die Reife und das Mehrwertversprechen einer bewährten Lösung, die er bei sich auf eine Weise einsetzt, wie es viele andere bereits getan haben, und der Käufer in späten Phasen vertraut auf den Standard und will sich am liebsten nicht mit den Fragen des Wandels befassen.

Diese unterschiedlichen Ebenen des Vertrauens wirken sich auch auf den Vertriebsweg aus, der sich über die Reife einer Transformation deutlich wandelt. In frühen Phasen bin ich über persönliche Netzwerke oder Verbände auf der Suche nach neugierigen Kunden und gehe in den direkten Dialog mit den eigenen Fachleuten. In mittleren Phasen achte ich darauf, dass gut qualifizierte Partner bewährte Methoden anbieten, und achte in der Kommunikation darauf, dass die bewährten Methoden und Mehrwerte bekannt sind und verstanden werden. In späteren Phasen hänge ich mich am besten an vorhandene vertriebliche Mechanismen im Umfeld meines Angebotes und achte im Wesentlichen darauf, dass ich in der Preisgestaltung wettbewerbsfähig bin und dass das Produkt einfach zu kaufen ist.

Ein entscheidender Faktor: Die richtigen Leute im Vertrieb

Es ist nicht nur eine Frage der Kompetenz, sondern auch des Typus, wer wann im Vertrieb einer transformativen Lösung am besten geeignet ist.

In vielen erfolgreichen Unternehmen ist der Vertrieb gerade wegen des Unternehmenserfolges unterfordert. Wenn Kunden von allein kaufen, muss sich der Vertrieb nicht anstrengen. **Ist es aber ein Markt, der sich zu etablieren beginnt,** geht es nur im aufwendigen Direktvertrieb. Wenn es um transformative Themen geht, noch dazu, wenn die Investitionssummen weit jenseits der Portokasse liegen, ist das eine echte Herausforderung. Da prallen vonseiten des Herstellers wie des Kunden Schlachtrösser aufeinander, die sich erst duellieren, um sich dann zu versöhnen, sofern sie sich für würdig halten.

Die **Mehrwertschlacht**: Überzeugung gegen Misstrauen. Das Verkaufen über den kundenspezifischen Mehrwert ist aufwendig und benötigt Erfahrung. Im Vertriebsprozess muss in der Regel erst erarbeitet werden, wo dieser Mehrwert genau liegt und wie er gehoben werden kann. Etwa in besserer Qualität, in kürzeren Bearbeitungszeiten, geringeren Produktionskosten, einer breiteren Produktpalette oder der Fähigkeit, besser auf sich verändernde Marktbedingungen zu reagieren, seien es Lieferketten oder Randbedingungen, wie die erhöhte Aufmerksamkeit bezüglich nahhaltiger Produkte und Produktion. Der Vertrieb ist in diesen Phasen der Kern der Vertrauensbildung, Ansprechpartner, Reibungspunkt und Problemlöser. Oft machen Unternehmen den Fehler, in diesen Phasen die falschen Leute im Vertrieb einzusetzen. Unerfahrene Leute, neu eingestellte, die das eigenen Unternehmen nicht kennen, oder diejenigen, die zufällig gerade frei sind, all das, weil die guten Leute der Transformation noch nicht trauen und vermeintlich dringend im „Altgeschäft" gebraucht werden, das zu diesem Zeitpunkt noch die wichtigste Einnahmequelle ist.

Ist es ein junger Wachstumsmarkt, ist der professionalisierte Direktvertrieb der richtige Weg. Es darf nicht zu kompliziert sein, sondern muss sich auf klare Entscheidungskriterien reduzieren lassen. In dieser Phase ist es wichtig, multimediale Präsenz zu zeigen. Es geht um einen „Wow"-Effekt einer Veränderung, über die die Leute sprechen. Im Vertrieb braucht es hier begeisterte Profis, die für die transformative Idee überzeugt stehen und sich gleichzeitig an die Regeln halten, um das wachsende Geschäft nicht durch zu viele Ausnahmen zu gefährden. Die Kernbotschaft des Vertriebs ist hier: Diese Innovation ist ihr Geld wert!

Erst wenn der Markt eine klare Botschaft entwickelt hat, dass und warum eine Lösung wichtig und richtig ist, kann man anfangen, über indirekte Vertriebswege nachzudenken. Das Produkt muss so reif sein, dass Wiederverkäufer darauf vertrauen können, und die Botschaft muss so klar sein, dass auch Nicht-Eingeweihte sie vermitteln können. Jetzt werden webbasierte Botschaften erst wirklich relevant und locken Käufer an. Das Angebot ist zunehmend eingespielt, besteht aus festen Zutaten und klaren Preisen. Im Vertrieb braucht es jetzt zuverlässige Verwalter, die das weitere Wachstum des Marktes organisieren und unterstützen. ■

7.6.5 Wie wird die Lösung umgesetzt?

Nicht zuletzt soll das Produkt irgendwann auch beim Kunden ankommen und erfolgreich in Betrieb gehen. Im industriellen Kontext ist das ebenfalls kein zu vernachlässigendes Thema.

Es muss zunächst einmal **technisch integriert** werden. Die Randbedingungen dazu sind allerdings fast nie gleich. Jedes Unternehmen unterscheidet sich vom anderen. Innerhalb einer Branche und besonders über Branchengrenzen hinweg. Da müssen technische Systeme bedient werden, Normen erfüllt werden, arbeitsrechtliche Bedingungen unterstützt werden, individuelle Lösungen des Kunden integriert werden, besondere Anforderungen erfüllt werden. Ein Hersteller von Rasierapparaten hat andere Randbedingungen als ein Hersteller von Flugzeugen und der wieder andere als ein Hersteller von Lebensmitteln.

Hier schlägt noch einmal das erste „W“, das „Where“ zu: In welche Industrie passt das Produkt in seinem aktuellen Zustand am besten hinein, sodass der Integrationsaufwand gering oder vernachlässigbar ist?

Beispiel: Augmented-Reality-Lösungen in der Medizintechnik – wie werden sie real?

Die Analyse der Randbedingungen von Augmented-Reality-Transformationsszenarien in unterschiedlichen Industrien im „Why“-Abschnitt hat ergeben, dass die Medizingeräteindustrie ein attraktiver Markt ist sowohl für das Aufzeichnen von Wissen als auch für den Vertrieb und vor allem die Ausbildung von Fachpersonal. Die Verfügbarkeit von Wissen ist oft zeitkritisch und die Ausbildung wegen vieler Personalwechsel in den Kliniken ebenfalls zeit- und kostenkritisch. Gleichzeitig haben die Geräte eine ausreichend große Serie, dass sich digitale Trainingsmodelle rechnen. Weiterhin ist der Wettbewerb weniger preisgetrieben als nutzengetrieben.

Die erfolgreiche Einführung hängt nun an zwei kritischen Parametern:

- Es muss **„passen“** – also eine Lösung sein, die in der Anwendung Nutzen und Freude macht, die sich gut anfühlt und wenig Probleme bereitet.
- Es muss **skalieren** – also vom Ansatz her so aufgebaut sein, dass es für viele Arten von Geräten bei vielen Herstellern und vielen Kunden dieser Hersteller erfolgreich eingesetzt werden kann.

Ein Charakteristikum der digitalen Transformation der Industrie ist, dass die Einsatzszenarien, die den Mehrwert bringen, individuell sind. Das erfordert ein Denken in Baukästen, sowohl was die Technik als auch was die organisatorischen Strukturen betrifft, die mit der Technik umgehen.

Das erste Kriterium **„Es muss passen“** bedeutet: Sowohl der Anbieter der Augmented-Reality-Lösung als auch der Medizingerätehersteller müssen verstehen, worauf es in der Anwendung in einer Klinik ankommt, wie Nutzen geschaffen wird, für gestresste und übermüdetes Klinikpersonal, das schnell einspringen soll in der Unterstützung einer Operation, bei der eine Blutwaschanlage benötigt wird.

Der Softwarehersteller sollte sich bewusst sein, dass der Gerätehersteller mit derartigen Krankenhausfragen keine Erfahrung hat und dazu neigen wird, seine eigenen Ideen umzusetzen, anstatt den Aufwand zu betreiben, Klinikkenner zu suchen, ihnen die Idee zu erklären und ein Konzept zu erarbeiten. Das ist ein Fehler, den fast alle machen, die sich neu mit Lösungen in der digitalen Transformation befassen.

Es gibt also eine Kette von Abhängigkeiten und Konfliktpotenzial in dieser Kette. Wenn nicht einer in der Kette in Führung geht und durchgehend auf eine stimmige Lösung achtet, wird die Initiative scheitern. Wer das ist, ist fast egal.

Das zweite Kriterium **„Es muss skalieren“** trifft mehr den Softwarehersteller. Es gibt viele Maschinen, viele Krankenhäuser, viele Szenarien, und es geht darum, ein Modell zu finden, nach dem Augmented-Reality-Arbeitsanweisungen wie selbstverständlich zu jedem medizinischen Gerät gehören.

Dazu braucht es Partner: Firmen, die sich darauf spezialisieren, solche Anleitungen zu erstellen. Als Dienstleistung, als Ausbildung für Mitarbeitende von Herstellern etc. Es braucht jemanden, der davon überzeugt ist, diese Kompetenz zu verbreiten.

Es braucht weiterhin Standards, auf die sich solche Firmen verlassen können. Auf die sie ihre Leute ausbilden können und ihre Investitionen in Templates, Blaupausen, Best Practices absichern können. Es muss zuerst ein gewöhnliches Jobmuster werden, Augmented-Reality-Anweisungen für medizinische Geräte zu erstellen. Junge Schulabgänger müssen darin ausgebildet werden und eine berufliche Perspektive darin sehen. Dazu muss mit diesen Firmen eine Beziehung gepflegt werden, um zu verstehen, was die tun und brauchen. Dass muss nicht viel Aufwand sein, aber es braucht jemanden, der sich darum kümmert, und diese Person existiert zunächst einmal nicht, denn vor der digitalen Transformation gab es für diese Person keinen Bedarf.

Der Softwarehersteller steht in einer Verantwortung sicherzustellen, dass die Strukturen entstehen, damit die Skalierung klappt. Das ist für Softwarehersteller eine neue Herausforderung. Bisher hat es genügt, mit innovativen Ideen zu glänzen, doch nun geht es auch darum, dafür zu sorgen, dass sie sich durchsetzen. Von der Innovation in die Transformation. Softwarehersteller scheuen dieses Thema und sehen dort eher andere: Berater, Integratoren, Betreiber, die Politik ... Ein Grund, warum es so langsam geht, ist der, dass in der digitalen Transformation immer noch alle aufeinander warten und keiner so richtig die Verantwortung übernimmt. ■

Weiterhin ist es in der Regel so, dass eine Innovation bei ihren Anwendern auch etwas verändert, sonst hätte sie keinen Wert. Diese Veränderung ist aber in jedem Unternehmen eine schmerzhafte Erfahrung. Es verändern sich Prozesse, Rollen, Gewohnheiten, Strukturen, Regeln. Das alles muss beim Kunden **verstanden** und verarbeitet werden.

Die sogenannte **Implementierung**, also das technische Integrieren und das Organisieren der Veränderung, kann in den meisten Fällen weder der Lösungsanbieter noch der Kunden alleine bewältigen. Dazu braucht es Partner, die mit beidem umgehen können, der technischen Lösung und dem Umgang damit, und auch die Branche des Kunden kennen und die Strukturen und Prozesse, die verändert werden müssen.

Diese **Partner zu finden** und mit ihnen eine gemeinsame Vorgehensweise abzustimmen, ist ein entscheidender Erfolgsfaktor. Und er ist nicht frei von Tücken. Denn die Partner haben ein anderes Geschäftsmodell. Sie leben von Dienstleistungen, die in Tagessätzen bezahlt werden, während Lösungsanbieter vom Lösungsverkauf leben. Der Dienstleister profitiert also von hohen Integrationsaufwänden, die der Kunde aber wiederum dem Lösungsanbieter anlastet. Ein Konfliktfeld mit Sprengkraft, das nur durch ein starkes Vertrauensverhältnis zwischen Anbieter und Servicepartner oder durch eine konsequent gelebte Governance über die drei beteiligten Rollen hinweg beherrscht werden kann.

7.6.6 „Product Market Fit“, die Strategie und kritische Entscheidungen

Der Vertrieb läuft am besten, wenn ein Produkt so richtig passt. Wenn es sich beim Kunden gut anfühlt, sich die Leute darauf freuen, es gerne benutzen, es bewirkt, was es soll. Dieses Produkt ist seinen Preis wert und wird gerne gekauft.

Nun ist das aber nicht immer so einfach. In der digitalen Transformation wird nicht unbedingt verbessert, zumindest nicht aus jeder beteiligten Perspektive; es wird verändert.

Beim Beispiel der Augmented Reality wird es berechtigte Widerstände geben. Die einen wollen sich keine dicke Brille aufsetzen, die nächsten wollen selbst entscheiden, wie sie bestimmte Vorgänge bearbeiten, die dritten wollen ihr Wissen nicht in Datensysteme einspeisen und sich somit ersetzbar machen. Es gibt immer Gründe, etwas abzulehnen, und oft sind es gute Gründe. Da kann sich das Produkt dann noch so gut anfühlen.

Die Fragen, die sich daraus ableiten: **„Wem muss das Produkt gut passen?“** und „Wem muss zuerst die **Veränderung erklärt** und eine **Nutzungsperspektive vermittelt** werden?“

Sprich: Ist die Zielperson der „Es-muss-passen-Anstrengungen“ der Einzelanwender oder das Unternehmen? Geht es darum, dass sich das Produkt den Menschen anpasst oder die Menschen dem Produkt?

Diese schwerwiegenden Fragen sind Bestandteil der digitalen Transformation. Denn wenn sich die Produkte zu sehr den Anwendern anpassen, werden sie niemals in einer vernetzten Welt überleben können.

In der Frage der Augmented-Reality-Lösung wird es neben dem Beschriebenen jede Menge Ärger geben. Daten werden unvollständig sein, Prozessabläufe nicht zusammenpassen, es wird Fehler geben, dass beispielsweise ein Augmented-Reality-System auf einmal alle Räder eines Autos in den Kofferraum verlegt, weil die Positionsermittlung des Ersatzrades verwendet wurde, das normalerweise nicht mehr vorhanden ist, weswegen der Fehler bisher nicht auftrat. Dann werden Leute sagen, sie müssten nun viel mehr dokumentieren und das koste Zeit. Tatsächlich ist es eher so, dass sie diese Arbeit nicht gewöhnt sind und sie ihnen deswegen störend und unnötig vorkommt. Sie werden erklären, das Produkt sei unreif.

An diesem Punkt geht es um eine **kritische Entscheidung**: Will man den Anwendern entgegenkommen und die Abläufe so zurück ändern, wie sie es gewöhnt sind? Oder erklärt man ihnen den Sinn der neuen Aufwände, unterstützt sie bei der Anwendung, korrigiert Fehler wie den mit dem Reifen und geht konsequent den anstrengenden Weg durch den Wandel?

Viele handeln hier falsch. Auch weil hier der klassische Interessenskonflikt zwischen Kunde, Anbieter und Dienstleister zuschlägt. Der Dienstleister wird sich gerne auf die Seite jener Kunden schlagen, die sich beschweren. Das erzeugt zusätzliche Aufträge, und er macht sich bei der Mannschaft beliebt. Der Anbieter hat die Aufgabe, die gefühlte Unreife zu erklären. Das wird er nur können, wenn er sich gut genug mit der Welt seiner Kunden auskennt. Wenn er die vorherigen Fragen beherrscht, das „Where“, das „Why“ und das „What“, wird ihm das gelingen. Tut er das nicht, wird er in dieser Situation verlieren, die angestrebte Transformation wird blockiert, und sein Projekt gerät in den Krisenmodus.

7.6.7 Vom Ende her denken

Der häufigste Fehler im „How“ liegt in der Tendenz, von sich und den eigenen Gewohnheiten aus zu denken. Doch die Idee im eigenen Kopf entspricht in Zeiten der Transformation meist nicht den Erwartungen in den Köpfen der anderen. Was in normalen Zeiten gut funktioniert, professionelles Arbeiten nach eingeübten Mustern in einer eingeübten Organisation, ist in der Transformation oft zum Scheitern verurteilt, und selbstverständliches Handeln mündet in Konflikte und Vorwürfe.

Transformation wird gesteuert über Beobachtung, was geschieht. Sie ist die Kombination aus einem angestrebten Ergebnis, dem Versuch, dem näher zu kommen, und dem Lernen aus den Ereignissen.

Daher ist es in der Transformation besonders bedeutsam, vom Ende her zu denken, auch wenn man weiß, dass es vermutlich am Ende anders kommt. Es erhöht die Aufmerksamkeit, es erhöht die Bereitschaft zu lernen, und es nimmt einem die eigene Betriebsblindheit.

Übungen

Überprüfung des „Where“

Beschreiben Sie die Zielgruppe Ihres transformativen Angebotes: welche Unternehmen, welche Abteilungen, wer sind die Ansprechpartner, wer muss das Budget freigeben?

Prüfen Sie, ob diese Zielgruppe ihre Rolle als Kunde bereits kennt oder erst selbst in einem Transformationsprozess steckt.

Prüfen Sie, ob es die gleichen Ansprechpartner sind, die sie bisher in der Zielgruppe kennen, oder ob Sie einen neuen Kundenzugang aufbauen müssen.

Überprüfung des „Why“

Listen Sie aus der Perspektive Ihrer Zielgruppen den Bedarf auf, die Randbedingungen und die Aufwände.

Listen Sie die Zielpersonen und ihre Rollen als Nutzer, Entscheider oder Einflussnehmer auf.

Benennen Sie die Handlungsalternativen Ihrer Zielgruppe, also andere Vorgehensweisen sowie Wettbewerbslösungen.

Beschreiben Sie pro Rolle aus deren Perspektive Pro und Kontra für eine Investition angesichts der Handlungsalternativen.

Formulierung des „What“

Beschreiben Sie Ihr transformatives Angebot nach den sechs Aspekten:

- Veränderung bei den Kunden aus deren Perspektive
- Nutzen aus Kundenperspektive
- Mittel als Bausteine der Veränderung
- Handlungen, die geschehen müssen, um die Veränderung umzusetzen
- Produkt, das Sie dazu verkaufen
- Referenz, die belegt, dass es funktioniert.

Die Geschichte des „How“

Stellen Sie sich vor, Sie stehen mit Ihrem Kunden auf einer Bühne und erzählen gemeinsam ihre Erfolgsgeschichte. Was ist bis dahin alles geschehen?

- Welche Widerstände hatte der Kunde zu überwinden? – In der eigenen Organisation und in seiner Wertschöpfungskette?
- Wie ist das Einführungsprojekt verlaufen? – Wer spielte alles eine Rolle, an Partnern, Lieferanten, Fachabteilungen?
- Was hat zur Kaufentscheidung geführt? – An gegebenen Sicherheiten und Vertrauen?
- Wie wurde der Kunde auf Sie aufmerksam? – Und warum hat der Kunde neben seinen anderen Aufgaben seine Aufmerksamkeit auf sie gerichtet?
- Überlegen Sie anschließend, ob Sie das erzählte Vorgehensmodell Ihrer Geschäftsleitung als Vorlage für ein außergewöhnliches Wachstum empfehlen können.
- Handelt es sich um ein „Verkäufermodell“ oder ein „Käufermodell“ im Sinne der Reifegradphasen?
- An welchen Stellen finden sich „Skalierungsbremsen“ wie beispielsweise eine begrenzte Anzahl verfügbarer Profis?
- Welche Stellen hängen im Kundenzugang von einer gewachsenen Vertrauensbeziehung ab, die nicht einfach nachgemacht werden kann?
- Welche Aufgaben kann Ihr Unternehmen bei einem außergewöhnlichen Wachstum langfristig selbst leisten und welche sollte es abgeben? ■

8 Reihenfolge und Gewichtung entscheidend

Zunächst scheint es egal zu sein, was genau beim „Where, Why, What, How"-Konzept formuliert wird oder in welcher Reihenfolge vorgegangen wird. Dennoch sind sowohl die Wahl der vier Worte als auch die Reihenfolge bedeutend. Das lässt sich an einer Typologie darstellen, die entsteht, wenn man die Reihenfolge verändert.

8.1 Typologie der Transformationscharaktere

Welche Vorgehensweise ein Unternehmen wählt, erklärt, wie das Unternehmen Digitalisierung als Transformation versteht und sich dabei bewusst nicht nur mit der Innovation befasst, sondern auch mit dem Kontext, in dem diese Innovation wirkt bzw. wirken soll.

Strategen	WHERE	WHY	WHAT	HOW
Lehrer	WHY	WHAT	HOW	WHERE
Bulldozer	WHAT	HOW	WHERE	WHY
„Ich auch"	HOW	WHAT	WHY	WHERE

Bild 8.1 Unterschiedliche Charaktere wenden die vier Fragen „Where, Why, What und How" in unterschiedlicher Reihenfolge an, mit starken Konsequenzen für den weiteren Verlauf

Strategische Unternehmer wenden das „Where, Why, What, How“-Prinzip mehr oder weniger so an, wie es in diesem Werk beschrieben ist, denken also vom Kontext aus. Aus der Sicht ihrer Kunden, seien es interne oder externe, und von den Randbedingungen, die sich in diesem Kontext vorfinden sowie der Veränderung, der dieser Kontext ausgesetzt ist. Ein bekanntes strategisches Unternehmen ist Apple, die unter Steve Jobs eine Unternehmenskultur eingeführt haben, die systematisch Märkte und Potenziale analysiert und mit konsequent durchdachten Produkten bedient und so äußerst erfolgreich ist. Des Weiteren dienen Portfolio-Konzerne als Beispiel, die konsequent Märkte beobachten, Verhalten prognostizieren und ihre unternehmerischen Schwerpunkte per An- und Verkauf verlagern. Ein extremes Beispiel ist die chinesische Regierung, die sehr langfristig eigene Interessen, Beobachtungen und Analysen kombiniert und eine Investitionspolitik fährt, die China in relativ kurzer Zeit in die Weltspitze gebracht hat.

Lehrer, man könnte auch sagen „Visionäre“, starten mit dem „Why“. Sie denken und handeln aus einer theoretischen Betrachtung der Welt heraus und sind Experten in ihrem Fachgebiet. Warum Lehrer oder Lehrerinnen die digitale Transformation nur theoretisch erfassen können, liegt unter anderem daran, dass es für digitale Transformation noch keine Lehre gibt. Das Thema wird von Profis aus unterschiedlichen Richtungen aus den jeweiligen Perspektiven beschrieben und so jeweils als ein Raum der Möglichkeiten gesehen, ergänzt mit dem dringenden Aufruf, diese Möglichkeiten doch bitte zu ergreifen. Doch die Vertreter dieses Typus müssen nicht immer Lehrer von Beruf sein. Man erkennt sie daran, dass in ihren Ausführungen auffällig oft das Wort „muss“ vorkommt. Also die dringende Mahnung, sich in eine bestimmte Richtung zu bewegen, jedoch meist ohne eine wirkliche Begründung, außer der Innovation als Selbstzweck.

„Lehrer“ sind innerhalb von Unternehmen häufig visionäre Denker. Nach der anfänglichen Unterteilung in Helden und Strategen sind sie bei den Helden. Sie haben die Möglichkeiten einer Veränderung erkannt und sehen sich als Vordenker, diese Möglichkeiten zu ergreifen. Ihre Projektvorschläge haben allerdings meist eher noch Forschungscharakter bzw. sind das, was man in Unternehmen „Proof of Concept“ nennt.

Dabei werden neue Ideen weitgehend unter Laborbedingungen erprobt und anfassbar gemacht. Die ersten Jahre der digitalen Transformation seit Schaffung des Begriffes „Industrie 4.0“ Anfang der Zehnerjahre waren geprägt von „Proof of Concepts“ (PoC) und der sogenannten „PoC Trap“ – der Falle, in die diese Initiativen laufen, da Unternehmen nach Abschuss des „PoC“ keinen weiteren Weg sehen.

Lehrer oder Lehrerinnen verzweifeln oft an der „Dummheit der Welt“, die nicht einsehen will, wie wichtig und dringend eine anstehende Veränderung ist. Ihr Problem ist dabei, dass ihr Denken mit dem „Why“ beginnt und sie das „Where“ überspringen. Und ohne den Kontext der realen Welt, in dem eine Veränderung stattfinden soll, verfangen sie in der Theorie und erkennen die Gründe nicht, warum etwas nicht vorankommt. Lehrer erkennt man auch daran, dass sie die Welt zu einem besseren Ort machen wollen. Das ist ehrenwert, aber möglicherweise gefährlich, denn die Ansichten, was ein besserer Ort ist, können unterschiedlich sein.

	Eigenschaften	Beispiele
Strategen	Arbeiten systematisch und beobachten ihr Umfeld	Apple, Portfolio Konzerne, Chinesische Regierung
Lehrer	Denken visionär, verharren aber meist in Laborbedingungen	Hochschullehrer sowie Vordenker in Unternehmen in Vorzeigeprojekten
Bulldozer	Wollen aus eigenen Stärken und Vorstellungen transformieren	Etablierte Konzerne wie Facebook oder die Autoindustrie
„Ich auch"	Schließen sich einem Trend an, der sicher und absehbar ist	Mittelständler mit Kernkompetenz außerhalb der Digitalen Transformation

Bild 8.2 Eigenschaften und Beispiele der unterschiedlichen Typen bei der Reihenfolge der Fragen „Where, Why, What, How"

Ein anderer Typ sind die **Bulldozer**. Bulldozer sind Helden aus der eigenen Stärke heraus. Hier handelt es sich einerseits um selbstbewusste oder auch marktstarke Unternehmen, die aus der eigenen Stärke und Machtposition heraus denken. Daneben gibt es auch Unternehmen, die sehen, dass sie sich einer Veränderung stellen müssen und sich erst auf die Suche nach ihrem Weg machen. Gemeinsam ist ihnen, dass sie mit dem „What" starten, also dem eigenen Produkt und der eigenen Produktidee, der eigenen Stärke.

Der „Bulldozer" ist unter den Unternehmen vielleicht der verbreitetste Typus. Große Beispiele sind Unternehmen wie Meta/Facebook aufseiten der digitalen Giganten, die sich einem veränderten Verhalten mit Ideen wie dem Metaversum stellen wollen. Grundgedanke ist der, die eigene Position so weiterzuentwickeln, dass die Marktdominanz auch unter veränderten Bedingungen erhalten bleibt oder besser noch steigt. Dazu soll eine neue digitale Welt wie das Metaversum geschaffen werden, die zwar niemand braucht, die aber so mächtig in die reale Welt drückt, dass sie sich durchsetzen wird. Ob diese Strategie aufgehen wird, kann bezweifelt werden, aber es ist möglich.

Ein anderes Beispiel ist die Automobilindustrie mit der Idee des autonomen Fahrens. Geboren aus einer Fixierung auf eine risikobefreite Welt und grenzenlose technische Möglichkeiten, investiert die Industrie hohe Summen darin, ein Problem zu lösen, das es vorher nicht gab, nämlich Maschinen als verantwortliche eigenständige Teilnehmer im öffentlichen Raum zu etablieren. Sie haben gut darstellbare Erfolge im Laborbetrieb und kleine Erfolge im stark überwachten Betrieb in der realen Welt, sind aber auf dem Weg, ihre Marktmacht einzusetzen und auf den Gesetzgeber so einzuwirken, dass ihre Vorstellungen sich durchsetzen könnten. Ob das jemals der Fall sein wird, steht in den Sternen, bisher werden die „In zehn Jahren"-Zeiträume regelmäßig verschoben. Irgendetwas davon wird aber bleiben, und sei es nur das automatisierte Einparken.

Kleinere Beispiele für Bulldozer sind viele Versuche, die nach dem „Trial and Error"-Prinzip erfolgt sind: angefangen vom vernetzten Kühlschrank über vernetzte Zahnbürsten bis zu vernetzten Industriekugellagern und vernetzten Fensterheber. Es fanden viele Versuche statt, Industriegüter durch Vernetzung aufzuwerten, und sie sind gescheitert. Der Bulldozeransatz ist häufig ein evolutionärer Ansatz, der einfach probiert, was geht – nach dem Muster „Irgendwas wird schon passieren", und wenn nicht, machen wir halt etwas anderes. Der Bulldozer argumentiert mit der Attraktivität von Innovation und kümmert sich kein bisschen um den Kontext, also das Where, und nur auf das Notwendigste reduziert um das Why, mehr aus Marketing-Gründen als aus einer wirklichen Sinnhaftigkeit. In dem Ansatz steckt viel Bereitschaft zum Scheitern und viel Brutalität; der Erfolg, tritt er denn ein, wird meist mit hohen Kosten erkauft.

Die letzte Gruppe, die **„Ich auch"**-Typen, ist wiederum weniger selbstbezogen. Sie sind die „Follower" der digitalen Transformation. Sie beobachten den Wandel und leben in ihrer eigenen Strategie, sind daher eher bei den Strategen anzusiedeln, allerdings in ihren eigenen Begriffen. Sie denken nicht erst groß selbst über Potenziale und Strategien der digitalen Transformation nach, sondern warten bewusst oder unbewusst ab, bis sie klare Signale von außen erhalten, in welche Richtung sie sich bewegen könnten oder sollten. Sie sind die Vorsichtigen, die oft abwarten, bis sie handeln müssen. „Ich auch"-Typen starten mit dem „How", also einem Vorbild, das sie anderswo ableiten können. Von da gehen sie die WWWH-Kette rückwärts, bis sie beim Where landen, also der sich ergebenden Konsequenz einer Veränderung in ihrer unternehmerischen Entwicklung.

Es ist das gute Recht eines jeden Unternehmens abzuwarten, bis die Bedingungen sich geklärt haben, bevor sie investieren. Sie müssen sich nur bewusst sein, dass sie so in keine Führungsposition kommen werden. Möglicherweise haben sie das aber auch nicht nötig, sondern liegen mit ihrer Kernkompetenz in einem Feld, das zunächst nicht so betroffen ist, und sollten erst mit der Zeit darauf achten, ihre unterstützenden Prozesse auf dem Laufenden zu halten.

Ein weiteres Phänomen des „Ich auch"-Typus ist, dass viele Berater auf dem „Ich auch"-Level beraten. Das liegt daran, dass Berater häufig Trends verfolgen, die sie per Umfragen und Datenerhebungen erfassen. Nun ist es aber so, dass Trends in der digitalen Transformation erst entstehen, Berater also keine sichere Basis haben, auf der sie ihre Positionen aufbauen können. Dieses Phänomen ist bei der digitalen Transformation besonders ausgeprägt, und Unternehmer sollten sich dessen bewusst sein.

Bild 8.1 fasst die unterschiedliche Reihenfolge der jeweiligen Charaktere zusammen und Bild 8.2 zeigt einige Beispiele.

Betrachtung mit dem Gartner Hype Cycle

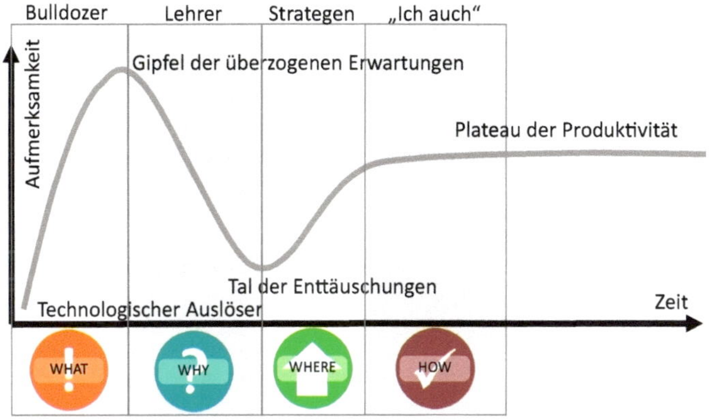

Bild 8.3 Die Phasen des Gartner Hype Cycle lassen sich gut auf die Eigenschaften der Einstiegstypen übertragen

Die erste Phase des Hype Cycle entspricht dem „What" und dem Bulldozer (Bild 8.3). Ein technologischer Auslöser wird für sich als Wert betrachtet und mit viel Energie und Lautstärke in die Welt getragen.

Die zweite Phase entspricht dem „Why" oder dem Lehrer. Die Person formuliert die Sinnfrage hinter dem „What" und leitet daraus eine visionäre Botschaft ab, was erreicht werden *könnte*.

Die dritte Phase entspricht dem „Where", also der genauen Betrachtung der Möglichkeit und ihrer Sinnhaftigkeit im Kontext konkreter Anwendungen. Jetzt erst überlegen sich Menschen, wo die Technologie Mehrwert liefert.

Die vierte Phase schließlich entspricht dem „How", worin der nun bekannte Nutzen im passenden Kontext zur Umsetzung gebracht wird.

Warum sollte man als Unternehmen dennoch mit „Where" starten und nicht mit „What"? Weil die ersten beiden Phasen Suchphasen sind, in denen nur schwer Geld verdient wird. Wer mit „What" startet, braucht entweder sehr viel Glück oder sehr viel Geld. Zuckerberg hatte mit Facebook Glück, Musk mit Tesla Geld. Wer mit „Why" startet, wird bewundert, hat aber unter Umständen wenig Erfolg, denn das Unternehmen weiß nicht, wohin es seine Energie richten soll. Die Investition wird im wahrsten Sinne des Wortes verpulvert.

Wer mit „Where" startet, kann das kollektive Lernergebnis der ersten beiden Hype-Cycle-Phasen verwerten und sich so viele teure Irrwege sparen. Auch wer früh mit „Where" startet und strategisch denkt, während andere noch im Rausch der ersten Hype-Cycle-Phasen hängen, wird durch den klaren Fokus auf konkrete Anwendergruppen schneller als andere lernen, worauf es ankommt, um Mehrwert zu schaffen und auch Geld zu verdienen.

Übung: Stakeholder-Bewertung

Erstellen Sie eine Liste der betroffenen „Stakeholder" Ihrer angestrebten Transformation. Schließen Sie dabei alle internen und externen Verantwortlichen mit ein.

Bewerten Sie, in welcher Reihenfolge jeder einzelne Stakeholder die Fragen „Where", „Why", „What" und „How" stellen würde und welcher Transformationstyp die Person ist.

Überprüfen Sie, ob sich die Beteiligten dabei eher gegenseitig blockieren oder unterstützen und ob sich das zu einer Strategie bündeln lässt.

8.2 Praxisbeispiel: Elektromobilität

Die Automobilindustrie ist bei aller denkbaren Kritik und allen Vorbehalten immer noch die schillerndste der Industrien. Ein Auto ist das komplexeste Massenprodukt, das emotionalste Investitionsprodukt, das Produkt, das in der Kombination der Begriffe „Qualität", „Leistungsfähigkeit" und „Preis" vorne liegt. Doch auch wenn stets unzählige Innovationen in die neuen Fahrzeuge einziehen, hat sich die Automobilindustrie seit Carl Benz nur zwei Mal wirklich verändert. 1914 führte Henry Ford das Fließband ein, und in den Fünfzigerjahren stellte die Industrie auf die selbsttragende Karosserie um. Ansonsten wurde optimiert und ergänzt.

Die Industrie hat sich in diesen stabilen Bedingungen bis in die Extreme perfektioniert. Ein Kilo Auto kostet sehr viel weniger als ein Kilo Fahrrad, und das Auto ist ein so selbstverständlicher Lebensbegleiter, dass die Industrie sich zutraut, es als autonomes Produkt in unser Sozialleben zu integrieren. Dazu wie zu Themen der zukünftigen Mobilität forscht die Industrie intensiv.

Die dritte große Veränderung in der Automobilindustrie ist aber die Elektromobilität. Es war bereits am Anfang des Jahrtausends absehbar, dass das Ende des Erdölzeitalters ansteht: erst als Ressourcenthema, dann als Thema des Klimawandels.

Die Autohersteller standen in den ersten beiden Jahrzehnten des 21. Jahrhunderts vor der Herausforderung, ihren Weg zu finden, wie sie mit diesem absehbaren

Bruch umgehen. Der Zeitpunkt einer Wende war unklar, die Energieträgerform konkurriert weiterhin mit Wasserstoff und synthetischen Kraftstoffen; zudem war ungeklärt, in welchem Umfang es überhaupt weiterhin Individualverkehr geben würde. Parallel begann der Hype um das autonome Fahren viel Energie und Aufmerksamkeit abzuziehen, und lange war Frage offen, welches Thema das Wettrennen um die Marktbeherrschung der Zukunft bestimmen wird.

Nachstehend werden die unterschiedlichen Charaktere nach dem „Where, Why, What, How“-Modell anhand von Beispielen veranschaulicht.

8.2.1 Beispiel BMW – „Lehrer“

Einer der frühen Vorreiter der modernen reinen Elektromobilität aus den Reihen der etablierten Anbieter war BMW. Mit dem I3 wollten sie Ende der Nullerjahre ein Zeichen für eine neue Phase der Mobilität setzen. Das anders als üblich designte Auto sollte einen futuristischen Charakter haben und sich im Straßenbild klar absetzen. Es war eine bewusste Entscheidung, um sich als innovativ zu positionieren.

Damals wusste noch niemand wirklich, wie sich Elektromobilität entwickelt, wie die Ladeinfrastruktur funktioniert, wer die Käufer sind und was die Einsatzszenarien. Es war ein frühes Ausprobieren auf Basis der Ahnung und Erkenntnis, dass die klassische, mineralölbasierte Mobilität keine Zukunft hat.

Auf Konferenzen wurde diskutiert, wie man damit umgehen könne, dass Elektrofahrzeuge so leise seien, dass Fußgänger sie nicht hören, und daher unachtsam über die Straße gehen. Und es wurde über die Käufergruppen diskutiert. Marktanalysten berechneten, die Zielgruppe seien technikbegeisterte Männer der mittleren Jahrgänge in Klein- und Vorstädten. Basis war die Annahme, sie müssten aus Überzeugung handeln, ausreichend Geld für solche Spiele haben, eine Gelegenheit zum Aufladen auf dem eigenen Grundstück und Pendlerwege innerhalb der möglichen Reichweite.

Das Vorgehensmodell von BMW war aus dem „Why“ motiviert, vom Typ **„Lehrer“**.

Sie handelten aus Überzeugung und mit dem Ziel, als Meinungs- und Innovationsführer zu gelten. Sie beschäftigten sich mit der Idee der Elektromobilität an sich, analysierten sie aus technischer Perspektive und aus der Perspektive der Forschenden. Bauten das Fahrzeug aus der Perspektive eines differenzierenden Produktes an sich, ohne dabei zu wissen, von was sie sich differenzieren, außer dass sie anders und futuristischer sein wollten als das, was es gab.

Das Modell I3 führte stets ein Außenseiterdasein. Sein futuristisches Erscheinungsbild dockte nie wirklich an einer Kundengruppe an, und BMW gab die „I-Serie“ Anfang der Zwanzigerjahre auf.

8.2.2 Beispiel Tesla – Bulldozer

Tesla war ein kleines Start-up für Elektrofahrzeuge, als Elon Musk 2004 als Finanzinvestor einstieg. Er hatte bereits vorher mit Zip2 und PayPal Millionen verdient, kannte sich aus in der Investorenszene der US-Westküste und wusste, dass und wie man mit Brutalität und Zielstrebigkeit erfolgreich sein kann. Er setzte sich das Ziel, viel Geld mit Elektroautos zu verdienen und die herkömmliche Automobilindustrie zu übertreffen. Das tat er mit einer Mischung aus genialer Zielstrebigkeit, skrupelloser Ausnützung von industriellen Gegebenheiten und Risikobereitschaft.

Die geniale Zielstrebigkeit spiegelt sich in der Kompromisslosigkeit der Produkte. Vom Fahrzeug selbst her ist Tesla ein einfaches Produkt, basierend auf konventioneller, abgesicherter Technologie der Fahrzeugtechnik. Kern des Produktes sind die Batterie und vor allen Dingen die Softwaresteuerung. Das Fahrzeug ist vom Erscheinungsbild her mehr ein Display als ein Auto, und die Positionierung ist eine Mischung aus „edel", „coole avantgardistische Zukunft" und „Übertreffen der Erwartungen bei der Leistungsfähigkeit". Das Image dahinter sagt: „Tesla ist einfach cooler und besser".

Tesla ist ein **Bulldozer**-Konzept, das aus dem „What", dem Produkt heraus, argumentiert und das Produkt mit aller Macht in den Vordergrund stellt. Mit wagemutigen Positionen, mit dem Anscheinen, bereits autonom fahren zu können, ließen es die Behörden denn zu, mit provokativen Modellen wie kostenlosem extraschnellen Laden. Tesla hängt alle ab, und die Börse dankt es mit einer hohen Bewertung des Unternehmens.

Dabei ist das Modell Tesla weiterhin sehr riskant. Es ist alles andere als klar, wie in absehbarerer Zeit eine Ladeinfrastruktur für einen Marktanteil von mehr als 5 % bei Elektrofahrzeugen entstehen soll. Es ist ungewiss, ob sich mittelfristig Elektrofahrzeuge gerade für die bei Tesla im Vordergrund stehenden Langstrecken durchsetzen. Und es ist mehr als unsicher, ob der Markterfolg, der heute auch stark auf dem persönlichen Status von Elon Musk aufbaut, der vor allem in der Zielgruppe technikaffiner Menschen mit viel Geld verfängt, jemals in andere Zielgruppen skaliert.

Das Modell Tesla basiert auf Zielstrebigkeit beim Produkt, hoher Risikobereitschaft, starker Finanzkraft, die sich in der Vernetzung und im Talent von Elon Musk begründet, und aggressivem Marketing, das Tesla im Vergleich zur übrigen Mobilitätsindustrie als eine Liga für sich dastehen lässt.

8.2.3 Beispiel Volkswagen – „Ich auch"

Volkswagen ist ein nach strengem Regiment geführter Hersteller von hochqualitativen Fahrzeugen für den Massenmarkt. Das Produktportfolio des Volkswagenkonzerns geht mit Marken wie Audi, Porsche und Lamborghini auch eindeutig in die Oberklasse, doch das Konzernimage und die Konzernstrategie orientieren sich am Volumenmarkt.

Volkswagen als zeitweise weltgrößter Fahrzeughersteller hat den Anspruch, sein Geschäftsfeld zu beherrschen und zu kontrollieren. Im klassischen Automobilgeschäft gibt es vermutlich keinen Hersteller, der es schafft, so viel Qualität in so einem Volumen zu so einem günstigen Preis auf den Markt zu bringen.

Nun hat Volkswagen erkannt, dass das eingeübte Modell in Gefahr ist, welches auf Fahrzeugen mit Verbrennungsmotor basiert und über die ausgeklügelte Nutzung gleicher Teile und Technologien in den Fahrzeugreihen so effizient ist. Die Gefahren heißen Tesla und Elektromobilität auf der einen Seite und Apple und modulare Mobilität auf der anderen Seite. Wie lange werden Fahrzeuge mit Verbrennungsmotor noch erlaubt sein? Werden junge Menschen zukünftig noch Autos kaufen? Wie wird mit Mobilität in Zukunft Geld verdient? Das alles sind Fragen, mit denen sich die Konzernstrategie herumschlägt. Das tun zwar alle Hersteller, doch Volkswagen hat den Anspruch auf Marktführerschaft.

Volkswagen hat daher beschlossen, die beiden großen Trends aufzugreifen und selbst in die Hand zu nehmen. Weitgehend im Verborgenen hat Volkswagen im großen Stil auf Elektromobilität umgestellt, und bis 2025 wollen sie drei Millionen reine Elektrofahrzeige pro Jahr bauen. Nahezu die gesamte Modellpalette ist bereits elektrifiziert, der Modulare E-Antriebs-Baukasten (MEB) soll für eine Skalierung im großen Stil sorgen, und die Scalable Systems Platform (SSP) soll in Zukunft die nächsten Generationen volldigitaler, rein elektrischer Fahrzeugreihen unterstützen (Quelle: *www.volkswagenag.com*).

Daneben investiert Volkswagen hohe Summen, um eine eigene Softwareplattform, bestehend aus einem Betriebssystem und einem Cloud-System, bereitzustellen. Das Projekt Cariad ist selbst für einen Konzern wie Volkswagen ehrgeizig, versucht das Unternehmen doch damit, sich als Digitalanbieter zu positionieren und Konzernen wie Apple, aber auch Tesla den Weg abzuschneiden.

Volkswagen fährt bei der Elektromobilität eine **Ich auch**-Strategie. Der Konzern positioniert sich an keiner Stelle als Trendsetter, sondern folgt konsequent einem Trend, den andere angeschoben haben, achtet dabei aber darauf, seine Möglichkeiten so einzusetzen, dass am Ende eine große Marktmacht für Volkswagen herauskommt. Volkswagen kann sich diesen Ansatz leisten, weil sie davon ausgehen, dass ihr Zielmarkt sich nicht wesentlich verändert, also das „Where" nicht neu beantwortet werden muss.

Die Investitionen gehen weniger in Innovation als in die Umsetzung bekannter Konzepte. Volkswagen ist nicht im Transformationsmodus auf dem Weg nach vorne, sondern im Verteidigungsmodus, um seine Position als Marktführer angesichts aggressiver neuer Marktteilnehmer zu schützen. Es ist bemerkenswert, wie Volkswagen versucht, eine Marktbeherrschung durch andere zu verhindern, indem es bei den Schlüsseltechnologien wie Elektromobilitätsplattform, aber auch einer Softwareplattform auf die eigene Konzernkraft setzt.

Das ist eine kostspielige und riskante Strategie. Die Position eines Digitalunternehmens ist etwas anderes als die eines Autokonzerns, und Herbert Diess musste nicht zuletzt wegen der hier auftretenden Probleme als Vorstandvorsitzender des VW-Konzerns abtreten. Was als Erkenntnis daraus entsteht, ist, dass eine „Ich auch“-Strategie erfolgversprechend sein kann, es dann aber schwierig ist, sich als Industrieführer zu positionieren und es sich gerade für weniger finanzstarke Unternehmen eher empfehlen würde, bei den neuen Kompetenzen auf Partner zu setzen.

8.2.4 Beispiel Streetscooter und e.Go – Stratege

Zwei Unternehmen der Elektromobilität sind im Kontext von „Industrie 4.0“ rund um den Industrie-Campus der RWTH Aachen entstanden: Streetscooter und e.Go-mobile. Ein Kleinwagen der Elektromobilität mit einem hochflexiblen Produktions-, Serien- und Betriebsmodell.

Die Universität, die für ihre Kompetenz rund um Maschinenbau und Produktion Weltruhm genießt, betreibt seit jeher eine enge Kooperation mit der Industrie und mit dem „Industrie Campus“ eine große Initiative, um Innovation in konkreten Industrieprojekten in die Praxis zu bringen. Hier entstand um 2010 herum in einem Team rund um Prof. Günther Schuh und Prof. Achim Kampker der Gedanke, die neuen Möglichkeiten der Digitalisierung konsequent aufzugreifen und industrielle Produkte aus der Nutzung heraus neu zu denken, darüber Betriebsmodelle und Produktionsmodelle abzuleiten und so zu neuen Produkt- und Angebotskonzepten zu kommen.

Als geeignetes Produkt kam das Team auf Elektromobilität. Der Grund war, dass hier eine Industrie vor einem Umbruch stand und es sich anbot, dem Grundkonzept der optimierten Serienproduktion für Vielzweckautos, wie sie in der Automobilindustrie weiterhin vorherrscht, etwas gegenüberzustellen, was sich an Ideen wie Agilität, Nachhaltigkeit und Individualität ausrichtet.

Das Ergebnis war ein nutzenorientiertes Fahrzeugkonzept, das sich an konkreten Einsatzszenarien orientiert: etwa lokale Dienste in Gemeinden wie Postverkehr, Sozialdienste, Essensausfahrer, alles, was in der Logistik die „Letzte Meile“ ist, mit vielen Anfahrten und Stopps. Etwas, wofür klassische Autos mit Verbrennungsmotor denkbar ungeeignet sind. Die brauchen in diesem Modus viel Energie und sind auch hinsichtlich des Verschleißes nicht dafür gebaut. Beispielsweise ist eine gewöhnliche Autotür dafür ausgelegt, vielleicht bis zu zehnmal am Tag geöffnet zu werden und nicht Hunderte Male, wie es bei einem Lieferdienst geschieht. Dafür muss ein „Letzte-Meile-Fahrzeug“ nicht schneller als 80 km/h fahren können und nicht weiter als 150 km/Tag.

Es entstand damals das Unternehmen „Streetscooter“, das so ein Fahrzeug für die „Letzte Meile“ bzw. den urbanen und kommunalen Kurzstreckenverkehr entwickelte und produzierte. Da die Gründer weniger ein „cooles Elektroauto“ als ein Betriebs- und Produktionskonzept im Sinn hatten, wurde das Projekt von vorneherein auf industrielle Produktion und Volumenzulassung hin angelegt.

Das Unternehmen war ein Start-up und konnte auf der grünen Wiese starten, was ein Vorteil für Entwicklungsgeschwindigkeit und das Einschlagen neuer Wege war. Mithilfe zeitgemäßer Entwicklungs-, Test- und Simulationswerkzeuge konnten sie in kurzer Zeit ein lauffähiges Fahrzeug inklusive des Industrialisierungskonzepts vorweisen und auf der IAA 2011 in Frankfurt der Öffentlichkeit präsentieren.

Damals besuchte Kanzlerin Angela Merkel in Begleitung des Vorstandes der Deutschen Post und DHL die Messe. DHL hatte damals das Problem, dass keiner der üblichen Lieferanten von Transportern bereit war, auf die speziellen Anforderungen eines Postzustellungsfahrzeuges einzugehen. DHL war von der Kombination von Elektromobilität und modularer Anpassbarkeit für beliebige Nutzungskonzepte überzeugt und entschied sich, die Firma Streetscooter zu kaufen (Bild 8.4).

Bild 8.4 Streetscooter 2011 (links) und 2014 (rechts) auf der Internationalen Automobilausstellung (Fotos: Markus Hannen)

Die Streetscooter-Fahrzeuge wurden anschließend als Nutzfahrzeuge unter dem Dach der DHL industriell gebaut und sind heute mit über 20 000 Fahrzeugen weit verbreitet als Zustellungsfahrzeuge von DHL unterwegs. Sie sind auch beliebt bei

Kommunen und Handwerkern für alle Arten von Liefer- und Versorgungsverkehr im kleinräumigen Bereich.

2022 erkannte DHL, dass die Kernkompetenzen eines Logistikunternehmens und die eines Fahrzeugherstellers stark voneinander abweichen, und verkaufte Entwicklung und Produktion neuer Fahrzeuge an die B-On GmbH, die nun das Geschäft mit langlebigen, anwendungsoptimierten Nutzfahrzeugen fortsetzt.

Das Gründerteam beschloss bereits nach dem Verkauf 2014, ein Folgeunternehmen zu gründen, das sich auf PKW konzentriert, und gründete das Unternehmen e.Go-mobile. e.Go ist ein Mobilitätskonzept, das konsequent aus der Nutzung der Fahrzeuge her aufgebaut ist.

Die Erfahrungen von Streetscooter, einem Fahrzeug im Zusammenhang mit dem erwarteten Einsatz, wurden weiter ausgebaut, diesmal allerdings mit der Zielgruppe urbaner PKW-Verkehr: Pendler, Sozialdienste, das kompakte Zweitfahrzeug für die Kurzstrecke. Eine Positionierung vergleichbar zum BMW I3, allerdings war es hier nicht der Plan, ein futuristisches Auto zu entwickeln, sondern vielmehr ein praktisches, attraktives Fahrzeug.

Als urbanes Kleinfahrzeug geriet e.Go erwartungsgemäß in den Konkurrenzkampf mit den traditionellen Herstellern, die diese Nische mit Smart, Mini, Up und vergleichbaren Kleinfahrzeugen ebenfalls besetzt halten wollten. Der entscheidende Unterschied zu den etablierten Herstellern war allerdings das modulare Produkt- und Produktionskonzept. e.Go konnte in kurzer Zeit auf Marktanforderungen reagieren und Produkt wie Produktion geänderten Randbedingungen anpassen. Daraus leiteten sich diverse Nischen ab, in denen e.Go dem klassischen Wettbewerb voraus war.

Heute steht das Geschäftsmodell von e.Go auf zwei Säulen: einmal Herstellung und Betriebsmanagement von Elektrofahrzeugen, zum zweiten Konzeption und Betrieb von Fabriken für die hochflexible Prodiktion von Gütern wie Elektrofahrzeugen.

Streetscooter ist ein strategisches Vorgehensmodell:

- **Where**

  Es startet seine Herleitung von der Nutzung: lokale Mobilität in einem klar umrissenen Zielsegment einerseits, nutzenorientierte Produktionsanlagen für regionale Industrieproduktion andererseits. Insbesondere landesbezogen, um modulare Mobilitätskonzepte in der Region realisieren zu können. Streetscooter wie e.Go suchen sich damit Nischen, in denen sie ihren übermächtigen Wettbewerbern aus der Autoindustrie überlegen sind.

- **Why**

  Nachhaltige Industrie- und Mobilitätprodukte gewinnen an Bedeutung, insbesondere die Anpassungs- und Umbaufähigkeit von Produkten und Produktion auch zur Laufzeit. Ein e.Go-Fahrzeug ist auf über 50 Jahre Lebenszyklus ausgelegt und kann innerhalb dieser Zeit mehrfach geänderten Anforderungen angepasst werden. Industriekonzepte für agiles und nachhaltiges Produzieren werden in Regionen mit geringer Industrialisierung nachgefragt, um sich im internationalen Wirtschaftsgefüge unabhängiger zu machen.

- **What**

  Fahrzeuge für den lokalen Verkehr bis zu 100 km/Tag, anpassbar an lokale Randbedingungen wie bergig oder flach, häufige Fahrten oder seltene Fahrten, 1 - 4 Passagiere, mit einem abgesicherten Betriebskonzept hinsichtlich Stromversorgung und Service. Außerdem Produktionsanlagen, die in der Lage sind, ebensolche Fahrzeuge oder vergleichbare Produkte herzustellen und sich den Anforderungen der Zeit schnell und flexibel anzupassen.

- **How**

  Aufbau und Betrieb von Fabriken mit vollwertiger Serienproduktion und eine permanente Weiterentwicklung des Produktionskonzepts sowie des Betriebs- und Servicekonzepts für die Produkte.

  Konsequentes Realisieren einer durchgängigen Digitalarchitektur, die jedes einzelne Fahrzeug über seinen Lebenszyklus begleitet und damit seine Nutzung nachhaltig, zuverlässig und sicher macht.

  Pflege der drei Säulen: Produkt, Fabrik und Digitalarchitektur als skalierbares Paket in einem Ökosystem aus Kunden, Lieferanten und Franchisepartnern.

  e.Go wie Streetscooter setzten dabei konsequent auf Partner. Im Bereich Digitalarchitektur sind das beispielsweise die Digitalunternehmen Microsoft, Ansys und PTC.

8.3 Zukunft ungewiss

Die Zukunft der Mobilität ist weiterhin ein offenes Rennen. Weder steht die Antriebsart der Zukunft fest noch ist geklärt, welches Besitzermodell sich wo durchsetzen wird. Wird der eigene PKW wie bisher das Standardmodell sein oder setzen sich Konzepte der *Shared Mobility* durch? Darüber schwebt die Vision des autonomen Fahrens, das die Situation noch einmal neu prägen würde.

Traditionelle Großunternehmen sind bemüht, ihre Vormachtstellung zu verteidigen, neue drängen mit Mut ins Feld. Es ist noch nicht bewiesen, dass e.Go im Vergleich zu den anderen Ansätzen erfolgreich ist. Die Wettbewerbsvorteile von Streetscooter und e.Go lagen nicht darin, mit elektrischen Antrieben gegen einen etablierten Fahrzeugmarkt anzutreten. Der Vorteil lag darin, von den Nutzungsanforderungen in den Zielbranchen ausgehend die Produkte neu zu konzipieren und dann schnell zu lernen, wie sich entlang dieser Nutzungskonzepte der Markt entwickelt. An der Börse wird derzeit Tesla am höchsten bewertet, am meisten Geld verdient BMW, und die größte Durchschlagskraft hat vermutlich Volkswagen. Die Unternehmen haben unterschiedliche Voraussetzungen und unterschiedliche Möglichkeiten, sich in der Zukunft zu positionieren:

- Tesla hat sehr viel Investorengeld.
- BMW hat ein sehr starkes Image als innovative Premiummarke.
- Volkswagen hat eine sehr starke Marktposition.
- Streetscooter ging im Vergleich zu den anderen mit sehr viel weniger Geld und weniger Marktmacht auf den Weg, um sich in einer sich erneuernden Industrie eine Position zu erobern. Den meisten Unternehmen, die sich jenseits der Großindustrie für die digitale Transformation vorbereiten, geht es vermutlich ähnlich.

9 Die Fesseln der digitalen Transformation

Das „How“ gewinnt einen weiteren Komplexitätsfaktor, wenn die Innovation auch nach außen wirksam wird, in der Regel in die Lieferkette oder in die vorwärts gerichtete Wertschöpfungskette, also zu den Kunden und deren Kunden. Jetzt müssen auch dort die Abläufe neu organisiert und die Betroffenen davon überzeugt werden, für die dann meist auch Kosten entstehen.

Diese Frage kompliziert sich wiederum dadurch, dass die beteiligten Unternehmen auch mit anderen Unternehmen im Geschäft sind und Wert darauf legen, dass die Schnittstellen zu ihren Geschäftspartnern möglichst wenig Vielfalt aufweisen, denn jede weitere Spielart macht das Leben teurer und mühsamer, ohne Mehrwert zu erzeugen.

An dieser Stelle steht der Transformationstreiber dann vor dem Problem, dass man mit einer Innovation nicht mehr nur das Vertrauen eines einzelnen Kunden erwerben muss, sondern das aller Betroffenen, einschließlich Lieferanten, Partner, Beratern, Abnehmern. Denn jeder Kunde wird sich die Frage stellen, ob seine Entscheidung gegenüber seinen Geschäftspartnern vermittelbar ist und diese bereit sind, die Investitionen mitzutragen, die diese Entscheidung nach sich zieht.

9.1 Strategiefindung und Einstieg in die Transformation

Je komplexer ein Transformationsszenario, , desto unwahrscheinlicher ist sein Erfolg. Das Reduzieren der Komplexität ist ein entscheidender Faktor.

Komplexität berechnet sich nach der Anzahl der Stakeholder, die die Transformation blockieren können. Das können einflussreiche Einzelpersonen sein, das kann ein Betriebsrat sein, ein Gesetzgeber, ein Kunde, ein Wettbewerber, ein Lieferant, ein Maschinenhersteller, ein Softwarehersteller, aber auch Unternehmen aus der Finanzindustrie wie Versicherungen, Leasing-Firmen und Banken, die Zahl ist groß. Manche Gruppen addieren sich, manche multiplizieren sich in der Komplexitätsermittlung. Beispielsweise multiplizieren sich Produkte und Kunden, sofern die Kundengruppen sich unterscheiden.

Wer in den Markt hineinhorcht, wird feststellen, dass ca. zwei Drittel der digitalen Transformationsinitiativen ihre Ziele nicht vollständig erreichen.

Beteiligte Gruppen am Beispiel „Einführung von Augmented Reality (AR)“

Augmented Reality ist eine mächtige Technologie, welche Aufbau, Effizienz und Qualität von Abläufen in Unternehmen stark beeinflussen kann. Die Zahl der betroffenen Personen und Rollen kann in einem derartigen Projekt entsprechend groß werden.

- **Personen:** Experten können sich weigern, ihr Wissen in Systeme einzuspielen oder sich von Brillen anleiten zu lassen.
- **Organisationen:** Der Betriebsrat kann sich gegen die systematische Dokumentation von Arbeitsleistungen organisieren.
- **Fachabteilungen:** Abteilungen haben ihre eigenen Interessen und Entscheidungen, und der Nutzen einer Transformation liegt oft woanders als deren Kosten. Beispielsweise, wer für die Erstellung von Augmented-Reality-Szenarien aufkommt - die Entwicklungs- oder die Serviceabteilung? Und wie die Nutzung verbucht wird, da sie keine personengebundene Leistung mehr ist.
- **Produkte:** Auf wie viele eigene Produkte soll das neue Konzept mit Augmented Reality angewandt werden? Haben diese Produkte die gleichen Kunden oder unterscheiden die sich?
- **Nutzer:**
  - Betriebsverantwortliche und Mitarbeitende müssen sich an die neue Bereitstellung von Trainingsinformation gewöhnen und ihre Leute darauf ausbilden. Die werden sich möglicherweise gegen eine Flut unterschiedlicher Trainingsmethoden wehren.
  - Die IT-Fachabteilungen müssen die Augmented-Reality-Konzepte als unternehmenstauglich akzeptieren. Dazu werden sie intensiv prüfen, ob sie in die Architekturen und Abläufe integriert werden können und ob sie langfristig alle Anforderungen einer vergleichbaren Lösung erfüllen, auch jenseits der aktuell diskutierten Szenarien zur Aufzeichnung von Expertenwissen und Training - beispielsweise in der Qualitätssicherung oder bei Ad-hoc-Arbeitsanweisungen zur schnellen, automatisierten Problemlösung. Das sind Szenarien, die eine deutlich stärkere Vernetzung in die Datensysteme erfordern.
  - Die Einkaufs- und Finanzorganisationen müssen neue Vertragsmodelle akzeptieren mit möglicherweise stark abweichenden Bedingungen wegen der neuen Verrechnungsmodelle für Services.

- **Wettbewerb:**
  - Innovation ist gelegentlich sehr schnell. Wenn es sich nicht um eine starke Kernkompetenz, sondern im Wesentlichen um eine neue Idee handelt, ist der Wettbewerb vermutlich schnell mit Alternativangeboten wach, gerade in Kundensegmenten, in denen der Wettbewerb bisher besser vertreten ist.
  - Gerade im Bereich Augmented Reality ist durch das Thema „Metaversum" eine neue Aufmerksamkeit bei den finanzstarken Tech-Konzernen, weswegen schwer vorhersehbar ist, wie sehr diese die Technologie und deren Nutzung beeinflussen werden.
- **Gesetzgeber:** Solange Fragen der Regulierung wie beispielsweise im Urheberrecht, im Wettbewerbsrecht oder im Bereich Risikoabsicherung und Gewährleistung ungeklärt sind, werden mittelständische Unternehmen ohne durchsetzungsstarke Rechtsabteilung sehr vorsichtig sein.
- **Maschinenhersteller:**
  - Wie werden sich Anbieter von benötigten Geräten verhalten? Etwa Smartphones oder Augmented-Reality-Datenbrillen? Wie beeinflusst der „Metaversum"-Trend deren Verhalten?
  - Wie verhalten sich andere Maschinenhersteller und was bedeutet das für die Kunden? Werden die in Zukunft von jedem Hersteller mit einer anderen Augmented-Reality-Servicelösung konfrontiert?
- **Softwarehersteller:** Welche Formate, Konzepte und Architekturen werden die Softwarehersteller anbieten, damit die Augmented-Reality-Lösungen auch mittel- und langfristig funktionieren? Der Zugriff auf Daten, der Datenfluss, die Verarbeitung von Ergebnissen und Entscheidungen wird in der Regel von Systemen anderer Hersteller geregelt oder beeinflusst. Diese werden möglicherweise gerne selbst in das Geschäft mit Augmented Reality einsteigen.
- **Dienstleister:** Finden sich ausreichend Dienstleister, die das eigene Konzept unterstützen? Die Augmented-Reality-Szenarien im Auftrag der Kunden entwickeln oder die Kunden der Kunden entsprechend beraten?

Strategien, um mit der Komplexität umzugehen

Es gibt im Kern drei Strategien, sich im komplexen Gefüge der Einflussnehmer durchzusetzen:

- **Geschwindigkeit und Preis:** Fakten schaffen. Der Erfolg liegt im schnellen Mehrwert, der sich bei den Kunden konkretisiert und die Realität verändert. Dazu ist es wichtig, in kurzer Zeit konkret Dinge zu verändern und im Kundenkreis Unterstützer aus der Praxis zu gewinnen. Dieser Ansatz empfiehlt sich für kleinere Anbieter und Anbieter, deren Strategie eher im Preiswettbewerb liegt.
- **Marktbeeinflussung:** Durch aktives Mitgestalten in Industriegremien zu einer wettbewerbsübergreifend anerkannten Transformationsstrategie beitragen und

so Vertrauen in die Tragfähigkeit einer Transformation bilden. Der positive Nebeneffekt ist der, dass man als Anbieter dabei dann selbst als führend erkannt wird, sofern man dabei wettbewerbsneutral handelt. Dieser Ansatz empfiehlt sich für Unternehmen, die sich dauerhaft als Partner in einer Industrie etablieren wollen und langfristig denken.

- **Strategievertrieb:** Im aktiven Dialog mit den Kunden deren strategische Entscheidungen voraussehen und Antworten anbieten, wie sich deren Industrie entwickeln wird und wie dementsprechend deren Investitionen aussehen sollten. Wer als Anbieter diese Rolle ernsthaft und seriös ausfüllt, wird von Kundenseite in der Regel gerne gesehen, da die Kunden für die zusätzliche Perspektive dankbar sind. Dieser Ansatz ist in Kombination mit Marktbeeinflussung geeignet, sich auf hohem Niveau als Markt- und Meinungsführer zu etablieren.

Industrie 4.0 findet an den Unternehmensgrenzen statt. Es verändert die Beziehungen zwischen den Unternehmen und erfordert daher Entscheidungsprozesse, für die es keine Strukturen gibt.

Vereinfacht man den Unternehmensbegriff auf den Unternehmer, kann man sagen, es geht nicht mehr um eine „Ich"-Entscheidung, sondern um eine „Wir"-Entscheidung. „Wir"? Das ist dabei allerdings ein Haufen Unternehmer, die sich ebenso trauen wie misstrauen. Die einander brauchen und im Wettbewerb stehen. Diese Art Entscheidungen sind möglich, aber sie sind aufwendiger als „Ich"-Entscheidungen. Sind sie aber einmal gefällt, ist ihre Wirkung enorm. Auf einmal folgen viele Unternehmen gleichzeitig einer Idee und verlangen ihre Umsetzung. Für Lösungsanbieter sind beide Effekte eine große Herausforderung. Der vertriebliche Aufwand, um bis zum Entscheidungspunkt zu kommen, ist hoch und unsicher, und die Umsetzungserwartung, wenn es so weit ist und die Herde losrennt, ist kaum erfüllbar.

Es ist auch nicht so, dass dies nach einem Drehbuch erfolgt. Vielmehr ist das Spielfeld voller handelnder Gruppen, die mehr oder weniger gut organisiert sind und die nach dem Durchbruch suchen. Die einen sind politisch gut vernetzt, die anderen machen gutes Marketing, die dritten haben eine gute Lösung, sind aber ungeschickt.

Die vertrackte Lage schreit nach einer Antwort: die Formel der Transformation:

$$\frac{\text{Mehrwert} \times \text{Bekanntheit}}{\text{Größe der Veränderung}}$$

Je größer das Ergebnis, desto größer ist die Chance einer Transformation, ihre Hemmschwelle zu überwinden und erfolgreich zu sein. Die Elemente der Formel unterscheiden sich dabei je nach Lösungs- und Vertriebsansatz deutlich (Bild 9.1).

Variablen	Strategien		
	Preis und Geschwindigkeit	**Marktbeeinflussung**	**Strategievertrieb**
Mehrwert und Zielperson	Nutzen für einzelne **Anwender** – Leiter der Fachabteilung	Nutzen für Projekte zwischen Abteilungen – **Bereichsleitung**	Nutzen für viele Prozesse – **Vorstand** und IT
Bekanntheit und ihre Erreichung	„**Marke**" als wichtigstes Kriterium, das Stabilität ausdrückt	Aktive **Präsenz** als Lösungspartner in Markt-Gremien	Sichtbare **Stärke** als langfristiger Partner für ein Themenfeld
Veränderungsgröße	Steigerung der **Effizienz** und Begeisterung der Anwender	Effiziente Befähigung zu **neuen Arbeitsweisen** in der Branche	Sichere Abdeckung einer **strategischen Kompetenz**

Bild 9.1 Anwendung der Formel der Transformation auf unterschiedliche Strategien

Die Formel für das Zuschneiden eines Transformationsszenarios orientiert sich in der Abwägung von Nutzen, Risiko und Schmerzen beim Kunden. Sie ist in ihrer Schlichtheit recht mächtig, wenn man sie richtig einzusetzen weiß. Zuschneiden meint in diesem Fall die jeweilige Auslegung der drei Variablen der Transformationsformel:

- **Mehrwert:** der Nutzen aus der Perspektive des Käufers. Dieser Nutzen kann allerdings abweichen, je nachdem welche Zielperson adressiert bzw. welcher Lösungs- und damit Vertriebsansatz gewählt wird.
  - Beim reinen **Lösungsvertrieb**, der sich durch Geschwindigkeit und Preis differenziert, orientiert sich der Mehrwert am Nutzen des einzelnen Anwenders. Im Beispiel Augmented Reality wäre das der Verkauf einer Lösung für Wissensaufzeichnung an eine Fachabteilung, die den Mehrwert für sich beziffert.
  - Beim Vertrieb durch **Marktbeeinflussung** vergrößert sich der Mehrwert durch die Sicherheit, das Werkzeug auch im vernetzten Arbeiten mit Dritten wie etwa Kunden und Partnern einsetzen zu können. Im Fall Augmented Reality etwa ein Ansatz, dass viele Maschinenhersteller sich auf eine gemeinsame Technologie einigen, damit wiederum deren Kunden nicht pro Maschine ein anderes Werkzeug nutzen müssen. Die Zielperson ist in dem Fall nicht die Fachabteilung, sondern eher die Bereichsleitung, wo übergreifende Projekte verantwortet werden.
  - Beim **Strategievertrieb** liegt der Mehrwert darin, dass eine Technologie als Unternehmensstandard für eine Gruppe von Anwendungen genutzt wird. Das ist gerade bei größeren Unternehmen wichtig, in denen der Überblick über genutzte Technologien und Prozesse schnell verloren geht. Diese Art Entscheidungen fallen bereichsübergreifend und werden von der IT und ab einer gewissen strategischen Relevanz auch vom Vorstand verantwortet. Im Fall Augmented Reality wäre das der Fall, wenn diese Tech-

nologie nicht nur für Wissensspeicherung und Training eingesetzt werden soll, sondern auch als Ergänzung der Produkte im Sinne von erlebbaren Handbüchern, bei der Früherkennung und Lösung von Problemen in Produktion und Betrieb, in der Qualitätssicherung oder auch im Vertrieb.

- **Bekanntheit:**
  - Im reinen **Lösungsvertrieb** geht es um das spontane Vertrauen, dass etwas sinnvoll und zuverlässig ist. Daher ist hier die Marke besonders wichtig, insbesondere da häufig Leute in die Entscheidung eingebunden sind, die vom Thema selbst wenig verstehen, etwa im Einkauf, und die Bereitschaft gering ist, viel Zeit in die Bewertung des Partners zu investieren.
  - Beim Vertrieb durch **Marktbeeinflussung** ist Bekanntheit eine Frage des aktiven Netzwerkens. Persönliche Vertrauensbildung sorgt für eine Gruppenstimmung, der sich die Mehrzahl der Unternehmen in einer Gruppe anschließt, weil es Risiken reduziert und Entscheidungen begründbar macht.
  - Beim **Strategievertrieb** geht es darum, auch durch Dritte als relevanter Partner auf Augenhöhe für das zu besetzende Themenfeld gesehen zu werden. Da geschieht durch eine vorhandene Bekanntheitsbasis oder, wenn man neu in der Branche ist, durch „Zeugenaussagen" Dritter, etwa Analysten, Meinungsführer der Branche oder Referenzen. Auch sollte man einer entsprechenden Internet-Recherche standhalten.
- **Größe der Veränderung:**
  - Im reinen **Lösungsvertrieb** sollte die Veränderung möglichst schmerzfrei ein. Im besten Fall wird ein Werkzeug angeschafft, das auf Anhieb funktioniert und die Belegschaft zufriedenstellt. Abläufe unbeteiligter Dritter sollten so wenig wie möglich gestört werden, damit sich die Aufwände für Training und Prozessveränderung gering halten.
  - Im Vertrieb durch **Marktbeeinflussung** ist die Veränderung das Ermöglichen einer neuen Arbeitsweise zwischen unterschiedlichen internen oder externen Partnern. Sie ist damit eine signifikante Veränderung, jedoch wird ihre Ursache nicht in der Anschaffung der transformativen Lösung gesehen, sondern in der Notwendigkeit aufgrund der Marktsituation. Hier geht es also in erster Linie darum, deutlich zu machen, dass die Veränderung mit der eigenen Lösung weniger schmerzhaft ist als mit den Lösungen des Wettbewerbs.
  - Im **strategischen Vertrieb** ist die Veränderung meist ein bewusster Akt des Unternehmens, der oft auch bewusst schmerzhaft ist, weil eine Veränderung gewollt ist. Hier geht es vor allem darum klarzumachen, dass man die Herbeiführung dieser Veränderung als Partner auch wirklich unterstützen kann – sowohl in der Kompetenz wie bei der Leistungsfähigkeit in

der Krise, denn Veränderung bringt häufig Krisen mit sich, als auch in der langfristigen Partnerschaft.

Es geht nach der Formel der Transformation darum, Digitalisierungsangebote so zuzuschneiden, dass ihr Nutzen und ihre Sicherheit im Vergleich zu den Veränderungskosten möglich hoch sind. Das ist wichtiger als der mögliche Gesamtnutzen bei einem erweiterten Angebot. Im ersten Moment geht es vorwiegend darum, eine Einstiegshürde zu überwinden und aufzuzeigen, dass eine eingeschlagene Richtung Erfolg bringt und keine Sackgasse ist.

Der Vertriebsdialog, also die Überzeugungsarbeit mit den Transformationsempfängern, sollte dabei auf mindestens zwei Ebenen stattfinden.

Die **Mehrwertebene** beschreibt konkrete Anwendungen, die abgegrenzt gekauft und mit überschaubarem Aufwand eingeführt und genutzt werden können. Im Falle Augmented Reality wären das die konkreten Lösungen wie etwa das Aufzeichnen von Expertenwissen oder das Ad-hoc-Training.

Lösungen der digitalen Transformation lassen sich auf der reinen Mehrwertebene jedoch oft schwer vermitteln. Zu groß sind in der Regel die Abhängigkeiten, und es gibt zu viele offene Fragen, ob eine Lösung auch mittel- und langfristig überlebt. Wer parallel dazu die **Strategieebene** öffnet, kommt mit seinen Kunden auf eine andere Ebene des Dialogs. Die Strategie muss nicht unmittelbar verkauft werden, aber sie ist wichtig, um Entscheidungen fällen zu können, und ohne Entscheidungen gibt es keinen Erfolg (Bild 9.2).

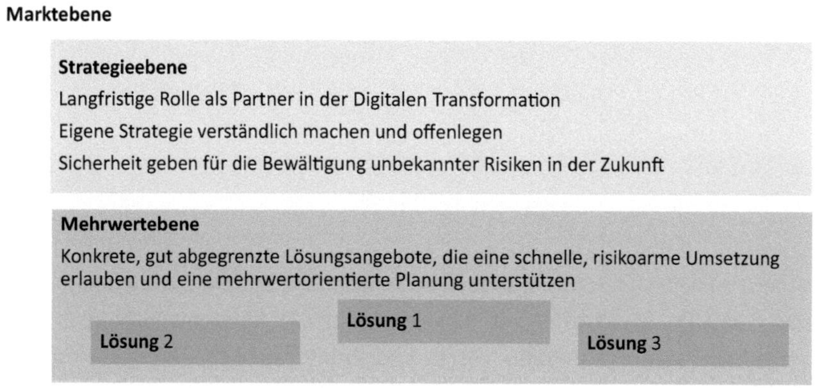

Bild 9.2 Eine vertriebliche Position sollte im Rahmen der digitalen Transformation stets mehrere Ebenen beinhalten, vom konkreten Nutzen bis zur langfristigen Botschaft

Wenn es gelingt, dazu noch die **Marktebene** zu besetzen und eine Branche davon zu überzeugen, dass die eigene transformative Technologie die richtige Ergänzung oder das richtige Werkzeug für die Branche ist, dann ist der Erfolg umso wahrscheinlicher.

■ 9.2 Die unterschätzte Vielfalt der Vorstellungen

Mit der digitalen Transformation ist es so wie mit der Wahrheit. Jeder meint, sie zu kennen, aber jeder meint eine andere. Mir sind selten so verzerrte Vorstellungen von einer besseren Welt untergekommen wie bei den Diskussionen rund um die Möglichkeiten der Digitalisierung.

Der Idee vom selbsteinkaufenden Kühlschrank haben wir schon gestreift. Die grundsätzliche Frage, welchen Teil unseres Lebens wir gerne Automaten überlassen, ist eine, über die die allermeisten Menschen nie ernsthaft nachgedacht haben, und erst, wenn sie mit der Umsetzung konfrontiert werden, erkennen sie deren Nutzen oder Unsinnigkeit.

Bild 9.3 Unterschiedliche Assoziationen beim gleichen Bild

Alle sehen den Frosch – doch die einen denken an einen Prinzen, die nächsten an eine ekelhafte Erfahrung, dritte an Froschschenkel als Delikatesse, andere wiederum an unberührte Natur und wieder andere an Wettervorhersagen und Erkenntnisgewinn.

Die Vielfalt der Sichtweisen und Erwartungen rund um das Thema Digitalisierung ist groß, und in den allermeisten Fällen verstehen zwei Menschen, die sich unterhalten, unter den Dingen, die sie sich gegenseitig erzählen, etwas Unterschiedliches. Das liegt auch daran, dass die Themen alle neu sind. Es gibt weder Erfahrung noch eine Kultur, weder eine gewachsene Sprache noch ein Verständnis der unterschiedlichen Rollen.

Was ist eine „Edge“, was ist ein „Device“, was ist eine „App“ oder die „Cloud“? Begriffe werden von jedem so benutzt, wie er sie selbst versteht, und von jedem so wahrgenommen, wie er sie versteht.

Das macht die Kommunikation oberflächlich einfach, aber nahezu unmöglich.

Das ist ein weiterer Grund, sich auf das „Where“ zu konzentrieren. Wer eine Innovation erst einmal in einem klar abgegrenzten Umfeld einführt, kann relativ sicher sein, dass sich über kurz oder lang in diesem Umfeld eine zuverlässige Sprache entwickelt. Daraus entstehen Beispiele, über die Menschen sprechen und die erklärbar und anfassbar werden. Diese Beispiele können wiederum genutzt werden, um das Thema in einem neuen Umfeld anschaulich zu erklären.

9.3 Digitale Transformation - Ein Risiko

Digitale Transformation bedeutet, wie das Wort schon sagt, Wandel. Und zwar Wandel in einen bisher unbekannten Zustand, zumindest in der aktuellen Phase der digitalen Transformation, in der es wenig Vorbilder gibt.

Bild 9.4 Bei der digitalen Transformation werden gerade auf Anbieterseite viele Risiken durch bessere Information abgedeckt. Kunden müssen sich auf stärker abgegrenzte Angebote einstellen

Dieser Wandel ist für die Betroffenen riskant (Bild 9.4) - und zwar in mehrerlei Hinsicht:

- **Bei der Veränderungsbereitschaft:** Wird das angestrebte Vorgehensmodell funktionieren? Machen die betroffenen Personen und Organisationen mit? Mitarbeitende bei internen Umstellungen, Kunden bei Änderungen des Angebotes, Lieferanten bei einer Umstellung des Bedarfes? Das Thema des „Market Fit“ spielt hier eine bedeutende Rolle, und zwar nicht nur technisch, sondern auch kulturell und strategisch.
- **Bei der Wahl der Partner:** Sind die Partner langfristig verlässlich? Kann ich mein Geschäftsmodell von ihnen abhängig machen? Sind sie austauschbar? Sind deren Interessen auch langfristig mit meinen vereinbar? In einer sich

schnell verändernden Welt verändern sich auch die Mitspieler schnell. Die einen wachsen, die anderen verschwinden, Dritte werden gekauft, wieder andere ändern ihre Strategie.

- **Bei der Investition in Kompetenzen:** Kann ich diese Investition langfristig stemmen und mich im Wettbewerb mit dieser Kompetenz behaupten? Brauche ich eine bestimmte Kompetenz, um im Wettbewerb zu bestehen, oder gilt genau das Gegenteil: Sie selbst bereitzustellen, wäre eine Belastung und würde von der Kernkompetenz ablenken?
- **Bei der Wahl des Geschäftsmodells:** Beherrsche ich das neue digitale Geschäftsmodell in all seinen Unwägbarkeiten? Welche zusätzliche Verantwortung bürde ich mir mit einem Leistungsversprechen auf, etwa im Falle, dass ich die Leistung einmal nicht erbringen kann oder Fehler mache? Ist die Finanzierung gesichert, wenn unvorhergesehene Effekte eintreten, Kunden abspringen, Bedarfe sich ändern, Lieferketten und Kostenstrukturen sich ändern?
- **Bei der Einschätzung der Risiken:** Das Design eines stabilen Prozess- oder Geschäftsmodells, nicht nur aus technischer Sicht, sondern auch aus kaufmännischer Sicht und aus der Perspektive der Qualität und des Risikos ist ein elementarer Bestandteil der digitalen Transformation und wurde lange Zeit von den Visionären des Wandels übersehen.

Der Umgang mit diesen Risiken führt zu drei wichtigen Themen bei der Innovationsentscheidung:

- **„Market Fit"** – wie bereits beschrieben. Szenarien klein und überschaubar halten, um schrittweise zu wachsen.
- **„Marktbeobachtung"** – beobachte das Umfeld genau und beziehe es in die Überlegungen ein. Wie verändern sich welche Branchen, wo kristallisieren sich zuverlässige Muster heraus, wo entsteht ein Wettbewerb unter Anbietern, die dann auch austauschbar werden?
- **„Kernkompetenz"** – trenne so klar wie möglich zwischen der eigenen Kernkompetenz und den Leistungen, die zugekauft werden oder einfach periphere Leistungen sind. Prüfe die Robustheit der eigenen Kernkompetenz unter der Annahme, dass das Umfeld sich wandelt, und prüfe die Partner genauso auf die Robustheit von deren Kernkompetenz.

Viele Risiken lassen sich so recht gut in den Griff bekommen, andere Risiken bedürfen einer klassischen **Risikoabsicherung** durch entsprechende Profis aus den Reihen von Versicherungen und Finanzierern (Bild 9.5).

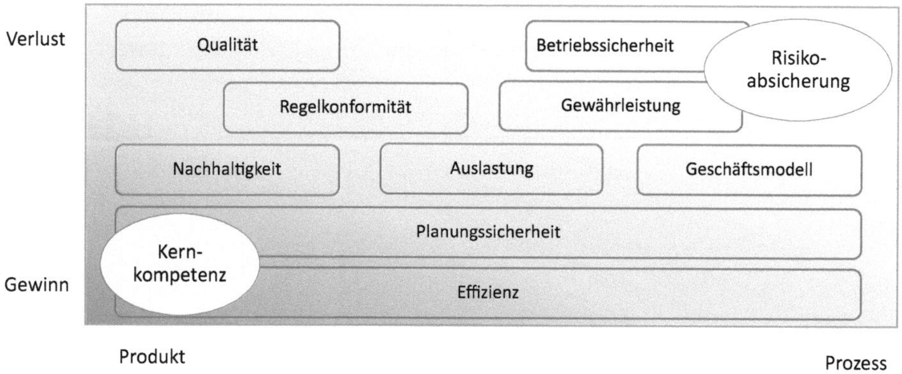

Bild 9.5 Während rund um die Kernkompetenz eine Fokussierung stattfindet, finden viele weitere Aspekte im engen Verbund mit dem Geschäftsumfeld statt und benötigen eine entsprechende Risikoabsicherung

Auch die Geschäftsmodelle des Finanzwesens ändern sich im Rahmen der digitalen Transformation der Industrie dramatisch, insbesondere, weil sich technisch neue Möglichkeiten des Risikoumgangs ergeben: Das „Monitoring" - also die sensorgestützte Überwachung von Objekten - wird mehr und mehr zum Kernbestandteil des Risikomanagements und ergänzt die klassischen statistischen Modelle der Versicherungen teilweise bis hin zur Verdrängung. Das betrifft sowohl den Bereich des unvorhergesehenen Schadens wie den Bereich der Finanzierungsrisiken bei schwankenden Märkten und Auslastungen.

Im klassischen Produktgeschäft bietet ein Anbieter ein Produkt an, mit Eigenschaften, Stärken und Schwächen und mit einem Preis. Ein Kunde kauft das Produkt und nutzt es nach eigenem Bedarf. Das Risiko liegt in der Differenz zwischen Angebot und Bedürfnis: aufseiten des Anbieters durch Übererfüllen des Bedarfes und aufseiten des Kunden durch Nichterfüllen des Bedarfes.

Produktgeschäft ist Konfektionsware und trifft den Bedarf immer nur so weit wie nötig. Angebote der digitalen Transformation adressieren diese Risiko-Verwerfung, indem sie Angebot und Kundenbedarf durch Information so miteinander abgleichen, dass sie bestmöglich zusammenpassen.

Im Ergebnis bleiben weiterhin Risiken übrig, die beide Partner nicht zuverlässig beherrschen können. Das „as a Service"-Modell ist vor allem darauf ausgelegt, Anbietern konstante Umsätze zu sichern und Kunden eine leistungsbezogene Bezahlung. Die Risiken liegen daher mehr aufseiten der Anbieter. Es beginnt bei klassischen Finanzierungsfragen von Maschinen im Rahmen der Bilanzierung, geht über Haftungsschäden bei Maschinenversagen und endet bei der Maschinenverwertung im Falle einer Vertragskündigung.

Die Risikokalkulation auf Anbieterseite bekommt eine neue Bedeutung, und es entsteht in kürzester Zeit ein neuer Markt im Bereich des Finanzwesens. Maschinenfinanzierung, Maschinenversicherung, Risikokalkulation für das Finanzwesen … ein großes Thema, jenseits dieses Buches.

Übungen

Aufbau eines Transformationsplans

Zerlegen Sie Ihre Transformationsidee in einzelne, nacheinander ausführbare Blöcke:

- einzelne Lösungen, die Sie in
- Mehrwertszenarien einbauen, die wiederum eine
- Transformationsstrategie gegenüber Ihren Kunden und Ihrem Markt darstellen

Achten Sie bei jedem einzelnen Block auf ein möglichst hohes Ergebnis bei der Auswertung nach der Transformationsformel.

Begriffsklärung

Erstellen Sie eine Sammlung der wiederkehrenden Begriffe und Beschreibungen, die im Rahmen Ihrer Transformationsidee eine Bedeutung haben.

Machen Sie ein Experiment, wer aus der Gruppe der Betroffenen was unter den jeweiligen Begriffen und ihrem Zusammenhang versteht.

Starten Sie, falls notwendig, im Anschluss ein Projekt zur Begriffsklärung.

Risikodiagramm

Analysieren Sie Ihre transformative Geschäftsidee nach Risikoaspekten:

- aus Anbieterperspektive
- aus Kundenperspektive
- aus der Perspektive der beteiligten Partner
- aus der Perspektive ihrer Unternehmenseigentümer

Beschreiben Sie Risiken aus beiden Richtungen:

- Absicherung der Leistungserbringung
- Absicherung bei Leistungsausfall und ungeplanten Ereignissen ■

10 Abgrenzbare Kernkompetenzen in vernetzten Geschäftsmodellen

Ein Effekt der Digitalisierung der Industrie ist die Verschiebung der Kompetenzen. Das liegt an den Folgen der Vernetzung. Man kann sogar sagen, die Netze invertieren sich. Traditionell würde man die Vernetzung einer Industrie so darstellen, dass die Knoten die Unternehmen sind und die Kanten die Lieferwege. Ein Hersteller von Bleistiften kauft Holz, Graphit und Lack als Rohstoffe, er kauft Maschinen für die Produktion und Energie für den Betrieb, und er liefert an Läden, an Großhändler, an industrielle Kunden, an Behörden. Dazu geht er Partnerschaften mit Speditionen und anderen Dienstleistern ein, etwa Leiharbeitsfirmen, um saisonale Schwankungen auszugleichen, etwa im Weihnachtsgeschäft oder vor Schulanfang.

In der digital vernetzten Industrie, in der sich Lieferketten und Kundenbeziehungen permanent ändern können, dreht sich der Netzgedanke um. Die Knoten werden die Kommunikationszentren zwischen den beteiligten Akteuren und die Kanten sind die unterschiedlichen Akteure, die in einer Wertschöpfungskette einen Mehrwert zu einem Ergebnis beitragen, das irgendwo anders entsteht.

■ 10.1 Plattformen übernehmen die Anbieterrolle

Der Begriff des invertierten Netzes drückt aus, dass innerhalb eines Netzes Knoten und Kanten vertauscht werden und so ein stark verändertes Netzgefüge entsteht, das zwar weiter im Prinzip das Gleiche tut, doch in anderer Konstellation (Bild 10.1).

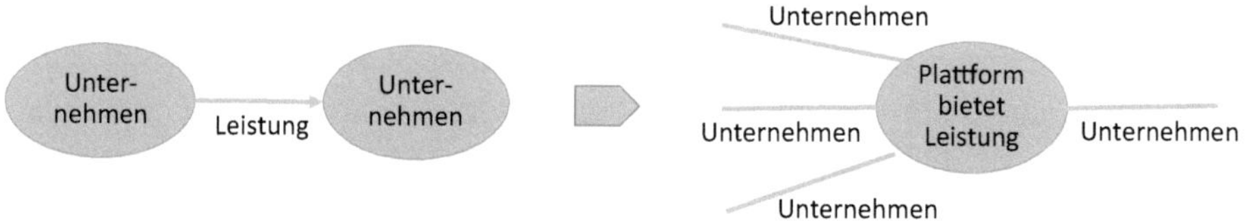

Bild 10.1 Invertierte Netze: Kanten und Knoten sind vertauscht

Klassische Beziehungen zwischen Unternehmen definieren sich über die Lieferbeziehung einer vereinbarten Leistung zwischen zwei Partnern, während in einer Plattformökonomie die Leistung auf die Plattform übergeht und sowohl Anbieter als auch Kunde austauschbar werden.

Das Ergebnis ist eine invertierte Netzwerkstruktur. Während vorher die Unternehmen als individuelle Größen individuelle Leistungen in Einzelbeziehungen einkauften, übernehmen Plattformen als egalisierte Anbieter standardisierter Leistungen die Rolle der Leistungsverteiler.

Ein Betreiber von Bleistiftherstellungsmaschinen bietet seine Leistung verschiedenen Bleistiftherstellern an, die dort nach Bedarf Kontingente anfordern und selbst wiederum Bleistifte im Abosystem an Schulen, Behörden oder Unternehmen liefern. Die Rohstoffe der Bleistifte werden über eine Rohstoffbörse gekauft und kommen permanent von anderen Lieferanten, ebenso der Strom.

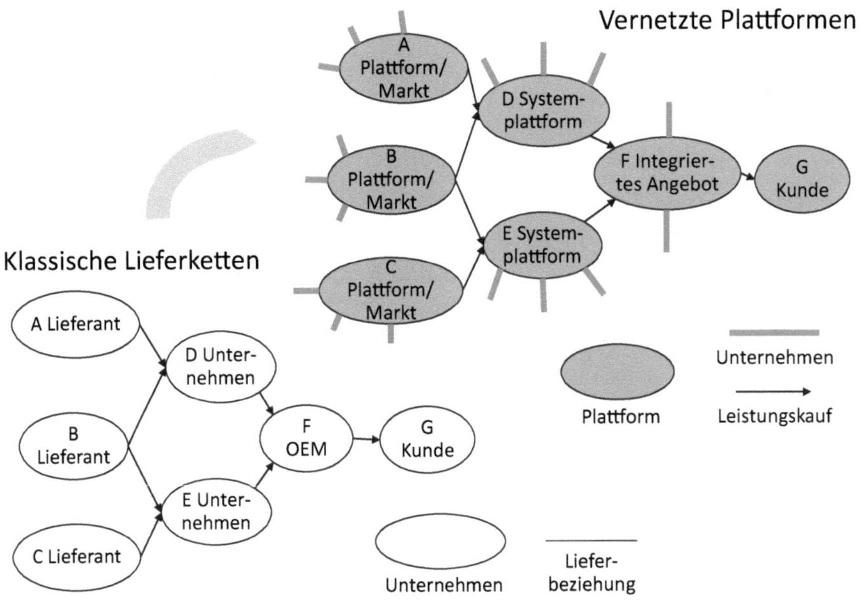

Bild 10.2 In einem invertierten Netzwerk werden Angebote aus Plattformen hintereinandergeschaltet, um die beste Leistung für den Kunden zu finden

Diese Invertierung des Netzes verändert auch die Kernkompetenzen der beteiligten Unternehmen. Erstens treten jede Menge neue Unternehmen auf das Spielfeld, nämlich die Betreiber der Kommunikationspunkte oder auch Plattformen. Zweitens müssen die traditionellen Marktteilnehmer genau überlegen, mit welcher Kernkompetenz sie in einem so veränderten Marktgeflecht erfolgreich sind.

Im Handel haben bereits viele traditionelle Unternehmen ihre Filialen geschlossen und rein auf Online-Handel umgestellt, was ein anderes Verhalten und andere Kompetenzen erfordert. Plattformen wie Amazon haben den Markt im Endkundenbereich radikal verschoben, im Geschäftskundenbereich treten bereits ähnliche Effekte ein (Bild 10.2).

In der Industrie sind diese Veränderungen gerade erst am Anfang, da die Lieferketten komplexer und die Leistungen um ein Vielfaches diverser sind. Dennoch trifft es alle Beteiligten.

Das Geheimnis der Plattformen

Plattformen sind etwas sehr Mächtiges, und viele wünschen sie sich. Die einen, weil sie für Teilnehmer vieles einfacher machen, die anderen, weil sie als Betreiber viel Macht mit sich bringen. Sie sind ein industrieller Marktplatz, an dem keiner vorbeikommt. Das Mysterium ist, wie Plattformen entstehen. Ich habe viele Versuche erlebt, Plattformen zu erschaffen, und die meisten sind gescheitert.

Das Geheimnis der Plattformen:

Plattformen entstehen nicht, weil sie Sinn machen, sondern weil sie allen Beteiligten nützen.

Das Entstehen einer Plattform hängt viel von Vertrauen und Akzeptanz der Mitglieder ab. Beides sinkt, je wettbewerbskritischer die Plattform ist. Plattformen überleben daher am ehesten, wenn sie in ihrer frühen Phase mit einem eher kleinen Thema als ungefährlich, aber nützlich erscheinen. Erst wenn sie sich stabilisiert haben, dehnen sie ihr Angebotsspektrum aus und werden wirklich mächtig. Das ist schwer zu planen, aber es geschieht trotzdem.

10.2 Kompetenzverschiebung bei Industrieunternehmen

Als Industrieunternehmen geht es um den Wechsel von einer Strategie, bei der das eigene Unternehmen im Mittelpunkt steht, zu einer Strategie, bei der das Ergebnis einer Wertschöpfungskette zu den Kunden im Mittelpunkt steht. Wobei sowohl Kunden wie die Wege der Kette vielfältig sein können und sich auch immer wieder wandeln.

10.2.1 Kompetenzverschiebung in der Organisation

Daher geht es darum, diese Kette, ich bleibe der Einfachheit halber bei der Einzahl, zu gestalten, sie effizient und attraktiv zu machen und zu erhalten und dabei möglichst Ballast abzuwerfen.

Thema	Bisherige Anforderung	Zukünftige Anforderung	Kompetenzbedarf
Flexibilität	Fokus auf Effizienz	Modularität in Prozessen und Systemen	Simulations- und Prognosekompetenz
Wertschöpfungsketten	Lieferung an Endnutzer	Lieferung in verkettete Anwendungsszenarien	Planung und Absicherung im Anwendungskontext
Lieferkettenbrüche	Klare Hierarchie in der Lieferkette	Hohe Fluktuation und wechselnde Bestandteile der Lieferkette	Aktives Beherrschen und Managen der Lieferkette
Arbeitskräftemangel	Arbeitgebermarkt	Arbeitnehmermarkt	Automatisierung, Effizienz und Attraktivität der Arbeitsplätze
Nachhaltige Produktion	Zeit und Volumen als Kenngrößen	Ressourcenverbrauch als Kenngröße	Ressourcenorientierte Planung und Steuerung
Nachhaltige Produkte	Verkauf als wichtigste Messgröße	Betriebskosten als wichtigste Messgröße	Messung und kontinuierliche Senkung der Betriebskosten
Gesetzliche Bestimmungen	Produkt und Prozessprüfungen	Kontinuierliche Nachvollziehbarkeit in der Wertschöpfungskette	Vollständige und durchgängige Informationsketten
Geschäftsmodell „Product as a Service“	Betriebsaufwand liegt bei Kunden	Betriebsaufwand liegt beim Anbieter	Auslegung von Produkten und Prozesse für langfristigen Betrieb

Bild 10.3 Industrieunternehmen stehen sowohl bei ihren Angeboten wie auch ihren Prozess- und Organisationsmodellen vor einer Veränderung und Weiterentwicklung ihrer Kompetenzen

Der Ballast ist alles, was andere vermutlich besser können. Das sind Randleistungen wie etwa Kühlung bei einer Lebensmittelfabrik oder Lieferlogistik bei einem Teilefabrikanten, das sind digitale Plattformen, das sind Softwaresysteme für die Prozesse, die in ähnlicher Form bei den Wettbewerbern stattfinden.

Die Kernkompetenz und deren Präsenz in Wertschöpfungsketten ist das Einzige, was nachhaltig Gewinn macht, und das gilt es, nachhaltig auszubauen, effizient zu machen und vom Geschäftsmodell her so anzupassen, dass es bestmöglich in die Wertschöpfungskette, in die Interessen der Kunden, in die Möglichkeiten der Mitglieder der Wertschöpfungskette hineinpasst (Bild 10.3).

Wenn sich die Servicepartner, die auf dem Weg zu den Kunden notwendig sind, auf bestimmte Vorgehensweisen eingerichtet haben, sollte man eher Angebote machen, die zu diesen Vorgehensweisen passen. Etwa bestimmte Systeme, in denen Mitarbeitende geschult sind, und bestimmte Techniken. Ein Abweichen davon kann nur Sinn machen, wenn es einen deutlichen Wettbewerbsvorteil darstellt, und gilt als Attacke auf die bisherige Wertschöpfungskette. Dann die Mitglieder dafür zu gewinnen umzusteigen, muss man sich leisten können.

10.2.2 Kompetenzverschiebung bei den Produkten

Eine große Herausforderung bei Industrieunternehmen ist, dass ihre Produkte selbst immer digitaler werden und sie selbst vor der Frage stehen, wie weit sie zu Digitalunternehmen werden wollen. Diese Entscheidung ist die vielleicht zentralste bei der digitalen Transformation. Denn hier geht es um die Kernfrage, wie sich ein Unternehmen entwickeln kann und will.

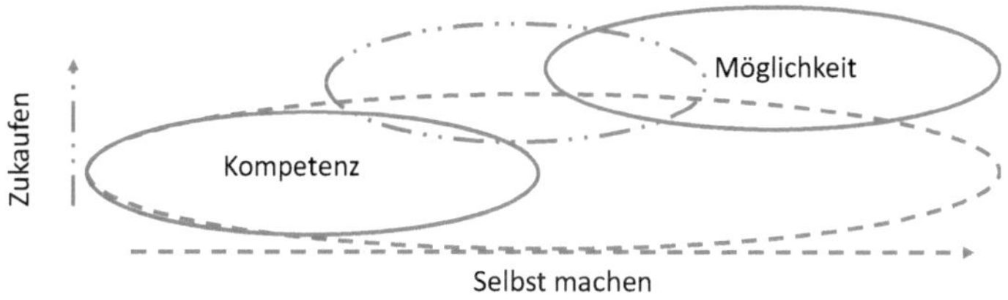

Bild 10.4 Bei der Überwindung der Lücke zwischen aktueller Kompetenz und möglicher Ziele sollten Unternehmen mit der Belastung der eigenen Organisation haushalten

Industrieunternehmen stehen meist vor der gleichen Erkenntnis, dass sie sehen, welche Möglichkeiten sich rund um ihre Produkte in einer digitalen Welt ergäben, dass sie aber gleichzeitig sehen, wie weit weg diese Möglichkeiten von ihrer aktuellen Kompetenz entfernt sind (Bild 10.4).

Die Erweiterung des eigenen Produkts um eine digitale Fähigkeit mündet stets in die gleiche Frage: **Make or buy?**

Der Schritt zum Digitalunternehmen will gut überlegt sein. Manche großen Unternehmen haben diesen Schritt gewagt und Milliarden in den Aufbau großer Softwareorganisationen investiert. Siemens behauptet von sich selbst, inzwischen das größte Softwareunternehmen in Deutschland zu sein, was allerdings schwer überprüfbar ist. Volkswagen hat mit der Tochter Cariad mit mehreren Tausend Mitarbeitenden ein großes Digitalunternehmen im eigenen Hause aufgebaut - eine stark umstrittene Strategie, wegen der Herbert Diess als CEO entlassen wurde.

BMW und Daimler haben sich beide am Thema „Mobilität als Dienstleistung" probiert und mit Car to Go und Drive Bow Carsharing-Töchter aufgebaut. Am Ende haben sie das Geschäft an Finanzinvestoren verkauft, weil sie bemerkt haben, dass es sich so sehr vom Kerngeschäft unterscheidet, dass sie es nicht unter einem gemeinsamen Managementkonzept abbilden können.

Das Problem ist, dass Softwareunternehmen sich sehr von klassischen Industrieunternehmen unterscheiden. Wie in der Diskussion von Mehrwert und Strategie beschrieben, werden von den meisten Unternehmen die Kosten für die Pflege von Software dramatisch unterschätzt, ebenso die Aufwände, beim schnellen Innovationstempo im Digitalwesen mitzuhalten. Digitalisierungsunterfangen in der diskutierten Größenordnung sind andererseits strategische Entscheidungen.

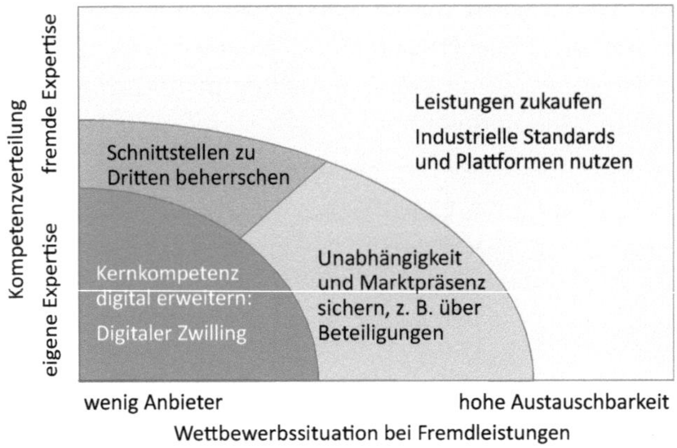

Bild 10.5 Die „Make-or-Buy"-Entscheidung bei Digitalkompetenzen sollte sich möglichst an der eigenen Kernkompetenz orientieren

Industrieunternehmen sollten genau prüfen, ob sie es schaffen, im Digitalgeschäft jenseits der eigenen Kernkompetenzen großes Wachstum zu erzielen. Das ist ein riskantes Unterfangen auf einem unbekannten Terrain, auf dem sich meist andere besser auskennen.

Die Entscheidung „Make or buy" sollte sich an der Nähe zur Kernkompetenz einerseits orientieren, andererseits an der Wettbewerbssituation bei den zusätzlich benötigten Leistungen für ein digitalisiertes Produkt- oder Geschäftsmodell (Bild 10.5).

Die eigene Expertise ist alles, was sich konkret den eigenen bisherigen Produkten zuordnen lässt und andere daher auch nicht so besonders interessiert, da sie es nicht verstehen. Also Informationen und Daten zu Verhalten und Eigenschaften der eigenen Maschinen, Informationen, die mit den Maschinen und ihrer Entstehung unmittelbar zusammenhängen. Der „digitale Zwilling", also das digitale Abbild einer Maschine und ihres Verhaltens im Betrieb, ist eine gute Abgrenzung für die Kernkompetenz. Er ist auch die Voraussetzung für Geschäftsmodelle wie „Product as a Service". Und auch dabei sollte sich der Maschinenhersteller so weit wie möglich auf Standardsoftware stützen. Ebenso wie kaum ein Maschinenhersteller auf die Idee käme, eigene Schrauben zu produzieren, sollte auch Software so weit wie möglich als Standard eingesetzt werden.

Bei Fremdleistungen stellt sich die Frage der Abhängigkeit und Austauschbarkeit. Volkswagen hat Cariad gegründet, um in keine Abhängigkeit zu Apple oder Google zu geraten, die mit ihren Mobilitätsarchitekturen immer weiter in den Automobilmarkt eindringen und das Auto als das neue Smartphone sehen, als das vernetzte Objekt mit der größten Benutzerinteraktion, das als Verkaufsfläche für Werbung und Drittprodukte gesehen wird.

Andere Unternehmen mögen ähnliche Bedrohungen auf einem anderen Niveau sehen und über Maßnahmen nachdenken, ihre Unabhängigkeit und Präsenz im Markt abzusichern. Ich erlebe in vielen Branchen, dass sich Unternehmen zusammentun und gemeinsame industrietypische Infrastrukturunternehmen aufbauen. Auch unter Wettbewerbern. Auch andere Formen von Beteiligungen sind eine interessante Lösung, um sich im Verdrängungswettbewerb der digitalen Geschäftsmodelle abzusichern, ohne das eigene Unternehmen dabei mit einer zu diversifizierten Strategie zu überlasten.

Ein Unternehmen muss, wenn es seine Produkte digital erweitert, in jedem Fall üben, die Schnittstellen zu Dritten zu beherrschen. Sie müssen klar und bekannt sein, das Unternehmen muss deren zu erwartende Entwicklung im Blick haben, Alternativen kennen und sich am besten mit Gleichgesinnten organisieren, um bei der weiteren Ausgestaltung dieser Schnittstellen ausreichend mitreden zu können. Denn diese Schnittstellen bilden den Rahmen, innerhalb dessen die eigenen Digitalprodukte konzipiert und zuverlässig betrieben werden können.

10.3 Kompetenzverschiebung bei Softwareunternehmen

Thema	**Bisherige Anforderung**	**Zukünftige Anforderung**	**Kompetenzbedarf**
Geschäftsmodell	Lizenzverkauf	Anbieten von Geschäftsprozessen	Einsatzkontrolle und kontinuierliche Anpassung
Integration	Fokus auf eigene Datendomäne	Einbindung in vielseitige betriebliche Abläufe	Kenntnis der Abläufe, Architekturen und Standards
Anpassung	Individuelle Anpassung als Geschäft	Fokus auf Standards zur besseren Integration	Aktive Abgrenzung der eigenen Kernkompetenz
Wettbewerb	Differenzierung durch Individualität	Differenzierung durch Marktbeherrschung	Aktive Positionierung im gewählten Marktumfeld
Strategischer Fokus	Gesamtanbieter Software und Service	Trennung von Software, Individuallösungen und Service	Entscheidung für die eigene Richtung und Umsetzung
Partnerwahl	Partner als Umsetzungshelfer	Partner als Bestandteil der Wertschöpfung	Entwurf des Kundenmehrwerts gemeinsam mit Partnern
Plattformstrategie	Eigene Produkte als architektonischer Kern	Digitalarchitektur als Priorität bei Kundenentscheidungen	Entscheidung für eigene Position in Digitalarchitekturen

Bild 10.6 Die Kompetenzverschiebung bei Softwareunternehmen orientiert sich an der globalen Verfügbarkeit und einer klaren Positionierung in Wertschöpfungsketten

Als Softwareunternehmen geht es darum, seinen Platz in einer neuen Ordnung zu finden (Bild 10.6). Kann es die Position eines Knotens in den neuen Netzen einnehmen? Oder mehrerer? Das würde bedeuten, sämtliche Wertschöpfungsketten, die durch diesen Knoten laufen, sicher und langfristig bedienen zu können. Das

Softwareunternehmen muss die Wertschöpfungsketten also gut kennen und ihnen gegenüber Vertrauenswürdigkeit beweisen: entweder durch klare Stärke oder durch aktive Partnerschaft mit den Unternehmen. So ein Knoten kann beispielsweise die Datenplattform sein, die alle Produktionsmaschinen im Druckereiwesen mit ihren Herstellern verbindet und gleichzeitig den Druckbetrieben eine Durchgängigkeit der Daten zwischen den bei ihnen genutzten Maschinen gewährleistet. Die Rolle des Knotenbetreibers ist begehrt und umkämpft, denn der Knoten hat auch eine Machtposition in der Wertschöpfungskette. Einzelne industrienahe Anbieter stehen im Wettbewerb zu Konsortien aus industrienahen Firmen, oft Neugründungen, und Großanbietern der digitalen Infrastruktur.

Eine Alternative wäre es, Teil eines solchen Knotens zu werden: im Bündnis mit einem Knotenpartner, der vielleicht in den grundsätzlichen Eigenschafften eines Knotens besser ist, in den branchenspezifischen Teilen jedoch Schwächen hat. Solche Partnerschaften werden gerne zwischen spezialisierten Häusern und Generalisten wie Microsoft oder Amazon eingegangen. Ebenso bilden sich derzeit in vielen Branchen Konsortien, in denen sich Unternehmen zusammentun, um derartige Knoten bedienen zu können.

Eine dritte Variante ist, sich aus dem Knotengeschäft bewusst herauszuhalten und im Lösungsgeschäft zu bleiben. Das würde verlangen, die Lösungen derart zu gestalten, dass sie mit möglichst vielen möglichen angrenzenden Knoten harmonieren, um Teil vieler Wertschöpfungsketten zu werden. Diese Strategie passt zu vielen kleineren und mittleren Anbietern von Lösungen beispielsweise für das Design von Produkten, für die Simulation, die Qualitätssicherung, die Weiterverarbeitung in spezielle Themen etwa für die Produktion, den Service, das Training. Auch für viele gerade aufkommende Unternehmen rund um die Künstliche Intelligenz ist dieser Weg meist der beste.

■ 10.4 Kompetenzverschiebung bei Dienstleistern

Für Dienstleister ist die digitale Transformation eine besondere Herausforderung. Das liegt zum einen an der immer noch bestehenden Unsicherheit und geringen Referenzbildung, zum anderen an der Tatsache, dass ein wesentliches Ziel der digitalen Transformation ist, große Elemente der digitalen Prozessketten zu standardisieren.

10.4.1 Berater

Die Vielfalt unter den Beratern ist groß, und es ist vermutlich kaum möglich, ihr wirklich gerecht zu werden. Zwei Gruppen sind für das Thema jedoch von großer Bedeutung: die Strategieberater und die Prozessberater.

10.4.1.1 Strategieberater

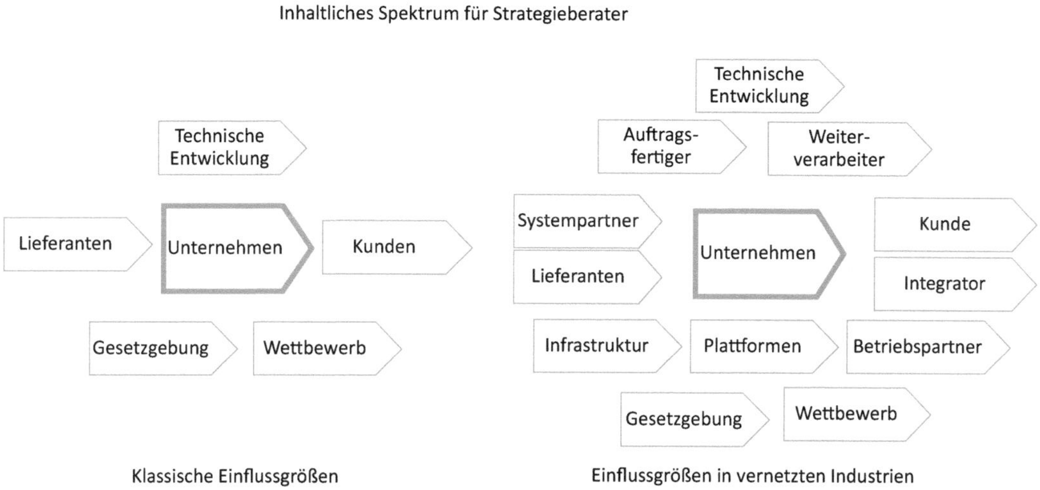

Bild 10.7 Strategieberater müssen ein weit größeres Themenfeld abdecken, um die Herausforderungen ihrer Kunden bedienen zu können

Das Geschäft der Strategieberater steht auf zwei zentralen Säulen: Die Marktkompetenz und die Beraterkompetenz. In der digitalen Transformation ist die Marktkompetenz der Strategieberater nur eingeschränkt belastbar, da sich die Märkte gerade erst bilden und verschieben. Zudem haben sich die Strategieberater in den vergangenen Jahren in ihren Prognosen zur Auswirkung der Digitalisierung in der Industrie nicht gerade durch korrekte Zahlen hervorgetan. Die Größenordnungen der vernetzten Objekte und der Geschäftsvolumina wurden weit verfehlt.

Die digitale Transformation führt Industrien und ihre Teilnehmer in eine deutlich ausgeprägtere Vernetzung, und wie in jedem Netzwerk gibt es dort ein Geflecht an Kräften, die auf die einzelnen Teilnehmer einwirken. Die Folge ist, dass Strategieberater sich weniger stark auf langfristige Erhebungen und Analysen verlassen können, die eine Marktsituation beschreiben und die Basis ihrer Marktkompetenz bilden, nach der sie mittels klassischer Beratungsmetoden Strategien für ihre Kunden erarbeiten.

Strategieberater haben die Aufgabe, ihren Kunden ein Verständnis zu ihrer Situation zu geben und aus dieser heraus mit dem Abstand des Beraters einen neutralen Vorschlag zur besten unternehmerischen Entwicklung zu machen.

Je komplexer die Situation ist, desto aufwendiger wird es für die Berater, die Marktsituation zu verstehen (Bild 10.7). Wobei sich die Komplexität aus der Anzahl der Einflussfaktoren und ihrer Änderungshäufigkeit errechnet.

Komplexitätskennzahl digitaler Netze

$$K = \left(\sum(\text{Einflussgrößen} \times \text{Änderungshäufigkeit})\right)^2$$

Die Komplexität K errechnet sich aus der Anzahl der einflussgebenden Knoten, multipliziert mit der Änderungshäufigkeit jedes einzelnen Knotens, wobei das Ergebnis ins Quadrat gesetzt wird, da jeder Knoten im Bezug zu jedem anderen Knoten bei einer Änderung die Komplexität erhöht. ■

Im Beispiel ist die Komplexitätskennzahl in der ersten, klassischen Situation, bei der die Anzahl der Einflussgrößen, wenn sich jede im Durchschnitt einmal pro Jahr ändert, wie folgt bestimmt:

Klassische Situation = $(5 \times 1)^2 = 25$

In der digital vernetzten Industrie mit viel mehr Einflussfaktoren, die zudem während der Transformation einer deutlich dynamischeren Änderung von im Schnitt drei Änderungen pro Jahr unterliegen, ist die Zahl deutlich höher:

Komplexitätskennzahl vernetzter Industrie = $(12 \times 3)^2 = 1296$

Die Komplexität vernetzter Industrien übersteigt die klassischer Lieferketten um mehr als das Fünfzigfache. Das ist nach den bewährten Methoden der Strategieberater, regelmäßige Umfragen und Marktanalysen zu betreiben, nicht mehr beherrschbar.

Zudem ist die Entwicklung viel zu jung und dynamisch, um bereits in Umfrageergebnissen beschreibbar zu ein. Von Strategieberatern wird stattdessen in Zeiten der Transformation erwartet, dass sie in diesen erweiterten Geflechten zuhause sind. Das bedeutet, dass sie sich in den Industrien bewegen und vernetzen müssen, dass sie die Kräfte kennen und möglicherweise sogar selbst gestalten und beeinflussen.

Für Mitarbeitende der Strategieberatung ist das eine erhebliche Unsicherheit, denn die unternehmerische Verantwortung im Beratungsgeschäft nimmt dabei deutlich zu. Es ist eine Umstellung, die ein attraktives Potenzial bietet, aber gleichzeitig Führungsstärke verlangt und die Skalierbarkeit des Geschäfts mit der Strategieberatung zunächst einmal einschränkt.

10.4.1.2 Prozessberater

Prozessberater leben davon, die internen Abläufe eines Unternehmens systematisch und genau zu erfassen, Schwachstellen zu finden und zu verbessern und die Abläufe gemäß zeitgemäßer Erkenntnisse und technischer Möglichkeiten zu verbessern.

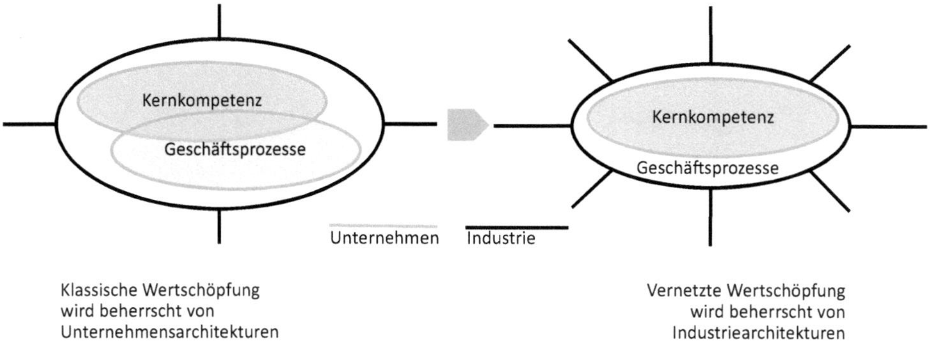

Bild 10.8 Prozessberater erleben, dass ihre Kunden sich stärker am industriellen Kontext ausrichten. Um erfolgreich zu sein, müssen sie diesen selbst kennen und beherrschen

In klassischen Lieferketten genügen dafür im Wesentlichen eine robuste Beratungskompetenz sowie eine gewisse Branchenkompetenz. Die Unternehmen pflegen ihre Geschäftsprozesse weitgehend individuell rund um ihre Kernkompetenz mit wenigen Schnittstellen nach außen. Die Beratung orientiert sich an den inneren Abläufen des Unternehmens, die Unternehmensarchitekturen sind entsprechend individuell und können mit einer Grundkenntnis der Berater über Unternehmensarchitekturen ausreichend bedient werden.

In vernetzten Industrien fokussiert sich ein Unternehmen so weit wie möglich auf seine Kernkompetenz, und die Prozesse und Abläufe rund um diese Kernkompetenz werden gerade deswegen auch von den eigenen Leuten entwickelt und gepflegt. Sie sind das Betriebsgeheimnis und die besondere Expertise des Unternehmens.

Alle anderen Prozesse orientieren sich so weit wie möglich an Branchenstandards, da es für das Unternehmen entscheidend ist, sich so flexibel wie möglich innerhalb der Netzwerke der Branche bewegen zu können.

Prozessberater haben demnach die Aufgabe, die Industriearchitekturen zu kennen und entsprechend zu beraten und die Geschäftsprozesse der Kunden entsprechend auf diese Industriearchitekturen hin anzupassen und zu implementieren (Bild 10.8). Das erfordert eine deutlich höhere Spezialisierung auf bestimmte Industrien, die für Prozessberater aber auch entsprechend attraktives Geschäftspotenzial mit sich bringt.

10.4.2 Systemintegratoren und Implementierer

Systemintegratoren finden die gleiche Situation vor wie Prozessberater, jedoch mit einem anderen Schwerpunkt (Bild 10.9).

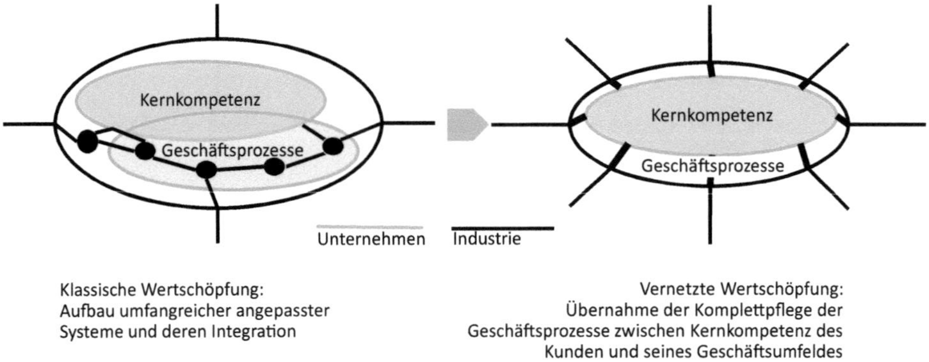

Bild 10.9 Systemintegratoren befassen sich weniger mit der internen Anpassung der Kundensysteme als mit der Gewährleistung von Geschäftsprozessen zwischen den Kunden und ihren Partnern

In klassischen Situationen betreiben sie ein Mischgeschäft zwischen Anpassung kommerzieller Systeme und der Pflege von Schnittstellen und Prozessen. Sie befassen sich also im Kern damit, kommerzielle Software so anzupassen, dass sie zu den Wünschen der Kunden passt.

In einer vernetzten Industrie wird diese Leistung kontraproduktiv. Angepasste kommerzielle Lösungen sind unerwünscht, da sie erstens einen hohen Wartungsaufwand verursachen und zweitens einer reibungslosen Vernetzung im Weg stehen.

Nachdem sich die Geschäftsprozesse bereits möglichst an Branchenstandards halten und diese mit der Kernkompetenz verknüpfen, verschiebt sich die Leistung der Systemintegratoren ebenfalls auf die Verknüpfung der Kernkompetenz des Kunden mit den Branchenstandards. Dieses Geschäft beinhaltet weniger individuelle Softwareanpassung, wie sie es heute betreiben, sondern es fokussiert sich auf die technische Anpassung von Geschäftsprozessen und operative Übernahme derjenigen Prozessteile, die nicht zur Kernkompetenz der Kunden zählen.

10.4.3 Betreiber

In einer Industrie, die sich zunehmend über Services organisiert, kommt den Servicebetreibern eine besondere Rolle zu. Nimmt man die These ernst, dass ein Unternehmen sich am besten um seine Kernkompetenz kümmert und andere Aufgaben entsprechenden Spezialisten überlässt, wird das schnell unübersichtlich.

Betreibermodelle orientieren sich heute an klar abgegrenzten Aufgabenstellungen. Im Digitalgeschäft sind das einmal die Infrastrukturen, die sich in Hardware und Software unterteilen, zum anderen die Application-Management-Anbieter.

Infrastruktur-Hardware-Anbieter sind Rechenzentren wie die Deutsche Telekom oder Equinix, Amazon Webservices (AWS) oder Microsoft. Sie bilden die Grenze zwischen der Physik und der Information und ihre Kabel, Richtfunkverbindungen, Rechenzentren und Sicherheitsarchitekturen. Sie virtualisieren Information an sich und sorgen so dafür, dass sie grundsätzlich überall verfügbar und sicher ist.

Infrastruktur-Software-Anbieter sind die großen Anbieter von Cloud-Architekturen. Globales Informationsmanagement, vergleichbar mit dem, was wir als Datenbanken kennen. Lösungen, die grundsätzlich den Datenverkehr regeln, die dafür sorgen, dass Anfragen ihr Ziel erreichen und Antworten zurückkommen. Hier werden viele Grundlagen einer vernetzten Welt gelegt, und es braucht mächtige Strukturen, die sicherstellen, dass das sicher und robust, zuverlässig und langfristig funktioniert.

Application-Management-Anbieter sind so etwas wie ausgelagerte IT-Abteilungen. Sie kümmern sich im Auftrag ihrer Industriekunden um den gesamten Betrieb bestimmter Softwareanwendungen. Beispielsweise werden sogenannte ERP-Systeme (Enterprise Resource Management), wie SAP sie anbietet, häufig von Fremdfirmen betreut. Auch CRM-Systeme (Customer Relationship Management) oder PLM-Systeme (Product Lifecycle Management) werden häufig von Drittfirmen betreut.

Der Grund liegt auf der Hand: Betrieb und Pflege dieser Systeme ist nicht Teil der Kernkompetenz eines Industrieunternehmens. Der Trend ging bereits zu Beginn des Jahrtausends los, dass große Dienstleister wie beispielsweise IBM systematisch IT-Abteilungen ihrer Kunden übernommen haben, gekoppelt mit der Vereinbarung, die Betreuung der entsprechenden Systeme als Service zu übernehmen. IBM konnte über die Zeit durch Professionalisierung des Betriebes und Skalierungseffekte deutlich kostensparen und sich zusätzlich als großer Partner gegenüber den Herstellern positionieren und so Standardisierungen durchsetzen. Ähnliches machen heute viele weitere große Unternehmen, insbesondere indische Anbieter sind auf diesem Geschäftsfeld stark.

Der Markt der „as a Service"-Angebote ist vielschichtig, aber es ist vor allem eine Eigenschaft, die in der digitalen Transformation zum Tragen kommt: **die Auflösung individueller Leistungen**.

In der Vergangenheit erbrachten AMS-Anbieter (Application Management Services) eine individuelle Leistung für jeden Kunden. Dessen Softwaresysteme wurden gepflegt und angepasst, beobachtet und korrigiert. Jeder Kunde hatte beim AMS-Anbieter seine eigenen Rechner stehen und seine eigenen Datentöpfe, und wenn der AMS-Anbieter die Systeme des Kunden X abschaltete, merkte Kunde Y nichts davon (Bild 10.10).

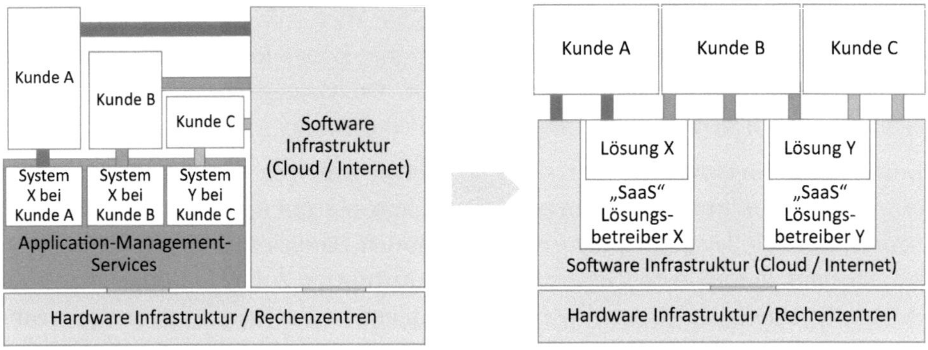

Bild 10.10 Die Geschäftsgrundlage für Application-Management-Anbieter wird mit dem „Software as a Service"-Modell durch die Lösungsanbieter selbst verdrängt

Das ist kundenindividuell und gleichzeitig aufwendig, denn für jeden Kunden müssen extra Lizenzen, Installationen und Rechner angeschafft werden, und die Kundenbetreuer sehen sich ständig mit individuellen Wünschen und Anpassungen konfrontiert. Sich genau darum zu kümmern, ist die Aufgabe des AMS-Anbieters (Bild 10.11).

In einem „Software as a Service"-Angebot fällt diese Aufgabe weg. Vielmehr wird der Betrieb der Software durch den Softwareanbieter übernommen. Die Software steht nicht mehr als individuell kaufbares System zur Verfügung, das auf einem Rechner installiert und an- und abgeschaltet werden kann. Ebenso werden die Daten der Software nicht mehr auf einem Rechner gespeichert, der dem Kunden zuzuordnen ist. Die Software ist eine große, stets laufende Lösung, die allen Kunden gleichzeitig zur Verfügung steht, und die Daten liegen alle in einem großen, vom Anbieter gepflegten Datenraum.

Das mag im ersten Moment befremdlich klingen, ist aber robuster und kostengünstiger und bringt viele Vorteile in der Zusammenarbeit mit sich. Die Konsequenz: Das Geschäftsmodell des Application-Management-Service-Anbieters wird obsolet.

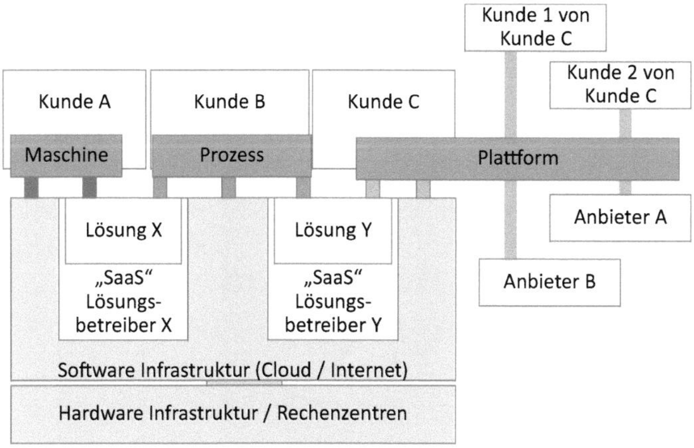

Bild 10.11 Application-Management-Anbieter können sich zu Maschinenbetreibern, Prozessbetreibern oder Plattformbetreibern entwickeln

Für AMS-Anbieter bedeutet das, dass sie gezwungen sind, sich ein neues Geschäftsmodell zu suchen:

- Sie können sich in die Richtung der Systemintegratoren entwickeln und selbst zu **Prozessanbietern** werden. Anstelle einer Applikation managen sie dann einen Prozess als individuelles Angebot für ihre Kunden. Hier wird eine neue Wettbewerbssituation zwischen Systemintegratoren und Betreibern entstehen, die mit Sicherheit auch in Marktverschiebungen und Aufkäufe von Unternehmen oder Teilunternehmen führen wird.
- Sie können sich in Richtung **Maschinenbetreiber** entwickeln und so von der Virtualisierung der Software lösen. Der Betrieb von Maschinen im Kontext des Kundenunternehmens ist eine stark vernetzte Angelegenheit und fordert ähnliche Kompetenzen an Kundennähe und Skalierung, wie es heute das Application-Management fordert. Man denke nur an die Themen Auslastungsmanagement, Risikomanagement, Accounting, Maschinenwartung, Maschinenfinanzierung und viele weitere.
- Sie können sich in Richtung **Plattformbetreiber** entwickeln und bestimmte Prozesse und Lösungen für bestimmte Zielgruppen anbieten. So kann ein Betreiber von Service-Management-Systemen für Maschinenbauunternehmer die Fähigkeiten dieser Systeme selbst anwenden und sich damit zwischen die Beteiligten im Lebenszyklus dieser Produkte stellen und eine Serviceplattform aufbauen, in der er im Auftrag der Maschinenhersteller den Servicebedarf erfasst und die Vergabe an lokale Servicekräfte organisiert.

Vorteile der Betreiber: Sie können Teile der Wertschöpfungskette durch entsprechende Qualifikation und Investition stark optimieren und daher als Kernkompetenz besser und billiger anbieten als alle anderen.

Nachteil: Im Betrieb wird das Geschäft schnell preissensitiv, und es entsteht ein großer Druck auf Kostenoptimierung durch Automatisierung, Outsourcing in Billiglohnländer, Skalierung von Leistungen über viele Kunden. Das ist allerdings ein Wettbewerb, den Betreiber gewohnt sind.

■ 10.5 Glaubwürdigkeit als Mitglied der Wertschöpfungskette

Bild 10.12 Unterschiedliche Perspektiven und Erwartungen

Eines der größten Probleme im digitalen Wandel ist die Glaubwürdigkeit als Partner. Nachdem sich gerade alle verändern, ist es schwer herauszufinden, wer was kann. Es ist so, dass viele der Beteiligten ihre Ideen erst einmal ausprobieren, dass andere Beteiligte sich maßlos überschätzen und wieder andere zwar etwas können, aber ihr Umfeld falsch einschätzen.

Das Problem verstärkt sich, weil Unternehmen nicht nur aus ihren Führungskräften bestehen, sondern aus vielen Mitarbeitenden, und auch die neigen dazu, situativ ihre Aussagen anzupassen oder zu erfinden, um im Rahmen der vielen Unsicherheiten Antworten geben zu können. Es geht also um die Kernkompetenz und die Fähigkeit, diese glaubwürdig zu vertreten und abzugrenzen.

Das Problem trifft besonders Lösungsanbieter, aber auch Kunden und Dienstleister und insbesondere das Verhältnis der Parteien untereinander.

Vor der digitalen Transformation waren die Verhältnisse relativ einfach. Die Kunden sahen sich im Mittelpunkt, die Softwarehersteller waren Lieferanten und die Dienstleister eine verlängerte Werkbank zur Umsetzung. Die Kunden machten es sich bequem, die Softwarehersteller verkauften, ohne auf die Umsetzung zu achten, die Dienstleister versuchten, möglichst viele Anpassungen an der Software zu verkaufen. Die Folge waren teure Auswüchse und jede Menge Ärger, weil am Ende nichts mehr zusammenpasste. Am Ende stand ein großes Misstrauen zwischen den Parteien, was zu immer detailversesseneren Verträgen führte, die am Ende alle noch teurer machten.

Das Problem begann sich erst langsam zu lösen, als die betroffenen Parteien (den Anfang machten die Softwarehersteller) begannen, ihre Haltung zu ändern und nicht mehr als Lieferanten ihrer Kunden zu handeln, sondern als Partner.

Der Softwarehersteller hat eine eigene, relevante Rolle im Gefüge der Industrie und der Sicherstellung der industriellen Handlungsfähigkeit. Dafür hat er auf Qualitätskriterien zu achten, die über die Anforderungen des einzelnen Kunden hinausgehen. Er sollte beispielsweise vermeiden, für einen Kunden eine Vorgehensweise zu programmieren, an die der Kunde vielleicht gewöhnt ist, die sich aber nicht mit den Vorgehensweisen der anderen Beteiligten in der Wertschöpfungskette deckt. Er sollte auch vermeiden, seine Software im Sinne des Kunden aufwendig umzuprogrammieren, damit die Mitarbeitenden des Kunden ihre Gewohnheiten nicht ändern müssen. Diese Umprogrammierung erzeugt hohe Wartungskosten und führt dazu, dass die Digitalsysteme des Kunden über kurz oder lang erstens zu teuer und zweitens isoliert von der Weiterentwicklung der gesamten Branche sind.

Diese für den Kunden erst einmal bitteren Wahrheiten muss der Softwarehersteller klar und deutlich aussprechen und dabei auf seine Verantwortlichkeit für die langfristige Stabilität der Systeme verweisen.

Wenn er das hinbekommt, dann ist er glaubwürdig. Denn das bedeutet, er versteht sein Geschäft, kennt seine Grenzen, und kann seine Position deutlich machen.

Diese Fähigkeit wird im Zeitalter digitaler Vernetzung besonders wichtig, denn einerseits werden die Abhängigkeiten der Lösungen untereinander und der Bedarf nach langfristiger Stabilität immer größer, und andererseits treten immer mehr Anbieter auf, die auf den ersten Blick das Gleiche erzählen und es den Kunden wirklich schwer machen zu unterscheiden, wer was wirklich kann.

Für Industrieunternehmen geht es beim Thema Glaubwürdigkeit vor allem darum, dass sie selbst einschätzen können, was sie kaufen wollen und wofür und dass sie ihre Haltung als Mittelpunkt der Geschäftsbeziehung aufgeben. Industrieunternehmen müssen sich, sofern sie im digitalen Wandel erfolgreich sein wollen, genauso den Mechanismen vernetzter Geschäftsmodelle unterwerfen wie alle anderen auch. Dabei müssen sie ihre eigenen Grenzen neu erkennen und ihre eigene Erwartungshaltung gegenüber ihren Partnern formulieren. Das sind viele, die mit einer klassischen Kunden-Lieferanten-Beziehung in der Wertschöpfungskette aufgewachsen sind, nicht gewöhnt.

Dienstleister trifft das Thema bei der Formulierung ihrer Kompetenz. In der Regel neigen Dienstleister dazu, sowohl ihre Kompetenz als auch ihre strategische Relevanz maßlos zu überschätzen.

Sie haben zwei Möglichkeiten. Entweder ziehen sie sich auf eine technische Rolle zurück, die sie zuverlässig bedienen, dann landen sie über kurz oder lang in einem Preiswettbewerb. Oder sie bilden sich ihre eigene Vorstellung der Industrie, mit der sie sich bei ihren Kunden als Partner der Veränderung positionieren, um den digitalen Wandel möglichst weit vorne zu begleiten, wo die Preise noch höher und die Themen unsicherer sind.

In dieser zweiten Möglichkeit steckt der Stolperstrick der Dienstleister. Als Architekten des Wandels dürfen sie sich nämlich nur möglichst wenig selbst ausdenken, denn alles, was nicht zum Kontext der Wertschöpfungskette passt, ist später wertlos. Die strategische Vision des Dienstleisters ist also eher ein Hindernis für die Glaubwürdigkeit, wichtiger sind das realistische Verständnis der Situation im digitalen Wandel und die Konzentration darauf, die vorhandenen Möglichkeiten aufzuzeigen und zu etwas Sinnvollem zu verknüpfen. Dazu benötigt der Dienstleister allerdings ein gutes Verständnis zur aktuellen Situation auf dem Markt des digitalen Wandels, und dieses Verständnis zu pflegen ist aufwendig, da es sich andauernd verändert.

Die Folge ist, dass viele Dienstleister aktuell Projekte empfehlen, die aus Kundenperspektive riskant und teuer sind und daher dann oft nicht angegangen werden, da zu viel im Unternehmen umgebaut werden müsste, woran der Dienstleister viel verdienen würde, aber zu wenig klar ist, wohin das führt.

Die Glaubwürdigkeit der Dienstleister steckt darin, sich als „Ermöglicher“ darzustellen, im Gegenzug zum „Umsetzer“, was Dienstleister in früheren Zeiten waren. Dieses Ermöglichen erkennt man an der Klarheit, wie vorhandene und absehbare Technologien und Konzepte eingesetzt werden und wie der Dienstleister es schafft, dazwischen seine Kernkompetenz langfristig darzustellen. Das darf dann eine Mischung aus Integration, Zusatzleistung und Betrieb sein, aber es darf auf keinen Fall der Eindruck entstehen, der Dienstleister stelle sich gegen die Konzepte des Marktes und wüsste es besser.

10.6 Reifegradebenen von Lösungen

Eine der Grunderkenntnisse der Digitalisierung, auch schon vor der digitalen Transformation, ist: **Reifegrade von Lösungen werden immer überschätzt.**

Transformation ist ein Prozess mit unbekanntem Ausgang, der durch manche Kräfte angeschoben und von anderen Kräften gezogen wird. Wichtig ist vor allem, in diesem Spiel der Kräfte nicht zerrieben zu werden, sondern im Gegenteil eine attraktive Position zu finden.

Lösungen unterliegen einem permanenten Konkurrenzdruck, der insofern besonders hart ist, weil es so wenig Beweise gibt, was sich bewährt hat und was nicht. Der Zweifel ist also der größte Feind des Erfolges in der digitalen Transformation.

Um dem Zweifel entgegenzutreten, ist es wichtig, sich auf drei Ebenen zu positionieren, die jeweils den Übergang zwischen den vier Fragen des „Where, Why, What, How"-Prinzips abbilden:

- Ebene 1: Ready to Tell (Where & Why)
- Ebene 2: Ready to Sell (Why & What)
- Ebene 3: Ready to Scale (What & How)

Ebene 1, Ready to Tell, beschreibt die Richtung einer Transformation und die eigene Rolle darin. Auf dieser Ebene geht es darum, Einverständnis über die Richtung zu erzielen, sich von seinen Gegenübern abzugrenzen und einen möglichen Konkurrenzgedanken auszuschalten. Sie beschreibt den eigenen Anspruch. An dieser Stelle wird noch nichts verkauft, sondern es geht um Glaubwürdigkeit. Die Zutaten sind eine klare Analyse der Situation und ein überzeugender Auftritt mit einer eigenen Kernkompetenz und einem glaubwürdigen Plan.

Ebene 2, Ready to Sell, beschreibt konkrete „Vorher-Nachher"-Projekte. Einzelne Transformationsschritte, die Projektcharakter haben und durchführbar sind, mithilfe des eigenen Angebots und in der Regel auch mithilfe Dritter, seien es Lösungsanbieter oder Dienstleister. So ein Projekt muss kalkulierbar und in ein Lastenheft übertragbar sein und am besten auch Referenzen vorweisen können. „Ready to Sell"-Pakete beinhalten meist Veränderungsprozesse bei den Kunden und sind entsprechend langfristig und nicht leicht verdaulich.

Ebene 3, Ready to Scale, beschreibt kaufbare Angebote, die konkret als Paket umgesetzt werden können unter Zuhilfenahme marktüblicher Kompetenzen, also skalierbar sind. Das sind Lösungspakete, die einfach aufgebaut sind und schnelle sichtbare Erfolge bringen, die sich aber andererseits klar in Ebene 2 und 1 abbilden lassen. „Ready to Scale"-Pakete sind in der Regel wenig transformativ, da sie Mehrwerte schaffen, ohne dass ein Unternehmen sich einem größeren Veränderungsschmerz aussetzen muss. Sie sind daher auch empfindlich für Wettbewerb.

Gerade Anbieter aus dem Niedrigpreissektor sind oft nur auf dieser Ebene unterwegs und deutlich preisgünstiger. Hier muss ein transformativer Anbieter seinen Kunden klarmachen, dass sie zwar das günstige Paket kaufen können, damit aber eine auf Ebene 2 oder 1 argumentierte unternehmerische Entwicklung eher verhindern als fördern. Auf diese Weise lassen sich auch Kunden trennen in solche, die ein echtes Interesse an einer größeren Partnerschaft haben, und solche, die noch nicht so weit sind.

■ 10.7 Reifegrad von Verkäufern und Käufern

Bei der Entscheidung zum „Where“, also dem angestrebten Zielmarkt oder dem zu transformierenden Bereich, ist der Reifegrad sowohl der potenziellen Käufer als auch des eigenen Produktes ein entscheidendes Kriterium. Es geht dabei nicht unbedingt um einen idealen Reifegrad, aber es geht darum, dass die Angebotsreife zur Käuferreife passt und sowohl Produkt als auch Vertriebsstrategie entsprechend ausgelegt sind.

Die Anbieterreife meint, wie skalierbar die Angebotsidee bereits ist. Ist es erst eine Innovationsidee, deren Umsetzung stark von den Randbedingungen beim Kunden abhängt, oder ist es bereits ein ausdefiniertes Produkt, das seriell angeboten und vertrieben werden kann? Eventuell sogar über Partner? Oder ist es irgendwo dazwischen?

Die Käuferreife meint, wie gut der Markt bereits auf das Produkt vorbereitet ist. Wissen die Kunden, um was es geht? Können sie den Nutzen bereits für sich kalkulieren und wirtschaftlich bewerten? Stehen alle notwendigen Zutaten zur Verfügung, um schnell Mehrwert zu schaffen?

Beide Arten der Reife lassen sich anhand einer Reifegradtabelle ermitteln (Tabelle 10.1 und Tabelle 10.2). Diese Tabellen sind eine gemeinschaftliche Arbeit mit dem Digitalverband Bitkom, dem ich für die Genehmigung, sie zu nutzen, herzlich danke.

Wichtig ist, dass Käuferreife und Anbieterreife zusammenpassen.

Weiter oben wurden bereits die sechs unterschiedlichen Käufertypen auf der Seite der Zielgruppe beschrieben, die stellvertretend für sechs Reifegradgruppen im Markt stehen. Die Visionäre, strategischen Kunden, die Mehrwertkunden, die Trendkunden, die Commodity-Kunden und die Standardkunden.

Es ist wichtig, dabei zwei Bewertungen vorzunehmen: die eines einzelnen Kunden (das ist dann eine lebende Person mit einer individuellen Unternehmenskultur hinter sich) oder die eines Marktes hinsichtlich einer Technologie (also „welche der Gruppen in diesem Markt würde derzeit kaufen?").

Es gibt dazu eine einfache Auswertungsmethode anhand einer Liste von Kriterien von der Wahrnehmung der Technologie über die dominierenden Kaufentscheidungen bis hin zum Verhalten von Verkäufern, Beratern und Integratoren.

Es gibt zehn Kriterien. In der Regel kann man nach einer kurzen Auseinandersetzung mit einem Markt etwa die Hälfte der Kriterien zuverlässig beantworten und so den Reifegrad der Käufer ermitteln. Die andere Hälfte der Kriterien lässt sich dann daraus ableiten und ist ein wichtiges Hilfsmittel für die Wahl des Vertriebsansatzes und das Setzen der Erwartungen.

Hat man den Reifegrad ermittelt, leiten sich daraus drei weitere Betrachtungen ab:

- Welche Kundengruppe kann man als Anbieter derzeit überhaupt ansprechen?
- Wie kann man sie erreichen?
- Wie spricht man sie an?

Visionäre sprechen am ehesten mit Menschen aus ihrem Umfeld oder aus dem Forschungssektor und wollen über Visionen sprechen,

Strategen suchen sich gezielt ihre Ansprechpartner über berufliche Netzwerke wie Verbände, Clubs oder Alumni-Vereinigungen und interessieren sich für bestimmte neue Technologien, die ihre Strategie unterstützen.

Mehrwertkäufer exponieren sich in den Fachmedien als Vordenker ihrer Branche und interessieren sich für die Möglichkeit, ihr Unternehmen spürbar weiterzuentwickeln.

Trendkäufer erreicht man am besten über die Netzwerke eines Marktes, seien sie digital oder persönlich, denn sie hören darauf, was andere tun. Auch Partnernetzwerke über Berater und Integratoren oder Branchennetzwerke sind ein gutes Kommunikationsmedium. Sie sind risikoscheu und interessieren sich für den führenden Hersteller.

Commodity-Käufer kaufen, weil sie den Anschluss behalten müssen. Sie sprechen mit den Beratern ihres Vertrauens, häufig Berater oder Wiederverkäufer, über das beste Angebot oder recherchieren selbst, und sind preissensitiv, kaufen also das günstigste Angebot.

Standardkäufer kaufen etwas anderes und die Technologie, um die es hier gerade geht, dabei automatisch mit.

Tabelle 10.1 Reifegradtabelle für Märkte und Technologien - Teil 1

	0 – Visionär	1 – Strategisch	2 – Mehrwert-orientiert
Wahr-nehmung	Unbekannte Begriffe und futuristische Bilder	Funktionierende Technologie ist verfügbar	Anbieter liefern konkrete Konzepte und Architekturen
Technologie-erfahrung	Akademisch geprägt	Geprägt von vielen Bedenken	Strategieberater greifen das Thema in ihren Analysen auf
Erzählung	Große Zahlen und Veränderungen	Plakative Pionier-geschichten	Kunden und Anbieter präsentieren einen Wandel
Wertehebel	Schwer abbildbar auf aktuelle Wertefaktoren	Strategische Differenzierung	Berechenbarer Wettbewerbsvorteil ermittelbar
Kaufkriterien	Visionsaffinität	Wertermittlung basierend auf Strategie des Kunden	Wettbewerbsvorteil
Anbieter	Unbekannte neue Namen und Initiativen	Erste etablierte Anbieter greifen das Thema vorsichtig auf	Etablierte Anbieter im Markt springen in der Breite auf
Berater	-	Käufer arbeiten mit persönlich Vertrauten Beratern ihrer Wahl	Etablierte Berater erstellen Mehrwert-konzepte
System-integratoren	-	Käufer arbeiten mit persönlich Vertrauten aus der Region	Erste Spezialisten auf regionaler Basis
Standardi-sierung	Forderung nach Standardisierung, ohne zu wissen, was genau	Erste akademisch geprägte Standardisierungsteams	Konsortienbildung für Standardisierung und Referenzszenarien
Wieder-verkäufer	-	-	-

Tabelle 10.2 Reifegradtabelle für Märkte und Technologien – Teil 2

3 – Trend/Referenz	4 – Marktüblich	5 – Standard	
Wenige etablierte Anbieter dominieren den Wettbewerb	Lösungen und Konzepte sind etabliert	Es gibt keine Alternative	**Wahrnehmung**
Konzepte erscheinen in der akademischen Lehre	Ausbildung in der Breite verfügbar	Teil jeder technischen Grundausbildung	**Technologieerfahrung**
Erzählung ist eingebettet in Marktstrategien	Systemintegratoren übernehmen Erzählung	Rational geprägt	**Erzählung**
Mitmachen im Wettbewerb ist notwendig	Kaufen, was nötig ist	Alternativlos	**Wertehebel**
Entscheidung für den Marktführer ist die sichere Wahl	Günstigster Preis	Keine individuelle Entscheidung	**Kaufkriterien**
Konsolidierung unter Anbietern beginnt, Etablierte kaufen Neue	Gut unterscheidbarer Wettbewerb	Stark optimierte Spezialisten	**Anbieter**
Veränderungsberatung auf Basis neuer Konzepte	Standardprogramme, zertifizierte Berater	–	**Berater**
Breiter Wettbewerb bei Integratoren	Low-Cost-Serviceanbieter dominieren	Teil von IT Basis-Leistungen	**Systemintegratoren**
Verbände einigen sich auf Standards und Best Practices	Gut dokumentierte Standards und Bücher zum Thema	Es gibt nur den Standard	**Standardisierung**
Wiederverkäufer treten in den Markt ein	Wiederverkäufer dominieren den Markt	Verkauf als Teilkomponente	**Wiederverkäufer**

Passt die eigene Produktreife zum Markt?

Ist das eigene Angebot selbst noch eher visionär oder eine Technologie ohne viele Referenzen? Oder sind die Mehrwerte bereits klar benennbar und vermittelbar? Oder kann sich das Unternehmen aufgrund klarer Referenzen und erfolgreicher Erfahrungen als Marktführer für eine breite Käuferschicht positionieren? Hier lohnt es sich auch, die Kriterien der Reifegradmatrix auf das eigene Produkt anzuwenden.

Wenn Produktreife und Marktreife zusammenpassen (Bild 10.13), sollte man entsprechend handeln. Ist das Produkt reifer als der Markt, sollte man sich entweder einen anderen Markt suchen oder trotz der hohen Produktreife eine Vertriebsstrategie wählen, die dem Markt gerecht wird. Ist der Markt reifer als das Produkt, sollte man das Produkt so weit verkleinern, bis etwas herausbekommt, das zwar einen kleineren inhaltlichen Bereich abdeckt, dafür aber zur Markterwartung passt.

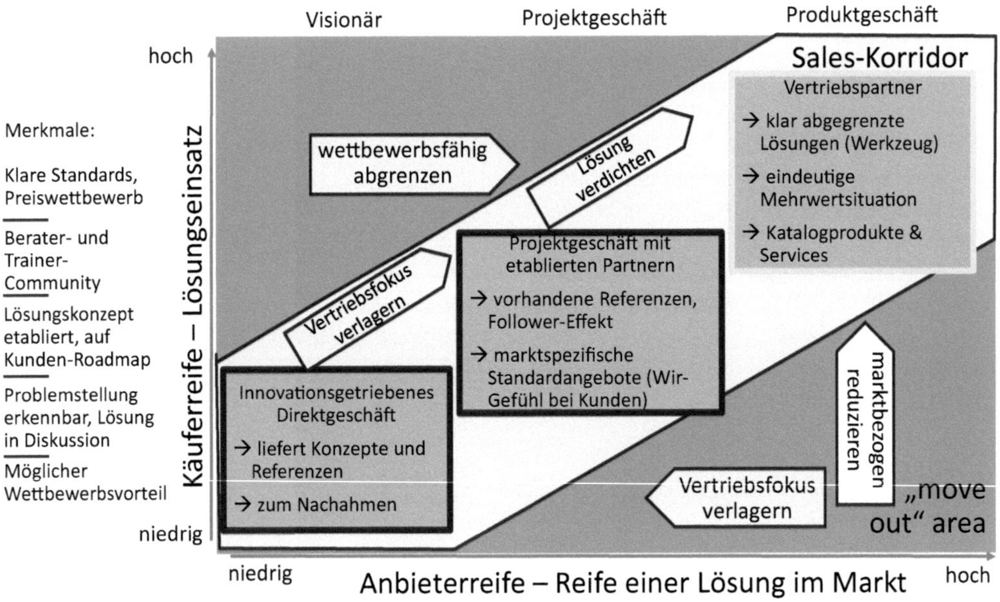

Bild 10.13 Die Käuferreife und die Reife des Angebotes müssen zusammenpassen, und zudem muss das jeweils passende Vertriebsmodell gewählt werden

Die dritte Frage ist dann: Macht es Sinn, diesen Markt zum gegebenen Zeitpunkt überhaupt zu bearbeiten, oder wäre es besser, einen anderen Markt mit einem höheren Reifegrad anzugehen? Diese Entscheidung kommt am Ende dieser Kette und kann darin enden, entweder einen anderen Markt zu wählen, der bereits weiterentwickelt ist, oder sich auf einen kleineren Teilmarkt zu konzentrieren, der ebenfalls bereits eine reifere Kaufbereitschaft hat. Grundsätzlich gilt die Regel, den Markt zu Beginn nicht zu groß zu wählen, sondern lieber in einem Teilmarkt schnell an den Punkt zu kommen, dass die Bekanntheit so groß wird, dass die Trendkäufer beginnen zu kaufen. Das ist die beste Voraussetzung für ein schnelles Wachstum auch in weiteren angrenzenden Märkten.

Übungen

Kernkompetenz

Formulieren Sie Ihre Kernkompetenz:

- Begründen Sie sie mit der historischen Wahrnehmung Ihres Unternehmens.
- Formulieren Sie sie aus heutiger Perspektive.
- Formulieren sie sie als Abgrenzung zu ihrem bisherigen und zukünftigen Wettbewerb.
- Formulieren Sie sie aus der Perspektive Ihrer transformativen Geschäftsidee.

Hinterfragen Sie die zukunftsgerichtete Version kritisch aus dem Blickwinkel ihrer Kunden und Partner.

Transformierte Lieferkette

Beschreiben Sie, wie sich im Rahmen Ihrer transformativen Geschäftsidee Lieferketten verändern und wo plattformartige Dienstleistungen einziehen.

Arbeiten Sie heraus, wie sich dadurch die Wettbewerbssituation verändert und was das für Sie, Ihre Kunden und Ihre Partner an Chancen und Risiken bedeutet.

Make or buy (für Industrieunternehmen, Softwareunternehmen oder Dienstleister)

Zerlegen Sie Ihr digitales Transformationsangebot in Komponenten.

Sortieren Sie sie nach:

- Kernkompetenz, die sie langfristig differenziert und die sie selbst machen müssen,
- Absicherungskompetenz, bei der Sie auf Ihre Unabhängigkeit achten sollten,
- Schnittstellenkompetenz, die Ihnen die Integration mit dem Geschäftsumfeld sichert,
- extern zugekaufte Kompetenzen, auf die Sie sich verlassen können.

Sofern Komponenten übrigbleiben, überprüfen Sie, ob Sie durch eine Anpassung des Angebots Klarheit erzielen können.

Skalierungsanalyse

Analysieren Sie anhand der Reifegradtabelle die Marktreife Ihres Transformationsangebotes aus der Marktperspektive.

Analysieren Sie gleichzeitig Ihr Angebot aus der Angebotsperspektive nach „Ready to Tell, Sell oder Scale“.

Füllen Sie den Reifetunnel: Ready-to-Tell-Angebote sind für visionäre und strategische Käufer.

Ready-to-Sell-Angebote für Mehrwertkäufer

Ready-to-Scale-Angebote für Trendkäufer und folgende

Definieren Sie bei Bedarf Ihr Angebot und/oder Ihre Zielmärkte um, dass Angebot und Zielmarkt besser zusammenpassen.

11 Vertrieb mag keine Veränderung

In jedem Geschäft gilt die gleiche Erkenntnis: Die Wahrheit liegt im Vertrieb. Ein Produkt, das keiner kauft, hat keinen Wert. Das gibt dem Vertrieb in der digitalen Transformation ein besonderes Gewicht und ein besonderes Dilemma, auf das ich mich im kommenden Kapitel konzentrieren will.

Vertrieb ist in jedem Unternehmen anders: vom Direktvertrieb über Wiederverkäufer bis zum Verkauf über einen Katalog auf der Website. Die einen Unternehmen verkaufen kleine Einheiten, die anderen große, die einen Verträge sind Kaufverträge, die anderen sind Mietverträge. Manche Unternehmen verkaufen ausschließlich Software, andere kommen vom Hardwareverkauf und erweitern ihr Portfolio auf digitale Angebote, Dritte kommen von der Dienstleistung und Vierte wollen ihr Angebot auf Dienstleistungen erweitern. Gemeinsam ist allen in der digitalen Transformation, dass sich die Vertriebsaufgaben ändern - seien es andere Themen, andere Zielgruppen, andere Kaufmotive oder ein anderer Wettbewerb.

11.1 Kundenbeziehung erhalten vs. Kompetenz

Für digitale Innovationsthemen gilt die Lehrmeinung, dass man sie im Vertrieb von den etablierten Produktlinien trennen soll (Moore 2015). Die Gründe sind einfach: Innovationsthemen verlangen die volle Aufmerksamkeit, da es eben keine bewährten Muster gibt, und sie verlangen andere Zielsetzungen für Vertriebsmitarbeiter, da bei diesen jungen Themen üblicherweise die Projektgrößen zunächst deutlich kleiner sind, und die Tatsache, überhaupt neue Kunden zu gewinnen, zunächst oft wichtiger ist als der Umsatz. Das widerspricht sich mit den Zielsetzungen für etablierten Vertrieb, der mit bekannten Mustern große Projekte und bedeutende Kundenbeziehungen pflegt und der sich im Zweifel lieber um ein Großprojekt im etablierten Geschäft kümmert als um ein kleines Projekt in einem neuen Terrain.

Die vertriebliche Trennung wird aber zum Konflikt, sobald die Innovationsthemen die gleiche Zielgruppe treffen wie die etablierten Themen. Und das ist bei der digitalen Transformation der Industrie meist der Fall, denn der Umbau findet in einem vorher bereits besetzten Umfeld statt, ist vertrieblich gesehen also eher eine Ablöse, und da die Transformation eine strategisch bedeutsame Entscheidung ist, handelt es sich auch um eine Frage des Vertrauens.

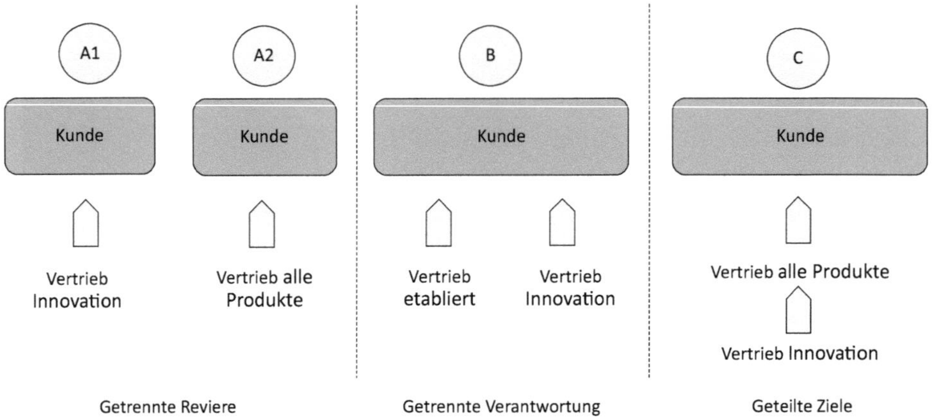

Bild 11.1 Die Organisation des Vertriebs wirkt sich stark darauf aus, wie erfolgreich neue Themen verkauft werden

In Szenario A, Getrennte Reviere, verkauft ein etablierter Vertriebsmensch offiziell alle Produkte an seine Kunden (A2). Aus den genannten Gründen wird er sich aber auf die etablierten Produkte fokussieren, da er dort sicherer ist und mehr Geld verdient und sich in einem Themenfeld bewegt, in dem er sich auskennt. Der Innovationsvertrieb, sofern er existiert, fokussiert sich auf andere Kunden (A1), um dort „auf der grünen Wiese“ die neuen Themen zu etablieren, ohne das Altgeschäft zu stören. Er wird sich dort schwertun, da er mit der Innovation ohne Referenzen erscheint und zunächst ein Vertrauensverhältnis zum Kunden aufbauen muss (Bild 11.1).

In Szenario B, Getrennte Verantwortung, verkaufen der etablierte Vertrieb und der Innovationsvertrieb parallel an den gleichen Kunden, aber unabhängig voneinander. Das hat leicht zur Folge, dass der etablierte Vertrieb den Innovationsvertrieb ausbremsen wird. Solange der Kunde nicht von sich aus nach den innovativen Themen verlangt, wird der etablierte Vertrieb den Kollegen als Störung empfinden, der noch dazu vom Kunden nichts versteht, das etablierte Ansehen gefährdet und Unsicherheiten erzeugt, die der etablierte Vertrieb dann mühsam wieder bereinigen muss.

In Szenario C, Geteilte Ziele, verkaufen beide gemeinsam an den gleichen Kunden. Der etablierte Vertrieb ist in der vollen Produktverantwortung, während der Innovationsvertrieb als unterstützender Vertrieb zur Seite steht. Vertriebliche Intensivierung, also Bonuszahlung, muss im Erfolgsfall an beide bezahlt werden, da nur so ihr Engagement sichergestellt wird. Die Bonusgestaltung muss eine Form haben, die für beide Teilnehmer interessant ist.

Im Geschäft mit digitaler Transformation hat sich immer wieder gezeigt, dass ausschließlich Modell C funktioniert. Es ist für das Anbieterunternehmen zwar das teuerste und es hat nur ein beschränktes Skalierungspotenzial, aber dafür ist es wirkungsvoll. Ist die Wirkung einmal eingetreten und das transformative Geschäftsmodell beginnt sich zu etablieren, ist es sowieso Zeit, in die nächste Phase einzutreten und weniger beratend als über Referenzbildung zu verkaufen.

11.2 Referenzbildung und Skalierungseffekte

Da der Vertrieb in frühen Reifephasen der digitalen Transformation aufwendig ist, ist es wichtig, schnell in eine höhere Reifephase zu kommen (Moore 2014): Frühzeitig mit starkem Fokus nach Modell „C“ Referenzkunden gewinnen und auf diese Weise dafür sorgen, dass sowohl die Kunden als auch der etablierte Vertrieb schnell ein gesteigertes Interesse an der Innovation finden, die in die digitale Transformation der Kunden führt.

Nur ist es heimtückisch, diese Referenzen zu finden, und viele Anbieterunternehmen machen dabei gravierende Fehler, weil sie versuchen, es sich möglichst einfach zu machen.

Referenzkandidaten sind von hoher Bedeutung, denn als Anbieter investiert man in einer kritischen Phase einen großen Anteil seiner besten Ressourcen in diese Kunden. Sind die Kandidaten nicht die richtigen, geht viel Zeit verloren und bei den beteiligten Personen auch viel Motivation.

Es gibt eine einfache Formel für Kandidaten für Referenzkunden:

Formel für die Referenzkundenauswahl

Zugang zum Kunden X Skalierungspotenzial in der Branche X Reifegrad des Kunden als Käufer

- **Zugang zum Kunden:** Wie gut kenne ich den Kunden, wie sehr vertraut er mir?
- **Skalierungspotenzial in der Branche:** Wie weit wird der Kunde von anderen Branchenvertretern als Vorbild gesehen, wie viele solche anderen Branchenvertreter gibt es und sind diese als Zielgruppe geeignet?

- **Reifegrad des Kunden als Käufer:** Wie groß ist das Interesse des Kunden an der Innovation, wie gut ist er technisch wie strategisch darauf vorbereitet und wie wahrscheinlich ist es, dass alle beteiligten Gruppen beim Kunden mitmachen?

Meist nimmt der Erfüllungsgrad der Bedingung in der Reihenfolge der Aufzählung oben ab. Als Referenzkunden werden Unternehmen gewählt, zu denen man einen guten Zugang hat und die das aus gutem Willen oder dem persönlichen Ehrgeiz der Ansprechpartner tun. Oft auch aus einer Situation heraus, dass das Unternehmen innerhalb der Branche in einer schwierigen Lage steckt und daher von wenigen als Vorbild gesehen wird.

Der Reifegrad als Käufer wird meist vernachlässigt. Dabei ist er das wichtigste Kriterium, um das Referenzprojekt erfolgreich zu machen. Zum Reifegrad gehören:

- der strategische Wille des Kunden, das Projekt erfolgreich zu machen, also vom Vorstand abwärts
- die fachliche und personelle Fähigkeit, das Projekt mit seinen auftretenden Problemen umzusetzen
- die technischen und strukturellen Voraussetzungen, die die Innovation/Transformation integrierbar machen
- die wirtschaftliche Stabilität, das Projekt auch im Krisenfall durchzuziehen
- die Möglichkeit, eine erfolgreiche Veränderung sichtbar zu machen und offensiv zu vermarkten

Das macht deutlich, dass es keine gute Idee ist, nach den „besten Freunden" zu suchen, sondern es ist wichtig, geeignete Referenzkandidaten systematisch zu suchen: nach Marktkriterien, nach unternehmerischen Zielen und nach der Relevanz in einer Branche.

Das zeigt wieder auf, dass das „Where" die erste Frage ist, die es zu beantworten gilt.

Zur Auswahl der geeigneten Zielbranche kommen wir später in Kapitel 16 „Rahmenwerk für die interne Transformation", da das keine vertriebliche, sondern eine strategische Fragestellung ist.

11.3 Angriff und Verteidigung gleichzeitig

Eine weitere Besonderheit an der digitalen Transformation ist, dass sie nicht das Thema eines einzelnen Unternehmens ist, das mit einer Innovation auf einen Markt zugeht, sondern es ist das Thema vieler Unternehmen, die gleichzeitig Akteure und Zielgruppe der Transformation sind. Das gilt nicht nur für die eigenen Kunden, sondern auch für die eigenen Lieferanten und Partner. Der Effekt ist in Verwirrung (Bild 11.2).

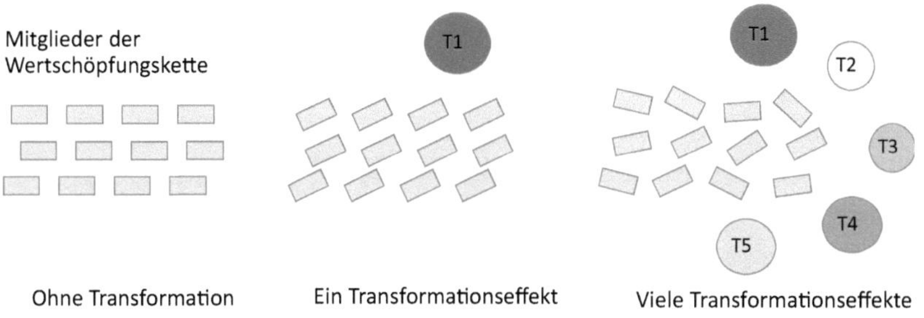

Bild 11.2 Viele gleichzeitige Transformationseffekte verwirren eine Wertschöpfungskette

Während ohne Transformation die Mitglieder von Wertschöpfungsketten in geordneter Weise zusammenspielen und sogar bei einer Transformation, die nur durch einen Effekt ausgelöst wird, die Ordnung weitgehend erhalten bleibt, wird bei einer Transformation durch viele auslösende Effekte gleichzeitig die Ordnung deutlich gestört. Kein Mitglied der Wertschöpfungskette kann einschätzen, wie sich seine Kunden, Lieferanten und Partner verhalten werden. Auch wer die anderen Unternehmen befragt, erhält nur unzuverlässige Antworten, die anderen wissen es auch selbst nicht so genau, da ihre eigenen Pläne oft unvollständig und nur teilweise durchdacht sind.

Es gibt zwei Möglichkeiten, mit diesem Phänomen umzugehen:

- **Bei der Betrachtung von Geschäftspartnern:** Verteidigungsmodus und Abwehr von Risiken. Der Mechanismus der Wahl ist das Anwenden des „Where, Why, What, How“-Prinzips in umgekehrter Weise auf die Geschäftspartner: Haben die Partner gemäß dieses Prinzips einen klaren Plan? Wenn ja, sind sie als Partner eher als zuverlässig einschätzbar, wenn nein, sollte man riskantere Geschäftstätigkeiten mit Partnern erst einmal vermeiden.
- **Bei der Wahl der eigenen transformativen Schritte:** Geordneter Angriffsmodus. Geordnete Auswahl der Aktionsfelder für die Transformation und „Low Hanging Fruits“. Von diesen leitet sich der „Programmreifeindex“ ab.

11.3.1 Der Programmreifeindex

Der Programmreifeindex setzt beim „Where“ an und baut in vier Ausbaustufen Taktiken auf, die sich an einer konkret umrissenen Zielgruppe orientieren und für diese das „Why, What und How“ beantworten.

Der Programmreifeindex betrifft Umsetzungsteams. Das können interne Projektteams oder Vertriebsteams sein. Ich wende ihn im Folgenden beispielhaft auf Vertriebsteams an.

Ich habe ihn ursprünglich „Apfelindex“ genannt, da er sich am Begriff der „Low Hanging Fruits“ orientiert, also der leicht erreichbaren Früchte (Bild 11.3). Das ist insofern ein wichtiges Bild, als dass die Äpfel bereits am Baum hängen und es nur darum geht, sie zu erreichen. Genauso ist es bei digitalen Transformationsprojekten. Es ist wichtig, Transformationsziele zu haben, die existieren; das wird im „Where“ in den frühen Phasen ausführlich analysiert. Erst wenn das gewährleistet ist, sollte man in Teams investieren, die sich aufmachen, diese Früchte zu ernten.

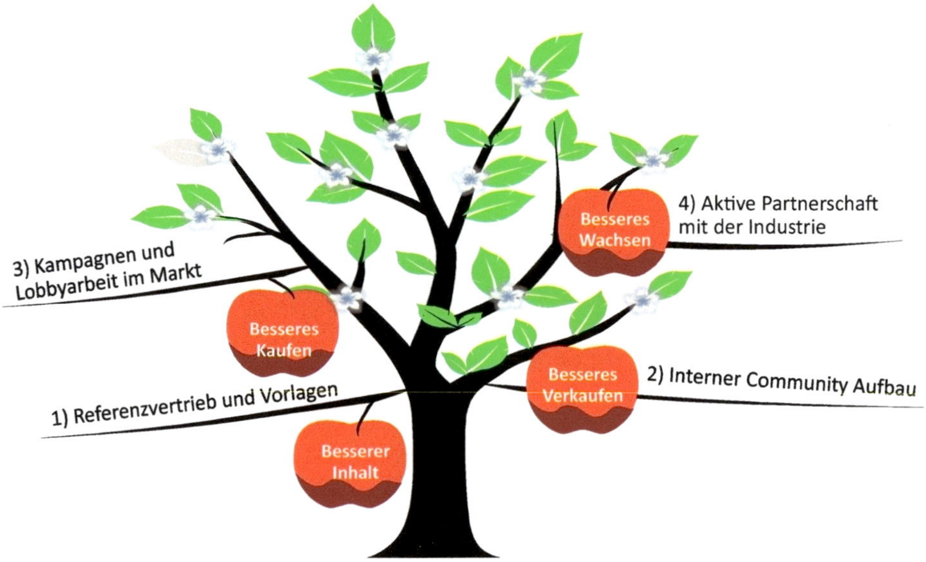

Bild 11.3 Vertriebsorganisationen sollten schrittweise auf den Vertrieb der transformativen Angebote in abgegrenzte Zielgruppen umgestellt werden (Bild: PTC)

Vertriebsteams in eingespielten Unternehmen sind oft regional organisiert, oft sogar nach Postleitzahlen. Der Verkaufsprozess ist klar strukturiert und dokumentiert. In der digitalen Transformation ändert sich das auf einmal, und zwar bei allen Kundentypen auf eine andere Weise, vor allem je nachdem, aus welcher Branche sie kommen.

Es geht also darum, branchentypisches Verhalten in den Vertriebsprozess einzubauen. Eine Übung, die für viele Vertriebler ungewohnt ist, da sie bisher aus der Perspektive des Angebotes und nicht aus der Perspektive des Käufers verkauften:

1. **Ein Apfel: Die am niedrigsten hängende Frucht ist „Reference Selling".** Es kostet wenig Energie im Sinne von organisatorischen Aufwänden. Ein Anbieter muss nur in der Lage sein, Referenzen zu identifizieren und die Zahl der Kunden, zu denen eine vorhandene Referenz passt, ist möglicherweise nicht sehr groß. Referenzen dienen der schnellen Vertrauensbildung und helfen zudem, im Verkauf die richtigen Fragen zu stellen und die richtigen Themen zu adressieren.
2. **Zwei Äpfel: Die am zweitniedrigsten hängende Frucht ist „Community-Aufbau".** Die Vertriebsteams werden so organisiert, dass sie gemeinsame Ziele haben. Es werden also die einen Vertriebsleute nur auf Zielkunden vom Typ A gesetzt, etwa Automobilunternehmen, und die anderen nur auf Kunden vom Typ B, etwa Pharmaunternehmen. Das Gleiche gilt für alle unterstützenden Teams, etwa aus Marketing, technischem Support und Partnermanagement. Diese Communities können sich hinsichtlich ihrer Zielgruppen abstimmen und voneinander lernen. Der Effekt ist ein schnelleres Verständnis, wie sich bestimmte Kundengruppen in der digitalen Transformation verhalten und was das für die eigene Position und das eigene Angebot bedeutet. Zwei Äpfel sind für eine Vertriebsorganisation zunächst oft schon eine echte Belastung, da Zuständigkeiten umgewidmet werden müssen und damit auch langjährige persönliche Kundenbeziehungen gestört werden.
3. **Drei Äpfel bedeutet, aktiv auf den Markt zuzugehen** mit Kampagnen, Veranstaltungen und Community-Arbeit. Stufe drei setzt bereits ein gutes Verständnis der Zielgruppe voraus. Nun wird die eigene Botschaft in einer Sprache formuliert, die aus der Welt der Kunden kommt. Das Angebot wird so präsentiert und zurechtgeformt, dass es in den Kontext der Kunden passt. Dazu werden Marketingkampagnen gefahren. Es werden Vorträge auf Branchenveranstaltungen gehalten, Artikel in Branchenzeitungen geschrieben, und das Unternehmen tritt den lokalen Branchenvereinigungen bei, um dort mitzubekommen, über was gesprochen wird und den Dialog auch auf der persönlichen Ebene zu finden. Drei Äpfel ist bereits eine Investition, da viele indirekte Vertriebsleistungen angestoßen werden, die sich nicht unmittelbar einem konkreten Verkaufsfall zuordnen lassen und damit schwerer messbar sind. Es sind daher neben den industriebezogenen Kampagnen auch Messverfahren nötig, um den Erfolg dieser Kampagnen festzustellen und aus den Erfahrungen zu lernen.
4. **Vier Äpfel ist die höchste Stufe: die Etablierung als Partner der Industrie.** Vier Äpfel ist die Frucht einer erfolgreichen Drei-Äpfel-Phase, denn ohne diese Investition ist es nicht möglich, diesen Partnerstatus zu erlangen. Dazu gehö-

ren persönliche Verbindungen und Bekanntheit, dazu gehören sichtbare unternehmerische Investitionen in die Industrie und das Vertrauen der Kunden, hier einen zuverlässigen Ansprechpartner zu haben. Den Vier-Äpfel-Status erkannt man daran, dass man als Sprecher auf Fachveranstaltungen eingeladen wird, dass man früh in Entscheidungsprozesse einbezogen wird, dass man um Rat gefragt wird, dass Kunden gerne bei einem auftreten und ihre Erfahrungen berichten und als Referenz dienen.

11.3.2 Der Programmreifeindex als Planungsinstrument

Die Entwicklung eines transformationsorientierten Vertriebs oder vergleichbarer Strukturen ist eine anspruchsvolle Führungsaufgabe. Denn es gilt dabei nicht nur, die einzelnen Mitarbeitenden im Feld zu gewinnen, sondern auch deren Führungskräfte. Und die sind meist noch weniger darauf vorbereitet als die aktiven Kräfte im Feld selbst, da sie eingezwängt sind zwischen ehrgeizigen Zielsetzungen und dem Wissen um die Kosten einer Veränderung.

Die Führungskräfte haben in diesen Phasen zudem meist selbst keine Erfahrung damit, wie die Veränderung zu führen ist, und haben nur begrenzt Kapazitäten zur Verfügung, sich darum zu kümmern.

In früheren Zeiten des digitalen Wachstums wurde dieses Problem einfach gelöst: Es wurden neue, unabhängige Teams gebildet, die neben dem bisherigen Tagesgeschäft die innovativen Themen bearbeiteten, nach dem Motto „anderes Thema, anderes Team".

Im Fall der digitalen Transformation erzeugt das aber in der Regel einen Konflikt, da vorhandene Kundenbeziehungen in die Transformation geführt werden müssen. Hier mit neuen Teams zu arbeiten, untergräbt alle Vertrauensstrukturen.

Es geht nun darum, zu lernen und als Organisation die Erfahrung und das Selbstbewusstsein aufzubauen, die veränderten Angebote gut zu vermitteln und zu vertreten. Die Methode ist „Rosinen picken": gezielt die Gebiete herauszusuchen, in denen das am sichersten und schnellsten geht und zur gleichen Zeit in anderen Gebieten mit Anstand auftreten. Dabei hilft der Programmreifeindex. Grundlage ist eine Aufstellung der Vertriebsregionen und der Zielindustrien in einer tabellarischen Übersicht (Tabelle 11.1). Hier wird das angestrebte „Programmreifeindex"-Level eingetragen, das im kommenden Jahr erreicht werden soll.

Tabelle 11.1 Ziele für Vertriebsorganisationen in Industrien und Regionen nach „Programmreifeindex" (Beispiel)

	Automobil	Medizin	Maschinenbau	Handel
Deutschland	**3**	**4**	**2**	1
Frankreich	1	**3**	1	**4**
USA	1	1	**3**	1
Japan	**3**		1	1
China	**4**	1	**2**	

Das verlangt einige Vorarbeiten, die am besten ein zentrales Team leistet:

- Feststellen des Marktpotenzials in der jeweiligen Industrie in der Region – das sind Daten, die man am besten von entsprechenden Statistikämtern und Analyseunternehmen kauft. Diese Daten müssen meist uminterpretiert werden, da zu transformativen Fragen keine Daten existieren. Das geht aber allen Wettbewerbern auch so.
- Feststellen der eigenen Bedeutung in der jeweiligen Industrie in der Region – das ist die eigene Marktpräsenz im Vergleich zum Marktpotenzial.
- Feststellen der Bedeutung der Industrie in der Region für das eigene Unternehmen – das ist der Anteil am eigenen Geschäft in der Region, der in dieser Industrie angesiedelt ist.
- Feststellen des Selbstbewusstseins der eigenen Teams zu dieser Industrie in der Region – das ist nur im Gespräch mit den Führungskräften der Region ermittelbar.

Sind diese Vorarbeiten geleistet, ist das Ausfüllen von Tabelle 11.1 nicht mehr schwer. Die Tabelle muss, und das ist ein klares „Muss", von der regionalen Vertriebsleitung ausgefüllt werden. Damit setzt sich die regionale Führung selbst ein überschaubares Ziel, bei dem sie von allen Zentralfunktionen unterstützt wird. Die Planung geschieht in der Regel für ein Jahr, und innerhalb dieses Jahres werden alle Parteien lernen. Der Lernprozess geschieht im Rahmen regelmäßiger Absprachen, in der das regionale Management, die regionalen Teams für die betroffenen Industrien und Vertreter der Zentralfunktion den Fortschritt besprechen. Der Abstand dieser Besprechungen sollte zwischen zwei und sechs Wochen liegen, und sie sollten ca. zwei Stunden dauern. Wichtig ist hier, sich nicht mit Erfolgen zu brüsten, sondern zu beobachten und auf Lerneffekte zu achten.

- Die regionale Vertriebsleitung lernt dabei, den transformativen Vertrieb für eine Industrie zu managen.
- Die Vertriebsmitarbeitenden lernen, industriebezogen zu argumentieren und zu verkaufen.
- Das zentrale Team lernt, den Prozess und seinen Fortschritt zu messen und seine Unterstützung zu verfeinern.

Das Messen hat dabei eine zentrale Bedeutung und sollte von Anfang an konsequent betrieben werden. Denn am Ende des Jahres geht es darum festzustellen, ob und wie sich das industrie-orientierte Modell bewährt hat: im Vergleich zu den traditionell versorgten Industrien in den jeweiligen Regionen und im Vergleich zur Entwicklung in den betroffenen Industrien insgesamt, auch jenseits des eigenen Geschäfts. Das geht nicht ohne gemessene Daten.

Übungen

Messkriterien für vertrieblichen Erfolg industriebezogener Vertriebsarbeit in den Regionen

Entwerfen Sie einen Report für das Quartalstreffen, in dem der Fortschritt des transformativen Angebots mit dem Management besprochen wird:

- Besprochene Kenngrößen (z. B. Neukunden, Umsatz, abgeschlossene Verträge, geführte Gespräche, aussichtsreiche Kandidaten ...)
- Datenquellen für die Kenngrößen (sicherstellen, dass diese Daten auch verfügbar sind)
- Aussagefähigkeit der Kenngrößen für das transformative Angebot (im Vergleich zum traditionellen Vorgehen)
- Sinnvolle Ziele für diese Kenngrößen und ihre Begründung

Programmreifeplanung

Wenden Sie den Programmreifeindex auf (ausgesuchte) Regionen und Zielindustrien an.

- Formulieren Sie die Kriterien für die Indexstufen im Sinne Ihres Unternehmens.
- Ermitteln Sie die Ist-Programmreife für ausgesuchte Regionen und Industrien.
- Vergleichen Sie Ihre eigene Programmreife als Verkäufer mit der erfassten Marktreife aus dem vorhergegangenen Kapitel.
- Definieren Sie eine realistische Ziel-Reife und formulieren Sie diese als Geschäftsziel für die Region in dieser Industrie. Machen Sie das gegebenenfalls stufenweise über mehrere Jahre.
- Formulieren Sie realistische Maßnahmen und Verantwortlichkeiten, um diese Stufen zu erreichen.

12 Bewertungskriterien bei der Partnerwahl

Die digitale Transformation der Industrie ist vor allem auch ein Unterfangen von Partnerschaften.

Industrieunternehmen suchen sich Partner für die Neugestaltung ihrer internen Prozesse. Das sind genauso Digitalunternehmen wie Dienstleister und Betreiber, das kann ein Serviceanbieter für die Beheizung der Werkshallen sein oder ein Unternehmen, das Software für das flexible Auslastungsmanagement der Maschinen liefert.

Unternehmen suchen sich aber ebenfalls Partner für ihre Wertschöpfungskette. Lieferanten, Integratoren, Betreiber, Logistiker, Infrastrukturanbieter, Plattformanbieter, Händler, Serviceunternehmen - die Liste ist lang und vielseitig.

Auch Digitalunternehmen suchen sich Partner für Beratung, Implementierung, Integration, Betrieb und Ergänzung ihrer Angebote.

Partner sind in der digitalen Transformation oft nicht mehr einfach austauschbare Lieferanten, sondern ein wichtiger Bestandteil des eigenen Geschäftsmodells, und der Ausfall eines Partners kann sehr teuer werden oder sogar existenziell. Ihre Auswahl ist daher eine bedeutende Frage für den Erfolg. Ein kaufender Partner will einen guten Anbieter, ein verkaufender Partner will einerseits als guter Partner gesehen werden, andererseits auch einen Kunden, mit dem er lange gute Geschäfte macht. Ein kooperierender Partner erwartet eine gegenseitige Orientierung an Kriterien und Regeln, die eine gute Zusammenarbeit langfristig gewährleisten. Die Kriterien reichen vom Bewusstsein heutiger Standards bei Nachhaltigkeit und Sozialverträglichkeit über ein robustes Geschäftsmodell sowie kulturelle und ökonomische Kriterien bis zur Unterstützung von Standards und der Fähigkeit, sich unter zukünftigen technologischen Rahmenbedingungen zu behaupten.

Die Kriterien gelten demnach ebenso für das eigene Unternehmen wie für mögliche Geschäftspartner (Bild 12.1).

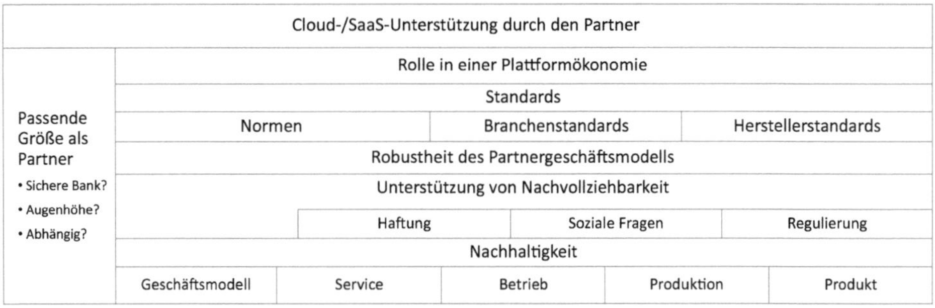

Bild 12.1 Partner sollten ebenfalls die Schlüsselkriterien für eine digital vernetzte Industrie mit den zeitgemäßen Anforderungen unterstützen sowie vom Unternehmenstyp her zu den eigenen Möglichkeiten und Zielen einer Partnerschaft passen

■ 12.1 Neue Wertekriterien

Lange war das treibende Bewertungskriterium der Preis, gefolgt von Qualität und Zuverlässigkeit. Die großen Krisen der frühen Zwanzigerjahre Klimakrise, Covid-Krise, alternde Gesellschaft sowie globale Verwerfungen und Ausfälle von Lieferketten haben ein Umdenken bewirkt. Börsen bewerten Unternehmen nicht mehr nur nach Gewinn und Umsatz, sondern ebenso nach Aspekten der Nachhaltigkeit wie der strategischen Robustheit. Gute Mitarbeitende finden eher die Unternehmen, die ein hohes Ansehen haben und nachweislich einen positiven Beitrag für Umwelt und Gesellschaft leisten.

12.1.1 Nachhaltigkeit

Einer der neuen Wertetreiber in der digitalen Transformation ist ökologische Nachhaltigkeit. Und die Möglichkeiten der digitalen Transformation sind in vielerlei Hinsicht starke Hebel für eine nachhaltige Industrie. Schließlich sind die Kernziele der Effizienzsteigerung genauso auf die ökologische Effizienz anwendbar oder von sich aus deckungsgleich mit den ökonomischen Zielen.

Bei der Partnerwahl ist die sichtbare Unterstützung dieser Nachhaltigkeitskriterien nicht nur aus sozialer Verantwortung wichtig, sondern auch aus wirtschaftlicher, denn Regulierung und Preisentwicklung kritischer Ressourcen schlagen sich schon jetzt in der Kalkulation nieder. Nachhaltigkeit hat dabei viele Aspekte, die je nach Partner mehr oder weniger ins Gewicht fallen werden.

Produkt

Das Naheliegendste ist, Produkte energieeffizienter machen. Durch Simulation und maschinelles Lernen lassen sich heute Produktauslegungen sowie der technische Aufbau von Produkten so optimieren, dass sie leichter, robuster und für ihre jeweilige Aufgabe deutlich effizienter werden. Durch nutzungsbezogene Variantengestaltung, die digitale Systeme erst wirtschaftlich möglich machen, können viele unnütze Eigenschaften eines Produkts wegfallen. Wer hat nicht schon festgestellt, dass er beim eigenen PKW viele der eingebauten Merkmale niemals genutzt hat, wogegen andere zu häufigen Reparaturen führen, da sie zu schwach ausgelegt sind.

Produktion

Im Weiteren: Produktion energieeffizienter machen. Das beginnt ebenfalls beim Produktaufbau, führt weiter in die Optimierung der Produktionslogistik und den Aufbau der Lieferkette. Beispielsweise lässt sich Abwärme wiederverwenden, lassen sich Verbindungsverfahren vereinfachen, lassen sich Produktionsstandorte nach kurzen Wegen auswählen und Produktionsmethoden so flexibilisieren, dass an einem Standort viele unterschiedliche Produkte hergestellt werden können und somit Lieferwege verkürzt werden. Die „Factory in a Box" ist ein aktuelles Beispiel, wie aus modularen, beweglichen Elementen und kurzer Zeit Produktionsanlagen zusammengestellt und auch schnell verlegt werden können. Die Kommunikation zwischen den Komponenten verläuft kabellos und digital, sodass ein Umbau mit geringem Aufwand leistbar ist.

Betrieb

Konsequentes Überprüfen und Verbessern des Betriebs gehört schon lange zu den Kernkompetenzen der Industrie. Das betrifft Produktionsanlagen ebenso wie das einzelne Produkt im Betrieb. Konsequente Überwachung eines Produkts nach Verhalten und Leistung bringt ebenso ökonomische wie ökologische Vorteile, weil die Maschinenleistung im Vergleich zu den Betriebsaufwänden deutlich gesteigert werden kann. Das bedeutet weniger Maschinen und effizientere Maschinen.

Service

Ein großer Hebel liegt im Service. Hier reisen Heerscharen von Menschen um die Welt, um Maschinen zu warten und zu reparieren. Ein Großteil davon kann wegfallen, wenn durch konsequente Überwachung von Maschinen drohende Ausfälle vorhergesehen und verhindert werden können, wenn statt Fachleuten, die anreisen müssen, lokale Servicekräfte die Arbeiten ausführen können, die per Ferninformation von Fachkräften angeleitet werden. Hier kommt „Augmented Reality" zum Tragen. Mit dieser Technologie können sowohl Handlungsanweisungen als auch andere Hinweise digital auf eine Maschine projizieren werden, man kann Arbeitsergebnisse einer Qualitätsprüfung unterziehen und sie dokumentieren.

Sollte doch eine Fachkraft vor Ort benötigt werden, ist es heute oft so, dass diese mehrfach anreisen muss, um erst den Fehler zu finden und dann mit den nötigen Ersatzteilen den Fehler zu beheben. Diese Doppelaufwände lassen sich in den allermeisten Fällen vermeiden, wenn die Fachkraft bereits vorher durch Ferndiagnose das Problem genau einkreisen kann.

Geschäftsmodelle

Die Krönung der Nachhaltigkeit sind neue Geschäftsmodelle. Mieten statt kaufen, Teilen, Dienstleistung, es gibt viele Varianten der Geschäftsmodelle, die darauf abzielen, ein Produkt möglichst gut auszulasten und die Kosten, Aufwände und Risiken des Unterhalts für den Nutzer gering zu halten.

Ein besonders interessantes Modell ist das „as a Service"-Modell, da es diese Umverteilung von Aufwänden und Kosten am konsequentesten umsetzt (Bild 12.2). Im „as a Service"-Modell wird eine Maschine (das kann alles von der Waschmaschine über die Kühlanlage einer Fabrik bis zum Flugzeugtriebwerk sein) nicht mehr verkauft, sondern es wird ausschließlich die kundenwirksame Leistung verrechnet: bei der Waschmaschine die Anzahl Wäschen, bei der Werkskühlung die Kühlleistung pro Kubikmeter, beim Flugzeugtriebwerk die Flugminuten.

Das bedeutet, dass der Kunde für seine Nutzung feste Kosten hat ohne weitere Risiken, es sei denn, die Maschine funktioniert einmal nicht, dafür gibt es dann Haftungs- und Ausfallvereinbarungen, das fällt unter das Kapitel Risikomanagement.

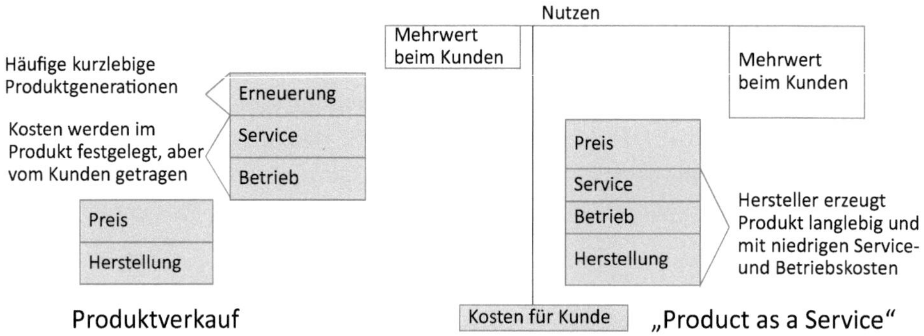

Bild 12.2 Im „Product as a Service"-Modell hat der Hersteller ein Interesse an Ressourcenschonung in Betrieb und Service und an einem langlebigen Produkt

Der Maschinenhersteller hat zwei Vorteile: Erstens verteilt er seine Umsätze über die Zeit, da er nicht mehr ab und zu eine teure Maschine verkauft, sondern regelmäßige Einkommensströme durch die Nutzung hat, und das ist beliebt bei Banken und Investoren. Zweitens erschließt er sich zusätzlichen Umsatz durch das Managen des Betriebs, ein Aufwand, den er dem Kunden durch dieses Modell abnimmt. Er ist jetzt verantwortlich für die Wartung, den Service, die Produktpflege, z.B. durch Aktualisierung von Software oder Erneuerung von Teilen. Sein Vorteil ist dabei, dass er diese Arbeiten wesentlich besser leisten kann als der Kunde. Schließlich kennt er die Maschine und macht das Gleiche für viele andere gleiche oder ähnliche Maschinen, sodass sich Aufwände optimieren und reduzieren lassen. Zudem wird er die Maschine so bauen, dass sie erstens leicht zu warten ist, zweitens geringe Betriebskosten erzeugt, drittens selten ausfällt und viertens möglichst lange hält. Jeder dieser Aspekte ist nicht nur ein ökonomischer Vorteil, sondern auch ein ökologischer. Die Maschinen werden so mehr oder weniger automatisch ressourcensparend und langlebig, das geht bis zur Wende von der Wegwerfgesellschaft zur Reparaturgesellschaft, da sich das Reparieren für den Hersteller, sobald er auch der Betreiber ist, mehr lohnt, als ein neues Produkt zu bauen. Zudem wird der Hersteller alles daransetzen, alle vorher aufgezählten Nachhaltigkeitsaspekte umzusetzen, da sich jeder von ihnen günstig auf seinen Gewinn auswirkt.

Nachhaltigkeit ist also in starker Weise eine Frage des Geschäftsmodells und damit eng verbunden mit den Möglichkeiten der Digitalisierung. Diese Modelle verlangen ein durchgängiges Informationsnetz zum Zustand und der Leistungskontrolle der Maschinen und zur Unterstützung von Wartung und Service. Sensoren an den Maschinen liefern über Netzverbindungen Zustands und Leistungsdaten an den Hersteller. Dieser braucht professionelle Datenmodelle, um diese Informationen zu verarbeiten, einzuschätzen und Entscheidungen und Handlungen daraus abzuleiten, um Leistungen zu verrechnen und Zustandsänderungen zu dokumentieren.

Der „digitale Zwilling“ ist ebenso Grundvoraussetzung wie eine zuverlässige Plattform für das „Internet der Dinge“, Augmented Reality unterstützt den Service, und ein „Lifecycle-Management-System“ verwaltet die Produktdaten und seine Zustände über den Zeitverlauf. Im Weiteren braucht es eine Vernetzungsinfrastruktur, etwa WLAN oder 5G oder Vergleichbares sowie optional die Cloud als Auslagerungsort für viele der Technologien, sofern man auch die „as a Service“ nutzen will, anstatt sie selbst zu betreiben. Dies sind Basisanwendungen der Digitalisierung, die sich immer wieder nutzen lassen und je nach Kombination neue Anwendungen ermöglichen.

Eine wesentliche Eigenschaft hat Nachhaltigkeit noch als Kaufkriterium: Kein Unternehmen investiert größere Summen in eine Softwarelösung, um nachhaltig zu werden. Unternehmen investieren, um sich weiterzuentwickeln. Dazu kann Nachhaltigkeit Teil des Geschäftsmodelles sein oder ein wichtiger Nebeneffekt einer Investition. Grundsätzlich sollte Nachhaltigkeit aber nie als Kostenfaktor gehandelt werden, sondern stets als unternehmerischer Vorteil.

12.1.2 Nachvollziehbarkeit

Ein weiterer Aspekt ist die Nachvollziehbarkeit, die einerseits ebenfalls ein Aspekt der Nachhaltigkeit ist, andererseits auch in anderen wichtigen Aspekten inzwischen unverzichtbar ist.

Nachvollziehbarkeit für Nachhaltigkeit

Je konkreter die Gesetzgebung zum CO_2-Verbrauch wird, desto notwendiger wird es, diesen auch nachzuweisen, im Unternehmen und insbesondere über die Lieferkette hinweg.

Wenn das nicht zu hohen Verwaltungsaufwänden führen soll, müssen digitale Datenflüsse diesen Nachweis leisten. Also ist eine durchgängige Informationskette durch alle Prozesse und über Unternehmensgrenzen hinweg erforderlich, für die meisten Unternehmen in beide Richtungen, zu den eigenen Lieferanten wie zu den Kunden.

Das funktioniert nur über zeitgemäße und professionelle digitale Architekturen, die sich in die komplexen Datennetze zwischen Unternehmen einfügen und deren innovativen Wandel effizient mitmachen können.

Nachweispflicht und Haftung

Ein weiterer Aspekt, der die gleiche Durchgängigkeit benötigt, ist die Produkthaftung. Je komplexer Produkte werden und je tiefer sie in unser Leben eingreifen, desto strenger werden die Haftungs- und Nachweisvorschriften. Wurden alle Vorschriften eingehalten? Wurden die Prozesse korrekt eingehalten? Welche Entscheidungen wurden aus welchem Grund gefällt und durch wen? Was war die Lieferkette? Und passen Produkteigenschaften und Qualität zu den Anforderungen? Jede Menge Fragen, für die im Zweifel schnell und zuverlässig Antworten bereitstehen müssen, da Unternehmen sonst in ernsthafte Schwierigkeiten geraten können. Etwa wenn ein Abstandssensor eines Autos nicht reagiert und deswegen Menschen sterben, oder wenn eine Pizza unverträgliche Zutaten enthält und daher Menschen zu Schaden kommen.

Hier gelten die gleichen Grundregeln der durchgängigen Informationskette, die über System- und Unternehmensgrenzen hinweg zur Verfügung stehen und den immerwährenden Wandel der Systeme heil überstehen muss.

Soziale Verantwortung

Die gleichen Mechanismen gelten für das Themenfeld der sozialen Verantwortung. Unter welchen sozialen Bedingungen wurden Lieferteile hergestellt und Rohstoffe geschürft? Der Nachweis der Einhaltung sozialer Standards ist ein weiteres großes Thema, das Unternehmen in den Griff bekommen müssen, sofern sie unter den immer strenger werdenden Bedingungen der Gesetzgebung und auch der Finanzmärkte erfolgreich sein wollen. Ganz unabhängig davon, was das eigene Ehrgefühl zu dem Themenfeld sagt.

Investoren achten zunehmend auf diese Eigenschaften. Ein Imageverlust eines Unternehmens wegen Missachtung sozialer Standards wird in der Regel von einem Einbruch der Aktien begleitet.

12.1.3 Strategisches Kriterium: Robustheit

Ein anderer, nicht zu vernachlässigender Faktor im digitalen Wandel ist Robustheit. Digitale Architekturen sind eine Wissenschaft für sich, und die vielfältigen Möglichkeiten der digitalen Welt eignen sich vorzüglich, um zu blenden, um Träume zu wecken und um sich mit schnellen Lösungen zu verstricken. Niemand hat das so schmerzhaft lernen müssen wie die IT-Verantwortlichen in der Automobilindustrie, die in den Nullerjahren mit stark angepasster Software für Konstruktion, Simulation und Datenverwaltung leistungsfähige Systeme geschaffen haben, um so komplexe Produkte wie Autos in relativ kurzer Zeit in hoher Qualität und Variantenvielfalt entwickeln und produzieren zu können.

Den Preis zahlten sie Mitte der Zehnerjahre, als sich herausstellte, dass die aufgetürmten Systeme nicht mehr zeitgemäß sind, es aber auch nahezu unmöglich war, sie zu ändern. Jede einzelne Änderung hätte das Gesamtsystem in Gefahr gebracht.

Softwaresysteme können wie ein Kartenhaus sein. Einmal aufgebaut stehen sie schön da. Dann kommt hier eine Änderung, dann dort eine, und schließlich kann niemand mehr sagen, bei welcher Änderung das Kartenhaus einstürzen wird.

Doch die Industrie hat gelernt und erkannt, dass Software erstens langlebig ist, zweitens so behandelt werden muss wie ein Modulbaukasten, drittens Software niemals ohne die Sicherheit der professionellen Pflege gekauft werden sollte und viertens klare Architekturkonzepte entscheidend sind für eine langfristige Stabilität.

Um das sicherzustellen, gibt es unterschiedliche Strategien.

12.1.4 Standardisierung

Das am einfachsten anmutende Prinzip. Wenn sich alle an einen Standard halten, fließen die Daten, und die Einzelteile sich austauschbar. Der Haken ist: Die digitale Welt unterliegt einem permanenten und schnellen Innovationszyklus.

Standardisierungen dauern in der Regel zehn Jahre. Das hat vielerlei Gründe. Erstens müssen die Betroffenen erst mühsam herausfinden, was genau standardisiert werden soll. Dann gibt es einen Machtkampf unter den Beteiligten, wessen Interessen der Standard am ehesten unterstützen wird bzw. ob er überhaupt kommt. Dann gibt es langwierige Analysen und Gesprächsrunden mit vielen Betroffenen, mit Herstellern und Kunden, mit angrenzenden Branchen, mit Beratern, Verbänden und nicht zuletzt aus den Standardisierungsinstanzen wie dem DIN oder der ISO.

Während dieser Zeit hat sich die digitale Welt längst weiterentwickelt. Der Standard ist kein Wettbewerbsvorteil, denn er gilt für alle. Der Standard eignet sich also allenfalls als langfristige Strategie und steht meist eher in Verbindung mit der Archivierung und Nachweisfähigkeit, die über Jahrzehnte gewährleistet sein muss und in manchen Fällen mit aktiven Schnittstellen, die sich aber dann schnell verbreiten, sind sie einmal festgelegt.

Branchenstandards

Die verbreitetste Strategie ist der Branchenstandard. Unternehmen einer Branche, das sind dann auch Wettbewerber, tun sich zusammen, um eine gemeinsame Definition ihrer Digitalstrukturen vorzunehmen. Das sind zunächst einmal Schnittstellen, dann sind es Datenformate, im weiteren Prozessbeschreibungen und nicht zuletzt Architekturen.

Unternehmen machen das in der Regel für alle Themenstellungen, die nicht zu ihrer Kernkompetenz gehören. Wo also eine individuelle Lösung teurer käme und mehr Risiken mit sich brächte als eine geteilte Lösung. Das schließt für das Geschäft benötigte Datenmodelle mit ein. Der digitale Zwilling gehört zu diesen Modellen, da häufig viele Unternehmen an einem Endprodukt zusammenwirken und alle darauf angewiesen sind, dass das Endergebnis stabil ist und funktioniert.

Dazu bilden sich Konsortien, die die jeweilige Vereinbarung ausarbeiten und der Branchengemeinschaft zur Verfügung stellen. Doch auch diese Konsortien brauchen meist Jahre, um zu einem Ergebnis zu kommen. Sie müssen zunächst das gemeinsame Interesse abgrenzen, dann müssen sie die Technologien verstehen, dann müssen sie sich auf etwas einigen, was sie alle gleichermaßen von ihrer Kernkompetenz abgrenzen können, bis sie schließlich anfangen können zu arbeiten. Das alles findet gleichzeitig in einem Umfeld statt, in dem sich Technologien und Anbieter ständig weiterentwickeln und ändern.

Herstellerstandards

Die zunächst einfachste Variante ist der Herstellerstandard. Ein Softwarehersteller ist schnell genug und erfolgreich genug, dass die Kunden sich einfach auf das festlegen, was der Hersteller anbietet. Der Vorteil ist, dass der Hersteller sich von sich aus darum kümmern wird, dass die Einzelteile zusammenpassen und die Kunden dieses lästige Problem daher erst gar nicht haben.

Die Älteren werden sich an das Gütesiegel „IBM-kompatibel“ bei den frühen Personalcomputern erinnern, was ein starkes Kaufkriterium was. Die etwas Jüngeren erinnern sich an die Dominanz von Microsoft mit seiner Office-Software und dem Betriebssystem Windows. Das waren Herstellerstandards, die Microsoft ein enormes Wachstum beschert haben, aber Microsoft gleichzeitig zum Feindbild großer Communities gemacht haben, denn Microsoft hatte die Menschen in der Hand.

Herstellerstandards haben für die Kunden den Nachteil, dass sie eine große Abhängigkeit erzeugen, dass sie den Kunden alle Wege, die der Hersteller nicht unterstützen möchte, nahezu verbieten und dass sie daher auch innovationsfeindlich sind. Denn der Hersteller hat ein größeres Interesse, seinen Standard zu schützen, als innovativ zu sein.

Dennoch neigen viele Softwarehersteller zu dem Traum, einen Herstellerstandard zu schaffen, ist er doch eine Möglichkeit, sehr schnell und sehr stark zu wachsen. Viele haben es auch geschafft. Microsoft ist weiterhin einer der Großen, Apple ist ein Vorbild für die aggressive Verteidigung seiner Standards, Firmen wie Adobe, Cisco, oder Sun sind über Herstellerstandards groß geworden, doch nicht alle haben es überlebt. Sun wurde aufgekauft, Adobe hat schließlich PDF freigegeben, Microsoft betreibt inzwischen einen hohen Aufwand, um die Offenheit einer Windows-basierten Architektur zu gewährleisten.

12.1.5 Plattformen

Eine Sonderform des Herstellerstandards sind Plattformen. Hier kommen technischer Standard und ökonomische Interessen zusammen und mischen sich zu einem Win-win-Modell. Erfolgreiche Plattformbetreiber zu sein ist das große Los der Digitalisierung, und die Rolle wird von vielen angestrebt und nur von wenigen erreicht.

Das Verführerische an Plattformen ist die „The winner takes it all“-Logik. Sie besagt, dass sich unter unterschiedlichen, vergleichbaren Plattformen nur eine durchsetzen wird, auf der am Ende alle landen.

Der Grund ist der eingebaute Mechanismus, dass in einer Plattform jeder einen Vorteil hat, wenn viele andere darauf sind. Anbieter profitieren von vielen Kunden, Kunden von vielen Anbietern, Geschäftspartner von vielen möglichen anderen Partnern. Zudem entstehen für jeden Beteiligten zusätzliche Kosten für jede Plattform, die er unterstützt, also ist eine einzige das attraktivste Modell.

Allerdings wirkt sich das in der Industrie anders aus als im Privatkundengeschäft.

Während sich im Privatkundengeschäft Plattformen wie Facebook, Airbnb, Apple, eBay, LinkedIn, Booking.com etc. stark ausbreiten konnten, wissen Industriebetriebe über die Gefahren Bescheid, wenn eine Plattform zu mächtig wird. Das sind die gleichen wie beim Herstellerstandard, die Unternehmen werden durch die Plattform erpressbar und von ihr abhängig.

Industrieunternehmen sind daher darauf bedacht, die Plattformen, auf die sie ihr Geschäft stützen, entweder gut unter Kontrolle zu haben oder sich eine gewisse Unabhängigkeit zu sichern oder abzuwarten, bis die Plattform so etabliert ist, dass sie allein daher schon durch die Politik zur soliden Robustheit gezwungen wird. Zu dieser Kategorie zählen dann Unternehmen wie Amazon Web Services oder Microsoft.

Dieses Verhalten mündet meist wieder in den Branchenstandard, der auch genutzt wird, um branchenbezogene Plattformen zu schaffen, die von Konsortien der Branche überwacht werden.

Diese Erkenntnis führt wieder zum „Start with Where" bei der digitalen Transformation. Ab wann lohnt es sich, als Anbieter in eine Branche zu investieren? Der Zeitpunkt, an dem sich Unternehmen einer Branche zusammentun, um gemeinsam eine Digitalstrategie für die Zukunft der Branche zu entwickeln, ist derjenige, an dem der Reifegrad eines Marktes beginnt, sich wirklich zu entwickeln. Vorher wird man es mit Einzelkämpfern zu tun haben, nachher wird man sich schwertun, in die gesetzte Dynamik mit einzusteigen. Das genaue Beobachten möglicher Märkte und das Gespür für den richtigen Moment sind entscheidend für den Erfolg von Softwareherstellern.

Für die Kunden geht es dabei darum, sich möglichst wenig von einem Hersteller abhängig zu machen, sondern den gewählten Branchenstandard so zu gestalten, dass er Wettbewerb zulässt.

■ 12.2 Die richtige Größe: zu klein, um zu überleben/zu groß, um sich wandeln zu können

Noch stärker als in anderen Branchen ist bei Digitalunternehmen die Größe ein wesentlicher Unterscheidungsfaktor. Digitalunternehmen leben, wie schon ausführlich beschrieben, in einer komplexen, sich ständig wandelnden Welt. Das bedeutet, es ist eine besondere Managementaufgabe, die Homogenität der eigenen Angebote sicherzustellen. Kundenwünsche, einmal angefangene, dann als nicht erfolgreich erkannte Geschäftszweige, vor Jahren programmierte Eigenschaften der Produkte, die immer noch tausendfach in der Welt herumgeistern, die Zahl der Fallstricke ist groß, an denen Digitalunternehmen viel Geld verlieren können. Denn gleichzeitig gilt es, die Produkte in der sich ständig wandelnden Welt am

Laufen zu halten. Das führt auch für das beste Management schnell zu einem unübersehbaren Chaos. Ein Unternehmen sollte sich also gut überlegen, welche Art Produkte es anbieten will, und sich entsprechend aufstellen.

Sehr große Unternehmen bieten oft einfache Produkte an, die in großer Zahl unverändert genutzt werden, profitieren also von einer starken Skalierung und begleitend von einer starken Marktmacht. Ein Zustand, der immer wieder von neuen Unternehmen erreicht werden kann, da nach den Regeln der Plattformökonomie die Digitalwelt dazu neigt, sich auf eine Lösung für alle Beteiligten zu einigen. Daneben gibt es große, komplexe und schwergewichtige Softwaresysteme für Großunternehmen, die den Betrieb dieser Unternehmen im Kern unterstützen und langfristig laufen, sogenannte Enterprise Systeme. SAP ist so ein Unternehmen oder auch Oracle, PTC, Siemens Industry Software und Dassault Systèmes. Andere Beispiele sind Microsoft und Amazon Web Services (AWS)mit ihren Cloud Services.

Man spricht bei Firmen wie AWS und Microsoft von „Hyperscalern", die mit einem standardisierten Angebot in die Breite wachsen. Unternehmen wie SAP und Oracle skalieren auch, aber bereits weniger, da jedes Softwaregeschäft gleichzeitig ein großes Einführungsprojekt beim Kunden mit sich zieht und am Ende doch keines der Projekte dem anderen gleicht.

Dann folgt eine Kaskade nach unten: je kleiner die Unternehmen, desto spezieller sind ihre Angebote, entweder themenbezogen oder branchenbezogen. Das liegt auch im Interesse der Kunden: Industriellen Kunden ist es wichtig, einen gewissen Einfluss auf ihre Softwarepartner nehmen zu können. Das kann ein kleineres Unternehmen gegenüber einem Softwaregiganten kaum leisten. Andererseits will sich ein Unternehmen auch ungerne auf einen Softwarepartner einlassen, der möglicherweise zu schwach ist, um auch Krisenzeiten zu überstehen. Daher suchen sich mittelgroße Industrieunternehmen mittelgroße bis große Softwarepartner, je nach dem Reifegrad der Lösung. Je reifer, desto größer kann der Partner sein.

Kleine Unternehmen bewegen sich eher in Nischenbereichen. Sie zeichnen sich durch ihre Flexibilität aus, haben aber ein begrenztes Investitionsvermögen und auch eine begrenzte Fähigkeit, den bei Großprojekten aufkommenden Kristen standzuhalten.

12.3 Cloud und Software as a Service

Ein starker Trend bei industrieller Software ist der Übergang in die Cloud und in ein „Software as a Service"-Angebot (SaaS).

Dabei wird ein Softwaresystem mit seinen Eigenschaften und Zusammenhängen über das Internet in einem Rechenzentrum betrieben, und die Anwender nutzen es nur noch über ihren Standard-Internetzugang.

Viele bekannte Systeme funktionieren so, etwas nahezu alle großen Internetfirmen wie Facebook, Google, Airbnb usw., wo ein relativ kleiner Datenverkehr zwischen System und Anwender stattfindet, diese Angebote begannen alle im Privatkundengeschäft. Inzwischen gibt es zunehmend vergleichbare Modelle in der Industrie. Salesforce.com war einer der ersten Anbieter, der rein auf dieses Modell gesetzt hat, viele andere ziehen inzwischen nach.

Es hat für beide Seiten viele Vorteile: Kunden sparen sich sämtliche Aufwände für die Systempflege, das sind Kosten, die in der Regel den Anschaffungspreis der Software um ein Mehrfaches übersteigen. Anbieter sparen sich ebenfalls Aufwände für die Versionspflege, da sie über das zentrale Angebot die Anzahl der in Nutzung befindlichen Versionen ihre Software dramatisch reduzieren können und Aktualisierungen zentralisiert vornehmen.

Jenseits der Einsparungen wirkt sich „SaaS" auf viele weitere Aspekte der digitalen Transformation aus.

Die Fähigkeit, Daten und Prozesse jederzeit kontrolliert zu teilen, erleichtert neue Geschäftsmodelle

Dadurch, dass die Datenhaltung zu den Produkten losgelöst vom Unternehmen irgendwo in der Cloud stattfindet, können leicht und kurzfristig neue Teilnehmer in die Wertschöpfungskette eingebunden werden, die neue Geschäftsmodelle ermöglichen. Als Kooperation für Innovation, in der Trennung von Produktanbieter und Betrieb, im Servicemanagement, im Risikomanagement ... alle Arten von neuen Beziehungen, die in der digitalen Transformation entstehen, lassen sich mit „SaaS"-Konzepten deutlich einfacher umsetzen.

Man stelle sich beispielsweise einen Hersteller von Hydrauliksystemen vor. Es sind relativ komplexe Systeme, die für den Betrieb industrieller und kommerzieller Maschinen und Geräte genutzt werden. In Hebeanlagen, bei Baggern, bei Schleusen und Brücken ... Die Systeme sind weitgehend kundenindividuell und enthalten neben den Hydrauliksystemen auch zunehmend Softwaresteuerung.

Abhängig von den Einsatzszenarien sind unterschiedliche Test-, Simulations- und Zertifizierungsverfahren notwendig, die oft durch Spezialfirmen durchgeführt werden. Für den Hersteller der Systeme ist es ein großer Aufwand, für jeden Test und jede Simulation die richtigen Daten bereitzustellen, sie zu versenden, mögliche Nachfragen zu bedienen, und den Prozess zu wiederholen, sobald sich an den Daten etwas geändert hat.

In einem „SaaS“-Modell mit den Daten in der „Cloud“ kann der Hersteller das Simulationsunternehmen einfach in seinen Prozess einhängen. Das Unternehmen bekommt den Zugang zu den Daten aus der „Cloud“ und die Werkzeuge, um sie zu lesen, im „SaaS“-Modell. Die Ergebnisse können sofort wieder am richtigen Platz abgelegt werden, im Falle von Änderungen der Daten wird das Testunternehmen sofort informiert und kann mit den geänderten Daten arbeiten.

Auf diese Weise werden die Tests schneller, zuverlässiger und billiger.

Das bedeutet auch, es können mehr Tests gemacht und damit mehr Produktvarianten angeboten werden, wo bisher mit einem Einheitsprodukt gearbeitet wurde.

Und es bedeutet, es können mehr Testanbieter eingebunden werden, da der Aufwand für die Einbindung sinkt.

Der Effekt wird sein, dass sich sowohl der Markt für Testanbieter vergrößert als auch der für den Hydraulikhersteller, da Hydrauliken nun gezielter und kundenorientierter gebaut und betrieben werden können.

Ein weiterer Aspekt beim Hydraulikhersteller ist, dass er seine eigenen Aufwände für die Pflege von Daten und Software reduzieren kann. Bisher sitzen in jedem Unternehmen in der IT-Abteilung jede Menge Leute, die nur damit beschäftigt sind, die Systeme am Laufen zu halten. Das sind hochqualifizierte Menschen, die ihre Energie nicht dafür einsetzen, dem Unternehmen Nutzen zu bringen, sondern dafür, Schaden vom Unternehmen fernzuhalten.

Bei der zunehmenden Komplexität von Hydrauliksystemen enthalten diese neben Wasser, Öl, elektronischer Steuerung und Stahl auch zunehmend Softwaresysteme, die als Teil des Produkts entwickelt, gepflegt und betrieben werden wollen. Dafür braucht es qualifizierte Menschen, die am Arbeitsmarkt immer schwerer zu bekommen sind.

Für den Hydraulikhersteller ist das daher ein starkes Motiv, seine IT-Fachleute mehr auf das eigene Produkt anzusetzen und damit Nutzen zu schaffen, als auf die Werkzeuge abzustellen, um Schaden abzuwenden, den er durch ein „SaaS“-Modell einfacher abwenden kann.

Kunden können Anforderungen der Transparenz für Haftung, Nachhaltigkeit und soziale Verantwortung leichter bedienen

„SaaS“- und „Cloud“-Angebote bringen aus ihrer Natur einen Standardisierungseffekt. Er kommt von der einheitlichen Pflege der Softwaresysteme durch die Hersteller. Dieser Standardisierungseffekt erleichtert gleichzeitig den unternehmensübergreifenden Datenverkehr, der für die Transparenz und Nachweispflicht notwendig ist.

Transparenzinitiativen laufen über die beiden Grundmechanismen „Verständnis von Daten“ und „Zugriff auf Daten“. „SaaS“ und „Cloud“ können zunächst vor allem den zweiten Mechanismus bedienen. Wenn Daten in einem global verfügbaren „Datenraum“ liegen und auch der Zugriff darauf dort geregelt ist, können die notwendigen Informationen für alle Arten von Reports über die Wertschöpfungskette hinweg einfach eingesammelt werden.

Bleibt der Aspekt der Verstehbarkeit von Information. Wir hatten früher im Buch bereits das Thema Standardisierung, welches oft langsam voran geht, da viele Interessen daran gekoppelt sind. Einfacher ist es mit Branchenstandards, die weniger offiziell sind, doch oft an ein klares gemeinsames Interesse der Beteiligten geknüpft sind und diese so zu einer schnelleren Einigung kommen.

Beispiel: „Catena-X“-Datenraum für Transparenz in der Automobillieferkette

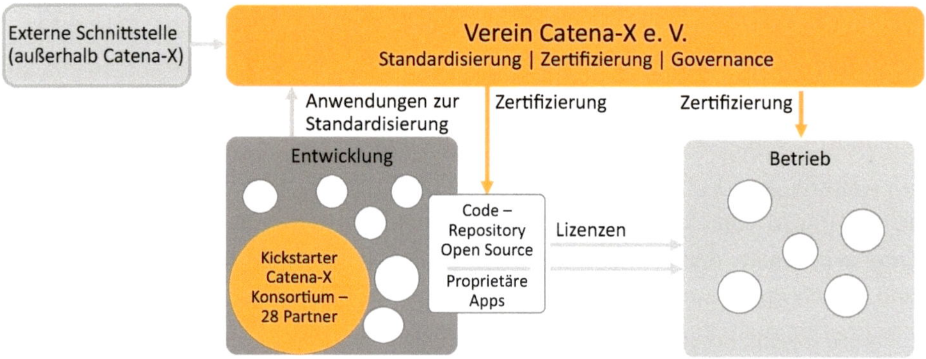

Bild 12.3 Der Systemaufbau von Catena-X für einen gemeinsamen Datenraum der Automobillieferkette (Quelle des englischsprachigen Originals: *catena-x.net*)

Catena-X ist ein Verein, der aus der deutschen Automobilindustrie heraus gegründet wurde und das Ziel hat, ein Datenökosystem für ein resilienteres und flexibleres Management der Lieferketten zu erstellen. „Dank der durchgängigen digitalen Dokumentation kann beispielsweise der integrale CO_2-Fußabdruck ermittelt oder die Rückverfolgung entsprechend dem Lieferkettengesetz geleistet werden.“ (Zitat Catena-X-Website: *catena-x.net*)

Dazu genügt es nicht, Daten einfach in die Cloud zu stellen. Es benötigt ein einheitliches Muster, welche Daten zur Verfügung stehen, wie Daten interpretiert werden, wie die Zugriffsrechte dazu verwaltet und vergeben werden. Dazu gibt es einen Verein, der diese Fragen regelt und in ein gemeinsames Datenmodell einbringt, an das sich später alle Mitglieder halten und das die entsprechenden Softwarehersteller unterstützen (Bild 12.3). Die Organisation dieser Gemeinsamkeiten ist ein wichtiger Bestandteil vernetzter digitaler Industrien.

Industrieunternehmen sollten darauf achten, wo und warum diese Strukturen entstehen und wo nicht. Wenn sie entstehen, sind sie mächtige Mittel zur Lenkung und Förderung digitaler Fähigkeiten. Wo sie nicht entstehen, sollten Unternehmen nach dem Grund fragen. Gibt es einen Grund, warum es nicht funktioniert, oder hat sich einfach bisher noch niemand darum gekümmert?

Je nachdem sollte man entweder einen anderen Weg suchen oder möglicherweise selbst die Initiative ergreifen, denn wer bei einer derartigen Plattform einer Industrie die Gestaltungsmacht hat, hat auch Macht über die Entwicklung der Industrie.

Vertrauenswürdigkeit

Der Preis von SaaS-Modellen ist das erhöhte Vertrauen, das der Kunde dem Anbieter und seiner Art der Bereitstellung entgegenbringen muss. Was geschieht, wenn der Anbieter verschwindet, wenn er seine Interessen bösartig gegen den Kunden richtet, etwa da er durch einen Wettbewerber des Kunden aufgekauft wird? Wenn der Anbieter gehackt wird oder Fehler in seinem System die Kundendaten dem Wettbewerber offenlegen oder wenn schlichtweg der Internetzugang nicht mehr funktioniert?

All das sind berechtigte Fragen, die der Kunden für sich selbst abwägen muss. Die rechtliche Lage und ihre Durchsetzbarkeit spielt dabei einerseits eine Rolle, die Wahrscheinlichkeit technischer Störungen bei einer eigenen Daten- und Systemverwaltung im Vergleich zu einer Daten- und Systemverwaltung durch einen professionellen Anbieter spielt eine andere Rolle.

Nach anfänglichem Zögern gibt es inzwischen eine große Nachfrage nach den SaaS-Modellen, da viele Unternehmen beide Abwägungen zugunsten von SaaS machen. Ein wichtiges Kriterium bleibt aber dabei die Größe und Professionalität des Anbieters. Eine Eigenschaft, die es kleinen Nischenanbietern zunehmend schwermacht, die deswegen zunehmend Bündnisstrategien mit größeren Anbietern suchen, um ihre Produkte in einem Cloud-/SaaS-Kontext anbieten zu können.

Übungen

Partnerliste

Erstellen Sie eine Liste von Partnertypen, die Sie für Ihre Transformationsgeschäftsidee benötigen: Technologiepartner, Lieferanten, Beratungspartner, Vertriebspartner, Implementierungspartner, Betriebspartner, Servicepartner …

Partnerbewertung

Benennen Sie die Ihnen bekannten Partner, die diesen Typen entsprechen, und bewerten Sie diese nach den Partnerschaftskriterien.

Beachten Sie dabei ihre aktuelle Programmreifephase wie auch zukünftige Programmreifephasen.

13 Die Rolle der Politik

In der Welt des Hightechs lassen sich in unterschiedlichen Regionen politische Muster erkennen, die zu bestimmten Ergebnissen führen.

Allen voran das **amerikanische Modell**, geprägt aus der Veränderungskultur der Hippieszene der Siebzigerjahre und erfolgreich mit dem Ansatz, Regeln zu brechen und sich durchzusetzen. **„The winnner takes it all“** ist das Modell, und das politische Konzept dahinter ist einfach: nicht einmischen, ungebremsten Wachstum zulassen, die Gier und die Energie der beteiligten Spieler sorgt für Entwicklung und Stabilisierung. Die größten Digitalkonzerne sind amerikanisch, und das hat einen Grund: Sie waren immer schneller und konsequenter.

Das **chinesische Modell** ist das Gegenteil. Es lebt von der **Beobachtung und dem Verbessern des Erkannten**. Chinesen probieren nicht aus, sie verstehen und perfektionieren. Das alles in einem politisch zentral geregelten Modell, das genau steuert, wie sich Technologie entwickelt. Sie sind auch schnell, da sie zentral entscheiden und geschlossen in eine Richtung investieren, Abhängigkeiten aussteuern und so dafür sorgen, dass wenig Reibungsenergie entsteht, etwa wenn Lösungen entstehen, die nicht zusammenpassen, ein klassisches Problem einer auf Wettbewerb ausgelegten Wirtschaft. Sie sind allerdings immer etwas langsamer als die USA, da sie nicht selbst innovativ sind, sondern warten, bis anderswo Innovation entsteht, die sie dann aufgreifen und verbessern.

Das **europäische Modell ist föderativ**. Das Verhältnis von Staat und Wirtschaft ist in Europa verflochtener als in USA und unabhängiger als in China. Europa ist immer im Balanceakt zwischen einer lenkenden und einer liberalen Wirtschaftspolitik, das ist Vorteil und Nachteil zugleich.

Das Erfolgsgeheimnis der europäischen Industrie ist ihre Fähigkeit zur Abstimmung und zur Kooperation. Es gibt eine ausgeprägte vorwettbewerbliche Zusammenarbeit, in der Dinge abgestimmt werden, die für alle Beteiligten bedeutsam, aber nicht differenzierend sind. Das gilt im Bereich der Normierung, die auch im Digitalwesen unentbehrlich ist, genauso wie in der Organisation von Geschäftsmodellen und Lieferkettenbeziehungen. Große, mächtige Branchenverbände wie in Deutschland der VDMA für die Maschinen und Anlagenbauer, der ZVEI für die

Elektroindustrie, der VDA für die Automobilindustrie organisieren das reibungslose Zusammenspiel der Branchen von der Absprache von Unternehmensschnittstellen bis in die Politik. Mit der digitalen Transformation hat zudem der Bitkom einem großen Zugewinn an Bedeutung erfahren, da dort die neuen Verflechtungen zwischen den traditionellen Branchen organisiert werden, die durch die Digitalisierung entstehen. Darüber hinaus gibt es in Deutschland Einrichtungen wie die Fraunhofer Gesellschaft, eine halb-öffentliche Einrichtung für den Wissenstransfer zwischen Akademie und Wirtschaft mit 30 000 Mitarbeitenden, die die unternehmensübergreifende Innovation organisieren. Andere europäische Länder verfolgen ähnliche Konzepte. Sprich: Europa ist organisierter.

Nachteil ist vor allem die Geschwindigkeit. Während in USA einzelne Unternehmen ausgestattet mit sehr viel Geld voranpreschen, um einen Markt zu erobern und in China staatliche Planung Felder besetzt und quasi mit unendlich viel Geld erschließt, muss sich Europa abstimmen und scheint sich oft länger damit zu beschäftigen, Gelder zu verteilen, als sie sinnvoll zu nutzen. Dennoch ist Europa eine erfolgreiche Wirtschaftsmacht. Das liegt daran, dass das europäische Modell nachhaltiger ist.

Das amerikanische ist rein aus individuellen Interessen getrieben, das bedeutet, es steht sich ab einem gewissen Punkt selbst im Weg. Das ist der Punkt, ab dem eine Technologie, eine Fähigkeit, eher ein gemeinschaftliches Interesse darstellt als ein kommerzielles. Deswegen haben die Amerikaner eine so grauenhafte Infrastruktur. Sie sind nicht darauf ausgelegt, so etwas zu organisieren.

Europäer können gut Infrastruktur. Europäer haben eine hohe Kultur im Bereich der „Versorger“, also der Organisation der Grundbedürfnisse wie Wasser, Strom, Kanalisation, Müllabfuhr, aber auch Verkehr und auch Bildung bis zur Organisation der Wirtschaft in den Industrie- und Handelskammern und Innungen, Einrichtungen, die nicht bei allen beliebt, manchmal verstaubt, aber wirksam sind. Die Lehrlingsausbildung in Deutschland ist international absoluter Spitzenreiter und ein echtes Erfolgsmodell.

Andere Länder und Regionen üben wiederum eigene Rollen aus. **Russland** beispielsweise betrachtet **Digitalisierung als Rohstoff**. Es ist etwas, das pragmatisch eingesetzt wird, beispielsweise um Raumfahrprogramme umzusetzen oder Atomkraftwerke zu steuern. Und es ist etwas, was ausgebeutet wird. Mit Fake News, Bots, Viren, die Kultur des digitalen Raubrittertums ist nirgendwo so stark ausgeprägt wie in Russland, und es ist Teil der russischen Politik, diese Kultur zu fördern. In Russland gibt es große mathematische Intelligenz, die sich mit der unlösbaren Schmach der internationalen Zweitklassigkeit paart. Der Fluch der kulturellen Nachzügler, die aber zu groß und zu reich sind, als dass sie sich ihrem Schicksal fügen und neu erfinden würden, sondern stattdessen immer den globalen Underdog geben müssen, der doch allen zeigt, wie stark er ist. Außer Computerviren und Lösungen, um sie zu bekämpfen, ist daher aus Russland nicht viel zu erwarten.

Anders verhält sich **Indien**. Der digitale Dienstleister der Welt hat sich zum Machtfaktor entwickelt, wenn es um den **Betrieb der Digitalwelt** geht. Das geht von der Softwareentwicklung über deren Test und Pflege bis hin zum Betrieb von Servicecentern, die komplette Betriebsleistungen von Unternehmenssoftware übernehmen. Inder können umsetzen und sie können die Umsetzung gut organisieren. Dass sie nebenbei große Mathematiker sind, taucht im globalen Digitalwesen bisher praktisch nicht auf.

Zwei weitere Regionen spielen noch eine wichtige Rolle: **Israel** und **Südafrika**, beide im Zusammenhang mit **hoheitlichen Aufgaben**. In Israel herrscht eine hohe Kultur der Lösung militärischer Probleme, die sich häufig auch auf zivile Fragen übertragen lassen, in Südafrika sind es Themen aus dem geheimdienstlichen Umfeld, die übergangslos in den Umgang mit sozialen Netzwerken verschmelzen.

Was ist nun die Rolle der Politik?

Während bei klassischen Innovationsthemen die Politik durch Förderung Unternehmen bei der Innovation unterstützt und mit Regulierung eher bremst, steigt sie bei Themen der digitalen Transformation zum einen tiefer in die Gestaltung der Transformation ein und wirkt zum anderen durch Regulierung gestaltend, da sie so Rechts- und Planungssicherheit schafft (Bild 13.1).

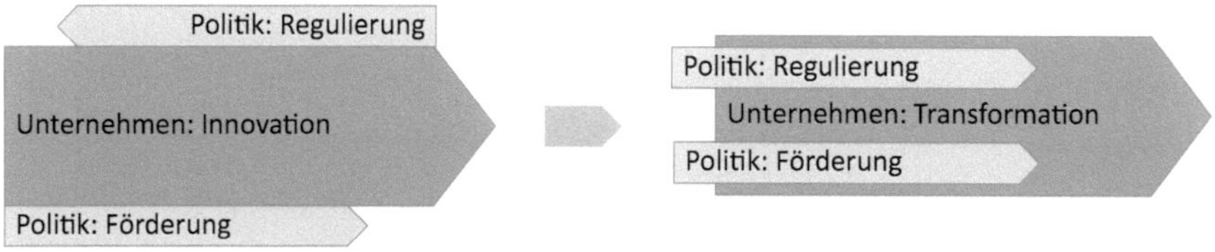

Bild 13.1 Politik schafft Rechts- und Planungssicherheit

Margrethe Vestager, Vizepräsidentin der Europäischen Kommission und Kommissarin für Wettbewerb, erklärt das in einem Interview in der Süddeutschen Zeitung (Finke 2022) im Zusammenhang mit dem Klimawandel als Zugkraft der digitalen Transformation folgendermaßen: „... Ich denke, der große Unterschied zu früher ist, dass der Staat die Verantwortung übernimmt für gigantischen Wandel. Nämlich dafür, Wirtschaft und Gesellschaft klimafreundlich zu machen. In dieser Größenordnung gab es das wahrscheinlich noch nie in der Geschichte. Mit dem Markt alleine können wir den Klimawandel nicht stoppen, wir brauchen den Staat als Antreiber, Unterstützer und Regelsetzer. Doch ohne Markt funktioniert das auch nicht, denn er sorgt für Effizienz und niedrige Kosten. Ich halte es daher für absolut notwendig, dass der Staat eine andere Rolle spielt als früher. Diese größere Rolle bedeutet allerdings, dass der Staat viel stärker aufpassen muss, den Markt nicht zu verdrängen. Je größer die Rolle, desto bescheidener sollte man sein."

Die sensibelste politische Frage ist die nach der Bereitschaft für Investitionen. Wann ist ein Unternehmen bereit, Geld für Veränderung auszugeben? Das ist bei der digitalen Transformation eine besondere Herausforderung.

Das Handwerkszeug der Politik ist auch hier immer wieder das gleiche: Gesetzgebung und Regulierung, Förderung, Ausbildung, Aufbau von Strukturen. Die Regulierung ist die Grundlegendste und wichtigste Aufgabe, auch wenn die liberale Haltung weit verbreitet ist, Regulierung sei eine Fortschrittsbremse. Doch der nachhaltige Erfolg ist ohne Regulierung nicht denkbar.

Zu Beginn der Ära der digitalen Vernetzung herrschte Wildweststimmung, Alles war möglich, nichts war verboten, der Fortschritt schien grenzenlos und ständig in Bewegung. In dieser Phase sind die ersten digitalen Riesen gewachsen, die Amazons, Facebooks, Apples, Googles. Sie konnten hemmungslos wachsen, weil nichts sie daran gehindert hat. Dieser Traum des hemmungslosen Wachsens hängt weiter in vielen Köpfen fest, weshalb viele alles daransetzen, Regulierung zu verhindern. Doch die Zeiten des hemmungslosen Wachstums sind aus einem anderen Grund vorbei: Das digitale Neuland ist verteilt, der Boden ist besetzt, jetzt geht es um Verdrängung.

Und es geht um komplexere Themen mit vielen Abhängigkeiten, und es geht um die Themen der Industrie, wo die großen Investitionsgelder weiterhin darauf warten, ausgegeben zu werden.

Die Prinzipien des Wilden Westens, schneller schießen und möglichst viel Land besetzen, taugen nur bedingt für den Umbau einer Industrie. Während sich Großunternehmen noch mit strategischen Abteilungen einigermaßen selbst organisieren können, sich sozusagen ihr eigenes Fort bauen können, brauchen kleinere Unternehmen mindestens den Schutz der Kavallerie, um beim Wildwestbild zu bleiben. Und deren Einsatz will organisiert werden. Es geht um die Schaffung von Investitionssicherheit.

Randbedingungen für Investitionen	Bedeutung für Privatanwender	Bedeutung für Industrie
Preis	4	2
Nutzen	2	4
Wettbewerbsvorteil	1	4
Coolness	5	1
Zuverlässigkeit	2	4
Technische Integration	2	5
Prozessintegration	1	4
Integration Kunden & Partner	0	3
Robustheit	2	4
Technische Reife	2	4
Planungssicherheit	2	4

Bild 13.2 Viele der Randbedingungen für unternehmerische Investitionen können von der Politik beeinflusst werden

Politik beeinflusst die Randbedingungen für Investitionen in unterschiedlicher Weise (Bild 13.2):

- **Preis:** Mittel.

  Die Politik kann über das Wettbewerbsrecht dafür sorgen, dass keine illegalen Preiskämpfe schwächere Marktteilnehmer benachteiligen, und sie kann über Fördermaßnahmen dafür sorgen, dass bestimmte Einstiegsschwellen in die digitale Transformation überwunden werden können.

- **Wettbewerbsvorteil:** Mittel bis niedrig.

  Hier kann sie allenfalls regional handeln, nicht unternehmensspezifisch.

- **Coolness:** Niedrig.

  Politik hat keinen Einfluss, außer dass Politiker sich gerne mit Hightech-Attributen in der Presse zeigen.

- **Zuverlässigkeit:** Hoch.

  Hier kann sie Rechtssicherheit in Haftungs- und Gewährleistungsfragen schaffen, in Fragen des Urheberrechts und des Datenschutzes und auch in strukturellen Fragen, etwa des Wettbewerbsrechts. Man denke beispielsweise an die Vorwürfe gegen Amazon, die Geschäftsmodelle der Unternehmen, die die Amazon-Plattform nutzen, zu kopieren und die Ideengeber dann über ihre eigene Marktmacht zu verdrängen.

- **Technische Integration:** Mittel bis hoch.

  Hier geht es um Standardisierungs- und Normierungsinitiativen. Es ist ein großer Organisationsaufwand, die Interessen aller Beteiligten abzustimmen und zu konkreten Ergebnissen zu führen, die die Situation aller Beteiligten verbessern. Hier spielen traditionell die Branchenverbände eine große Rolle, ebenso Hochschulen und halböffentliche Forschung, etwa in der Fraunhofer Gesellschaft in Deutschland. Aber auch Initiativen wie Acatech und die Plattform Industrie 4.0, die grundlegende Konzepte erarbeiten und zur Einigung bringen. Hier ist die Politik in einer kritischen Situation: Einerseits müssen die richtigen Initiativen ergriffen werden, die zur Einigung in Integrationsfragen führen; andererseits ist gerade in diesem Bereich das „Fördergelder-Abgreifen" eine beliebte Übung, in der so manche ihren Meister gemacht haben, sowohl im Hochschulbereich als auch in Unternehmen. Die Herausforderung für die Politik ist dabei, den ständigen Wandel des Bedarfs zu verstehen und sich auch wieder zurückzuziehen, wenn ein Problem gelöst ist.

- **Prozessintegration:** Mittel.

  Ein Thema, das mit der technischen Integration verwandt ist, doch andererseits anders ist. Hier geht es nicht um die Frage, dass Technologie genutzt wird, sondern wie sie genutzt wird. Diese Frage ist bedeutsam angesichts der Erkenntnis, dass wir sehr viel Technologie haben, von der wir nicht wirklich wissen, wozu wir sie brauchen.

  Hinter der Frage der Prozessintegration steht die gesamte Problematik des industriellen Umbaus. Und dieser Umbau findet ohne Architekten statt, ohne Bauleitung, ohne zentrale Planung. Es basteln dagegen alle Beteiligten mit ihren Zielen und Ideen daran herum und wundern sich, dass alle anderen andere Ziele verfolgen. Die Fähigkeit, diesen Umbau zu organisieren, ist eine politische Königsdisziplin. Hier ist das chinesische Modell dem europäischen voraus, da es aus einer zentralen Planung herausarbeitet. Das amerikanische Modell hingegen ist dem europäischen hinterher, da sie jede Art von Abstimmung für Zeitverschwendung halten.

- **Integration von Kunden und Partnern:** Mittel bis niedrig.

  Hier geht es wieder das Thema Normierung, und zwar sowohl im technischen Sinne wie auch im rechtlichen Sinne.

  Politische Maßnahmen sind einerseits eine entsprechende Regulierung, die für Rechtssicherheit in den neuen Arten von Partnerschaft sorgt, die im Kontext mit digitaler Vernetzung auftreten. Andererseits geht es wie bereits bei der technischen Integration um Normierung und drittens um die Frage der Strukturschaffung. Ist es nötig, bestimmte Strukturen zu schaffen, die die digitale Vernetzung der Industrie stabil und sicher machen?

- **Robustheit und technische Reife:** Mittel bis hoch.

  Mit Regulierung und Aufsichtsbehörden, die dem Betrieb von digitalen Leistungen Qualitätsnormen geben.

- **Planungssicherheit:** Mittel bis hoch.

  Mit gesetzlichen Vorgaben für die Leistungs- und Gewährleistungskataloge von Anbietern digitaler Dienste, zumindest sofern diese mehr oder weniger in die Kategorie „Grundversorgung“ fallen. Erfahrungen aus jüngster Zeit zeigen, dass im Bereich Energieversorgung teilweise mit großem Leichtsinn Geschäftsmodelle zugelassen wurden, die in sich zusammenfielen, als sich die Randbedingungen änderten und die Einkaufspreise für Gas stark stiegen. Vergleichbare Szenarien mit der Verfügbarkeit oder Nicht-Verfügbarkeit von Cloud-Systemen sind denkbar.

Infrastruktur wird im Allgemeinen als Sache des Staates gesehen. Bei Straßen und Wasserleitungen gibt es Konsens. Bei Stromleitungen bewegt es sich irgendwo zwischen halbstaatlichen und privaten Betrieben, den Versorgern. Post und Telekommunikation waren einst staatlich und wurden Ende des vergangenen Jahrhunderts privatisiert, sind aber weiterhin stark reguliert.

Erfahrungen mit Initiativen wie „Gaia-X“ sind nicht unbedingt erfolgversprechend. Gaia-X ist eine europäische Initiative für eine Cloud-/Infrastrukturarchitektur, die den „Hyperscalern“ aus USA und China wie Amazon, Microsoft und Alibaba etwas entgegensetzen kann und eine gewisse europäische digitale Autonomie sicherstellt.

Gaia-X wurde stark als staatliche Initiative aufgesetzt. Es wurden starke technische Konzepte erarbeitet und Strukturen auf den Weg gebracht, um diese umzusetzen, meist im Open-Source-Modus, da der Staat nicht als kommerzieller Anbieter auftauchen will.

Bei Gaia-X lässt sich der Eindruck nicht leugnen, dass es an industrieller Zugkraft fehlt. Ein gutgemeintes Projekt scheitert daran, dass es zwar alles richtig macht, ihm aber die Kunden fehlen, die konkret etwas wollen, woran das Projekt sich reiben kann und herausfinden kann, was funktioniert und was nicht. Das Ergebnis ist eine Initiative, die im Forschungsmodus hängenbleibt.

Es mag sein, dass sich in den kommenden Jahren eine solche Zugkraft einstellt, das ist heute schwer vorhersehbar. Das wäre dann der Übergang vom Forschungsmodus in eine echte Industrialisierung.

Es ist aber weiterhin unbeantwortet, inwieweit der Staat mit Behörden in die Digitalisierung und die digitale Transformation eingreifen sollte. Das könnten Aufsichtsbehörden sein, die mit Regelüberwachung eine Rechts- und Planungssicherheit für Unternehmen geben, vergleichbar den Polizeibehörden. Das könnten Regulierungsbehörden sein, die im Sinne einer sicheren Nutzung Regeln setzen, zertifizieren und überprüfen, vergleichbar mit der Flugsicherheit. Das können Normierungs- und Zertifizierungsbehörden sein, vergleichbar mit den KFZ-Zulassungsstellen oder dem DIN-Institut.

Der Weg einer digitalisierten Gesellschaft aus dem ungeregelten Wildwestmodus in den einer strukturierten Kultur ist noch nicht zu Ende, das ist aber nicht Teil dieses Buches.

Übungen

Randbedingungen benennen

Benennen Sie die notwendigen Randbedingungen für den geschäftlichen Erfolg Ihrer Transformationsgeschäftsidee.

Randbedingungen bewerten

Bewerten Sie diese Randbedingungen nach dem Grad ihrer Erfüllung.

Überlegen Sie sich Maßnahmen, die Sie ergreifen können, um die Erfüllung zu verbessern.

Überlegen Sie sich Vorgehensmodelle, die mit unreifen Rahmenbedingungen zurechtkommen.

Teil 3: Anwendung und Hintergründe

14 Digitale Transformation – Im eigenen Hause

Das Wort Transformation wird nicht nur im Verhältnis zwischen Unternehmen und der Verschiebung der Rollen und Leistungen innerhalb der Wertschöpfungskette unterschätzt. Es wird vor allem auch in den Unternehmen selbst unterschätzt, die sich der Transformation stellen wollen, mit neuen Strategien, neuen Angeboten, neuen Geschäftsmodellen.

Alle Unternehmen verfolgen jeweils auf ihre Weise einen bestimmten Zweck, und richten sich in ihrer Organisation, der Auswahl ihrer Mitarbeitenden, ihrer Prozessgestaltung und ihren Qualifizierungsprogrammen darauf aus, sich hinsichtlich dieses Zweckes ständig zu verbessern. Manche machen das besser, andere weniger gut, aber die Ausrichtung auf den jeweiligen Zweck ist überall deutlich erkennbar. Das umfasst nicht nur die formalen Aspekte wie Struktur und Prozess, das umfasst in gleichem Maße die Unternehmenskultur, das Selbstverständnis der einzelnen Mitarbeitenden.

Das ist für eine Transformation eine Herausforderung. Denn eine Schar Menschen soll in eine kollektive Veränderung geführt werden, deren genaue Form zu Beginn weder wirklich bekannt ist noch sich bewährt hat. Es ist eine Transformation ins Unbekannte, und da machen die wenigsten Organisationen ohne Weiteres mit. Mit ein paar Grundregeln lässt sich die Situation allerdings gut steuern, die Regeln ähneln denen der Transformation in Märkten.

14.1 Transformation zweigleisig fahren

Wie auch bei der vertrieblichen Botschaft einer transformativen Geschäftsidee sollte auch bei der internen Vermittlung der Transformation auf mehreren Ebenen gedacht werden.

Groß denken: Strategie

Jede Transformation benötigt einen Rahmen und ein Ziel. Das Ziel kann oft etwas abstrakt hinsichtlich der Transformation sein, etwa den Umsatz zu verdoppeln oder Marktführer zu werden, aber es muss benannt sein. Der Rahmen ist die dafür gewählte Strategie. Sie benennt auf hoher Ebene die angestrebte Veränderung, benennt die verfügbaren Mittel und Wege und beschreibt die Randbedingungen. In der digitalen Transformation setzt sich die Strategie aus einer Geschäftsstrategie und einer Digitalstrategie zusammen. Die eine beschreibt das angestrebte Geschäftsmodell, die andere die digitalen Systeme und Architekturen, die das im Wesentlichen unterstützen sollen. Aus beidem leitet sich ab, wie eine Veränderung aufgebaut und schrittweise umgesetzt werden kann. Dabei ist wichtig zu wissen: Während des Wandels gibt es jede Menge Lerneffekte, die sich auch auf die Strategie auswirken können, es ist also keine Einbahnstraße, und es bedarf der starken Aufmerksamkeit derer, die für die Strategie verantwortlich sind.

Klein handeln: Konkrete Schritte

Hochmut kommt vor dem Fall. Dieses Sprichwort gilt auch bei der digitalen Transformation. Eine Strategie kann noch so gut sein, wenn eine Organisation sie nicht geübt hat, wird sie sie nicht umsetzen können. Bei der Umsetzung machen Unternehmen immer wieder die gleichen zwei Fehler:

- **Fehler 1: Sie nehmen sich zu viel vor.**

  Digitale Transformation ist ein komplexes Unterfangen, und mit der Größe eines Szenarios, sprich mit der Anzahl der beteiligten Gruppen und Systeme steigt die Komplexität nahezu quadratisch. Vergleichbar zum „Where" bei der Marktbetrachtung ist es also wichtig, sich ein Einstiegsszenario auszusuchen, um die Transformation zu „üben", zu lernen, sich zu bewähren, Vertrauen zu gewinnen und von da aus weitere Themenfelder angehen zu können.

  Das Einstiegsszenario sollte möglichst so gewählt sein, dass es ein konkretes, erlebbares Ergebnis erzeugt, in dem es wirklich etwas verändert, gleichzeitig eine überschaubare Zahl von Teilnehmern und vor allem Rollen umfasst und die Art und Zahl der betroffenen technischen Systeme beherrschbar ist.

- **Fehler 2: Sie gehen zu sehr von einer technischen Vision aus.**

  Technik ist niemals Selbstzweck. Technik ist immer nur dazu da zu dienen. Der Beginn der digitalen Transformation war geprägt vom Phänomen „Lösung sucht Problem", und das ist heute immer noch häufig so. Viel wichtiger ist, sich mit dem Geschehen im „Raum der Veränderung", also dem Umfeld zu befassen, auf das die Strategie angewandt werden soll. Das gilt es zu analysieren und zu verstehen und sich dann das Szenario herauszugreifen, das sich am besten als Einstieg eignet. Denn erst, wer ein äußeres, konkretes Ziel hat, kann herausfinden, wie er dort am besten hinkommt.

Um das zu leisten, empfiehlt sich ein systematisches Vorgehen nach einem Plan.

■ 14.2 Richtig machen oder richtig machen - Ein Unterschied

Über Nutzen und Gefahren von Prozessen

Bild 14.1 Verstehen und Wissen - ein Unterschied, gerade bei Systemunterstützung

Eine Person handelt nach dem, was sie im Kopf hat. Jede externe Information muss zunächst in ein Handlungsmuster übertragen werden. Auf diesem Weg können viele Missverständnisse geschehen, insbesondere wenn Gruppen zusammenarbeiten und Menschen zusammenarbeiten, die kein gemeinsames Prozessverständnis haben.

Das Entscheidende ist die Betonung: Betonung auf „richtig“ oder Betonung auf „machen“?

Teams, insbesondere in Unternehmen, wo sie immer wieder neu zusammengestellt werden, haben immer zunächst ein Findungsproblem. Menschlich, vom Verständnis der Aufgabe, von der Struktur ihrer Arbeit. Die „Teamuhr“ – ein Prinzip der Teamentwicklung, das die vier Phasen „Forming, Norming, Storming, Performing“ beschreibt – ist ein gutes Beispiel und Werkzeug dafür. Es gibt jede Menge guter Literatur dazu, sodass ich es hier nicht weiter ausführen will.

Ein davon unabhängiges Phänomen ist aber die Neigung, zu früh einen Prozess anzuwenden.

Ein Prozess schafft Ordnung in einer Organisation und Ablauf, benennt Aufgaben, Ergebnisse, Verantwortlichkeiten und Entscheidungspunkte. Ein Prozess ist hilfreich, wenn es in die Umsetzung geht und verteilte Rollen sinnvoll zusammenarbeiten sollen. Gerade in frühen Teamphasen, in denen es für alle Beteiligten noch schwierig ist zusammenzufinden, erscheint der Prozess als ordnungsgebendes Instrument wie eine erlösende Klarheit. Gerade wenn ein Team, oder auch eine Organisation, sich noch nicht wirklich gemeinsam im Klaren ist, was wirklich die Aufgabe ist und wie sie erfüllt werden kann, kann ein Prozess aber auch eine Gefahr darstellen:

- **Risiko 1: Dienst nach Vorschrift**

  Sobald der Prozess steht und angewandt wird, orientieren sich die Teammitglieder daran und erzeugen Ergebnisse. Wenn das gemeinsame Verständnis der Aufgabe aber noch nicht stimmt, werden diese Ergebnisse am Ende nicht zusammenpassen.

- **Risiko 2: Silodenken**

  Der Prozess ersetzt das Nachdenken über das Ziel, die Reflektion und das über den Tellerrand Hinausdenken.

- **Risiko 3: Ungeübtheit**

  Der Prozess ist für die Aufgabenstellung nicht richtig gestaltet, und wesentliche Elemente, häufig im Bereich der Qualitätssicherung, fallen weg.

Ein zu früh als Prozess angesetztes Vorgehen kann verhindern, dass die gewünschten Ergebnisse erreicht werden. Nachstehendes Beispiel eines Unternehmens, das ein Augmented-Reality-Produkt für die pharmazeutische Industrie anbieten will, soll dies veranschaulichen:

Gescheitertes Angebot eines Augmented-Reality-Produkts

- **Teilaufgabe 1: „Augmented Reality“ als Werkzeug anbieten.**
  Das betreffende Team überlegt sich, zwei konkrete Lösungen als verkaufbare Pakete zu beschreiben:
  - Aufzeichnen komplexer Arbeitsabläufe durch Experten sowie
  - Ablaufen lassen als Training dieser Arbeitsabläufe vor Ort in der Produktion

  Das erste Teilteam arbeitet das korrekt heraus, dokumentiert es, schafft ein Verkaufsangebot und Vertriebsmaterial.
- **Teilaufgabe 2: Käuferpersonen festlegen und Szenarien beschreiben.**
  Das andere Teilteam befasst sich mit der Käuferperson. Für das Thema gibt es in der Zielindustrie keine konkreten Ansprechpartner, also wird als Zielperson die Produktionsleitung ausgewählt. In Testgesprächen erkennen sie schnell den Nutzen des Angebots und leiten das Thema an die entsprechende IT-Abteilung weiter, um die Umsetzung zu prüfen.
  Die IT-Abteilung befasst sich jedoch nicht nur mit einzelnen Lösungen, sondern auch mit der gesamten Digitalarchitektur und will daher verstehen, wie sich die Lösungsvorschläge dort einbetten lassen, wie Daten fließen, wie sie abgelegt und gepflegt werden, wer auf sie zugreifen darf und mit vielen weiteren solchen Fragen, ebenso mit vielen weiteren Einsatzideen für Augmented Reality, besonders im Kontext mit automatischer Problemerkennung und schneller Problembehebung, wofür neben der reinen Augmented-Reality-Technologie auch intelligente Datenverknüpfungen mit Maschinen notwendig sind.
  Im Gespräch mit dem Einkauf bei Testkunden stellt das Team weiterhin fest, dass es als Anbieter in diesen Kreisen unbekannt ist und zunächst einmal erklären muss, wieso sie als Partner für die pharmazeutische Industrie attraktiv sind,
  Das zweite Teilteam beginnt also, Vertriebsszenarien aufzusetzen, die stark auf das Thema Unternehmensintegration und langfristige Partnerschaft ausgelegt sind, und bereitet ein strategisches Vertriebskonzept vor.
- **Teilaufgabe 3: Vertriebskonzept umsetzen.**
  Das erste Teilteam stellt sich für den konkreten Lösungsvertrieb einen stark Marketing-getriebenen Ansatz vor, bei dem die Mächtigkeit der Lösung als begeisternde Innovation in den Vordergrund gestellt wird.
  Das zweite Teilteam stellt dazu laut Prozess die Vertriebsszenarien.
  Eine Marketingabteilung erstellt nun Folien und Videomaterial, das die komplexe Unternehmensintegration in einfache Clips überführt. Das Team erkennt schnell, dass die Szenarien zu komplex sind, und lässt Teile weg, die aus Erfahrung in dieser Art Präsentation nicht verstanden werden. Da die Zeit knapp ist und die Teams stark unter Druck stehen, geht das Material weiter im Prozess und wird veröffentlicht, ein Vorgehen, das in der Vergangenheit auch oft angewandt wurde.

Als Ergebnis tauchen auf der Website des Anbieters Videos auf, die das Thema Lösungsvertrieb und strategischer Vertrieb verwechseln. Für die Zielgruppe Digitalstrategie angesprochen, wird deren Fragestellung der Unternehmensintegration zwar erwähnt, aber nicht beantwortet. Für die Zielgruppe Produktionsleitung gibt es zwar schöne Videos, aber keinen Hinweis, wie diese Ideen zur Umsetzung gebracht werden können. Die Kampagne verläuft sich als „Nette Idee, aber irgendwie noch nicht reif". ■

Derartiges lässt sich bei Unternehmen, die sich an Angeboten der digitalen Transformation probieren, täglich erleben. Das folgende Kapitel befasst sich mit dem Lernprozess im Unternehmen, wie die eigene Organisation sich fit macht für die digitale Transformation.

15 Rahmenwerk für die interne Transformation

Die digitale Transformation trifft alle Unternehmen auf unterschiedliche Weise. Digitalunternehmen stellen fest, dass sie ihre Angebote radikal umstellen und sich dabei in vielerlei Hinsicht neu organisieren müssen. Industrieunternehmen stellen fest, dass sie sich mit der Frage befassen müssen, wie weit sie selbst Digitalunternehmen werden und gleichzeitig üben, ihre eigenen Methoden und Prozessen mit veränderten Partnern und Konzepten umzusetzen.

Die Umstellung als Unternehmen ist ein mühsamer Prozess, bei dem nur eines sicher ist: Es werden Fehler gemacht. In den Jahren, in denen ich mit meinem und anderen Teams an der digitalen Transformation im Unternehmen wie im Markt gearbeitet habe, ist ein einfaches, aber zuverlässiges Rahmenwerk entstanden, das sowohl auf Digitalunternehmen passt wie auf Industrieunternehmen, die mit digitalen Angeboten ihr Geschäft erweitern wollen. Für alle anderen ist das Rahmenwerk ein nützliches Instrument, um einzuordnen, was während der digitalen Transformation in ihrem Geschäftsumfeld geschieht. Das Rahmenwerk setzt auf das Prinzip des „Where, Why, What, How“ auf und gliedert es in vier Phasen, die, einmal angestoßen, in ein kontinuierliches Lernen übergehen (Bild 15.1).

Bild 15.1 Das „Where, Why, What, How“-Umsetzungs-Framework für digitale Transformation (Bild: PTC)

Die Phasen bilden eine Folge, die sich über eine gesamte Strategiefindung und -umsetzung zieht. In sich erzeugen sie wiederum viele Programme mit einzelnen Projekten nach dem gleichen Schema. Man könnte auch sagen, das Rahmenwerk stellt einen dynamischen Geschäftsplan dar, der kontinuierlich fortgeschrieben wird. Die Phasen bilden keine scharfe Abgrenzung, sondern dienen dazu, sich immer wieder zu vergegenwärtigen, wo man steht und welche Voraussetzungen man schaffen sollte, um von einer Phase in die nächste zu kommen.

Wichtig zu verstehen ist, dass es sich um ein Rahmenwerk für digitale Transformation handelt. Eine solche Transformation findet nicht im gesamten Unternehmen gleichzeitig statt, sondern sie geschieht parallel zum laufenden Geschäft. Das ist für eine Organisation häufig eine Belastung, da die beiden Handlungsstränge unterschiedliche Ziele verfolgen. Das Rahmenwerk unterstützt den Umgang mit diesem Interessenskonflikt. Spannungen, die dabei entstehen, sind jedoch unvermeidlich und erfordern eine entsprechende Aufmerksamkeit der Unternehmensführung.

Hinweis: Gemeinsame Governance

Sollte eine verändernde Geschäftsinitiative losgelöst oder kombiniert mit dem Kerngeschäft stattfinden? Die digitale Transformation in der Industrie hat gezeigt, dass eine Entkopplung problematisch ist, da in der Regel die Zielgruppen die gleichen sind und die kontinuierliche Kundenbeziehung gepflegt werden muss. Daher ist es auch wichtig, das Transformationsrahmenwerk mit den Planungs- und Governance-Strukturen des Kerngeschäfts zusammenzuführen (Bild 15.2).

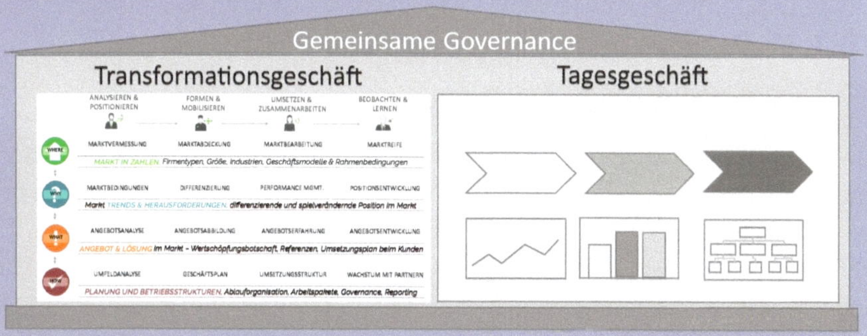

Bild 15.2 Kopplung von Veränderung und Kerngeschäft in der digitalen Transformation

15.1 Phase 1: Analysieren

Die Initialphase beginnt mit einem kleinen Team, das erst einmal die Lage sondiert und die eigene Position skizziert, die eigenen Stärken benennt und die Randbedingungen betrachtet. Hier kommt es darauf an, dass das Team einen Auftrag hat, eine Transformationsidee konsequent zu untersuchen und eine Art ersten Business-Plan dafür zu erstellen.

> **Transformationsidee**
>
> Wie eine Transformationsidee entsteht, ist bewusst offengelassen. Eine Transformationsidee ist die Kombination aus der Beobachtung einer sich ändernden Welt und der Idee, wie man selbst mit seinen Stärken und Kompetenzen damit umgehen kann. Sie entsteht aus kreativen Köpfen und kreativen Momenten, durch Zufall oder durch glückliche Moderation eines Workshops. Ein möglicher Einstieg für ein Unternehmen in die digitale Transformation liegt in der Bereitschaft, diese Momente zuzulassen und eine Kultur der wachen Aufmerksamkeit zu erzeugen, aus der Ideen entstehen, die es wert sind, überprüft zu werden. Eine andere Möglichkeit ist, Berater zu beauftragen, Ideen zu liefern. Die Außensicht von Beratern ist häufig hilfreich, um das eigene Denkschema zu verlassen. Ein dritter Weg sind Umfragen, im Umfeld der eigenen Kunden oder auch bewusst in anderen Zielgruppen. Kleine Strategieteams können Trends und Märkte beobachten und so Potenziale untersuchen. Der Ideenfindung sind keine Grenzen gesetzt.

15.1.1 „Where“ in der Analysephase

Eine Analyse beginnt als Allererstes mit einer Marktvermessung mit dem Ziel, das Revier abzugrenzen, in dem die Transformation stattfinden soll. Also der Raum außerhalb des Unternehmens, der im weiteren Sinne als „Kunde“ davon betroffen ist. Hier geht es darum, mögliche Zielbranchen oder Zielgebiete zu identifizieren. Nebenbei sollte man sich überlegen, ob man eine regionale Einschränkung vornehmen will, um die Aufgabe beherrschbar zu halten.

Die typischen Kenngrößen, die man hier zusammentragen sollte, werden in Tabelle 15.1 und Tabelle 15.2 zusammengefasst.

Einmal zusammengetragen, bringt dieser Datensatz, angewandt auf unterschiedliche mögliche Zielbranchen, bereits einen guten Überblick über mögliche „Jagdreviere“ und deren Grenzen. Es ist im Weiteren gestattet, Teilreviere wiederum zu teilen oder auch zusammenzulegen, um ein möglichst gutes Zielgebiet zu formen. Das ist dann Teil der Lernphase, die es in jedem Fall benötigt.

Tabelle 15.1 Quantitative Basisdaten

Datum	Mögliche Quellen
Potenzielle Zielindustrien	Auflistung der Industrien nach üblichen Branchenschlüsseln, wie sie auch beispielsweise vom Bundesamt für Statistik genutzt werden.
Anzahl der Unternehmen	Wird üblicherweise nach Größe und Region untergliedert.
Wachstumsraten in der Industrie	Steht in Branchenreports zur Verfügung oder in Analystenberichten, oft auch in Marktstudien von Banken oder großen Beratungshäusern.
Erwartete Ausgaben der Zielunternehmen	Es gibt spezielle Dienstleister, die angestrebte Investitionen systematisch erheben. Auch große Suchmaschinenanbieter wie Google stellen derartige Daten kommerziell zur Verfügung.
Eigene Marktpräsenz (Umsatz, Marktanteil)	Eigene kaufmännische Datenerfassung.
Wettbewerbsmarktanteile	In vielen Branchen gibt es Analysten, die Marktanteile erfassen und Auswertungen kommerziell anbieten.

Tabelle 15.2 Qualitative Basisdaten

Datum	Mögliche Quellen
Marktübliche Trends	Eigene Kontakte in die Unternehmen, Branchenreports, Analystenreports, Jahresberichte der Unternehmen (bei börsengelisteten Unternehmen), Branchenzeitungen, Branchenkongresse, Messen.
Marktspezifische Eigenschaften	Gesetzliche Randbedingungen, strukturelle Randbedingungen. Hier dienen die gleichen Quellen wie bei den Trends, sowie Gespräche mit Vertretern der Branchen.
Eigener Ruf im Markt/ Bekanntheit	Präsenz auf Industrieveranstaltungen, Themenlisten bei Kongressen und Tagungen, Gespräche mit Branchenverbänden und individuellen Branchenvertretern.
Eigene Kenntnis über den Markt	Aktive Geschäftspräsenz im angestrebten Themenbereich.
Vorhandener Marktzugang	Bedeutung des eigenen Unternehmens in der Zielbranche, vorhandene Geschäftsbeziehung zu relevanten Marktvertretern, Kenntnis der Branchennetzwerke und Zugang dazu.
Risiken	Ungeklärte Randbedingungen oder andere Einflüsse, die den Geschäftsverlauf beeinflussen können (Wahlen, Gesetzeslücken oder -erwartungen, Branchenübernahmen).
Mögliche Zeitfenster	Randbedingungen wie aufkeimender Wettbewerb, Vorbedingungen für eine Investition, Gesetzeserwartungen.

Es empfiehlt sich, hier von Beginn an systematisch vorzugehen und eine Art **Atlas** zu erstellen, der es möglich macht, Zielindustrien schnell und einfach zu vergleichen und unter unterschiedlichen Mitgliedern einer „Community“ ein gemeinsames Bild zu erzeugen.

Der Atlas sollte abbilden:

- mögliche Zielindustrien,
- unterschiedliche Regionen,
- jeweilig Marktanteil und Entwicklungspotenzial zu den eigenen Produkten,
- vorhandene Zugänge in die Zielindustrien, also Reife der eigenen Organisation, Vertriebswege, Partnerschaften, ...

Dieser Atlas dient der regelmäßigen Abstimmung mit den Vertriebsverantwortlichen in den Regionen und sollte zur gemeinsamen Planungsgrundlage werden.

15.1.2 „Why" in der Analysephase

Im „Why" geht es zuallererst darum, interessant zu sein. Das Why stellt die Frage: „Warum sollte eine Person, die als Vertreter der Zielgruppe ihre Investitionen plant, mir zuhören?" Sprich: Es verlangt, sich in die Perspektive der Kunden zu versetzen.

Kunden haben in der Regel etwas anderes im Kopf als Verkäufer, und sie haben wenig Zeit. Insbesondere wenn sie einen Verkäufer noch nicht kennen, überlegen sie meist nicht lange, bis sie entscheiden, ihre Zeit etwas anderem zu widmen. Daher muss der Verkäufer einen guten Grund mitbringen, sich mit ihm zu beschäftigen. Der dreht sich um aktuelle Veränderungen beim Kunden.

Tabelle 15.3 Bestandteile des „Why"

Bestandteil	Erläuterung
Eine Umfeldbeschreibung	Die Themen und Prioritäten des Kunden oder der Branche sowie die Randbedingungen (Gesetze, Standards ...) – beides sollte im „Where" zusammengetragen worden sein.
Eine Situationsbeschreibung	Der Veränderungsdruck, der sich aus der Umfeldsituation ergibt, also das Problem, das der Kunde zu lösen hat.
Eine Kompetenzaussage	Die grundsätzliche eigene Position und Kernkompetenz, die einen als Anbieter differenziert.
Ein Veränderungsversprechen	Die glaubwürdige Aussage, das Problem lösen zu können, die sich auf die eigene Kompetenz bezieht.
Eine Referenz	Es ist wichtig darzulegen, dass man nicht nur eine Idee hat, sondern weiß, was man tut. Die Referenz kommt idealerweise aus der Branche des Kunden, es kann aber auch eine verwandte Branche sein, wenn die Verbindung einfach hergestellt werden kann.

Mit den in Tabelle 15.3 dargestellten Informationen, die die Ergebnisse des „Where" ergänzen, lässt sich eine Positionsaussage erstellen, die geeignet ist, sich statt als Lieferant als Partner des Kunden oder der Kundenbranche für eine relevante Veränderung anzubieten. Diese Rolle muss so substanziell sein, dass es sich für den oder die Kunden lohnt, sie zwischen vielen anderen Möglichkeiten herauszupicken und näher zu betrachten.

Das „Why" kann aus der Perspektive des Kunden zwei verschiedene Ausrichtungen haben:

- Da ist jemand, der **kennt sich aus**, und darauf kann ich mich verlassen.
- Da ist jemand, der **bringt etwas Neues** ein, das ist spannend.

Die erste Ausrichtung ist die attraktivere, denn sie liefert schneller die Grundlage für substanzielles Geschäft. Die zweite ist geeignet, um in neue Industrien und Themenfelder vorzustoßen, fordert allerdings erst einmal mehr Vertrauensaufbau. Wenn sich mindestens eine der beiden Richtungen glaubwürdig beschreiben und auch bedienen lässt, dann lohnen sich weitere Schritte in dem Markt. Beim Beispiel „Augmented Reality" als Angebot an einen Maschinenhersteller sähe das in etwa wie in Tabelle 15.4 dargestellt aus.

Tabelle 15.4 Bestandteile des „Why" – Angebot „Augmented Reality" (Beispiel)

Bestandteil	Erläuterung
Eine Umfeldbeschreibung	Die verkauften Maschinen sind komplexe Produkte aus mechanischen Elementen mit elektronischer Steuerung, die regelmäßig durch Experten überprüft und gewartet werden müssen. Sie stehen dabei verteilt in der Welt in den Produktionshallen der Kunden und müssen im lokalen Umfeld zuverlässig produzieren.
Eine Situationsbeschreibung	Servicekosten sind zu hoch und Servicezeiten zu lang, zudem ist es immer schwer, qualifiziertes Personal zu finden, das kurzfristig weite Reisen antreten will.
Eine Kompetenzaussage	Als langjähriger Anbieter für Augmented Reality habe ich ein Lösungskonzept das Servicetätigkeiten per Fernanleitung ermöglicht.
Ein Veränderungsversprechen	Ich baue einen Prozess, der sicherstellt, dass Servicetätigkeiten durch technisches Personal vor Ort geleistet werden können. Diese erhalten vorbereitete Anleitungen oder eine direkte Live-Fernanleitung durch Experten. Eine Qualitätsprüfung kann dabei auch vorgenommen und dokumentiert werden.
Eine Referenz	Die Bedingungen gleichen dem einer vernetzten Maschine mit dem einzigen Unterschied, dass es sich um eine Kundenbeziehung handelt und entsprechende Verträge gemacht werden müssen.

15.1.3 „What" in der Analysephase

Das „What" ist die verkaufte Lösung, die das Geschäftsproblem des Kunden löst und sich in dessen Welt dauerhaft verankert. Beim „What" geht es darum, festzustellen, ob es schon ein realistisches erfolgversprechendes Angebot gibt. Also das „Why" mit konkretem, verkaufbarem Inhalt zu füllen und es aus allen Perspektiven zu beschreiben, die für die positive Investitionsentscheidung nötig sind. Diese Sichtweisen sollten mit „Pro" und „Contra" betrachtet werden:

- **Die Kundenperspektive:**

  Benennung und Beschreibung der Randbedingungen und der konkreten Veränderung, die aus der Perspektive des Kunden erreicht wird. Hier geht es darum, zu verstehen, was beim Kunden geschehen soll, und dieses Verständnis vermitteln zu können. In der Analysephase ist das Ziel herauszufinden, ob man angebotsfähig ist oder ob es signifikante Lücken gibt, von denen man erst einmal nicht weiß, wie man sie schließen soll.

- **Die Angebotsperspektive:**

  Hinterfragen des eigenen Produktangebots innerhalb der Randbedingungen und Formulieren eines funktionsfähigen Angebots einschließlich der Kosten und Risiken. Was wird verkauft? Erfüllt es den Bedarf und wo gibt es Lücken?

- **Die Mehrwertperspektive:**

  Was ist der konkrete Mehrwert für den Kunden? Welcher Preis lässt sich daraus ableiten und lohnt sich in der Folge das Investment für Kunde und Anbieter? Insbesondere beim Adressieren einer neuen Branche stellt sich die Frage, ob sich das Investment in die neue Branche lohnt oder, aus Perspektive der Kunden, ob es sich lohnt, Beziehungen zu einem neuen Partner aufzubauen mit allem, was an Aufmerksamkeit, Komplexität und Interessensvermittlung dazugehört.

- **Die Alternativperspektive:**

  Entscheidungsalternativen des Kunden – also die As-Is-Situation und mögliche Wettbewerbsangebote und die Abgrenzung davon. Einsammeln der Entscheidungsalternativen und das Erarbeiten von Argumenten, die aus Kundenperspektive eine Entscheidung prägen, ist eine elementare Übung, um die drei erstgenannten Perspektiven zu schärfen und rechtzeitig herauszufinden, ob sich eine Investition lohnt.

Das „What" kann auch aus mehreren Bausteinen bestehen, die möglicherweise sogar unabhängig voneinander sind bzw. unabhängig voneinander angeboten werden können. Beim Beispiel des Augmented-Reality-Angebots an den Maschinenbauer könnten die Antworten wie in Tabelle 15.5 dargestellt aussehen.

Tabelle 15.5 Bausteine des „What" - Angebot „Augmented Reality" (Beispiel)

Perspektive	Pro	Contra
Kunden-perspektive:	Das digitale Zentralsystem erfasst wichtige Maschinendaten. Das Augmented-Reality-System baut eine Verbindung zwischen den Geräten vor Ort und dem Zentralsystem auf und kann digitalen Inhalt auf die Datenbrille der Anwender vor Ort senden. Experten ergänzen diese Daten mit aufgezeichnetem Fachwissen oder können sich jederzeit in die Verbindung zur Technik vor Ort dazuschalten.	Die eigenen Profis sehen möglicherweise eine Gefahr für ihre Arbeitsplatzsicherheit, wenn ihr Wissen in digitalen Systemen abgelegt wird. Dem sollte man mit entsprechenden Verträgen und Argumenten des Arbeitskräftemangels begegnen. Die Alternative wäre, selbst immer wieder spontan Reisen antreten zu müssen. Kunde fühlt sich mit der Aufgabe, eine digitale Wissensvermittlung aufzubauen, überfordert und setzt lieber auf traditionelle Werkzeuge.
Angebots-perspektive:	Die Bestandteile sind digitale Maschinenmodelle, Serviceakten, Vernetzung, eine minimale Augmented-Reality-Ausrüstung bei den Maschinennutzern. Für eine Skalierung beim Kunden können Datenmanagementsysteme verkauft werden, die die Maschineninformation automatisiert verwalten und nachvollziehbar halten können.	Unsicher ist möglicherweise die Frage der Haftungssicherheit bei der Qualitätsabnahme durch automatisierte Systeme, das gilt es länderweise zu prüfen. Geprüft werden muss weiterhin, ob alle Normen und Regularien für die Zielbranche bekannt und in den automatisierten Qualitätssicherungssystemen hinterlegt sind.
Mehrwert-perspektive:	Wegfall von Reiseaufwänden als Kostenfaktor sowie deutliche Beschleunigung von Servicezeiten. Automatisierte Dokumentation der Maschinenzustände erlaubt langfristige Verbesserung und schafft Rechtssicherheit. Langfristig ist es ein Einstieg zum „Machine as a Service"-Modell.	Es fallen Aufwände für das Erstellen vorgefertigter Anleitungen an, das sollte möglichst automatisiert ablaufen und muss entsprechend überprüft werden. Eine Praxiserprobung steht noch aus. Inwieweit hängen eingesparte Servicezeiten von der Verfügbarkeit von Ersatzteilen ab? Gegebenenfalls wird erst eine kombinierte Lösung attraktiv.
Alternativ-perspektive:	Traditionelle Servicemodelle sind teuer und unattraktiv für den Kunden. Es gibt Wettbewerber, die aber ein schwächeres Angebot haben.	Möglicherweise ist der Wegfall der Kundenschnittstelle eine Gefahr, wenn die eigenen Profis nicht mehr vor Ort beim Kunden auftauchen. Es gibt Wettbewerber mit vermeintlich attraktiverem Angebot, gegen die Argumente gefunden werden müssen. Die digitalen Infrastrukturen in den Unternehmen sind noch nicht so weit, dass das Angebot zuverlässig liefe.

Die sorgfältige Ausarbeitung dieser Sichten schafft ein gutes Bild über die Chancen und Risiken des Geschäftes und ist damit vor allem ein Werkzeug der Prioritätenplanung. In welche Märkte sollte man zuerst einsteigen, weil die Bedingungen günstig sind, wo sollte man möglicherweise noch Zeit lassen und für welche Märkte lieber erst anderswo Referenzen aufbauen?

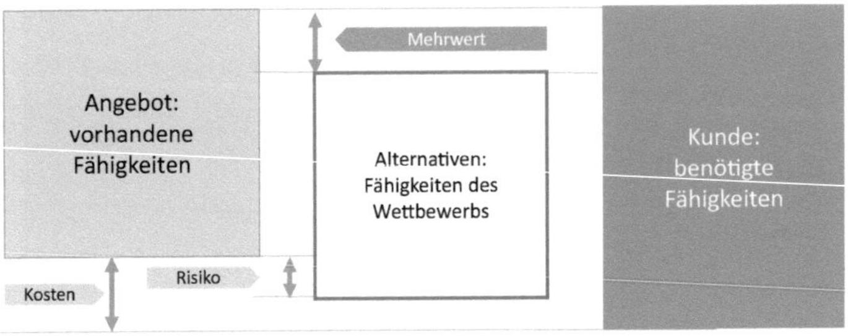

Bild 15.3 Zielgruppenauswahl nach den größtmöglichen Erfolgschancen

Ein Bestandteil des „What" ist das Abbilden der eigenen Fähigkeiten in die Bedarfswelt des Kunden und die Ableitung von Mehrwert, Kosten und Risiko aus dem Ergebnis der Abbildung. Dann gilt es abzuwägen, welches dieser drei Kriterien das entscheidende für die Zielgruppenauswahl ist (Bild 15.3). Je nach der Wettbewerbssituation fällt die Wahl unterschiedlich aus:

- **Mehrwert:** Wenn es um eine signifikante Verbesserung geht, in der das Wettbewerbsrisiko zunächst gering, dafür die Öffentlichkeitswirksamkeit eines Erfolges groß ist.
- **Kosten:** Wenn es zeitkritisch ist, einen Erfolg vorzuweisen.
- **Risiko:** Wenn es darum geht, in einem wettbewerbskritischen Umfeld vorne zu liegen.

Die Analyse des „What" ergibt somit eine Angebotsbeschreibung mit Mehrwertaussage für die Kunden sowie eine Kosten- und Risikobetrachtung für den Anbieter. Da dies je nach Zielmarkt unterschiedlich ausfallen kann, sollte ein kluges Unternehmen die gleiche Betrachtung für unterschiedliche Zielmärkte machen und anschließend abwägen, wo es zuerst die größten Erfolgschancen sieht.

15.1.4 „How" in der Analysephase

Im „How" der Analysephase steckt die Frage, ob eine Idee nicht nur sinnvoll, sondern auch umsetzbar ist. Während das „Where" die wichtigste Frage hinsichtlich der Strategie ist, ist das „How" die wichtigste Frage hinsichtlich des Risikomanagements. Das „How" birgt das meiste Potenzial, sich als Organisation selbst ein Bein zu stellen, denn bei „How“ ist der beliebteste Fehler der Gedanke „Das machen die dann“.

Eine der wichtigsten Erkenntnisse in zehn Jahren Anlauf auf die digitale Transformation ist, dass „die anderen“ einen grundsätzlich nicht verstehen und grundsätzlich etwas anderes tun als erwartet.

Im „How“ stecken zunächst einmal **alle Fragen der operativen Umsetzung:**

- Habe ich einen Marktzugang?
- Brauche ich Partner und habe ich diese Partner?
- Wie kommuniziere ich in den Markt (Direktkontakte, über Partner, über Medien, über Verbände, ... es gibt viele Wege der Kommunikation)?
- Welches Preismodell setze ich an?
- Wer verkauft was genau?
- Wie sieht die technische Umgebung aus, in die ich beim Kunden integrieren muss, und wer kann das leisten?
- Welche Zusatzleistungen benötige ich, dass der Mehrwert beim Kunden entsteht?
- ...

All diese Fragen sind kritisch und müssen beantwortet werden. Es empfiehlt sich, auch hier methodisch vorzugehen und beispielsweise das „How“ mit einem Business Model Canvas zu skizzieren, in dem alle beteiligten Organisationen, ihre Rollen, Interessen und Beiträge skizziert werden.

Hinter jedem der Punkte steckt Aufwand und vor allem der Bedarf, Zusammenhänge zu verstehen und sicherzustellen, dass auch die anderen Beteiligten sie ebenso verstehen. Und das führt zur wichtigsten Erkenntnis des „How“: Governance bzw. die Erkenntnis:

Ohne Governance ist alles nichts.

Das liegt an zwei Eigenschaften, die in der digitalen Transformation ungebremst aufeinanderprallen:

- **Eigenschaft 1: „Alles ändert sich“** – Man sollte sich immer wieder daran erinnern, dass es sich um eine Strategiefindung in einer Transformationssituation handelt und dass sich alles jederzeit ändern kann.
- **Eigenschaft 2: „Jeder will so weitermachen wie bisher“** – Im „How“ sind ebenso viele unternehmerischen Funktionen einbezogen, die, wie es in jedem Unternehmen der Fall ist, professionell und auf Basis vieler Erfahrungen und Routinen arbeiten.

Die Kombination dieser Eigenschaften führt schnell zu schwersten Verwerfungen im komplexen Gefüge von Unternehmen. Denn was im normalen betrieblichen Alltag zuverlässig funktioniert, nämlich dass sich Fachabteilungen Themen und Aufträge schnell und reibungslos einander zuwerfen, funktioniert in der digitalen Transformation nicht. An jeder Stelle der genannten Liste von Aufgaben kommt es zu Konflikten. Zielgruppen passen nicht, Botschaften werden falsch gesetzt, Preise falsch bestimmt, Produkte falsch paketiert, Partner nicht informiert, Verträge falsch aufgesetzt ... die Liste der möglichen Fehler ist endlos und die der Vorwürfe, wer Schuld trägt, noch endloser.

Die Kernfrage des „How" in der Analysephase ist also:

„Bin ich als Organisation in der Lage, mich diesen Unsicherheiten zu stellen?"

und entsprechend eine funktionsübergreifende Kultur zu entwickeln, die es schafft, aufgrund einer gemeinsamen Idee, die noch lange kein Ziel ist, neue Arbeitsweisen spontan zu erfinden, zu erproben und auch wieder zu verwerfen. Das meine ich mit Governance: die Entscheidungsfähigkeit über die Funktionen eines Unternehmens hinweg.

Eine derartige Governance zu entwickeln, ist Bestandteil einer Führungskultur und geht damit von der Unternehmensleitung aus. Das ist mit einem Kulturwandel verbunden, was für Unternehmen ein großer, schmerzhafter Schritt ist. Den selektiv zuzulassen, ist Teil der Governance und Führungsaufgabe. Es gibt dazu jede Menge Literatur, die jedoch nie wirklich zur Situation der digitalen Transformation passt.

Vier Prinzipien der Governance

- **Transparenz** – Jeder sieht alles und es gibt kein Versteck.
- **Verzeihen** – Fehler wollen gemacht werden.
- **Respekt** – Unterschiede anerkennen, zu anderen Denkmodellen und Traditionen.
- **Ordnung** – Erfahrungen, die nicht verarbeitet werden, sind keine.

Das vierte Prinzip ist das entscheidende, denn die Governance der digitalen Transformation hat die Aufgabe, eine neue Ordnung zu entwickeln, die in der veränderten Umgebung zuverlässig funktioniert.

15.1.4.1 Fehler, Fehlervermeidung und Abstimmungsbedarf

Es gibt zwei weit verbreitete Kurven zu Fehlerkosten und Fehlervermeidung bei Projekten und Programmen. Die eine besagt, dass die Kosten, welche ein Fehler verursacht, in den frühen Phasen sehr viel höher sind als in späten Phasen, was daran liegt, dass in frühen Phasen Richtungsentscheidungen getroffen werden, die Ergebnis und Verlauf des Programms entscheiden prägen.

Die andere beschreibt die Fehlerbehebungskosten, die in frühen Phasen sehr viel geringer sind als in späten Phasen, was daran liegt, dass in frühen Phasen beispielsweise oft nur ein Detail in einer Skizze angepasst werden muss, während später Anlagen umgebaut werden müssen.

Eine dritte charakteristische Kurve ist der Abstimmungsbedarf. In eingespielten Organisationen ist er zu Beginn eines Programmes überschaubar, steigt in der Konkretisierungsphase moderat an und sinkt wieder, sobald das Programm sich in einem eingeschwungenen Zustand befindet.

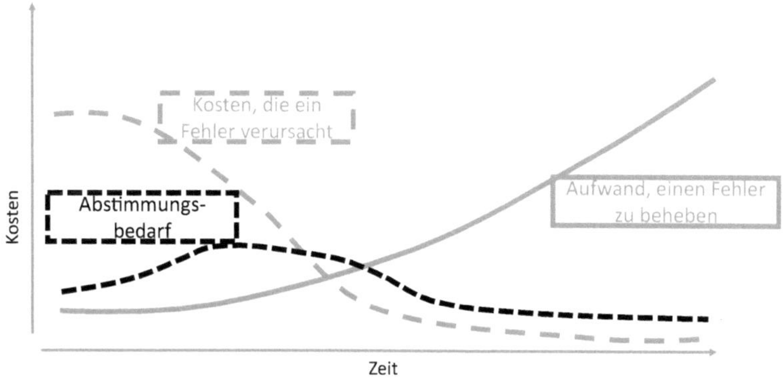

Bild 15.4 Fehler entstehen früh, doch ihre Kosten werden erst spät sichtbar

In einem Programm der digitalen Transformation verhalten sich Fehlerkosten und Abstimmung anders. Das hat zwei Gründe: Der eine ist, dass sich in Programmen der digitalen Transformation in der Regel der Kontext im Lauf des Programms ändert und daher von vornherein eingeplant werden muss, dass sich Dinge ändern werden. Der andere ist, dass sich die beteiligten Gruppen in der Regel außerhalb ihrer gewohnten Routine befinden und die Zusammenarbeit untereinander erst üben müssen.

Das führt dazu, dass die verursachten Kosten eines Fehlers zu Beginn niedriger ausfallen (Bild 15.4). Fehler bzw. Gründe dazuzulernen sind Teil des Programms, und nur eine flexibel arbeitende Gruppe ist in der Lage, Programme der digitalen Transformation erfolgreich durchzuführen. Dementsprechend hoch ist der Abstimmungsbedarf dieser Gruppe, einmal im Zeitaufwand und zum zweiten bei der Wahl der Werkzeuge und Methoden (Bild 15.5).

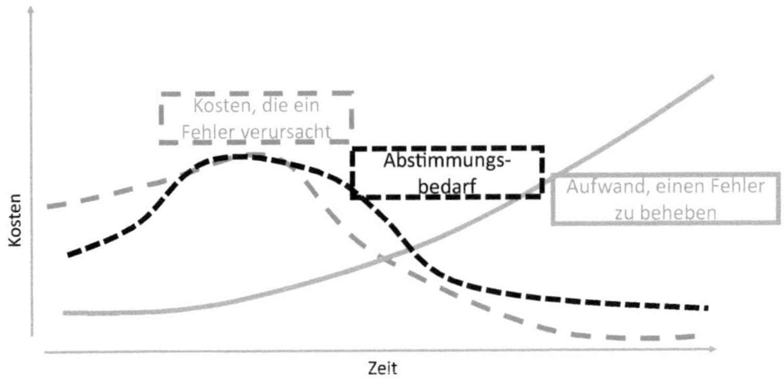

Bild 15.5 In der digitalen Transformation sind Fehler teurer und der Abstimmungsbedarf höher

15.1.4.2 Der Digital Transformation Manager

Eine digitale Transformationsinitiative braucht mindestens eine Person, die die Freiheit hat, sich dem transformativen Lösungsaufbau zu widmen, und dabei den nötigen Abstand zu bisherigen Lösungen und Vorgehensweisen entwickeln kann.

Der Digital Transformation Manager (m/w/d) sollte dabei der „Statthalter des Where“ sein, also sich am „Zielgebiet“, sei es eine Industrie oder ein interner Bereich, ausrichten. Er vertritt die Interessen und den Bedarf des Zielgebietes gegenüber den internen Funktionen, insbesondere in der Angebotserstellung.

Der Digital Transformation Manager hat damit gleichzeitig eine planerisch gestaltende wie eine diplomatische Funktion, da er zwischen unterschiedlichen Interessen vermitteln muss, unterschiedliche Wahrnehmungen miteinander in Einklang bringen muss und mit den Möglichkeiten des Unternehmens die richtigen Aktivitäten anstoßen muss, um mit dem Transformationsangebot erfolgreich zu sein.

Dazu muss er in der Lage sein, mit Wahrnehmungslücken und Verständnisproblemen umzugehen, auf die er in einer Transformationssituation unweigerlich treffen wird.

Der Digital Transformation Manager lebt vom Netzwerk und sollte daher idealerweise entweder aus der Zielindustrie oder noch besser aus dem eigenen Unternehmen kommen, um sich dann jeweils in die andere Richtung zu entwickeln.

Die Schnittstellen des Digital Transformation Managers sind:

- **In die Industrie:** Erkennen der Bedarfe und Potenziale, Anknüpfen an Industrievertreter und Meinungsführer, Entwickeln einer überzeugenden Angebotsposition für die Industrie und entsprechender Transformationsszenarien.
- **In den Vertrieb:** Kooperation mit dem Vertrieb als Industrieexperte, Führen und Planen von strategischen Gesprächen, Planung des Geschäftspotenzials mit dem regionalen Vertriebsmanagement, Absprache von Prioritäten und Zielen.

- **Ins Marketing:** Entwicklung und Aufbau geeigneter Botschaften, Kommunikationskonzepte, Kommunikationskanäle und Zielpersonen für das Marketing.
- **In die Produktentstehung:** Absprache der Industriebedarfe, um gemäß der vertrieblichen Potenziale die Produkte zu vervollständigen, Absprache der grundsätzlichen Architekturkonzepte für die Industrie im Einklang mit den Architekturkonzepten des Anbieters, Erstellen einer „sprachlichen Brücke" zwischen Angebot und Industrie.

Die Rolle des Digital Transformation Managers sollte ausreichend mächtig definiert und besetzt sein, um sich auch bei Widerständen durchsetzen zu können bzw. Kompromisse zu finden. Er muss mit den genannten Funktionen auf Augenhöhe zusammenarbeiten und verhandeln können.

Diese Rolle ist mindestens solange nötig, bis der transformative Prozess abgeschlossen ist und das Geschäft in ein klassisches Standardgeschäft überführt oder eingestellt wird, wenn es sich als nicht erfolgreich erwiesen hat. In der Regel ist die Rolle als zentraler Ansprechpartner für eine Industrie auch langfristig sinnvoll, um die eigene Position in dieser Industrie konstant weiterzuentwickeln und auszubauen.

15.1.4.3 Der Go-to-market-Plan

Im „How" geht es also in der Analysephase darum, eine Governance zu schaffen, die diese Veränderung leisten kann: die Abteilungen zu identifizieren, die dazugehören, die Menschen zu identifizieren, die den Kulturwandel anstoßen können, und die Führungskultur zu leben, die das zulässt.

Die Aufgabe der Governance ist, alle zentralen Fragen zu beantworten, die entsprechenden Organisationseinheiten zusammenzubringen und ein durchgängiges Konzept zur Umsetzung vorzulegen, im Weiteren den Betrieb zu begleiten und als Organisation zu lernen. Das gemeinsame Vehikel der Governance ist ein gepflegtes Dokument, der Go-to-market-Plan. Wenn das möglich ist und gemacht werden kann, kann die Analysephase zu ihrem Abschluss kommen und als **Business Case** in den Go-to-market-Plan einziehen.

Der Go-to-market-Plan ist eine Investitionsentscheidung. Er beschreibt jedes mögliche Programm aus einer quantitativen und aus einer qualitativen Sicht nach den Kriterien des Where, Why, What und How.

- **Where:** Zielindustrien und Geschäftspotenzial
- **Why:** eigene Position und Attraktivität in der Industrie
- **What:** Produktbeschreibung aus der eigenen wie aus der Kundenperspektive
- **How:** Umsetzungsskizze, beispielsweise im Stil eines Business Model Canvas, beteiligte Organisationen und Governance.

Der Go-to-market-Plan ist die Grundlage für die folgenden Schritte

Mithilfe des Go-to-market-Plans kann entschieden werden, welche Programme angegangen werden und in welcher Reihenfolge. Diese Entscheidungen müssen unter allen Beteiligten der Governance abgestimmt und gemeinsam gefällt werden, und es ist wichtig zu klären, wer bei der Entscheidungsfindung und Vorbereitung welche Rolle hat.

In der Regel gibt es als wichtigste Gruppen

- Produkt/Bereitstellung (stehen für das „What")

  Sollte führend sein bei allen Themen der echten technischen Innovation und dabei eng mit der Strategieabteilung zusammenarbeiten. Beispielsweise bei Entscheidungen, vorhandene Softwareangebote vom Konzept der an den Kunden ausgelieferten Software auf reine internetbasierte Cloud-Dienste umzustellen.

- Strategie/Planung (stehen für das „Where")

  Sollte führend sein, wenn es darum geht, neue Geschäftsfelder, Regionen oder Industrien zu erschließen und dazu auch neue Organisationen oder Organisationselemente einzubinden.

- Vertrieb/Kundenschnittstelle (stehen für das „Why")

  Sollte führend sein, wenn es darum geht, in der vorhandenen Kundenbasis neue Themen zu besetzen oder auszubauen und dazu die entsprechenden Kapazitäten bereitzustellen.

- Projekt/Programmumsetzung (stehen für das „How")

  Sollte führend sein, wenn es darum geht, vorhandene Angebote weiterzuentwickeln.

Sie bilden gemeinsam die Governance für Entscheidungen zu Investitionen der digitalen Transformation. Kritisch ist oft, wer bei den Entscheidungen führend ist.

15.1.4.4 Governance nach der Analysephase

Am Ende der Analysephase sollte ein Rahmen stehen, der eine Governance für Entscheidung und Beobachtung der transformativen Geschäftsentwicklung ermöglicht (Bild 15.6). Die Governance dreht sich um die möglichen Programme, die jeweils mit einem Go-to-market-Plan beschrieben sind. Die Programme stehen in einem Spannungsfeld aus dem Vertriebsatlas einerseits, der die Potenziale und den Bedarf im Markt beschreibt, und aus dem eigenen Angebotskatalog andererseits, der die Fähigkeiten und Prioritäten als Unternehmen beschreibt.

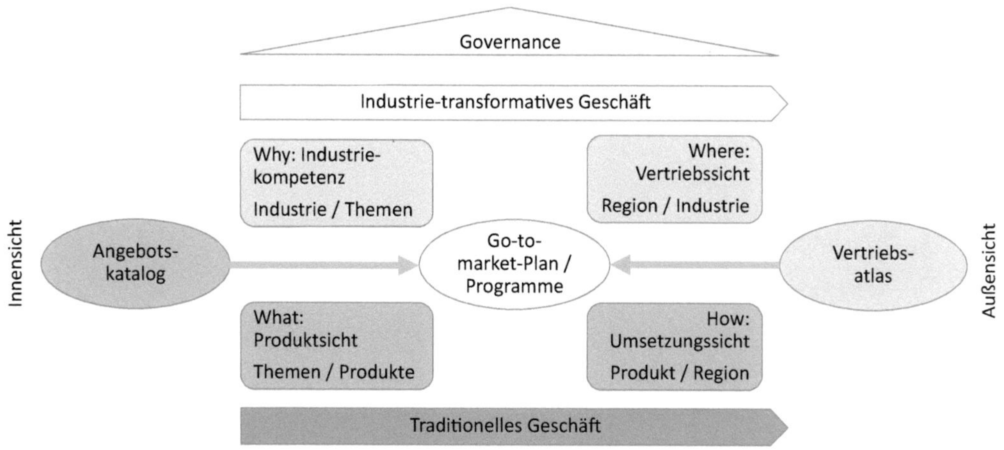

Bild 15.6 Governance nach der Analysephase

Die Vertreter der Governance gruppieren sich aus unterschiedlichen Perspektiven um den Katalog der Programme:

- **Where:** Die Vertriebssicht ist „Accountable" im Sinne einer Governance. Das regionale Vertriebsmanagement muss willens und in der Lage sein, die Programme operativ umzusetzen und entsprechend zu planen. Sie betrachten die Programme mit der Frage, in welcher Region sie bei welcher Industrie welche Erfolgschancen sehen, eine Information, die sie aus dem Vertriebsatlas erhalten.
- **Why:** Die Industriekompetenz in Vertretung der Transformationsmanager ist „Contributing" im Sinne einer Governance. Sie haben die Aufgabe, attraktive Angebote für die Zielindustrien zu formen, und betrachten die Programme mit der Frage, welches Thema in welcher Industrie welche Bedeutung hat. Dazu nutzen sie den Angebotskatalog und formen daraus industriespezifische Pakete.
- **What:** Die Produktkompetenz ist „Responsible" im Sinne einer Governance. Sie steht für attraktive und im Sinne einer Strategie und Kernkompetenz langfristig zuverlässige Produkte. Sie betrachten die Programme mit der Frage, welches Produkt welches Thema unterstützt, und entwickeln die Produkte entsprechend weiter.
- **How:** Die Umsetzungssicht ist „Informed" im Sinne einer Governance. Sie steht für professionelle Realisierung über die Funktionen wie Marketing, Vertrieb, technische Unterstützung, Partner Management etc. Sie stellen Kapazitäten und betrachten die Programme aus der Perspektive der Fachleute in den Regionen.

Der Unterschied dieser Governance zum traditionellen Geschäft ist der obere Teil. Während die untere Hälfte unmittelbar an das bewährte Geschäft anknüpft, bei dem gute Produkte an bekannte Märkte verkauft werden, steht der obere Teil für die Transformation in den Zielmärkten genauso wie bei der Ausrichtung des eigenen Angebots.

Übungen zur Analysephase

Alternative Programme

Erstellen Sie eine Liste der digitalen Transformationsprogramme, die Sie als Alternativen diskutieren.

Programmbewertung

Erstellen Sie für jedes dieser Programme eine Bewertung nach dem „Where, Why, What, How"-Prinzip mit dem Ziel, Prioritätenentscheidungen fällen zu können:

- Zielmärkte und Potenziale in diesen Zielmärkten
- Wahrscheinlichkeit, in diesen Zielmärkten Gehör zu finden
- Reife Ihres Angebotes für diese Zielmärkte
- Eigene Position und Kapazitäten in diesen Zielmärkten

Überprüfen Sie diese Bewertung auch aus einer Außen- und Wettbewerbsperspektive:

- Bezug Ihres Angebotes zu Ihrer unbezweifelbaren Kernkompetenz
- Reife der Kunden zu kaufen
- Stärke des Wettbewerbs in den Zielmärkten

Programmpriorisierung

- Erstellen Sie einen Einjahresplan und einen Mehrjahresplan für die jeweiligen Transformationsprogramme.
- Starten Sie mit den ein oder zwei aktuell Erfolgversprechendsten.
- Beobachten Sie die übrigen und bereiten strategische Schritte vor, die für einen späteren Einstieg nützlich sind.

15.2 Phase 2: Formen und Mobilisieren

Die Entscheidungsprozesse der Governance greifen in viele Unternehmensfunktionen ein und erfordern ein abgestimmtes, gut geführtes Vorgehen.

In der Analysephase wurde eine Programmliste erstellt mit alternativen Inhalten hinsichtlich des „Where", also der Zielmärkte im Sinne von Industrien und Regionen und dem dortigen Geschäftspotenzial, und des „What", also der inhaltlichen Gestaltung der digitalen Transformation. Diese Liste wurde mit Begründungen versehen, dem „What", und einer Machbarkeitsbetrachtung, dem „How".

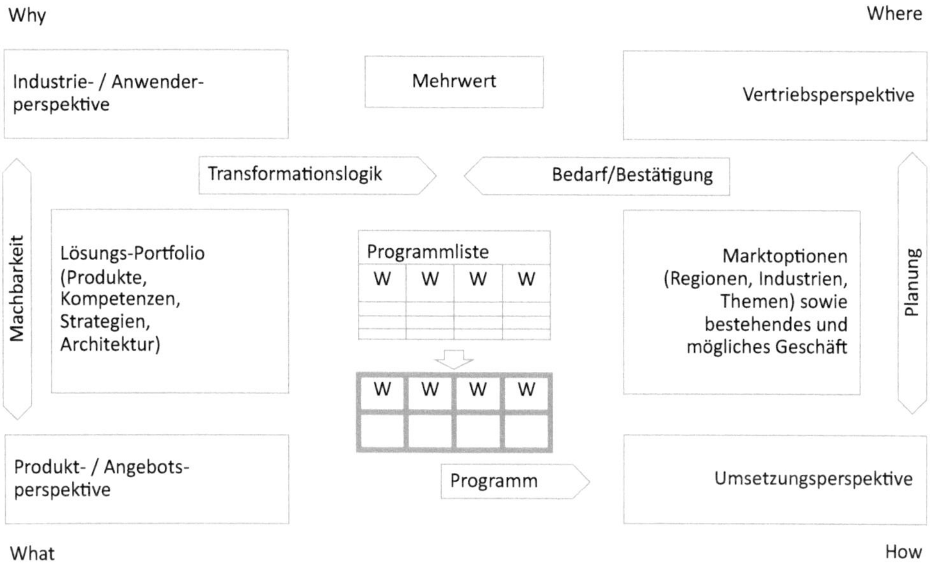

Bild 15.7 Programmbildung in der Gestaltungsphase

Aus dieser Liste fällt eine gemeinsame Governance Entscheidungen zu Prioritäten, die dann gemeinsam in Form von Programmen umgesetzt werden.

In der „Formen und Mobilisieren"-Phase geht es nun darum, für die entschiedenen Programme die nötigen Strukturen und Inhalte zu schaffen (Bild 15.7). Je nach Unternehmen kann es ein Programm sein oder es sind mehrere, der Einfachheit halber bleibe ich im Weiteren bei einem Programm, außer wenn es um Fragen der späteren Re-Priorisierung bei mehreren Programmen geht.

15.2.1 „Where" in der „Formen und Mobilisieren"-Phase

Nachdem der Markt und grob die weiteren Randbedingungen wie Produkt und Vertriebsweg bekannt sind, befasst sich das „Where" jetzt mit der Besetzung der Teams hinsichtlich der Zielmärkte im Sinn von Regionen und Industrien, bei unternehmensinternen Transformationen Regionen und Produktgruppen. Der Erfolg der Transformation hängt entscheidend davon ab, dass die Beteiligten als Team auftreten, zusammenarbeiten und bereit sind, gemeinsam und voneinander zu lernen.

Da es sich um eine neue Aufgabenstellung handelt, ist es nahezu immer so, dass das Team neu zusammengestellt werden muss und zugleich auch die Strukturen geschaffen werden müssen, die das Team arbeitsfähig machen. Damit geht es beispielsweise um vertriebliche Zuständigkeiten, die möglicherweise neu geordnet werden müssen, damit das Team kompakt und lernfähig bleibt. Das umfasst auch die Neuordnung der Zusammenarbeit zwischen unterschiedlichen Funktionen wie Produktmanagement, Marketing, Vertrieb, Service, die sonst häufig in parallelen funktionalen Einheiten organisiert sind und nur nach einem Routineplan kooperieren. Bei einer internen Digitalisierung im Unternehmen, wo der Kunde eher die eigenen Produktions- und Produktentstehungseinheiten sind, gibt es vergleichbare Strukturen aus Prozessentwicklung, interner Beratung, Ausbildung, Planung, Implementierung.

All diese Beteiligten müssen sich im wahrsten Sinne des Wortes zusammenrotten, um gemeinsam zu erfahren und zu erarbeiten, wie die Transformation erfolgreich umgesetzt werden kann.

Es ist eine Führungsaufgabe, diese Strukturen zu schaffen und die richtigen Leute auszusuchen. Insbesondere weil es sich um bereichsübergreifende Teams handelt, ist die Führung entsprechend hoch anzusiedeln, und der Fortschritt inklusive aller Fragen, Risiken und Lerneffekte sollte regelmäßig durch die Führungskette hindurch offen diskutiert werden.

Die wichtigste zu formende Gruppe ist der Vertrieb oder, abstrakter formuliert, die Schnittstelle zum Kunden, bei internen Transformationen ist das die Programmleitung vor Ort.

Digitale Transformation ist kein „Nebenbei"-Geschäft

Digitale Transformation ist kein „Nebenbei"-Geschäft, sondern eine Aufgabe, die bewusst gewollt und entsprechend geführt werden muss. Dennoch gibt es dabei auch im Vertrieb jede Menge Abstufungen der vertrieblichen Reife. Regionale Vertriebsorganisationen bilden unterschiedliche Reifegradstufen. Das Vertriebsmanagement muss sich pro Region und Industrie einig sein, wo sie aktuell stehen und welches Ziel für sie realistisch ist. Tabelle 15.6 gibt einen Überblick über die möglichen Konzepte zur Entwicklung von Vertriebsteams.

Aus der Analysephase sollte bereits die Information vorliegen, in welcher Region der Vertrieb zu welcher Industrie wie stark ist. In jedem Unternehmen gibt es da signifikante Unterschiede, das liegt einerseits an den unterschiedlichen industriellen Schwerpunkten in den Ländern und Regionen, andererseits an der regionalen Historie, die sehr unterschiedlich ausgeprägt sein kann, beispielsweise durch Zukäufe. So ist typischerweise in Deutschland die Automobilindustrie besonders stark, dagegen ist in Ostasien das Geschäft mit Elektronik und Hightech-Produkten besonders stark. In vielen südlichen Ländern ist die Prozessindustrie besonders stark entwickelt, und es gibt viele Produktionsstandorte globaler Unternehmen. In den USA gibt es einen besonders großen Markt für Medizingeräte, auch ist dort die Verteidigungsindustrie stark.

Tabelle 15.6 Konzepte zur Entwicklung von Vertriebsteams

Ist-Situation	Ziel-Situation			
	Referenzvertrieb	Industrieorientiert	Industriekampagnen	Industriepartner
Industriepartner	Teams qualifizieren	Teams qualifizieren	Netzwerke bedienen	Rolle als Meinungsführer
Industrie-kampagnen	Teams qualifizieren	Teams qualifizieren	Transformations-Story verbreiten	Aktiv in Netzwerke einsteigen
Industrie-Communities	Teams qualifizieren	Transformation in Teams besprechen	Kampagnenziele im Industrieteam identifizieren	Mögliche Netzwerke identifizieren
Referenzvertrieb	Ausgewählte Kollegen qualifizieren	(Über-)Regionale Industrieteams aufbauen	Professionelle Analyse zu Kampagnen	Etablierten Partner im Markt identifizieren
Opportunistisch oder neu im Markt	Ausgewählte Kollegen qualifizieren	Pilotteams in ausgewählten Regionen	Messaging-Konzept für Markteintritt	Etablierte Partner im Markt identifizieren

Das regionale Vertriebsmanagement sollte sich für jede mögliche Zielindustrie im Klaren sein, wo die Region derzeit steht und welche Vertriebsreife die Region in absehbarer Zeit erreichen kann und will.

Der Vertrieb zur digitalen Transformation in der Industrie ist erklärungsbedürftig und umso erfolgreicher, je besser die Vertriebsteams sich auf eine Industrie fokussieren können. Dann lernen sie die Sprache und die Probleme der Industrie, lernen die Netzwerke und finden heraus, wie Entscheidungen gefällt werden.

Oft haben Vertriebsmitarbeiter allerdings ein Kundenportfolio, das sich aus vielen Industrien zusammensetzt, weil früher anders gedacht wurde. Dann ist es schwierig, die Zuständigkeiten schnell umzuändern, und auf industrieorientierte Vertriebsteams zu kommen. Insbesondere ist in dieser Situation das Management oft wenig überzeugt, vorhandene Kundenbeziehungen einem neuen Ansatz zu opfern.

Es ist niemals möglich, eine transformative Geschäftsidee gegen den Widerstand des Vertriebs umzusetzen. In dem Fall ist es daher oft der bessere Einstieg in einer Region, nur auf die erste Reifestufe, den Referenzvertrieb, zu gehen und zu erfahren, wie sich das Geschäft in der Region und anderswo entwickelt.

Es sollte aber für jedes Programm mindestens eine Region existieren, die den Kampagnenvertrieb anstrebt, denn erst in dieser Reifeklasse findet ein echter Lernprozess statt. Ist diese Region erfolgreich, wird das auf andere Regionen abstrahlen, und sie werden so schnell wie möglich nachziehen.

15.2.2 „Why" in der „Formen und Mobilisieren"-Phase

Im „Why" in der „Formen und Mobilisieren"-Phase kommen die unterschiedlichen Perspektiven auf die Investitionsentscheidung einer digitalen Transformation zusammen, und es geht darum, diese zu einer überzeugenden Argumentation zusammenzusetzen, die von allen Beteiligten verstanden werden kann. Dabei geht es in allererster Linie um den Kontext der Unternehmen in der Industrie und erst davon abgeleitet um die eigene Kompetenz, die eine wichtige Veränderung ermöglicht.

Der Aufbau des „Why" geht dabei grundsätzlich aus der Kundenperspektive oder Industrieperspektive. Er startet mit der Beschreibung des industriellen Kontextes, also des Geschäftsumfelds, der Lieferkette, der Gesetzgebung, der technischen Innovationen, der verfügbaren Ressourcen und beschreibt innerhalb dieses Kontextes die Entwicklung der angesprochenen Industrie. Von da geht er auf eine digitale Zielsituation ein, auf die die Industrie im Sinne einer Digitalarchitektur hinsteuert, und zeigt dann den Abstand zwischen der Ist-Situation und dem Zielbild auf. Damit ist die Problemstellung skizziert. Anschließend folgt die Beschreibung der eigenen Kompetenz und wie diese sich überzeugend in das Zielbild einfügt und damit beiträgt, die Lücke zwischen Ist-Zustand und Ziel zu schließen (Bild 15.8).

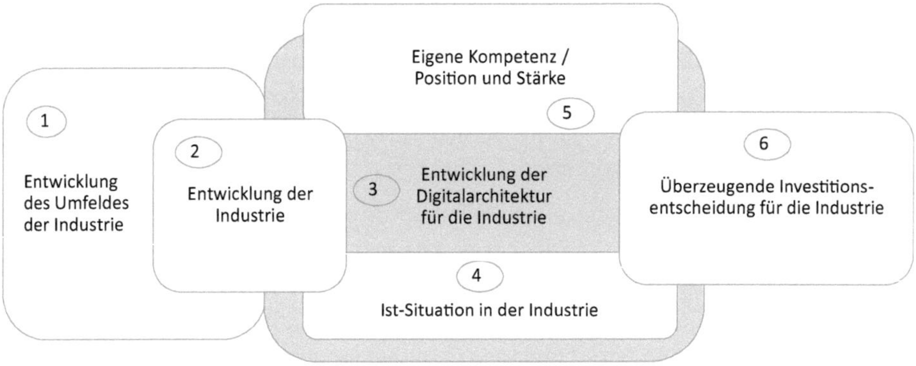

Bild 15.8 Aufbau des „Why" in der „Formen und Mobilisieren"-Phase

Für das bereits wiederholt genutzte Beispiel der Augmented-Reality-Lösung für den Maschinenbaumarkt sähe das so aus:

1. **Produktion wird agil:** Die Industrie ist dabei, sich in agile Produktionsnetzwerke zu verwandeln, die schnell und flexibel auf die sich häufig verändernden Marktanforderungen eingehen können.
2. **Maschinenbau wird zu Servicegeschäft:** Die Maschinenbauunternehmen gehen daher zunehmend auf Situationen ein, in denen der Kunde eine Maschine weniger als Investition denn als Leistungsbaustein sieht, der ihn selbst

möglichst wenig belasten sollte. Der Serviceanteil im Maschinenangebot wächst daher bis hin zur Vision der „Machine as a Service".

3. **Infrastruktur dazu ist eine externe Kernkompetenz:** Dafür wird eine Infrastruktur benötigt, die die Geschäftsprozesse rund um Serviceprozesse zu Maschinen unterstützt und gleichermaßen die Interessen der Maschinenanbieter wie der Betreiber bedient. Ein Bestandteil dieser Infrastruktur sind Augmented-Reality-Szenarien, die die Serviceprozesse für das Bedienen und Warten von Maschinen ermöglichen, da nicht ständig qualifizierte eigene Techniker vor Ort reisen können.
4. **Stand heute wird noch geübt:** Solche Lösungselemente existieren heute in der Industrie fragmentiert und pilotenhaft, und das Problem ist, dass diese Lösungselemente bisher nicht im Einklang mit einer industriellen Digitalarchitektur entwickelt wurden.
5. **Eine neue Kompetenz ist nun reif:** Die eigene Kompetenz sind durchgängige Prozessketten für Training, Service und Wartung im Einklang mit den Zielarchitekturen der Industrie.
6. **Schrittweiser Aufbau:** Eine Lösung sollte sich auf einen Prozess fokussieren, beispielsweise das Training, aber von vornherein eine zukünftige Digitalarchitektur im Sinne einer technischen Infrastruktur, aber auch im Sinne von digitalisierten Prozessen, etwa für Service und Wartung, mit unterstützen.

Die Präzisierung des „Warum" ist darüber hinaus die Differenzierung. Wer eine Investitionsbereitschaft wecken will, muss sich mit den Alternativen auseinandersetzen, die das Gegenüber hat. Das hat zwei Vorteile: Man lernt sein wettbewerbliches Umfeld besser kennen und lernt, das eigene Angebot präzise und überzeugend darzustellen. Denn wer nicht weiß, woran er sich messen muss, wird sich kaum auf die richtigen Fragen konzentrieren.

Die Differenzierung kennt zwei wesentliche Aspekte: kurzfristige Differenzierung und langfristige Differenzierung:

- **Kurzfristige Differenzierung:**

  Die kurzfristige Differenzierung betrifft ein konkretes Geschäftsthema: eine akut anstehende Entscheidung beim Kunden zwischen den Alternativen „Nichts tun", „Selbst machen" und „Kauf einer Lösung bei mir als Anbieter oder bei einem der Wettbewerber". Ein Anbieter muss also gegen diese Alternativen eine differenzierende Botschaft entwickeln. Dabei geht es um Nutzen und Kosten und mögliche weitere Aspe,kte der Attraktivität, das können soziale, ökologische, kulturelle oder andere sein.

- **Langfristige Differenzierung:**

  Hier geht es um die strategische Frage. Die Investition in digitale Transformation ist für die Kunden ein Risiko, da sie eine Weichenstellung für die weitere

Entwicklung des Unternehmens darstellt. Diese Botschaft aus der Perspektive der Zielbranche und des konkreten Kunden zu formulieren, ist die Leistung der Differenzierung.

Ist die differenzierende Botschaft klar und eingängig, wird es einfach sein, die vorher gebildeten Teams (siehe „Where" in der „Formen und Mobilisieren"-Phase) zu motivieren und erfolgreich zu machen.

15.2.3 „What" in der „Formen und Mobilisieren"-Phase

In der Analysephase wurde beim „What" der Inhalt festgelegt. Jetzt geht es darum, diesen zu erzählen. In der Sprache der Zielbranche und deren einzelner Kunden, im Kontext von deren Geschäftsalltag, eingebettet in deren Trends und Ambitionen und mit einer langfristigen Perspektivaussage, wie man sich als Partner der Branche darstellt. Dazu zählen Beispiele und Referenzen genauso wie die Einbindung von Meinungsführern der Branche.

Es lohnt sich, hier den Begriff der Story und des Story Tellings zu nutzen, denn es geht jetzt um eine Geschichte der Veränderung, die Kunden untereinander weitererzählen können sollen. Die die Fantasie anregt und auf Kundenseite einen Effekt des Wollens erzeugt. Dazu muss die Geschichte auf die Erfahrungswelt der Kunden eingehen. Es ist entscheidend, hier möglichst wenig als „Störung" denn als „Bereicherung" zu erscheinen – wobei das auch zutreffen sollte. Man sollte nie von der Wahrheit abweichen, das rächt sich bitter. Im Weiteren geht es dann darum, diese Geschichte den beteiligten Personen zu vermitteln: intern wie extern, Fachleute, Vertrieb, Marketing, Partner ... die Geschichte will kontinuierlich erprobt und verbessert werden. Der Aufbau einer Story gleicht im Kleinen dem Aufbau einer Strategie. Er orientiert sich wieder am „Where, Why, What und How". Der Unterschied ist aber, dass sich die Story nun aber konkret an ein Szenario innerhalb einer Industrie wendet.

Beim Verständnis, was ein Szenario ist, sollte man bewusst zwischen Produktkauf und Servicekauf unterscheiden (Tabelle 15.7). In der digitalen Transformation geht es dabei meist um Services.

Tabelle 15.7 Unterschiede bei Produktkauf und Servicekauf

	Produktkauf (klassisches Geschäft)	Servicekauf (digitale Transformation)
Investitionscharakter	Langfristige Investition in einen Gegenstand, der sich allenfalls gering verändert	Nutzen eines Geschäftsprozesses, der sich als Plattformangebot den äußeren Randbedingungen anpasst.
Bedeutung für Geschäftsprozesse	Geschäftsprozesse werden vom Kunden über diesen Gegenstand abgebildet und entsprechend angepasst.	Weitere Geschäftsprozesse werden separat über die gleiche Plattform oder anderswo genutzt.

Das **Where** richtet sich demnach auf eine oder mehrere konkrete industrielle Situationen. Im Beispiel des Augmented-Reality-Angebots für den Maschinenbau sind das das Training neuer Mitarbeitenden, der regelmäßige Wartungsprozess und der Serviceprozess. Jede dieser Situationen lässt sich bildhaft beschreiben. Das Training benötigt Trainingsgerät, also die Maschinen, die aber oft nicht verfügbar sind. Der Service findet in der Produktionshalle der Kunden statt, wo die eigenen Experten aber gerade nicht sind.

Das **Why** spricht genau diese Problemstellen konkret an. Mitarbeitende müssen trainiert werden, aber die Maschine ist nicht da, was bei teuren Spezialmaschinen häufig der Fall ist. Oder Mitarbeitende müssen trainiert werden, aber es steht kein Experte oder keine Expertin zur Verfügung, beispielsweise bei Medizingeräten vor Ort, wenn kurzfristig neues Personal eingearbeitet werden soll. Je konkreter das „Why" ist, desto nachvollziehbarer ist die Geschichte.

Das **What** beschreibt innerhalb des Szenarios die Technologiebausteine und deren Zusammenspiel im Sinne einer Architektur. Es sind die innovativen Produkte und Konzepte, die aus der eigenen Anbieterkompetenz kommen und die an dieser Stelle auch als Marke positioniert werden. Die spielverändernden Elemente.

Das **How** beschreibt nun, wie diese innovativen Produkte und Konzepte zum Einsatz kommen, also wie sie benutzt werden und damit den Arbeitsalltag der Anwender spürbar verändern.

Story Telling

Eine „Story" hat unterschiedliche Auftrittsformen, dafür gelten ein paar Regeln:

- Sie muss schnell erzählt werden können, sozusagen am Tresen oder im Aufzug, wenn es zufällig gerade passt.
- Sie braucht eine gute Visualisierung für digitale oder auch Print-Medien. Die Visualisierung sollte mit einer Blattseite auskommen, auf der das Where, Why, What und How hinreichend und möglichst bildhaft vermittelt wird.
- Sie muss genauso an Begrifflichkeiten der Zielbranche anknüpfen wie an Begrifflichkeiten des Anbieters.
- Sie muss einfache Begriffe benutzen, die der Kunde immer wieder erkennt und damit die Story in einen größeren Kontext einordnen kann.
- Market Fit: Sie muss sich in den Kontext der Unternehmen einbetten. ■

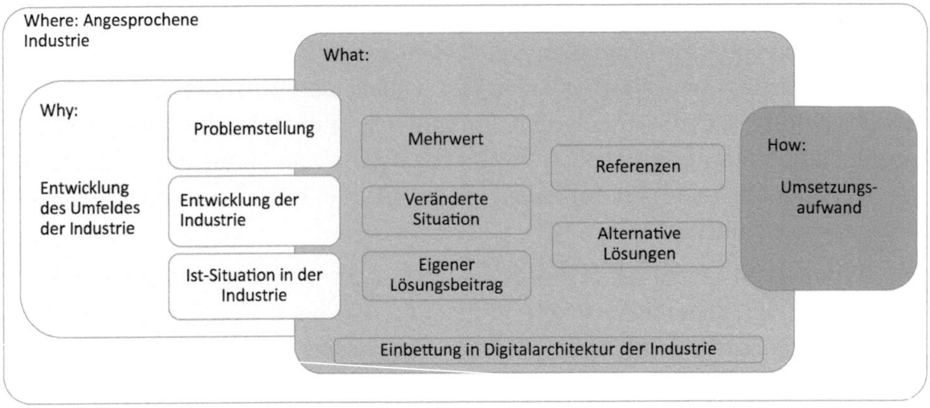

Bild 15.9 Aufbau der Story

Der Aufbau einer Story folgt immer dem gleichen Muster (Bild 15.9):

1. **Where:** Das industrielle Umfeld - ich weiß, wo ich bin und worüber ich spreche.
2. **Why:** Die Situation in der Industrie und die Entwicklung, insbesondere der Digitalarchitektur und aktuelle Probleme - ich kenne die Situation und ihren Entwicklungsbedarf.
3. **What:** Der eigene Lösungsbeitrag, wie er die Situation verändert und wie es messbar ist. Im besten Fall Aussagen zu Alternativen wie „Nichtstun" und dem Wettbewerb sowie Referenzen: „Ich habe als Unternehmen einen konkreten, wirksamen Beitrag, der für die Industrie von Bedeutung ist."
4. **How:** Überzeugende Investitionsentscheidung - ich weiß, wie der Weg zur Lösung aussieht.

Zum Verständnis von Stories gehört auch immer, dass sie sich in den unternehmerischen Kontext einbetten lassen und dass das verstanden wird. Die Story muss schmecken. Das ist insbesondere wichtig, wenn es sich um Services handelt. Kunden sind häufig nicht gewohnt, in Services zu denken, und tun sich schwer, Services in ein aktuelles und auch in ein zukünftiges Bild der Informationsarchitektur im Unternehmen zu bringen.

Die Einbettung sollte also sowohl zu den weiteren Angeboten und Konzepten des Anbieters passen als auch zur Ist-Situation beim Kunden, ebenso zu Lösungen anderer Anbieter und zur erwarteten zukünftigen Digitalarchitektur. Das erscheint komplex und schwierig, doch andererseits ist es wieder ein Indikator, dass es besonders wichtig ist, seine Zielmärkte zu kennen und zu verstehen, um dort digitale Transformation Wirklichkeit werden zu lassen. Die Empfänger der Story hören täglich viele Geschichten, die sie bewerten und über die sie entscheiden sollen. Je einfacher den Empfängern diese Entscheidung gemacht wird, desto eher wird sie positiv ausfallen.

15.2.4 „How“ in der „Formen und Mobilisieren“-Phase

Dem „How“ kommt in dieser Phase eine besondere Bedeutung zu, denn jetzt geht es um die kurz- und langfristige Planung. In welcher Geschwindigkeit, welchem Umfang, mit welchen genauen Zielgruppen, welchen Partnern, welchen Mitteln, welchen Angeboten, welcher Preisstrategie soll die Transformation angegangen werden? Es ist nichts anderes als ein Business Plan, um des es hier geht. Man kann hier auf die bewährten Methoden setzen wie z.B. Business Model Canvas oder vergleichbare Methoden.

Wichtig ist, auch über einen mittleren bis längeren Zeitplan konkrete Ziele zu haben, denn ohne Ziele und die Frage, warum man sie erreicht, nicht erreicht oder übererfüllt, lässt sich nur schwer ein Lernprozess einrichten, und der ist bei digitaler Transformation dringend nötig.

Das „How“ in der „Formen und Mobilisieren“-Phase wird eingerahmt vom „Where“ in dieser Phase sowie von der Governance. Ausgehend von den vertrieblichen Zielen und der Veränderung auf Kundenseite, die im „Why“ und im „What“ beschrieben sind, wird der Business Case in einen konkreten Umsetzungsplan übergeführt.

Zwei Aspekte haben im Unterschied zu klassischen Programmen eine besondere Bedeutung im Zusammenhang mit der digitalen Transformation: der Programmaufbau und der Prozess. Grund ist wieder die besondere Situation, dass die Programme sich in einem hochdynamischen Umfeld bewegen, in dem sich sowohl Kundenverhalten wie Randbedingungen ständig ändern können oder sich herausstellt, dass die eigenen Annahmen unzureichend oder falsch waren.

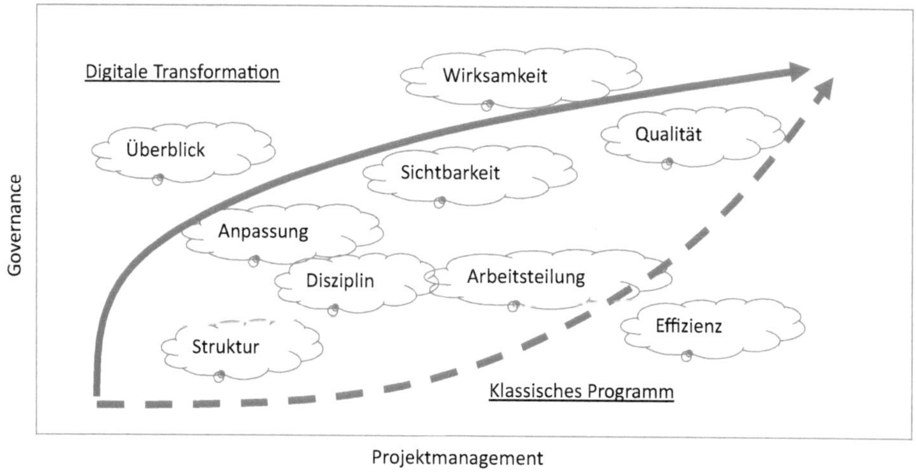

Bild 15.10 Der Programmaufbau für die Transformation orientiert sich mehr an Wirksamkeit als an Effizienz

Der Programmaufbau folgt also weniger den Prinzipien des klassischen Projektmanagements, sondern orientiert sich vielmehr an den Mechanismen einer aktiven Governance (Bild 15.10).

„Wer Revolution machen will, muss erst einmal die Zuständigkeiten klären". Leider finde ich für diesen schönen Satz keinen Herkunftsnachweis mehr dafür, und sollte der Urheber diese Zeilen lesen, möchte er sich melden, ich werde ihn dann umgehend nennen. Der Satz drückt aus, dass gerade bei transformativen Projekten Ordnung und Disziplin wichtig sind und klar ist, wer wofür verantwortlich ist. Gleichzeitig sind die einzelnen Handlungspakete häufig noch unklar. Programme der digitalen Transformation benötigen daher

- eine transparente Aufteilung von Verantwortlichkeiten und
- starke Mechanismen des regelmäßigen Abgleiches und möglicher Korrekturen.

Während klassische Programme möglichst früh eine klare Aufteilung in Arbeitspakete und deren Verantwortlichkeiten benötigen, ist es bei Transformationsprogrammen eher der Aufbau eines gemeinsamen Zielbildes, der im Vordergrund steht. Erst wenn dieses steht und die Mechanismen klar sind, wie ein Abstimmungsprozess dazu aussieht, können einzelne Aspekte daraus in eine klassische Projektstruktur überführt werden. Das Zweite ist ein abgestimmter Prozess. Ganz im Sinne des klassischen Prozesswesens dient der Prozess dazu, die Transformationshandlungen untereinander und im Unternehmensprozess einzubinden (Bild 15.11).

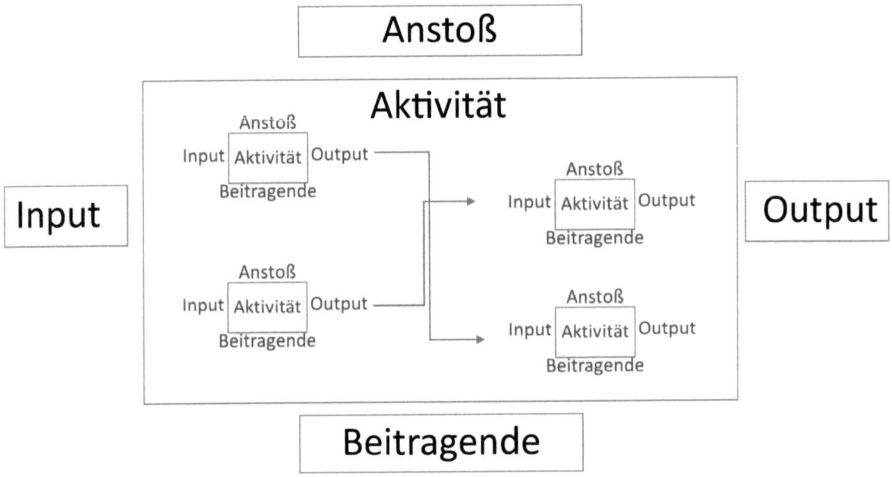

Bild 15.11 Prozessaufbau innerhalb einer Organisation

Der Prozess (Aktivität) bescheint das transformative Programm. Sein Umfeld liefert Input, Output, Beitragende und Anstöße. Innerhalb des Prozesses geschehen Teilprozesse, die dem gleichen Muster folgen. Das kann sich theoretisch beliebig tief schachteln, die Schachtelungstiefe sollte aber in der Praxis bei drei bis vier Ebenen enden.

Die Prozessbeschreibung dient zwei Zielen: der Abstimmung untereinander, wer wofür zuständig ist, und die Verpflichtung der Governance, ihre Aufgaben wahrzunehmen. Daher ist auch die Erstellung und Verabschiedung des Prozesses bereits Aufgabe der Governance.

Vom Anfang oder vom Ende her denken

Es macht einen Unterschied, ob man Aufgabenstellungen vom Anfang oder vom Ende her denkt - also vom Veränderungswillen her oder vom erwarteten Ergebnis her.

Typischerweise erliegt, wer von Anfang her denkt, gefährlichen Wunschvorstellungen, gerade was die Erwartungen an andere betrifft. Vom Ende her zu denken, ist oft schwieriger, da man sich in eine fremde Situation hineinversetzen muss; für den Aufbau eines Programms, Projekts oder Prozesses hingegen ist es wirkungsvoller.

Ein Beispiel: Qualifizierung des Vertriebs zu einem transformativen Angebot

Vom Anfang her gedacht	Vom Ende her gedacht
Ermitteln eines Zielmarkts	Vorschlagen eines Zielmarkts
Identifikation der Zuständigen Vertriebsteams	Abstimmung mit dem Vertriebsmanagement über beste Einstiegsmärkte und Pilotkunden
Erstellen von Schulungsmaterial	Diskussion der Transformationsszenarien mit den Teams, welche die Pilotkunden kennen
Durchführung von Trainings	Ermitteln des Bedarfs für die Vertriebsgespräche und angepasstes Erstellen der Unterlagen
Einarbeiten des Angebots in die Zieldefinition der Vertriebsleute	Aufbau des Kommunikationskonzepts aus den Praxiserfahrungen heraus
Quartalsweise Umfragen unter den Vertriebsleuten, was verbessert werden könnte	

Das vom Anfang her gedachte Modell handelt aus den eigenen Vorstellungen heraus, will dabei möglichst konkret und effizient sein und geht davon aus, dass die eigenen Annahmen richtig sind.

In Wirklichkeit werden die Vertriebsteams nur halbherzig in den Trainings sitzen, weil sie gerade etwas anderes im Sinn haben. Sie werden sagen, das neue Angebot sei nicht durchdacht und unverkäuflich, und einen Aufstand gegen die angepassten Zieldefinitionen anzetteln. Die Durchführung von Pilotprojekten werden sie vor dem Hintergrund boykottieren.

Der vom Ende her gedachte Modus sucht als Erstes aktiv die besten Zielregionen und befasst sich zuerst mit dem, was vor Ort, beim Kunden, geschieht, um von da aus schrittweise die eigenen Aktivitäten aufzubauen. Er fokussiert sich dabei zunächst auf die, aus welchen Gründen auch immer, motiviertesten Vertriebskollegen, sammelt Erfahrungen und Beispiele, um Schritt für Schritt die breite Mannschaft zu überzeugen. ■

Prozesse und ihre Formulierung sollten in der digitalen Transformation stets vom Ende her gedacht werden. Gerade bei professionellen Teams, die in ihrer eigenen Arbeitsweise selbstbewusst und routiniert sind, ist es wichtig, sich stets auf das Ziel und Ergebnis sowie die Randbedingungen zu konzentrieren und erst dann gemeinsam mit den Betroffenen einen Arbeitsauftrag abzuleiten.

Werden diese Aspekte berücksichtigt, können bewährte Werkzeuge aus dem Agilen und klassischen Projektmanagement eingesetzt werden, um die entsprechende Ordnung und Disziplin sicherzustellen.

Übungen in der „Formen und Mobilisieren"-Phase

Where

Benennen Sie für ein priorisiertes Transformationsangebot das Team mit Namen und Rollen und überprüfen Sie die Entwicklungsperspektiven der Teammitglieder in dieser Rolle.

Bestimmen Sie gemeinsam mit dem Team nach dem Programmreifeindex Ist-Stand und Ziel für das konkrete Transformationsangebot und besprechen Sie, was sich ändern muss, um das Ziel zu erreichen.

Why

Aufbau einer „Why"-Argumentation für das Transformationsangebot. Also die strategische Botschaft, die auf die eigene Kernkompetenz aufsetzt.

What

Beschreiben Sie, wie sich Ihr Angebot vom Ist-Stand bei den Kunden und von Entscheidungsalternativen abgrenzt.

Formulieren Sie die gesamte Story für das konkrete Angebot.

How

Erarbeiten Sie mit dem Team, welche Abstimmungs- und Kommunikationsformate hilfreich sind, um gemeinsam als Team aus alten Mustern auszubrechen und für die neue Aufgabe zu lernen.

How

Beachten Sie, dass die Teammitglieder für diese Aufgabe möglicherweise Anleitung benötigen, da sie die Herausforderungen noch nicht kennen.

Formulieren Sie die Erwartungen an Besetzung und Arbeit einer Governance.

Nun haben Sie die Landkarte für Ihre Transformation erstellt. Im Weiteren wird sie Ihnen den Weg weisen und Sie werden sie dabei laufend aktualisieren. ■

■ 15.3 Phase 3: Umsetzung und Zusammenarbeit

Die Umsetzungsphase beginnt in dem Moment, an dem Maßnahmen nach außen gestartet werden. Vertriebsteams nehmen Kundenkontakt auf, Marketing schaltet Kampagnen, eigene Teams und Partner werden geschult. Jetzt kommen die neu geformten Teams ins Laufen. Sie haben einen Plan, sie haben ein Ziel, nun geht es ums Handeln. Es wird mitnichten so sein, dass alles perfekt läuft. Besonders wichtig sind daher der Teamgeist und die Lernbereitschaft sowie die schnelle Kommunikation.

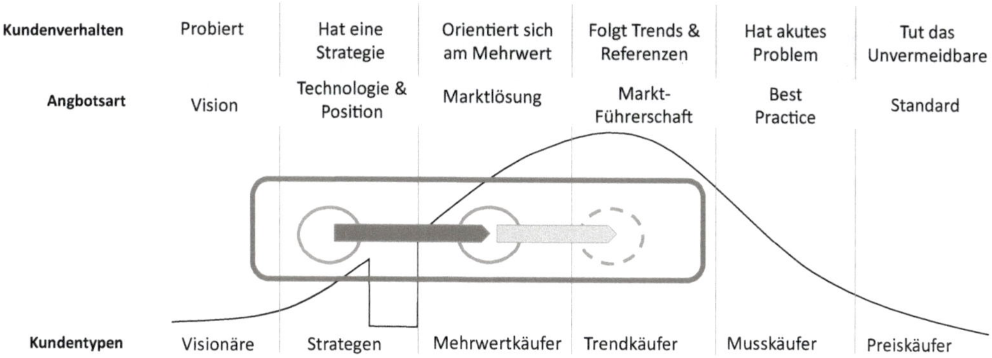

Bild 15.12 Die Zielsetzung der Umsetzungsphase in der ersten Iteration

Die Umsetzungsphase grenzt sich zeitlich nicht klar von der Mobilisierungsphase ab. Die Governance ist weiterhin aktiv, beobachtet den Verlauf und ist bereit zu korrigieren, sobald sich entsprechende Erfahrungen eingestellt haben.

Ziel der Umsetzungsphase ist, möglichst schnell zu einem referenzierbaren Muster zu kommen, das nach Außen und Innen als Erfolgsmodell genutzt werden kann (Bild 15.12). In der Sprache der Marktreife geht es darum, im ausgesuchten Zielmarkt von einem strategischen Vertrieb, in dem man Kunden eine Technologie erklärt und diese dann selbst den Mehrwert erkennen und implementieren, in eine Vertriebsform zu kommen, die mindestens über einen nachgewiesenen Mehrwert und noch besser über Referenzen verkauft.

In der „Marktreifekurve“ (Moore 1991) entspricht das dem Überspringen des „Chasm“ - also der Falle, in der Digitalunternehmen landen, wenn sie sich nicht konsequent auf Marktsituationen einlassen.

15.3.1 „Where“ in der „Umsetzung und Zusammenarbeit“-Phase

Das „Where“ in der Umsetzungsphase ist die Realisierung der Governance aus der „Formen und Mobilisieren“-Phase. „Where“ ist in diesem Moment das ausführende Team in seiner neuen Umgebung. Die beteiligten Rollen üben ineinanderzugreifen, definieren ihre Schnittstellen, verteilen ihre Aufgaben. Das übergeordnete Ziel ist für alle das gleiche, und auf dem Weg dorthin lernen sie voneinander. Wichtig ist, dass das Team ein Selbstverständnis entwickelt und sich untereinander identifiziert und lernt, sich untereinander zu vertrauen. Dann entstehen ein Selbstbewusstsein und ein starker Lerneffekt, der auch nach außen hin überzeugend wirksam wird. Das Team ist dabei nicht notwendigerweise auf das Unternehmen beschränkt. In vielen Fällen spielen Partner eine wichtige Rolle, sie sollten vorbehaltlos einbezogen werden, die Rollenabgrenzung ihnen gegenüber unterscheidet sich nur marginal im Vergleich zu der der internen Teammitglieder untereinander. Engagierte Partner bereichern das Team und erhöhen seine Glaubwürdigkeit.

Die Teammitglieder werden nun eingeschworen auf das „Why“ und das „What“ aus der „Formen und Mobilisieren“-Phase. Sie lernen, diese Inhalte aus ihrer Sicht zu interpretieren und zu verarbeiten, und tauschen sie mit den anderen Vertretern des Teams aus.

	Ziel-Situation			
Ist-Situation	Referenzvertrieb	Industrieorientiert	Industriekampagnen	Industriepartner
Partner				
Kampagnen				
Communities		Folgeregion	Leitregion	Leitregion
Opportunistisch	Beobachterregion	Folgeregion		
Neu im Markt				

Bild 15.13 Regionale Zielsetzung nach dem Programmreifeindex

Es gibt unterschiedliche Voraussetzungen und Zielsetzungen in den Regionen (Bild 15.13), wie bereits in der Formungsphase im „Where" beschrieben. Jede Region wird sich daher ein Ziel setzen, wie stark sie sich selbst gerade in der digitalen Transformation entwickeln will. Wichtig ist, mindestens eine Leitregion zu haben, die sich zum Ziel setzt, mindestens mit Kampagnen, wenn nicht als Industriepartner stark gestaltend in den Markt zu gehen. Hier sind aktive Communities gefordert, die unter einer starken inhaltlichen Leitung das Thema entwickeln und in der Praxis umsetzen, und zwar sowohl bei einzelnen Kunden wie auch im engen Kontakt mit dem gesamten Marktumfeld, denn es geht nicht unbedingt darum, einen einzelnen Kunden glücklich zu machen, sondern es geht darum, herauszufinden, mit welchem Lösungskonzept man einen Markt überzeugen kann. Das führt dazu, die Interessen der beteiligten Funktionsgruppen des Unternehmens in den Regionen gegenüberzustellen. Die Aufgaben, Kenntnisse und Interessen der beteiligten Gruppen sind verschieden (Tabelle 15.8).

Tabelle 15.8 Regionale Funktionsgruppen im Vertrieb digitaler Transformationslösungen

Rolle	Aufgabe	Interesse
Vertriebs-Accountmanager	Geschäft bei einem Kunden steigern	Dem Kunden ein für ihn möglichst attraktives Angebot machen
Vertriebs-Regionalmanager	Geschäft in der Region steigern	Vertriebsleute auf möglichst attraktive Ziele ansetzen
Digital Transformation Manager	Digitales Transformationsangebot im Markt entwickeln	Angebot so gestalten, dass es passt und gut skalierbar ist
Marketing	Neukunden für Erstgespräch gewinnen	Möglichst viele Interessenten heranschleppen
Vertriebspartner	Wiederholendes Geschäft	Risiko- und aufwandsarme Kundensituationen
Servicepartner	Servicegeschäft beim Kunden steigern	Viel individuelle Leistungen beim Kunden
Projektpartner	Verkauf der eigenen Lösungen	Den Kunden die eigenen Produkte anbieten

Kern eines erfolgreichen Teams sind der **Digital Transformation Manager**, der konkret für den Erfolg der Transformation steht, und das **regionale Vertriebsmanagement**. Sie zusammen suchen diejenigen **Vertriebs-Accountmanager** aus, die einerseits persönlich geeignet sind und andrerseits geeignete Kunden haben (Bild 15.14).

Bild 15.14 Teambildung und Schnittstellen von Marktteams

Das erweiterte Team schließt **Marketing** und das **Partnermanagement** ein. Ein enger Schulterschluss mit Marketing ist die Basis der Kommunikation über die ausgesuchten Pilot-Accounts hinaus, denn es gilt gleichzeitig, die Industrie kennenzulernen, auf die Transformation vorzubereiten und in die Netzwerke hineinzukommen. Das geschieht am ehesten über Veranstaltungen, wo man Leute kennenlernt und dazu einen geeigneten Auftritt und eine gewisse Bekanntheit benötigt.

In frühen Phasen ist es riskant, sich auf **Vertriebspartner** zu verlassen. Sie betrachten die Transformation erst einmal misstrauisch, da sie darauf ausgelegt sind, bewährte Muster in die Breite zu verkaufen. Sie sollte man nur einbinden, wenn die Kundensituation es zwingend erfordert. Ebenso riskant sind **Servicepartner**. Sie werden aber oft benötigt, um die Transformation umzusetzen. Die Gefahr bei ihnen ist, dass sie mehr ihre eigenen Ziele verfolgen und den Kunden andere als die skalierenden Transformationsmechanismen anbieten, die besser zu ihrem Serviceangebot passen und mehr Serviceleistung bringen. Mit Servicepartnern benötigt es in Transformationsprojekten eine enge Abstimmung und eine gemeinsame Governance mit dem Kunden. Ist dann aber einmal eine Beziehung gelegt und beide Seiten wissen, was sie voneinander haben, kann oft eine langfristige gute Beziehung zwischen Transformationsanbietern und Servicepartnern entstehen.

Wieder anders ist es mit **Projektpartnern**, die ergänzende Lösungsbausteine anbieten. Diese sind zwar meist guten Willens, haben aber zunächst immer ein stark abweichendes Verständnis vom Angebot. Sie sehen es aus ihrer eigenen Perspektive und Erfahrung. Während man mit Kunden im Vertriebsprozess lange um das gleiche Verständnis ringt, macht man das mit Projektpartnern nicht. Dieses abweichende Verständnis kann zu großen Enttäuschungen führen, sowohl im Vertrieb als auch in der Umsetzung.

15.3.2 „Why" in der „Umsetzung und Zusammenarbeit"-Phase

Während es in den früheren Phasen im „Why" im Wesentlichen um qualitative Aussagen ging, werden diese jetzt einer konkreten Prüfung unterzogen. Das „Warum" muss ständig hinterfragt werden. Das geht am besten durch ein quantitatives Monitoring der Fortschritte und eine daran angeschlossene Analyse der Ergebnisse. Schließlich beschreibt das „Why" die eigene Position im Veränderungsprozess, und die sollte möglichst gut stimmen.

Konkret geht es um die ausgesendete Botschaft und die Frage, wie gut sie ankommt. Verstehen die Kunden die Botschaft? Beschreibt sie das richtige Problem? Ist sie unterscheidbar vom Wettbewerb? Akzeptieren die Kunden den Mehrwert? Glauben sie an die Machbarkeit? Können sie die Veränderung langfristig einordnen?

Jede dieser Fragen ist entscheidend für Erfolg oder Misserfolg und muss permanent geprüft und gegebenenfalls korrigiert werden.

Aus dem „Why" entsteht die Markenbildung für den weiteren Verlauf des Geschäftes. Das „Why" wird nun zum Kernthema, das in die Köpfe der Zielgruppen gebracht werden will. Die Veränderung, über die alle sprechen, die man braucht, um vorne dabei zu sein. Das Branding, die Markenbildung, findet in dieser Phase statt, wenn Transformationsbotschaft und Anbieter als Kombination gesehen werden.

Das „Why" in der Umsetzungsphase setzt sich zusammen aus:

- **Pitchen:** Die Botschaft zielgruppengerecht in knappe Aussagen bringen und immer wieder erproben. Im „What" in der „Formen und Mobilisieren"-Phase haben ich den Aufbau einer Story beschrieben. Im Pitch kommt dieser Aufbau in knapper und präziser Form zur Anwendung.
- **Monitoring:** Welche Botschaften kommen an, wie werden sie verstanden, durch wen und durch welchen Kanal, was bewirken sie?
- **Korrekturen:** schnelles Zurückspielen der Erfahrungen in die Governance und Anpassung der Aussagen, Lösungen oder Vorgehensweisen.

Am Ende sollte eine klare, in der Zielgruppe bekannte Aussage stehen, was mit der angebotenen digitalen Transformation erreicht werden kann. Ziel des Vertriebsteams muss sein, dass Gesprächspartner bereits beim Erstkontakt wissen, worum es geht.

Bild 15.15 Das, was der Sender meint, ist nicht immer das, was beim Empfänger ankommt. Wichtig ist, die Empfänger in ihrer Erfahrungswelt abzuholen

Die Treffsicherheit von Botschaften entscheidet sich auf der Seite des Empfängers. Aus Sicht des Senders ist alles, was er sagt, richtig, aber was ankommt, weiß der Sender nicht. Das Messen, was ankommt, ist die Kernkompetenz des „Why" in der Umsetzungsphase. Das bedeutet den Umstieg vom Bauchgefühl auf nachvollziehbare Daten. Wie das geht, ist gerade in Transformationsprojekten eine Frage, an der Organisationen scheitern können. Denn gerade in spannungsgeladenen Situationen, wenn es nicht so läuft wie erträumt, wenn es länger dauert, kommt schnell die Glaubwürdigkeitsfrage auf, und wenn die nicht belegt werden kann, ist es oft einfacher, Schuldige zu benennen, als sich Lösungen zu überlegen.

Die Messbarkeit ist andererseits auch ein gutes Kriterium, um zu prüfen, ob man seine eigenen Prozesse im Griff hat. Zu Beginn ist allerdings meistens Improvisation angesagt, denn nur in den wenigsten Unternehmen wird es die Bereitschaft geben, die wirtschaftlichen Reporting-Systeme auf bis dahin noch wenig ausgearbeitete Kennzahlen einer digitalen Transformationsidee umzustellen. So wird in den Vertriebssystemen oft keine Auswertung möglich sein, welche Kunden auf das Transformationsangebot investiert haben, da es dort noch nicht hinterlegt ist, und in den Marketingsystemen gibt es aus den gleichen Gründen keine Auswertung, welcher Kunde wegen dieser Angebote eine Veranstaltung besucht hat.

Es ist daher oft eine Sache des Transformationsteams, sich rechtzeitig Messkriterien zu überlegen und hinlänglich zu implementieren, um hinterher Aussagen fällen zu können, was erreicht wurde und was nicht. Und nur dann wird eine Organisation bereit sein zu lernen.

15.3.3 „What“ in der „Umsetzung und Zusammenarbeit“-Phase

Das „What“ kommt jetzt in eine echte Stressphase. Während es bisher im Wesentlichen definiert und beschrieben wurde, muss es sich jetzt in der Praxis bewähren: das Produkt mit seinem Mehrwert, seiner Fähigkeit, etwas konkret zu verändern, und seinem Anspruch auf Vollständigkeit und Passgenauigkeit, dass es beim Kunden funktioniert und ohne ernsthafte Aufwände zum Einsatz gebracht werden kann.

All diese Eigenschaften wollen erlebbar gemacht werden. Kunden schauen auf Produkte durch die Brille ihrer Nutzung und ihres Nutzens, und diese Brille gilt es zu bedienen.

Digitale Transformationsszenarien unterscheiden sich signifikant von einem Bagger. Sie sind kein anfassbares Produkt, sondern die Idee einer Veränderung. Der intellektuelle Aufwand, diese Idee auf die eigene Welt zu übertragen, ist für den Kunden hoch, und jede Unklarheit erhöht sein Risiko für eine Fehlentscheidung. Die Mittel, das „What“ zu konkretisieren, sind andererseits relativ einfach, doch manchmal aufwendig.

Bild 15.16 Die nötige Transferleistung, die Erzählungen und Erfahrung vereint, wird oft unterschätzt

Die Grundregel ist, vom Kontext her beschreiben – von der Welt, in der sich der Kunde auskennt; anders gesagt, das „Where“ für das „What“, die konkrete Business-Situation aus Prozesssicht und technischer Sicht. Erst wenn der Kontext steht, kann der Kunde den eigenen Lösungsansatz einordnen, der nun als Zweites beschrieben wird, und zwar im Sinne von Bestandteilen, die etwas bewirken. Als Drittes wird erzählt, wie der Lösungsansatz technisch aufgebaut ist und wie das Zusammenspiel innerhalb der Lösung und mit dem Kontext funktioniert. Als Viertes wird erzählt, welche kaufbaren Produkte dazugehören.

15.3.3.1 Das Erleben

Das Erlebbarmachen der Lösung ist gerade in der Anfangsphase entscheidend. Für die Kunden, um Vertrauen zu gewinnen, für die Anbieter, um selbst zu lernen und zu vermeiden, vor Problemen die Augen zu schließen. Dabei ist es wichtig, die Kunden nicht aus den Augen zu verlieren. Viele Anbieter neigen dazu, in dieser Phase viel in beispielhafte Anwendungsszenarien zu investieren, die jedoch oft am Kundenbedarf vorbeigehen. Wenn sich kein Kunde findet, der in dieser Phase konkret an der Entwicklung von Anwendungsszenarien mitarbeitet, sollte man sich überlegen, ob man auf das richtige Konzept setzt und erst einmal das Konzept in Kundengesprächen hinterfragen. Oft sind es nur Details, die den Unterschied ausmachen, doch das ist genau das Thema der digitalen Transformation. Es geht um Vertrauen, und das entsteht erst, wenn man wirklich das Gefühl einer gemeinsamen Idee hat. – Dies ist wieder ein Signal, warum das „Where" so bedeutend ist, der Aufwand, dass eine Innovation in die Wirklichkeit passt, ist auch in einem überschaubaren Umfeld immer noch hoch.

Erlebnisse können immer am einfachsten mit Referenzbeispielen und konkreten Vorführobjekten erzeugt werden. Sie zeigen im konkreten und umgesetzten Zustand, wie eine Lösung auf das Geschäftsleben einwirkt, und erzeugen auch die entsprechenden Reflexionsmechanismen bei den Zuschauern.

Diese Vorführobjekte existieren allerdings nicht immer. Entweder, weil die Lösung noch nicht in einem entsprechenden Umfeld realisiert wurde, oder weil die dazugehörigen Kunden noch nicht bereit sind, ihre Anwendung Dritten vorzuführen, oder weil der Aufbau passender Prototypen zu aufwendig und zu teuer ist. Dann sind andere Wege gefragt.

Erlebnisse finden in erster Linie in den Köpfen der Betrachter statt. Die Kunst der Anbieter ist, das richtige Theaterstück aufzuführen. Das ist nichts Verwerfliches. Theaterspielen war schon immer ein Mittel, Zusammenhänge zu vermitteln. Nur wird Theater häufig schlecht gespielt, und die Zuschauer erkennen schnell, dass ihnen hier etwas vorgemacht wird.

Der Coolness-Faktor

Coolness ist eine schwer beschreibbare, aber starke Fähigkeit. Wer cool ist, genießt eine Art magischer Bewunderung und wird mit hoher Aufmerksamkeit belohnt. Das Geheimnis hinter der Coolness ist die Botschaft „Ich kann etwas, was ihr nicht könnt, was ihr aber bewundert und nicht versteht, wie es funktioniert".

> Zauberer sind cool. Ebenso Artisten oder verführerische Wesen. Richtig cool ist jemand, wenn klar ist, dass die betreffende Fähigkeit wirklich funktioniert. Angesichts cooler Erlebnisse beginnt das Gehirn, sich Szenarien zu überlegen, wie die betreffende Fähigkeit das eigene Leben verändern könnte, und es sucht nach Möglichkeiten, das zu tun, und dazu gehört, die Fähigkeit irgendwie zu erwerben.
>
> Die Coolness endet an dem Zeitpunkt, an dem das Rätsel gelöst ist. Wenn klar ist, wie der Hase läuft, beginnt das Gehirn, die Dinge neu einzuordnen und sortiert sich nach rationalen Aspekten wie dem Mehrwert. Lerne ich es lieber selbst oder hole ich es mir von jemandem, der es kann?
>
> Jetzt sind die Dinge rational und nicht mehr cool. Als Anbieter von Zauberstücken ist es dann wichtig klarzumachen, dass der Kunde besser nicht selbst zum Zauberer wird, sondern sich weiterhin auf den Zauberer und seine Künste als Geschäftspartner verlässt. ■

Gutes Theaterspiel hingegen ist ein legitimes Mittel der Vermittlung. Der Unterschied zwischen schlechtem und gutem Theaterspiel liegt in der Position zwischen Darsteller und Zuschauer. Die klassischen griechischen Dramatiker haben das klar geregelt: Die höchste Position haben die Zuschauer, die mittlere die Darsteller, die niedrigste die fliegenden Händler drum herum. Daneben gibt es Götter und Gesetze sowie die Erfahrungswelt der Zuschauer.

Übertragen auf das „What" bedeutet das:

- Die Geschichte wird aus den Augen des Betrachters erzählt und der Erzähler vermeidet dabei jeden Ansatz, sich selbst zu loben. Eigenlob ist ein beliebtes Mittel schlechter Marketing- und Vertriebsleute und zerstört sofort jede Coolness.
- Benötigte Dritte werden erwähnt, doch dabei als Selbstverständlichkeit beschrieben. Sie gehören dazu, wie die Sauce zum Braten oder das Internet zur E-Mail.
- Neutrale Zeugen, die die Richtigkeit des Vorgehens bestätigen, helfen. Das können Lehrer sein, Meinungsführer der Industrie oder andere bekannte Experten.
- In der Erzählung müssen alle relevanten Rahmenbedingungen erwähnt werden, seien sie aus der Gesetzgebung oder aus der Praxis der Industrie. Das sind Vorschriften, Standardprozesse und Alltagserfahrungen.
- Die Erzählung von „Gut" und „Böse", von „Sieger" und „Verlierer" muss an der Erfahrungswelt der Zuschauer anknüpfen. Das sind Industrieszenarien, deren Teilnehmer und ihre Interessen und Verworfenheiten und die Lust an der Veränderung.

15.3.3.2 Das Werteversprechen

Ein Teil der konkret verkauften Leistung ist das Werteversprechen (Bild 15.17). Die Leistung bringt eine Veränderung im Geschäftsbetrieb des Kunden, und diese Veränderung muss mit einem oder mehreren Mehrwertaussagen beschrieben werden können. Die klassischen direkten Mehrwertversprechen drehen sich um Zeit, Kosten und Qualität. Erweiterte indirekte Mehrwertversprechen drehen sich um Risiken und deren Absicherung. Noch weiter erweiterte Mehrwertversprechen drehen sich um Strategien und ihre Umsetzung.

Bild 15.17 Aufbau eines Werteversprechens

Direkte Mehrwerte:

- **Geld:** Es werden mehr Produkte verkauft, die Produktmarge steigt, es kann ein höherer Preis verlangt werden, die Produktionskosten sinken, andere Kosten sinken ...
- **Zeit:** Es wird schneller produziert, es kann schneller auf Marktveränderungen reagiert werden, Probleme werden schneller gelöst, Handlungen gehen schneller ... Zeitmehrwerte lassen sich meistens auch auf Geldmehrwerte übertragen.
- **Qualität:** Es gibt weniger Fehler, weniger Ausschuss. Qualitätsmehrwerte lassen sich manchmal direkt auf „Geld“ übertragen, oft aber auch nur auf „Risiko“, etwa wenn es um den Ruf des Unternehmens geht.

Indirekte Mehrwerte:

- **Wettbewerb:** Wettbewerbsdruck wird abgefedert, man bleibt im Geschäft, weil man mit anderen gleichzieht oder Nachteile ausgleicht, etwa dem Low-Cost-Wettbewerb aus Billiglohnländern durch höhere Automatisierung begegnet oder durch attraktivere Angebote.
- **Geld:** Kostenvermeidung, etwa Strafzahlungen, Garantiezahlungen oder Reparaturkosten bei Produktfehlern
- **Zeit:** Vermeidung kritischer Zeitrisiken, wenn etwa ein Projekt auf einen Termin hin abgeschlossen sein muss.

- **Qualität:** Imageverlust, Haftungsrisiken, Gesundheitsrisiken für die eigenen Leute – hier fallen viele **Nachhaltigkeitsthemen** mit hinein, wenn es um das Unternehmensimage geht.
- **Gesetz:** Erfüllen rechtlicher Bestimmungen zu ökologischen, sozialen, wettbewerbsrechtlichen oder qualitativen Aspekten aber auch Einhalten von Branchenregeln und Industrienormen, die als externe Vorgabe das Geschäft maßgeblich beeinflussen. Hier fallen dann auch Aspekte von Plattformen und vereinheitlichten Schnittstellen einer Wertschöpfungskette mit hinein.

Strategische Mehrwerte:

- **Wettbewerb:** Auf der strategischen Ebene geht es darum, dem Wettbewerb voraus zu sein, sich öffnende Geschäftspotenziale frühzeitig zu erschließen und sich so Marktanteile sichern. Das ist immer mit Unsicherheit verbunden und wird gerne als „unternehmerische Wette" bezeichnet, verspricht aber andererseits im Erfolgsfall große Gewinne.
- **Geschäftsmodelle:** Neue Formen, die eigene Kompetenz zum Kunden zu bringen. Im Zusammenhang mit der digitalen Transformation stehen hier serviceorientierte Geschäftsmodelle im Vordergrund, die anderswo in diesem Buch ausgiebig beschrieben sind.
- **Wertschöpfungskette:** Eine andere Nutzung der Wertschöpfungskette, um sich selbst klarer auf seine eigenen Kernkompetenzen fokussieren zu können. Leistungen außerhalb der Kernkompetenz können von anderen oft besser und billiger erbracht werden. Digitale Prozessketten schaffen hier durch schnelle Abstimmung und Nachvollziehbarkeit von Handlungen viele neue Möglichkeiten der Leistungsvergabe.
- **Monopole:** Eine Eigenschaft der Plattformökonomie ist der „The winner takes it all"-Effekt. Durch die globale Vernetzung steht jede Leistung überall zur Verfügung, und der Mechanismus „Wer viele Kunden hat, ist attraktiver für die Kunden" ist bei allen Arten von Tauschgeschäft, wie sie in Plattformen oft vorkommen, stark. Das sorgt für Monopole, wie man sie auch aus der Welt der Consumer-Plattformen kennt, etwa Amazon, Google, Airbnb oder Booking.com. Die Anbieter streben auf die größte Plattform, und die Kunden suchen auf der größten Plattform. Im Industriesektor ist die Wahrscheinlichkeit solcher Megamonopole zwar geringer, aber innerhalb von Branchen ist es möglich, sich so eine starke Position zu verschaffen.

Investitionen der digitalen Transformation sind in der Regel eher strategisch als taktisch, und daher sind die entscheidenden Mehrwerte meist in den Bereichen „Strategisch" oder „Risiko" zu finden. Dort liegen auch in der Regel die größeren Potenziale. Die Kehrseite dieses Effekts ist, dass die Mehrwerte im Bereich Strategie oder die indirekten Mehrwerte des Risikos deutlich schwerer zu messen sind als direkte Mehrwerte.

Projekte der digitalen Transformation sollten daher stets auf allen drei Ebenen entworfen werden und einzelne Umsetzungsschritte sollen so entworfen werden, dass möglichst auch einfach messbare Mehrwerte auf der direkten Ebene erreicht werden. Und wenn das nicht geht, sollten zumindest in dem jeweiligen Schritt die Veränderungsschmerzen gering gehalten werden.

15.3.3.3 Das Produkt

Das „What“ ist das Produkt, das gegen Geld verkauft wird. Es ist die Ware, die in einem Vertrag beschrieben wird, das, woran der Kunde seinen Wert bemisst und das, was beim Anbieter im Bericht an die Eigentümer, meist die Börse, auftaucht. In der digitalen Transformation ist es nur so, dass das Produkt häufig ein sperriges Ungetüm ist, das erst einmal mehr stört als Freude bereitet. Drei Aspekte begleiten das Produkt als solches in der digitalen Transformation:

- **Botschaft an die Anbieter:** Das Essen muss schmecken.

  Der Hunger muss schon sehr groß sein, dass jemand etwas isst, was nicht schmeckt, Blähungen verursacht und vielleicht auch noch einen Ausschlag. Der „Product Market Fit“ ist ein Thema, das von Anbietern gerne vernachlässigt wird und den Einführungserfolg damit schmerzhaft ausbremst. Dabei sind es oft nur Kleinigkeiten, die das Leben leichter oder schwerer machen, aber für die muss man sich nun einmal mit Kunden auseinandersetzen und verstehen, welche Mahlzeit die mögen und vertragen und welche man ihnen gerade noch zumuten kann. Je weniger das „Where“ beachtet wird, das dafür sorgt, dass die Kunden möglichst ähnliche Probleme entwickeln, desto gravierender wird dieses Problem. Denn mit vielen unterschiedlichen Kunden wird das „Kümmern“ um die Bedürfnisse der einzelnen immer aufwendiger.

> **Hinweis: Nur fertige Produkte skalieren**
>
> Was der Anbieter ernst nehmen muss: In der „Umsetzungsphase“ wird das Produkt im Kontext des bedienten Marktes fertig gemacht. Nur so wird es den Übergang vom „Strategischen Kunden“, mit dem man in enger Zusammenarbeit ein Problem löst, zum „Mehrwertkunden“, der kauft, weil der Nutzen klar berechenbar ist, oder sogar zum „Referenzkunden“ schaffen, der kauft, weil die anderen es auch schon haben.

- **Botschaft an die Kunden:** Vereinheitlichung gegen individuelle Anpassung.

  Die Mächtigkeit vernetzter Lösungen steht und fällt mit der Standardisierung. Standardisierte Produkte sind preisgünstig, lassen sich nicht nur schnell, sondern auch wirkungsvoll an ein sich veränderndes Umfeld anpassen und benötigen wenig Pflegeaufwand. Die einfache Formel für Kunden ist: Kernkompetenz ist individuell, der Rest ist Standard. Der wird eingekauft von denjenigen, die das Thema am besten beherrschen. Das sind entweder große, sichere Partner für die Basisleistungen oder branchenbezogene Anbieter für Leistungen, die zur Industrie und zum eigenen Unternehmenscharakter passen.

- **Botschaft an die Community:** Selbstbewusstsein.

  Eine Community ist ein schwieriger Adressat, vielleicht richtet sich die Botschaft auch zuerst an die Anbieter und dann an die Kunden. Aber es muss allen klar sein, dass in der Phase der Transformation jeder darauf achten muss, wo er landet, und dass es allen anderen ebenso geht. Wer in dieser Phase nicht selbstbewusst ist und sich genau überlegt, wie sich die eigene Kernkompetenz in der Beziehung zu anderen Kompetenzen entwickelt, der wird bei denjenigen Dienstleistern landen, die am Ende alles machen, was übrigbleibt.

Es geht also darum, das eigene Angebot selbstbewusst so abzugrenzen, damit es als eine Art Standard zu vielen Kunden passt, es aber so zu gestalten, dass es gerne gekauft wird, Partner zu finden, die mit ihrer eigenen Kernkompetenz Lücken schließen und den Veränderungstrend in der Industrie aktiv zu pflegen und zu begleiten.

15.3.4 „How" in der „Umsetzung und Zusammenarbeit"-Phase

Bereits in der „Formen und Mobilisieren"-Phase ging es um die spezielle Form der Programmgestaltung im Zusammenhang mit der digitalen Transformation. Governance und die Effektivität des Arbeitens in einem sich permanent verändernden Umfeld spielt eine deutlich stärkere Rolle als in klassischen Programmen, die eher durch eine effiziente Projektabwicklung geprägt sind.

In der „How"-Phase sind die internen und externen funktionsübergreifenden Teams aufgestellt, es ist ein Prozess definiert und eine Governance, es gibt ein Angebot und eine Botschaft. Nun beginnt die kontinuierliche Überprüfung der richtigen Aufstellung, des gemeinsamen Verständnisses, der operativen Schnittstellen und der täglichen Entscheidungsprozesse.

Sind die Teams richtig organisiert? Sind alle Aufgaben abgedeckt? Ist die Lernfähigkeit des Teams sichergestellt? Stimmen die verfügbaren Werkzeuge und Strukturen? Dazu braucht es Strukturen und eine Entscheidungsfähigkeit, eine Governance. Alle beteiligten Gruppen, vor allem inklusive des Managements, sollten sich regelmäßig in einer definierten Form treffen, über Fortschritte, Schwierigkeiten und Erkenntnisse berichten und diskutieren, was besser gemacht werden kann.

In der Praxis degenerieren solche Meetings gerne zu Reporting- und Selbstdarstellungstreffen. In der unsicheren Situation einer Veränderung neigen viele dazu, sich persönlich abzusichern, wenn sie berichten sollen. Das ist ein Risiko. Wenn hier keine offene Lernkultur stattfindet, ist der Erfolg der Initiative ernsthaft gefährdet.

15.3.4.1 Governance nötig

Die Kernelemente der Governance sind:

- Geregelte Zuständigkeiten: eine RACI-Matrix, die von allen verstanden und gelebt wird.
- Eine regelmäßige Taktung zur Absprache - üblicherweise wöchentlich -, bei der alle operativen Fragen, Ergebnisse, Neuigkeiten und anstehenden Themen besprochen werden.
- Eine bildhafte Kommunikation, die maximale Transparenz der Handlungen und Ergebnisse schafft.
- Eine Kultur des Verstehens anstelle des Berichtens. Jeder Beteiligte muss wirklich verstehen, was die anderen tun und wie das mit dem eigenen Tun und dem Gesamtbild zusammenpasst. Dazu gehört aktives Fragen, bis das Verständnis sicher da ist.

Hinter dem „How" steckt in dieser Phase vor allen Dingen eines: Disziplin. Das lernende Team hat gleichzeitig viel nach außen zu tun, und muss den internen Lernprozess leben. Alle müssen bereit sein, permanent Veränderungen in ihre Arbeit einzubauen und in der Lage, diese Veränderung richtig einzuordnen oder auch konstruktiv infrage zu stellen. Niemand ist in dieser Phase vor Fehlern sicher.

Entscheidend ist ein operativer Rhythmus. Wann und wie tauschen sich die Teammitglieder aus, wie dokumentieren sie, wie lernen sie, wann fallen Entscheidungen und wie werden sie kommuniziert, über welche Kanäle lassen sich schnell und zuverlässig Erfahrungen in das Team einbringen?

Kulturformen in der Governance

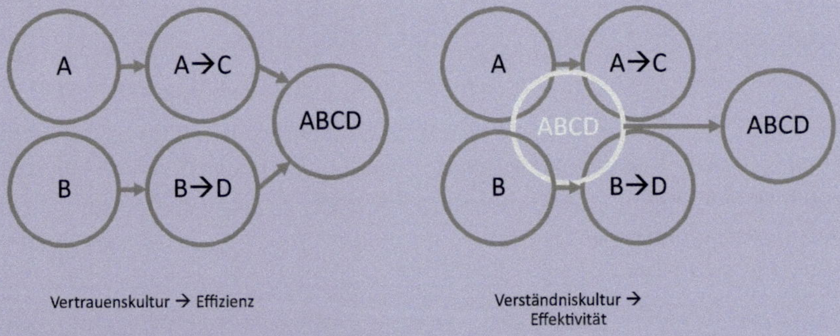

Bild 15.18 Aufbau der Governance in unterschiedlichen Kulturformen von Programmen

In einer klassischen Programmstruktur treffen etablierte Teams zu bekannten Themen aufeinander. Sie können darauf vertrauen, dass die Themen richtig verstanden und bearbeitet werden. Sie können es sich leisten, in einer Vertrauenskultur zu leben, und es kommt mehr darauf an, den Ablauf der Handlungen richtig zu erfassen.

Team A erstellt A und liefert an C, Team B erstellt B und liefert an D, C leitet aus A C ab, D leitet aus B D ab, und beide liefern in die Endmontage, die ABCD zusammenfügt (Bild 15.18).

In einer Transformationsstruktur gibt es dieses Vertrauen nicht, einfach, weil es noch nicht eingeübt ist und sich die Bedingungen ständig ändern. Eine Verständniskultur stellt von Anfang an eine gemeinsam gepflegte Vorstellung des Ergebnisses in den Raum und konkretisiert diese über die Zeit. Das Endergebnis entsteht dann aus diesem gemeinsamen Bild heraus. Das ist weniger effizient, doch deutlich effektiver, wenn das Zusammenspiel noch ungeübt ist. ■

Die Mittel des „Agile Engineering“ eignen sich gut für solche Phasen, wobei Information, Analyse und Entscheidung möglichst in kleine Gruppen delegiert werden. Neu zusammengestellte Teams sollten sich dem allerdings schrittweise nähern. Entscheidend ist zunächst, dass ein Team sich untereinander kennt und vertraut, dann können Rollen verteilt werden.

Die beliebtesten Fehler in dieser Phase sind:

- Erklären, dass andere etwas tun müssten – stattdessen muss man immer sicherstellen, dass Dinge geschehen, jeder trägt die Verantwortung, solange sie nicht einvernehmlich woanders angesiedelt ist.
- Von ungeprüften Annahmen ausgehen – stattdessen jede Annahme hinterfragen, ihren Zusammenhang verstehen und ihre Zuverlässigkeit prüfen.
- Nicht abgestimmte Planung – Abstimmung ist Aufwand, es kostet Zeit und die Energie sicherzustellen, dass man sich untereinander wirklich versteht. Diesen Aufwand vermeiden die meisten Menschen gerne, um schneller voranzukommen. Das rächt sich aber immer.
- Uneinheitliche Kommunikation und Dokumentation – was nicht für alle in gleicher Form bekannt und verfügbar ist, existiert nicht. Dieses Credo muss in alle Köpfe.

Die Governance braucht eine klare Führung, das ist der bereits im „How“ der Analysephase beschriebene Digital Transformation Manager. Er rückt jetzt in eine zentrale operative Position und ist gefordert, seine Schnittstellen entsprechend selbstbewusst und diplomatisch zu koordinieren.

15.3.4.2 Umgang mit Partnern

Was an dieser Stelle gerne vernachlässigt wird, ist der Umgang mit Partnern. Wie bereits in der Einleitung zur Phase 3 „Umsetzung und Zusammenarbeit" erwähnt, geht es hier um den Übergang in einen höheren Reifegrad im Markt. In dieser Phase soll erreicht werden, dass der Vertrieb sich von einem opportunistischen Vertrieb mindestens zu einem mehrwertorientierten Vertrieb entwickelt, wenn nicht sogar zu einem trendbasierten Vertrieb, in dem der Wechsel vom „Push" ins „Pull" wirklich vollzogen ist, also dass die Kunden von sich aus wissen, dass das Angebot für sie wertvoll ist, und es ihnen nicht mehr lange erklärt werden muss.

In Bezug auf den Reifegrad von Märkten wird deutlich: In der „strategischen" Reifestufe spielen Partner noch keine große Rolle im Vertrieb. Vielmehr arbeiten die Käufer mit ihren persönlichen Vertrauten und führen das Gespräch mit den Anbietern selbst. Für den Anbieter waren also bisher die Arbeiten mit Partnern eher lästig, da sie im Zweifel zwischen dem Anbieter und dem Kunden standen und eigene, abweichende Ideen entwickelten. Das ändert sich bereits in der **„Mehrwert"**-Reifestufe.

Berater treten nun aktiv mit dem Thema auf und erstellen Mehrwertkonzepte. Es ist also wichtig, mit diesen Beratern im Gespräch zu sein und abzugleichen, wie sich die Themen in der Industrie entwickeln werden. Das hilft den Beratern, die den Kunden dann eine realistischere Botschaft vermitteln werden, das hilft den Kunden, die eine bessere Orientierung erhalten, und das hilft dem Anbieter, der nicht mehr gegen mehrere unterschiedlichen Meinungen zur Zukunft antreten muss.

Ähnlich ist es mit Systemintegratoren: Sie bilden Spezialisten aus und drängen damit ins Projektgeschäft. Die Spezialisten positionieren sich als „neutrale" Experten und haben ein Interesse, ihren eigenen Marktwert zu steigern. Es ist mit ihnen ebenfalls wichtig, ein gemeinsames Verständnis zur technologischen Entwicklung zu erarbeiten wie auch eine gemeinsame Perspektive zur Umsetzung der Transformation. Denn spätestens in der nächsten Reifestufe werden Partner eine entscheidende Rolle spielen.

In der „Trend"-Phase geht auf Anbieterseite die Konsolidierung los (Bild 15.19). Und sie wird sich zum guten Teil auch daran orientieren, welcher **Anbieter** sich im Markt breitmachen konnte, hier spielen die Partner bei der Umsetzungsfähigkeit eine entscheidende Rolle.

	1 – Strategisch	2 – Mehrwertorientiert	3 – Trend/Referenz
Anbieter	wenige Anbieter machen sich breit	etablierte Anbieter im Markt springen auf	Konsolidierung unter Anbietern beginnt
Berater	Käufer arbeiten mit persönlich Vertrauten	Berater erstellen Mehrwertkonzepte	Veränderungsberatung auf Basis neuer Konzepte
Systemintegratoren	Käufer arbeiten mit persönlich Vertrauten	erste Spezialisten auf regionaler Basis	breiter Wettbewerb bei Integratoren
Wiederverkäufer	–	–	Wiederverkäufer treten in den Markt ein

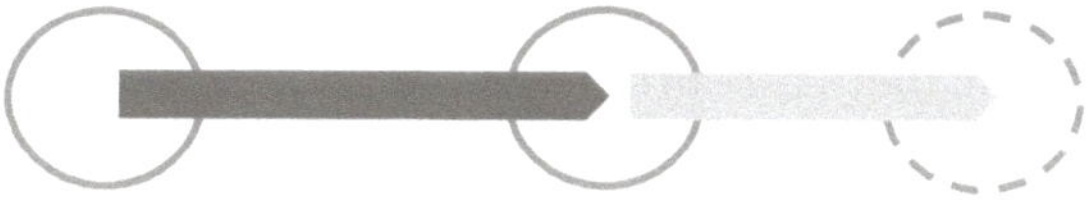

Bild 15.19 Auszug aus der Reifegradtabelle: Eintritt von Partnern in die Transformation

Berater werden nun voll in den Trend einsteigen und bei ihren Kunden eine „sichere Botschaft" vermitteln. Wenn sie zu diesem Zeitpunkt nicht von der Zukunftsrelevanz des Anbieters überzeugt sind, werden sie die ihren Kunden so auch nicht vermitteln, sondern Wettbewerbsangebote vorziehen. Sind sie jedoch überzeugt, werden sie als Vertriebsbeschleuniger wirken, weil alle etwas davon haben.

Systemintegratoren werden in dieser Phase einen breiten Wettbewerb entwickeln. Es entsteht in kurzer Zeit ein großer Bedarf an Spezialisten, und alle wollen sie von diesem attraktiven Geschäft profitieren. Die Kunden wissen das und suchen sich die Lösungen auch danach aus, wo sie mit der besten Unterstützung durch Systemintegratoren rechnen können. Aus Anbietersicht geht es hier also um die Frage, worin die Spezialisten der Systemintegratoren ausgebildet werden. Daher ist es wichtig, frühzeitig mit dem Management der Systemintegratoren gut zusammenzuarbeiten. Das ist zunächst oft ein schwieriges Thema und leidet am bekannten Henne-Ei-Problem. Der Systemintegrator interessiert sich erst für ein Thema, wenn ein Auftrag in Aussicht steht, doch wenn der dann konkret wird, ist der Systemintegrator eben deswegen nicht ausreichend vorbereitet. Aus Anbietersicht ist es daher wichtig, in dieser Phase gerade Systemintegratoren früh in die Projektanbahnung einzubeziehen, auch wenn die eigenen Leute das lästig finden.

In der Trendphase betreten zusätzlich **Wiederverkäufer** das vertriebliche Feld. Also Unternehmen, die Technologieprodukte anderer Hersteller einem speziellen Markt anbieten. Dabei geht es typischerweise entweder um Nischenmärkte mit besonderen Eigenschaften oder um den breiten mittelständischen Markt. An dieser Stelle will ich mich auf die zweite Gruppe konzentrieren.

Wiederverkäufer haben ein großes Bedürfnis an Sicherheit. Im Gegensatz zum Hersteller haben sie selbst keinen oder nur einen geringen Einfluss auf die Produktentscheidungen des Herstellers, andererseits investieren sie genauso wie dieser in Umsetzungskapazitäten. Sie bilden Leute aus, planen, führen Kampagnen durch und setzen ihren guten Ruf bei ihren Kunden ein.

In frühen Reifegradstufen ist Wiederverkäufern das Geschäft in der Regel zu unsicher. Sie können noch nicht darauf vertrauen, dass der Hersteller dabeibleibt, und ihre eigenen Leute sind auch noch nicht in der Lage, die transformative Geschichte überzeugend an ihre oft konservative Klientel zu vermitteln.

Diese Eigenschaft erzeugt oft Unmut bei Herstellern, die gerne hätten, dass Wiederverkäufer sich früher und stärker engagieren. Aus Enttäuschung über die Trägheit der Wiederverkäufer verpassen es Hersteller dann oft, den richtigen Moment zu erwischen, an dem diese erfolgreich ins Geschäft einsteigen können.

Der Rat an Hersteller ist daher, bewusst die Reifegradentwicklung des Angebots im Markt zu verfolgen und daran regelmäßig die eigene Partnerarbeit zu überprüfen.

Übungen zur „Umsetzung und Zusammenarbeit"-Phase

Where: Team-Check

Sprechen Sie regelmäßig mit allen Teammitgliedern, einzeln und gemeinsam, und fragen nach dem Zustand und Erfolg des Teams. Hören Sie zu und sondieren Sie, ob das Team seinen Auftrag angenommen hat, die nötigen Mittel zur Verfügung hat und sich mit der Erschließung des Zielgebiets identifiziert und vorankommt.

Why: Pitchen in „Pitch-Partys"

Veranstalten Sie regelmäßig mit den Mitgliedern des erweiterten digitalen Transformationsteams Treffen zum Üben der Pitch-Botschaft:

- Inhaltliche Darstellung der (aktualisierten) Botschaft durch den Digital Transformation Manager
- Wiederholung des Storyaufbaus
- Pitchen in wechselnden Rollen: Die einen Mitarbeitenden spielen die Rolle der Vertriebsperson, die andere die Rolle des Kunden in wechselnden Szenarien (Treffen im Aufzug, an der Bar, im offiziellen Meeting ...)
- Diskussion der Pitches und Lernerfahrungen

Why: Monitoring

Analysieren Sie gemeinsam mit Marketing und dem Vertriebsmanagement:

- Wie kann ich einen Marketingerfolg messen? Beschreiben Sie Marketingziele, die Sie erreichen und messen können.
- Wie kann ich einen Vertriebserfolg messen? Zerlegen Sie Ihre vertriebliche Erwartung über die kommenden drei Jahre in sechs Phasen: vier Quartale für das erste Jahr und die zwei folgenden Jahre. Vergeben Sie für jede dieser Phasen messbare Ziele.

Vereinbaren Sie mit dem digitalen Transformationsteam einen Monitoring- und Lern-Prozess anhand dieser Ziele und Ihrer Messung.

What: Entscheidungskette zur Produktanpassung

Skizzieren Sie die Kommunikations-, Entscheidungs- und Umsetzungskette, die es für Anpassungen am Produkt oder Marktauftritt Ihrer digitalen Transformationsidee benötigt.

- Ist die Kette bekannt?
- Ist die Kette in der Lage, Anpassungsbedarfe zu verstehen und in ihrer Priorität einzuordnen?
- Ist die Kette in der Lage, notwendige Entscheidung in angemessener Zeit zu fällen?
- Ist die Kette in der Lage, Entscheidungen in angemessener Zeit umzusetzen?

Wenn sie es nicht ist, überlegen Sie, wie Sie die notwendigen Strukturen schaffen können.

How: Bewerten der eigenen Angebote nach Partnertauglichkeit

- Benennen Sie Ihre eigenen Angebote und stufen Sie sie anhand der Reifegradtabelle ein.
- Vergleichen Sie die Partnerableitung, die sie daraus ziehen können, mit der tatsächlichen Partnersituation und begründen Sie die Unterschiede.
- Leiten Sie Maßnahmen ab, um die Situation zu verändern, sofern das angezeigt ist.

15.4 Phase 4: Beobachten und Lernen

Sind die Truppen einmal losmarschiert, nehmen die Dinge ihren Lauf, doch in der digitalen Transformation brauchen Sie permanente Beobachtung, da sich das Umfeld ständig ändert und auch nicht sicher ist, dass alle anfänglichen Annahmen wirklich richtig waren.

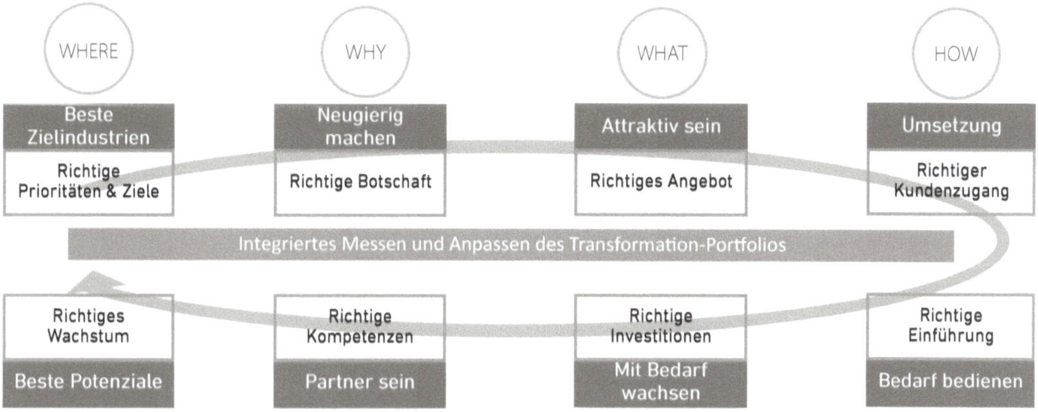

Bild 15.20 Die „Beobachten und Lernen"-Phase schließt den Kreis vom How zum Where

Wer sich nicht traut, wird auch nichts erreichen, aber wer leichtsinnig ist, wird wahrscheinlich scheitern. Im unsicheren Terrain der digitalen Transformation geht es darum, rechtzeitig Sackgassen und Irrwege zu erkennen, Signale zu interpretieren und sich zu trauen, die Richtung zu wechseln, wenn die Signale das anzeigen. Auch geht es darum, die Gründe für Erfolg oder Misserfolg zu verstehen. War es das Angebot? Der Markt? Der Zeitpunkt? Das Vorgehensmodell? Die Glaubwürdigkeit?

In der Unternehmenskultur ist das eine gelebte Governance, die sich als „Closed Loop" darstellen lässt (Bild 15.20). Während die „Where, Why, What, How"-Methode eine Handlungsfolge darlegt, die mit dem Where beginnt, ist in der Reflektion des Lernens diese Reihenfolge spiegelbildlich, also umgekehrt. Es geht darum, aus laufenden Projekten zu lernen, Fehler zu verstehen und zu korrigieren, positive Erfahrungen zu verarbeiten, zu erkennen, wie das eigene Angebot weiterentwickelt werden kann. Wie man sich mit den Kunden in eine langfristige Partnerschaft bewegen kann und wie und mit welchen Prioritäten weitere Märkte erschlossen werden können.

Aus diesem Grund sind die folgenden Abschnitte auch in entgegengesetzter Reihenfolge angesetzt, in der „Beobachten und Lernen"-Phase starte ich mit dem „How" und ende mit dem „Where".

15.4.1 „How" in der „Beobachten und Lernen"-Phase

Wem das Essen schmeckt, der kommt wieder, bestellt mehr und bringt Freunde mit. Das ist mit der digitalen Transformation nicht anders, und darum dreht sich das „How". Erste Aufgabe ist dabei, die Kunden zu beobachten, wie sie zurechtkommen, was sie am Angebot schätzen, was ihnen Probleme bereitet, was sie gerne anders hätten. In der praktischen Erprobung treten immer Ereignisse auf, an die niemand vorher gedacht hat, und die gilt es einzusammeln und zu verstehen. Was selbstverständlich erscheint, ist bei digitalen Angeboten, gerade in der Industrie, häufig vernachlässigt. Die Gründe liegen in den komplexen Sachverhalten und den Strukturen. Meist sind die Personengruppen, die in einer Vertriebsphase handeln, andere als während Einführung und Betrieb, und meist sind die Anwendungen so individuell, dass Abweichungen von der Standardlösung als normal erscheinen und die Teams vor Ort sich Umwege suchen, die das Projekt bremsen. Dazu kommt das „Stakeholder-Dilemma": die unterschiedlichen Interessen bei Digitalanbietern und Dienstleistern, die das Projekt begleiten. Daher ist ein gelungenes „Beobachten und Lernen" keinesfalls eine Selbstverständlichkeit.

15.4.1.1 Das Management des Kundenerfolges

Diese Beobachtungen finden einerseits im Vertrieb statt, also in den Phasen, in denen Kunden erst noch überzeugt werden müssen, andererseits in den nachvertrieblichen Phasen, wenn die Lösungen zum Einsatz kommen. Die Erfahrung im Digitalgeschäft in der Industrie zeigt dabei immer schon: In der Vertriebsphase liegen Glanz und Hoffnung, in der Post-Sales-Phase liegt die Wahrheit. Das hat allerdings auch mehr Gründe als nur ein „Overselling", wie es von Servicekollegen häufig dem Vertrieb vorgeworfen wird, also dass mehr versprochen wurde, als gehalten werden kann.

Es gibt Blockaden für Investitionen, die man kreativ lösen kann, es gibt welche, bei denen man besser abwartet, und es gibt weitere, bei denen man besser weiterzieht und es anderswo probiert. Welcher Weg der richtige ist, sollte sich jeder Vertriebsmensch gemeinsam mit dem Digital Transformation Manager stellen und entsprechend handeln. Grundsätzlich sollte man versuchen, sich auf Kunden zu fokussieren, mit denen schnelle Entscheidungen möglich sind, und zähe Vertriebsschlachten vermeiden (Tabelle 15.9).

Tabelle 15.9 Hindernisse vor einer Kaufentscheidung

Gründe, die eine Investitionsentscheidung hemmen	Reaktion auf den Grund
Notwendige Eigenschaften werden nicht bedient, etwa Schnittstellen, Formate, bestimmte Fähigkeiten.	Feststellen, ob die fehlende Eigenschaft kundenindividuell ist, dann sollte der oder ein Partner das Problem lösen, oder industrietypisch, dann sollte der Anbieter oder ein Partner es lösen.
Kunden können das Angebot nicht richtig in ihrer eigenen technischen Umgebung und Digitalisierungsstrategie einordnen.	Hintergrundinformation über industrietypische Digitalarchitekturen einsammeln, die eigene Position dazu herausarbeiten und mit dem Kunden ein klärendes Gespräch führen.
Kunden verstehen das Angebot und seinen Nutzen nicht.	Die eigene Botschaft im Industriekontext besser herausarbeiten. Rat von Branchenexperten einholen.
Es gibt vielversprechende Wettbewerbsangebote.	Wettbewerbsanalyse betreiben und prüfen, ob es starke eigene Argumente gibt. Oft steht eine preisgünstige Lösung ohne strategisches Potenzial einer strategischen Lösung gegenüber. Gibt es kein Argument, zu einer Zielgruppe wechseln, die besser zu einem passt. In dieser Phase ist ein verschleißträchtiger Vertriebsprozess zu kräftezehrend.
Kunden sind noch nicht so weit, dass sie sich mit dem Thema wirklich befassen können.	Mit den Kunden ein klärendes Gespräch dazu führen und einen regelmäßigen Abgleich vereinbaren, um den richtigen Zeitpunkt für eine Wiederaufnahme der Beziehung zu finden.

Schwierigkeiten aus der Vertriebsphase, die nur beiseitegeschoben und nicht wirklich ausgeräumt wurden, melden sich zu einem späteren Zeitpunkt verstärkt zurück, wenn sich herausstellt, dass die Schwierigkeiten ihren konkreten Grund hatten, den beide Parteien zwischendurch großzügig ausgeblendet haben. Hier sollten gerade Anbieter vorsichtig sein. In den nachvertrieblichen Phasen kommen noch andere Gründe hinzu, die einen erfolgreichen Projektverlauf stören (Tabelle 15.10). Die Gründe liegen jetzt meist in der Aufklärungsarbeit mit den betroffenen Anwendern und in der Abstimmung mit Dritten, meist Partnern im Projekt.

Tabelle 15.10 Erfolgshemmnisse nach einer Kaufentscheidung

Gründe, die einen Projektverlauf stören	Reaktion auf den Grund
Spät erkannte notwendige Eigenschaften werden nicht bedient, etwa Schnittstellen, Formate, bestimmte Fähigkeiten.	Klären, warum das nicht vorher bereits erkannt wurde. Feststellen, ob die fehlende Eigenschaft kundenindividuell ist, dann sollte der oder ein Partner das Problem lösen, oder industrietypisch, dann sollte der Anbieter oder ein Partner es lösen.
Erwartungen werden nicht erfüllt.	Klären, wie es zum Missverständnis der Erwartung kam und ob die Differenzen individuell oder industrietypisch sind und für beide Seiten sinnvoll ausgeglichen werden können. Wenn nicht, möglicherweise rechtzeitige Rückabwicklung.
Es gibt Beschwerden von Anwendern, die Lösung würde nicht passen.	Klären, ob die Anwender richtig über den Sinn der Lösung informiert sind, oft liegt das Problem in der mangelnden Prozessanpassung beim Anbieter und nicht in der Lösung.
„Stakeholder-Dilemma“ - Implementierungspartner setzen etwas anderes um, als mit dem Kunden vereinbart war.	Governance zwischen Kunde, Partner und Anbieter klären. Partner über Transformationsziele und Konzepte aufklären. Interessenskonflikte herausarbeiten, oft verbünden sich Partner mit Anwendern und boykottieren so eine angestrebte Transformation.

Die Liste der Gründe zeigt, wie wichtig eine branchenbezogene Positionierung und Kommunikation ist. Sie vermeidet hilflose Schuldzuweisungen und hilft bei der Klärung, wer ein Problem lösen sollte und wie eine Veränderung akzeptiert wird.

Rein kundenindividuelle Probleme sollten auch vom Kunden gelöst werden (Tabelle 15.11). Entweder schafft der Kunde das Problem ab, indem er sein Verhalten ändert, oder er baut in Eigenverantwortung eine Brücke - selbst oder mit einem Dienstleister. Ersteres sollte der Kunde immer dann tun, wenn das Problem eine Ursache außerhalb seiner Kernkompetenz hat. Dann ist es langfristig besser, eine Tradition aufzugeben und sich dem Rest der Welt anzupassen. Betrifft das Problem hingegen die Kernkompetenz, ist es auch ureigene Aufgabe des Kunden, die Lösung zu kontrollieren.

Tabelle 15.11 Problemlösungsverantwortung

Problem-verortung	Kunde	Umgehen	Partner	Anbieter
Kunden-individuell	Wenn Kern-kompetenz	Wenn keine Kernkompetenz	Als Auftrags-arbeit	Nein
Industrietypisch	Nein	Nein	Als Industrie-standard	Als Industrie-komponente
Allgemein	Nein	Nein	Nein	Ja

Veränderung des Verhaltens ist in der Regel unbeliebter als Veränderung der Werkzeuge. Insbesondere wenn die Verhaltensänderung möglicherweise zum Kompetenzverlust oder zum Jobrisiko wird. Das muss jeder Arbeitgeber bei Veränderungsprozessen berücksichtigen und entsprechend in die Programme aufnehmen, aber es wird in fast allen Transformationsprogrammen und Projekten unterschätzt und verdrängt. Zwei Aspekte sind bei der digitalen Transformation besonders ausgeprägt:

- **Phänomen 1: Verständnisbrüche**

  Den beteiligten Parteien, das sind in der Regel Anbieter, Kunde, Partner und Anwender, fehlt die Vorstellung, dass die jeweils anderen ein anderes Verständnis der Transformation haben als sie selbst. Das ist ein Governance-Problem und inhaltlich genau das gleiche wie beim „How" in der Umsetzungsphase beschrieben. Im Transformationskontext prallen unterschiedliche Erfahrungen und Erwartungen aufeinander, die erst mühsam mit einem gemeinsam gepflegten Zielbild abgeglichen werden müssen.

- **Phänomen 2: Veränderungsblockade**

  Hier geht es um Interessenskonflikte. Anwender wollen eine Veränderung nicht akzeptieren, Implementierungspartner wittern bei einem anderen Ansatz mehr Geschäft, Lösungspartner wollen ihr Angebot erweitern. Gemauschelt und gedrängelt wird immer, besonders in der Industrie. Veränderungsblockaden gilt es aber aufzuspüren und aufzudecken. Hier müssen Konflikte gelöst werden. Das kann so weit gehen, dass gelogen wird, um andere Verwerfungen verborgen zu halten. Eingangs ist das Beispiel eines Automobilzulieferers beschrieben, bei dem die Anwender durch eine neue Lösung nicht mehr die Qualitätssicherung umgehen konnten und deswegen die Projekte länger dauerten. Die Anwender schoben das „auf die schlechte Software". Auch hier ist der einzige Weg Führung und Governance, einschließlich der Anerkennung menschlicher Schwächen.

15.4.1.2 Gewürze und Zutaten

Das kontinuierliche Beobachten, welche Eigenschaften beim Kunden wie viel Begeisterung erzeugen, wie die Prozessverläufe aussehen, wann beim Kunden eine Identifikation mit der Transformation eintritt und wann die Anwender positiv darüber erzählen, ist eine entscheidende Erfolgssicherung.

> Positive Erlebnisse stärken, negative Erlebnisse abbauen. ■

Die Formel ist einfach und wird dennoch selten verfolgt. Denn dazu gehört, beides systematisch zu sammeln und zu verarbeiten, und das ist Arbeit und schwer zu organisieren.

Das bewährte Mittel der Digitalindustrie sind „User-Gruppen" – also Arbeitskreise von Anwendern, die sich über genau diese Fragen austauschen und das gemeinsame Interesse haben, einem Hersteller zu vermitteln, wie dessen Produkt für sie noch attraktiver werden kann. Solche Gruppen zu pflegen, kostet etwas Zeit und Geld, aber ihr Wert übersteigt gerade in den Zeiten der Veränderung den Preis deutlich.

Die Mitglieder lassen sich von zwei Motiven leiten:

- Sie können auf die Verbesserung eines Produkts Einfluss nehmen, das für ihren Arbeitsalltag wichtig ist, und tun das gerne und aus Überzeugung.
- Sie genießen die Abwechslung, einmal rauszukommen und mit Gleichgesinnten über etwas zu sprechen, womit sie sich auskennen.
- Oft sind es beide Motive, und jedenfalls sollte man die dahinterstehende Begeisterung nicht verschmähen, sondern sie nutzen, um eine gute Kunden- und Industriebeziehung aufzubauen.
- Ein anderes Mittel ist der organisierte Austausch auf Anwenderseite. Oft sind die Serviceorganisationen im Tagesgeschäft weit entfernt von den Strategen und Entwicklern, und statt eines Austauschs über die Erfahrungen vor Ort findet mehr Verachtung und Spott statt. Das ist ein Kulturphänomen. Je vernetzter ein Geschäft wird und je mehr die Grenzen zwischen Produkt und Service verschwinden, desto wichtiger wird der Austausch zwischen diesen Gruppen. Den zu organisieren, ist Aufgabe der Anbieter.
- Digitale Transformation bedeutet auch auf Anbieterseite eine Verschmelzung von Produkt- und Servicegeschäft. Die früher getrennten Einheiten müssen lernen, zusammenzuarbeiten und zusammen zu lernen.
- Denn erst wenn die Kunden wirklich Lust verspüren, eine transformative Lösung zu nutzen, weil sie passt, weil sie funktioniert, weil sie das Leben verschönert, werden sie das auch ihren Freunden, Kollegen, Bekannten erzählen.

Und genau dieser Effekt ist es, der ein transformatives Angebot erfolgreich macht: dass die Kunden es wollen!

15.4.1.3 Messen, Messen, Messen

Es gibt nicht nur einen Kunden, sondern viele und noch mehr Kunden in Erwartung, mit denen Gespräche stattfinden und von denen Antworten kommen. Diese Kunden sind eine sprudelnde Lernquelle, und wie so oft versiegt das Meiste, was aus dieser Quelle kommt, ungenutzt.

An digitalen Transformationsprojekten sind häufig viele Parteien beteiligt, die sich gegenseitig mehr oder weniger gut kennen und mehr oder weniger vertrauen. Sie alle stehen in einem Spannungsverhältnis von Erfolg und Misserfolg und der jeweiligen Begründung. Sie alle bilden ihre Theorien, woran Erfolg und Misserfolg liegen, und stellen sie so dar, dass sie selbst in einem guten Licht erscheinen. Das ist normal.

Der Effekt ist aber, dass Diskussionen über Anpassungen und Vorgehensweisen zu einer Schlacht von Behauptungen werden, die sich gegenseitig im Weg stehen und nicht beweisbar sind. Das Einzige, was dabei hilft, ist Messen, Daten sammeln und Berichte erstellen.

Die Invertierung der Kreativität

Für kreative Menschen ist es bitter, aber in vernetzten Welten ist nicht die Innovation entscheidend, sondern die Relevanz von Innovation. Und die wird durch Messwerte ermittelt. Bereits in den Neunzigerjahren mussten die Softwareentwickler die bittere Pille schlucken, dass sie nicht mehr dafür bezahlt wurden, coole Software zu entwickeln, sondern dafür, die Testszenarien bereitzustellen, die nachweisen, dass ihre Software funktioniert.

Genauso geht es den Managern der digitalen Transformation. Erst die Relevanz der Veränderung macht sie relevant. Und die will gemessen werden. Daher muss jede Veränderung Messwerte kennen, die darstellen, dass und wie sie wirkt. Wer das nicht schafft, wird bei kritischen Entscheidungen nicht akzeptiert. ■

Das Messen bezieht sich auf zwei Konzepte:

- **Das Werteversprechen** – im „What" der Umsetzungsphase – bemisst, bei welchen Kunden dieses Versprechen wie weit eingehalten wurde. Diese Zahlen sind entscheidend für die Referenzbildung. Kunden halten sich zu diesen Zahlen oft bedeckt, dem sollte ein kluger Vertrieb und ein kluger Digital Transformation Manager geschickt entgegentreten und die Bereitschaft, als Referenz zu dienen, fest vereinbaren.
- **Der vor- und nachvertriebliche Erfolg**: Wie viele Kundenkontakte wurden in Verträge umgewandelt und wie haben sich die Verträge über die Zeit entwi-

ckelt? Was waren die Randbedingungen, die den Unterschied ausmachen? Es ist eine anspruchsvolle Aufgabe zu antizipieren, welche Daten man im Vertriebs- und Realisierungsprozess systematisch erfassen und auswerten will. In der Regel schlägt der „Nachher ist man immer klüger"- und der „Hätten wir doch ..."-Effekt zu. Wer es aber schafft, diese Informationen rechtzeitig zu erfassen, wird in der Entwicklung seines Angebots eindeutig im Vorteil sein.

15.4.2 „What" in der „Beobachten und Lernen"-Phase

In den meisten Fällen kaufen Kunden etwas anderes, als die Verkäufer verkaufen. Das ist umso ausgeprägter, je komplexer Produkte und Services sind, und es ist in der Industrie stärker ausgeprägt als im Konsumentenbereich. Das beginnt beim simplen Motiv der Handlung. Verkäufer wollen ein Produkt verkaufen (oder einen Service, wir bleiben der Einfachheit halber beim Begriff „Produkt"), Kunden wollen einen Nutzen gewinnen. Nahezu kein Industriekunde kauft etwas, nur um es zu haben, wie es private Konsumenten gerne tun und worauf Werbung und Marketing im Konsumentenbereich abzielen.

> Industriekunden investieren in Nutzen und Mehrwert.

Der Unterschied geht noch weiter. Wenn ein Verkäufer ein Augmented-Reality-System verkauft, kauft der Kunde ein digitales Trainingssystem. Wenn der Kunde die Anwendung weiter ausbaut und anfängt, noch andere Geschäftsprozesse als das Training zu unterstützen, kauft er ein Digitalkonzept für integrierte Maschineninformation. Auch wenn es technisch das Gleiche ist, nennt er es anders und spricht anders darüber.

15.4.2.1 Das Produkt lernt

Im Augmented-Reality-System ist ein Modul enthalten, das dazu da ist, dreidimensionale Informationen zu erzeugen, die dann über Brillen angezeigt werden. Etwa wenn der Servicemitarbeiter eines Getriebeherstellers gezeigt bekommen soll, wie er die Abdeckung eines Getriebes entfernt, benötigt das System ein dreidimensionales Digitalbild der Abdeckung, sonst kann es nichts anzeigen. Es gibt unterschiedliche Wege, an solche dreidimensionalen Bilder zu kommen. Man hat ein einfaches Entwurfswerkzeug, das schnell und grob die Abdeckung so skizzieren kann, dass es für die einfache Visualisierung im Serviceszenario reicht. Man kann das 3D-Bild durch eine Scanner-Kamera erzeugen lassen oder man holt sich das 3D-Bild aus den vorhandenen Datenquellen des Getriebeherstellers, da im Entstehungsprozess des Getriebes solche Daten sowieso bereits erzeugt wurden.

Während in Erprobungs- und Konzeptphasen ein einfaches Skizzenwerkzeug oder die Scanner-Kamera die Mittel der Wahl sein mögen, wird der Getriebehersteller spätestens dann merken, wenn er die Technologie im großen Stil einsetzen will, dass er eher auf einen bereits vorhandenen und auch durch einen Prozess gepflegten Datenbestand zugreifen will, als neue Daten zu erzeugen. Das bedeutet, der Kunde will weder den Skizzengenerator noch die Scanner-Kamera kaufen, sondern eine Integration in seine Datensysteme.

Wenn nun Skizzengenerator oder Scanner-Kamera aber Teil des Produkts sind und nur schwer abgetrennt werden können, die Integration hingegen nur mit viel Aufwand erzeugbar ist, dann gibt es einen Konflikt. Der Verkäufer will ein „vollständiges Produkt“ verkaufen, der Kunde eine „Integration“. Das ist wie der Kühlschrank als Einzelgerät oder zum Einbauen.

Das „What“ in der „Beobachten und Lernen“-Phase befasst sich mit derartigen Erkenntnissen über die bedeutenden Eigenschaften eines Angebotes. Welche Eigenschaften sind wichtig, was lässt sich aus den Projekten lernen? Das Problem ist meistens, dass die Kollegen vor Ort beim Kunden genau das mitbekommen, dass aber kein Prozess vorhanden ist, diese Lerneffekte systematisch einzusammeln und zu bewerten.

Die User-Gruppen aus dem „How“ in der „Beobachten und Lernen“-Phase können hier bereits viel helfen. Wichtig ist, den Entscheidungsprozess zu kanalisieren, die aufkommenden Fragen industriebezogen einzuordnen, sie zu bewerten und zu einem Lösungsvorschlag zu kommen, der den Problemstellungen gerecht wird.

Ebenso wichtig ist es aber, konsequent am eigenen Produktverständnis zu arbeiten. Wie verschiebt sich das Erscheinungsbild des Produkts, wenn nicht mehr als vollständige eigenständige Lösung, sondern als integrierbare Lösung verkauft wird? Was ist der Kern des Produkts und was sind Randeigenschaften, die nur wenige Nutzer brauchen, die im industriell integrierten Einsatz vielleicht sogar wegfallen und eher stören, wenn sie Teil des Angebots sind?

So bilden sich im Lauf der Zeit ein Kernprodukt und eine Integrationsstrategie heraus (Bild 15.21). Dabei wird es für manche Produktanteile eine industriebezogene Varianz des Herstellers geben, hier über nimmt der Anbieter die komplette Leistung. An anderen Stellen wird es Standardschnittstellen geben, an die eigene oder Komponenten Dritter angeschlossen werden können. Manche individuellen Varianten wird der Anbieter von sich aus nicht unterstützen, und der Kunde macht die Anpassung in Eigenregie und eigener Verantwortung.

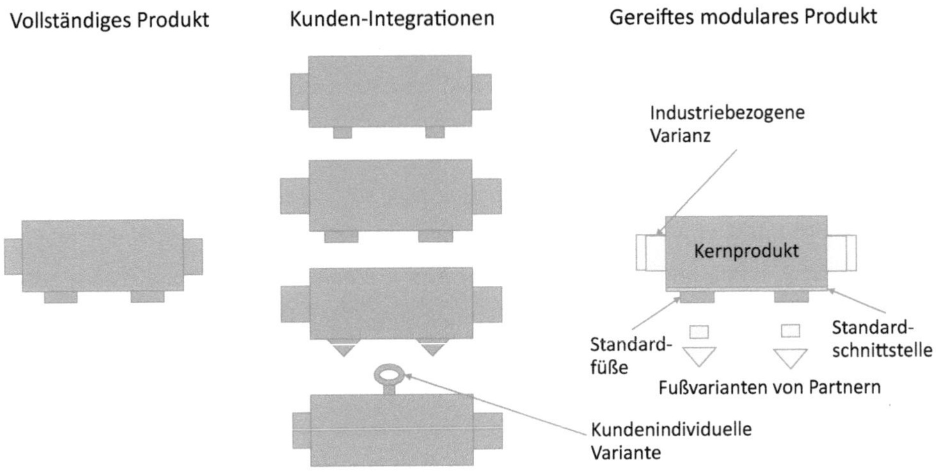

Bild 15.21 Ein modularer Aufbau erleichtert die Kundenintegration

15.4.2.2 Die Wahrheit liegt in der Botschaft – Die Geschichte lernt

Es muss aber nicht unbedingt das Produkt sein, das angepasst wird, es kann auch die Erzählung sein. Dazu ist es wichtig, genau zuzuhören, wie die Kunden und Anwender das Angebot sehen und benennen, wie sie Dritten davon erzählen und wer das ist. Aus dieser Beobachtung lässt sich ein kontinuierlich verbessertes Kommunikationskonzept entwickeln, das dazu führt, dass um das Angebot ein Eigenleben entsteht und den Weg von einem Angebotsmarkt in einen Nachfragemarkt eröffnet (Bild 15.22).

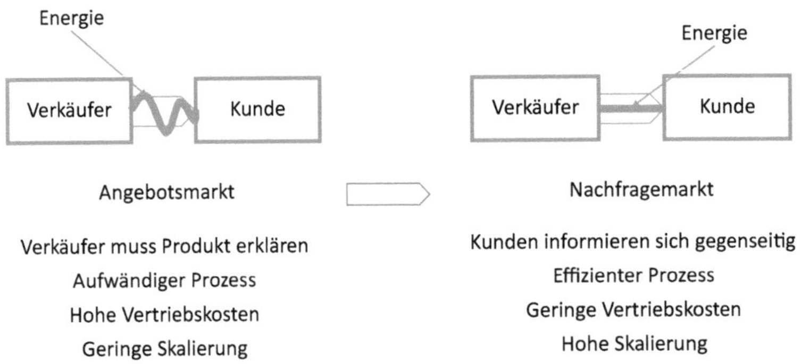

Bild 15.22 Der Übergang vom Angebotsmarkt zum Nachfragemarkt

Ein Nachfragemarkt entsteht entweder, weil aufgrund äußerer Bedingungen ein großer Bedarf da ist, beispielsweise wenn es regnet und daher viele Menschen einen Regenschirm benötigen, oder wenn es sich herumspricht, dass man etwas Bestimmtes braucht.

Was im Konsumentenmarkt die edle Handtasche oder das neueste technische Spielzeug ist, ist in der Industrie die wettbewerbskritische Fähigkeit, die ein Unternehmen benötigt, um von der Angebotsattraktivität her oder aufseiten der Kosten weiterhin im Spiel zu bleiben.

Die „Beobachten und Lernen"-Phase hat auch zum Ziel, den Weg zu finden, wie man in einen Nachfragemarkt kommt. Und der Schlüssel ist einfach:

> Die Kunden müssen untereinander gut über das Produkt reden.

Kunden reden miteinander auf Kongressen, auf Branchentreffen, in der Flughafenlounge oder im Speisewagen der Bahn, auf Messen und bei Klassentreffen und Familientreffen - überall. Die Gespräche, die hier stattfinden, sind der Schlüssel zum Nachfragemarkt. Als Anbieter kann man sie nur indirekt beeinflussen und sollte sich auch nicht einmischen. Die Hebel für den Anbieter sind andere:

- Das Essen muss schmecken - die Kunden müssen das Produkt mögen und gerne darüber sprechen.
- Die Erzählung muss eingängig sein - vorher war A, nachher war B, ich habe C dafür gemacht. Der Anbieter kann die Erzählung selbst beim Kunden einbringen, und er kann sie über seine eigenen Marketingaktivitäten und Auftritte auf Kongressen und anderen Veranstaltungen vor- und mitformulieren. Wirklich gehört wird sie aber erst, wenn Kunden die Geschichte untereinander erzählen.

Für den Anbieter ist wichtig, ein Gespür zu entwickeln, wie diese Erzählung aufgebaut ist und funktioniert. Dann kann er sie dezent unterstützen und prägen.

Erzählungen sind ein Kulturphänomen und müssen innerhalb einer Kultur gedeihen. Es geht also auch darum, die Industriekultur zu verstehen, wie dort Geschichten erzählt werden, wem geglaubt wird und wer belächelt wird. Dazu kommen regionale Unterschiede. Während die Amerikaner Heldengeschichten lieben und Micky Maus bevorzugen, stehen die Europäer auf Dramen und lesen lieber Donald Duck mit seinen Verwerfungen.

15.4.2.3 Der Prozess lernt

Bild 15.23 Wer Spitzenleistungen erbringt, sollte nicht gleichzeitig mit der Leistungskontrolle belastet werden

Man könnte sagen, Erfolg ist immer Teamarbeit, und sich auf die Leistungsfähigkeit gut funktionierender Teams konzentrieren. Das ist für frühe Phasen einer Veränderung richtig, doch sobald das Team von der Gunst Außenstehender abhängt, kippt der Effekt. Sowohl bei Entscheidungen über das Produkt als auch bei Entscheidungen über das Kommunikationskonzept gilt meistens die gleiche Erfahrung: Es wird viel geredet und wenig entschieden, und am Schluss wird das Falsche entschieden.

Das geschieht, weil im transformativen Durcheinander Probleme auftreten, was normal ist, und die beteiligten Parteien bemüht sind, angesichts der Unsicherheit, die diese Probleme erzeugen, nicht als Verlierer dazustehen.

Schuldzuweisungen an Dritte, Erklärungen, alles richtig gemacht zu haben, der Verweis auf die schwierigen Bedingungen sind typische Verhaltensmuster der Zaghaftigkeit, die in der Krisenphase einer Transformation auftritt. Das macht es schwierig, Entscheidungen zu fällen, denn es gibt meistens mehr Meinungen als Vertreter, und der Rückzug erscheint meist als sicherere Option als die Fortsetzung des Angriffs.

In diesem Moment wird in der Regel die Führung gefragt, eine Richtung vorzugeben. Der geht es, was die Vielfalt der Aussagen betrifft, nicht anders als den Mitarbeitenden, doch sie muss eine Entscheidung fällen, begründen und durchsetzen. Dann ringen Mut, Ehrgeiz, Stolz und Wissen miteinander, und die Entscheidung ist oft eine Lotterie, abhängig von der Tageslaune der Führungskraft.

> Das Einzige, was hilft, sind Zahlen.

Zahlen schaffen Abstand zum Durcheinander der individuellen Wahrnehmungen und Wahrheiten. Sie geben Raum für Analysen und für das Aufstellen von Theorien, die überprüft werden können. Nur müssen sie vorhanden sein.

Eine Erfahrung im jahrzehntelangen Umgang mit digitaler Transformation ist: Es lohnt sich, immer einen „Vermesser" mit an Bord zu haben. So wie ein gutes Filmteam einen Set-Fotografen dabeihat, der nichts zum Film beiträgt, aber dessen Entstehung verfolgt und unerlässlich ist für eine spätere erfolgreiche Vermarktung, braucht ein Transformationsteam einen Vermesser, der losgelöst vom aktuellen Tagesgeschehen des Teams unablässig nach allen möglichen Kriterien den Verlauf vermisst.

Transformationsarbeit ist Kreativarbeit, und es ist unmöglich, von jemandem, der ein Transformationsteam mit Leidenschaft und Energie vorantreibt, zu verlangen, die eigene Arbeit permanent auch noch zu vermessen. Es mag Ausnahmemenschen geben, die das können, aber das ist nicht der Maßstab für die Industrie. Die Investition in eine angemessene Vermessung sollte sich keine Führungspersönlichkeit einer Transformation leichtfertig sparen.

15.4.3 „Why" in der „Beobachten und Lernen"-Phase

Eine inzwischen bekannte Eigenschaft der digitalen Transformation in der Industrie ist, dass sich dauernd alles verändert. Damit verschieben sich auch Investitionsmotive und Bedürfnisse. Ziel als Anbieter ist, sich mit der eigenen Kernkompetenz als langfristiger Partner in der Industrie zu etablieren und mit einer robusten, zuverlässigen Position und Lösung eine wichtige und möglichst wachsende Rolle einzunehmen.

Im „What" haben wir uns bereits mit der Weiterentwicklung der Kernkompetenz befasst, jetzt geht es um die Entwicklung des Kontexts und der eigenen Position im Kontext und die Weiterentwicklung der Kunden.

15.4.3.1 Veränderungen im Industriekontext

Kunden ändern sich

Wird das eigene Angebot erst einmal akzeptiert, transformiert es die Geschäftswelt der Kunden. Sie entwickeln selbst neue Vorgehensweisen und Kompetenzen, werden kreativ und beeinflussen somit die Bedeutung des Angebots im Markt. Wenn ein Maschinenbauer seine Serviceprozesse mithilfe von Augmented Reality deutlich effizienter und preisgünstiger gemacht hat, wird er Ideen entwickeln, wie er diese Technologie noch einsetzen kann, und möglicherweise vorschlagen, sie doch auch im Vertrieb einzusetzen, oder er wird neue Maschinentypen entwickeln, die bis dahin entweder nicht möglich oder nicht wirtschaftlich machbar waren, oder Märkte erschließen, die vorher unerreichbar waren. Spezialmaschinen, wie sie im Bauwesen oder in anderen spezialisierten Branchen eingesetzt werden, sind oft ausbildungs- und serviceintensiv, und die dazugehörigen Aufwände begrenzen das Wachstum für die Maschinenanbieter. Wenn diese Betriebskosten erheblich gesenkt werden können, können solche Maschinen auch in weit entfernte Länder verkauft werden oder deutlich preisgünstiger an kleinere Unternehmen.

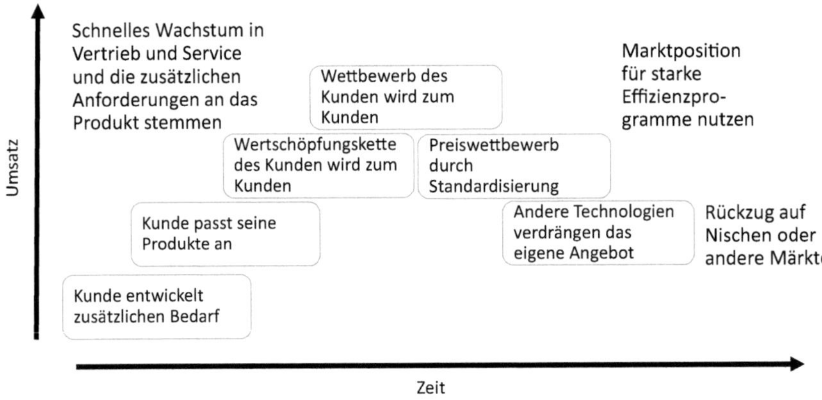

Bild 15.24 Ein sich wandelnder Kundenkontext beeinflusst die Strategie

Ein Hersteller von Gabelstaplern könnte auf die Idee kommen, dass der Gabelstapler selbst die Möglichkeiten der Augmented Reality nutzt und den Staplerfahrern Anweisung erteilt, wohin und wie das Beladungsgut geliefert werden soll oder auf welche Besonderheiten beim Transport geachtet werden muss. Die Technologie würde so zum Teil des Produktangebots der Kunden. Da der Kunde sich selbst nicht in der Lage sieht, ein derartiges Angebot durchgängig zu pflegen, einigt er sich mit dem Augmented-Reality-Anbieter auf ein Servicemodell, da dieser aufgrund seiner Kernkompetenz viel besser in der Lage ist, die Stabilität und Qualität der Informationskette sicherzustellen.

Damit verschiebt sich der Bedarf und auch die Begründung, warum eine Technologie gekauft wird.

Kundenwertschöpfungsketten ändern sich

Wenn der Gabelstaplerhersteller nun intelligente Gabelstapler anbietet, die ihrem Bedienpersonal eigenständig mitteilen, wie sie genutzt werden müssen, verändert sich das Geschäft mit Gabelstaplern. Es ist nicht mehr abhängig von qualifiziertem Personal, und logistische Prozesse können anders skalieren. Waren können mitsamt Gabelstapler oder sogar nur mit einer Gabelstaplerbedienanleitung eigenständig durch die Welt geschickt werden, und beliebige Mitarbeitende vor Ort können die Lieferprozesse durchführen. Das ändert die Logistikkette, und auf einmal wird es zum Wettbewerbsvorteil, wenn alle Gabelstapler die gleichen Augmented-Reality-Anleitungen verstehen und vermitteln können. Ein Standardisierungsprozess eröffnet einen neuen Markt für den Gabelstaplerhersteller, dessen Gabelstapler einen Wettbewerbsvorteil haben. Er bedient nicht mehr einzelne Unternehmen als Kunden, sondern Logistikketten in bestimmten Branchen. Da für alle vom Gabelstapler gestapelten Produkte Augmented-Reality-Anwendungen benötigt werden, öffnet sich ebenso ein neuer Markt für den Augmented-Reality-Hersteller, der eine Komponente seines Produkts, die Erzeugung von Anleitungen, als einfaches Massenprodukt an viele Industrieformen verkaufen kann.

Branchen verändern sich

Wenn der eine Gabelstaplerhersteller einen deutlichen Vorteil hat, wird die Gabelstaplerbranche nachziehen und versuchen, auf das Erfolgsmodell aufzuspringen. Für den Augmented-Reality-Hersteller geht ein großes Marktfenster auf, und er kann in kürzester Zeit seine Lösungen an alle Gabelstaplerhersteller verkaufen.

Wenn sich Branchen auf eine gemeinsame Kompetenz einigen, bedeutet das, dass diese Fähigkeit bald nicht mehr Kernkompetenz eines einzelnen Anbieters wird, sondern eine Kompetenz, die zugekauft wird. Was im Falle der Augmented-Reality-Lösung für den Gabelstapler bereits von Beginn an so war.

Das bedeutet aber auch, dass die Kunden kostenbewusst werden und sie sich um **Standardisierung** bemühen. Spätestens zu diesem Zeitpunkt wird es für Hersteller aus dem **Niedrigpreissegment** interessant, in das Augmented-Reality-Geschäft einzusteigen. Wenn es Standards und klar definierte Anwendungsszenarien gibt, haben sie geringe Entwicklungs- und Absicherungskosten. Zudem sind sie frei von „Altlasten", die jeder Hersteller in frühen Phasen einer Innovation aufbaut. Das führt wiederum zu einem **Preiswettbewerb**, der dem erfolgsverwöhnten Anbieter von Augmented-Reality-Lösungen schmerzhaft Kunden wegnimmt.

Es kann ebenso passieren, dass **andere Technologien** das Geschäft beeinflussen. So wird rund um das autonome Fahren jede Menge Technologie aus dem Sensor-

und Steuerungsbereich und aus der Künstlichen Intelligenz entwickelt, die auf den Markt drängt. Währen das autonome Fahren im öffentlichen Raum weiterhin eine technische Vision ist, ist es in abgeschlossenen und zweckgebundenen Räumen vorstellbar und realistisch. Nun haben Gabelstaplerhersteller im Zuge der Vernetzung von Gabelstaplern für die Augmented-Reality-gestützte Nutzerführung gelernt, wie sie Gabelstapler als vernetzte Produkte entwickeln und in Betrieb halten können. Die Infrastruktur für den Betrieb als autonome Gabelstapler ist also bereits gelegt.

Der autonome Gabelstapler ist eine denkbare technische Innovation im Gabelstaplermarkt. Da er autonom ist, braucht er keinen Bediener mehr, und damit braucht er auch keine Augmented-Reality-Anleitung mehr für diesen Bediener.

Diese Entwicklungen müssen Anbieter sorgfältig beobachten und entsprechende Konsequenzen ableiten (Bild 15.24). Manche der Entwicklungen lassen sich beeinflussen, andere nicht, dann geht es eher um die Frage, wie man auf die jeweilige Entwicklung reagiert.

15.4.3.2 Einflussnahme und Trendgestaltung

Das führt zum zweiten großen Thema des „Why" in der „Beobachten und Lernen"-Phase: die Industrie-Communities. Im vorigen Abschnitt um das Beispiel des Gabelstaplers gab es den Moment, an dem sich die Gabelstaplerhersteller auf die Standardisierung der Augmented-Reality-Schnittstellen für die Nutzerführung geeinigt haben. Derartige Industrievereinbarungen sind üblich und finden zu nahezu allen Fragestellungen außerhalb der Kernkompetenzen der Hersteller statt. Sie dienen der Entwicklung der gesamten Industrie in Hinsicht auf Kosten, Qualität, Sicherheit, Nachhaltigkeit und vielem mehr. Doch solche Vereinbarungen brauchen Strukturen, die sie erarbeiten.

Diese Industrie-Communities entscheiden dabei auch über Trends und Konzepte, auf die sich eine Industrie einigt, beispielsweise Infrastrukturthemen, Standards, Referenzarchitekturen, Schnittstellen, Prozesse, Qualitätskriterien (Tabelle 15.12). Sie sorgen für die Einigung, betreiben Arbeitsgruppen dazu und kümmern sich um die Dokumentation und die Qualifizierung.

Tabelle 15.12 Möglichkeiten und Grenzen industrieller Communities

Möglichkeiten	Grenzen
Aufbau industrieller Konzepte und Referenzarchitekturen	Architekturen müssen wettbewerbsneutral sein
Absprachen zu Regeln und Konzepten	Nur vorwettbewerbliche Absprachen sind erlaubt
Lernen über Trends, Probleme und Herausforderungen der Branche	Keine

Möglichkeiten	Grenzen
Steigern der eigenen Bekanntheit als Partner der Industrie	Vertriebliches Auftreten sollte in Communities vermieden werden, und wenn, dann deutlich angekündigt werden
Setzen von Impulsen für Richtungsentscheidungen	Impulse sollten wettbewerblich fair sein, alles andere untergräbt das Vertrauen
Ausbau persönlicher Netzwerke	Die Regeln guten Geschäftsgebarens - etwa hinsichtlich Einladungen oder Geschenke oder im Umgang mit vertraulichen Informationen

Wer mit einer Industrie nachhaltig eine Partnerschaft eingehen will, kommt um diese Communities nicht herum. Das bedeutet nicht, dass man in allen Communities vertreten sein muss. Das ist meist nicht leistbar, schon alleine aus Zeitgründen, aber auch aus Kostengründen, denn oft werden eindrucksvolle Mitgliedsbeiträge verlangt. Aber man muss sie kennen, eine Position des gegenseitigen Respekts erarbeiten und wissen, wie man mit ihnen kommuniziert. Man muss wissen, welche Entscheidungen anstehen und welche Risiken hinter diesen Entscheidungen stecken und wie man diese Entscheidungen im Sinne einer fairen Partnerschaft beeinflusst.

Dabei geht es nicht um Vorteilsnahme, etwas darum, Entscheidungen gegen die Interessen der Industrie in eine bestimmte Richtung zu lenken, um selbst einen Vorteil zu haben. Das wäre Korruption. Im Falle der Verdrängung der Augmented Reality aus dem Gabelstaplermarkt durch autonome Gabelstapler wäre das aus Perspektive der Augmented-Reality-Anbieter weder zu verhindern noch wäre es zulässig. Im Beispiel der Standardisierung der Augmented-Reality-Anwendungen bei den Gabelstaplern wäre es aber wichtig, wenn der Augmented-Reality-Hersteller mitredet, um langfristig dafür zu sorgen, dass die Konzepte und Strategien von Gabelstaplerherstellern und Augmented-Reality-Herstellern zueinander passen. Nichts ist ärgerlicher, als wenn Kunden einen Standard beschließen, den die Hersteller nicht unterstützen.

Es geht also darum sicherzustellen, dass das komplexe Gefüge der industriellen digitalen Infrastruktur robust und konsistent bleibt. Als Partner der Industrie für ein Thema ist das eine wichtige Verantwortung, und wer diese verantwortlich wahrnimmt, wird auch langfristig von der Industrie geschätzt, denn Zuverlässigkeit und Vertrauen sind immer noch die wichtigsten Entscheidungskriterien bei industriellen Investitionen.

15.4.3.3 Reifegrade

Technologien reifen ebenso wie Märkte. Damit reift das Verhältnis zwischen Anbietern, und es verschieben sich die Schwerpunkte, andere Mitspieler betreten das Feld, und es geht um andere Fragen. Anhand der Reifegradtabellen von Märkten

(Tabelle 10.1 und Tabelle 10.2) lässt sich ermitteln und vorhersagen, wie sich Märkte entwickeln und nach welchen Kriterien welche Marktteilnehmer voraussichtlich handeln.

Kunden kaufen, je nach Marktreife, nach anderen Kriterien. Berater erzählen ihren Kunden andere Geschichten, Systemintegratoren bauen ihre Angebote anders auf, der Wettbewerb verändert sich, Wiederverkäufer treten in den Markt, die akademische Lehre entwickelt sich und bildet den Nachwuchs anders aus. Reifegradmessung und Reifegradplanung sind wesentliche Aspekte des „Why" in der „Beobachten und Lernen"-Phase.

Es gibt jede Menge Messmöglichkeiten, und es empfiehlt sich, Messungen frühzeitig in den vertrieblichen Prozessen und Systemen einzuführen und zu vermeiden, dass man dann, wenn man die Daten braucht, keine hat. Nachfolgend einige typische Messgrößen:

- Welche Unternehmenstypen kaufen/fragen an? Sind es eher wenige große mit strategischen Programmen? Oder viele ähnliche? Fragen Fachabteilungen, Einkauf oder strategische Abteilungen an?
- Aus welchen Industrien kommen die Kunden? Ist es ein homogenes Bild oder ein inhomogenes? Homogene Bilder sprechen für einen höheren Reifegrad.
- Über welche Kanäle kommen die Kunden – Direktvertrieb, Marketing, Partner? Je reifer ein Markt, desto mehr Anfragen kommen über Partner oder aus dem Marketing.
- Welchen Anteil haben Wiederverkäufer am Geschäft? Wiederverkäufer treten erst in relativ späten Reifegradphasen aktiv auf!
- Wie lange dauern Vertriebszyklen? Vertriebszyklen sind stark abhängig vom Produktcharakter, mit zunehmendem Reifegrad werden sie aber kürzer.
- Wie entwickelt sich das Folgegeschäft bei Bestandskunden? Kunden ohne Folgegeschäft sind verdächtig, dann erzeugt das Angebot keinen Sogeffekt. Dem sollte man unbedingt auf den Grund gehen, oft liegt es an Kleinigkeiten.

Bei der Formulierung der Fragen und Messgrößen sollte man sich nach Möglichkeit von jemandem beraten lassen, der ein Industrieverständnis, aber keine enge Bindung an das Angebot hat. Hier gilt das Gleiche wie am Ende des vorigen Abschnitts zum „What": Wer selbst die Leistung erbringt, kann sie schlecht gleichzeitig messen.

In vielen Fällen denkt man sich auch: „Das wissen wir doch, das brauchen wir nicht messen", doch das ist eine Falle. Das „Wissen" nützt nichts, wenn es um belastbare Entscheidungen in Krisensituationen geht, und das nachträgliche Erfassen solcher Zahlen, etwa durch Umfragen im Vertrieb oder der Serviceorganisation, ist mühsam und fehleranfällig.

15.4.4 „Where" in der „Beobachten und Lernen"-Phase

Wachstumsentscheidungen stellen immer die gleichen Fragen:

- **Bei bestehenden Kunden:**
  - Kann ich mehr der gleichen Produkte verkaufen? *(expansion)*
  - Kann ich Erweiterungen vorhandener Produkte verkaufen? *(upsell)*
  - Kann ich andere Produkte zusätzlich verkaufen? *(cross sell)*
- **Zu Neukunden:**
  - Kann ich in der gleichen Branche neue Kunden gewinnen?
  - Kann ich in verwandten Branchen neue Kunden gewinnen?

Im Geschäft mit der digitalen Transformation kommen einige weitere Fragen hinzu:

- **Bei bestehenden Kunden:**
  - Bei serviceorientierten Geschäftsmodellen: Wird der Kunde den Service weiterhin nutzen oder schaltet er ihn ab?
  - Entstehen durch die Transformation neue Produktformen?
  - Kann ich ein Produktverkaufsgeschäft in ein Servicegeschäft umwandeln?
- **Zu Neukunden:**
  - Entstehen durch die Transformation neue Märkte und Kundentypen?
  - Wie hängen in vernetzten Wertschöpfungsketten Märkte und Kunden zusammen?

Im Beispiel mit dem Gabelstaplerhersteller ist einiges davon geschehen:

Die Entscheidung des Gabelstaplerherstellers, Augmented Reality als Teil des eigenen Produkts, des Gabelstaplers, zu verkaufen, führte zu einer neuen Produktform, dem integrierbaren Paket für einen „Value added Reseller" – der also das Paket mit dem eigenen Produkt zu Mehrwert führt. Dieses Produkt wurde als Service angeboten.

Durch das Angebot haben sich Logistikketten verschoben, und der Kunde konnte mehr Gabelstapler verkaufen. Dadurch entstand ein neuer Markt für Augmented-Reality-Anleitungserstellungssoftware. Gleichzeitig entstehen neue Kundentypen, die von der Art her eher ein Massenprodukt kaufen als eine komplexe Industrielösung.

Der Wettbewerbsdruck in den Logistikketten hat dazu geführt, dass sich andere Gabelstaplerhersteller von sich aus als neue Kunden gemeldet haben.

Derartige Marktverschiebungen sind nachträglich immer logisch, sind aber schwer vorhersehbar, geschweige denn ihre Dynamik und Geschwindigkeit. Anbieter sollten sich jedoch immer bewusst sein, dass diese Marktverschiebungen geschehen und dass sie einen großen Einfluss auf das eigene Geschäft haben können. Das Einzige, was hilft, ist das konsequente Beobachten und das regelmäßige Reflektieren der Geschehnisse, wie sie sich auf das eigene Angebot auswirken. Dabei geht es nur um zwei große Fragen: Wo gehe ich hin? Und in welche Richtung gehe ich von da aus weiter?

15.4.4.1 Welcher Markt ist richtig für mich?

Jeder Anbieter in der digitalen Transformation sollte unbedingt vermeiden, sich im falschen Markt festzubeißen und damit viel Zeit und Geld für wenig Erfolg in einem unfreundlichen Umfeld zu investieren. Das regelmäßige Verfolgen der Geschäftsentwicklung ist daher besonders notwendig. Das geschieht in Form einer Governance und beinhaltet:

- Die Entwicklung des eigenen Geschäfts in der Industrie
- Die geschäftliche Entwicklung in der Industrie, der Prioritäten der Kunden und ihre Motive für Investitionen
- Die Bewertung der Entwicklung anhand der Randbedingungen wie Marktreife, „Product Market Fit", Wettbewerb und Mehrwert für die Kunden
- Die Analyse der eigenen Organisation, ob sie den richtigen Marktzugang verfolgt und dabei durchgängig und effizient zusammenarbeitet

Die Konsequenzen sind dann entsprechend:

- Rückzug
- Reduzieren auf „Erhalt des Betriebs" und abwarten, bis sich die Bedingungen ändern
- Anpassen des eigenen Angebots
- Anpassen der eigenen Prozesse und Methoden im Kundenzugang
- Ausbau unter Berücksichtigung einer zunehmenden Marktreife

Diese Aspekte sind bei jedem Unternehmen individuell ausgeprägt und das „Where, Why, What, How"-Prinzip ist auch hier wieder der Schlüssel (Tabelle 15.13).

Wenn die in Tabelle 15.13 dargestellten Fragen geklärt sind, können die Fragen nach Rückzug, Abwarten, Angebotsanpassung oder Vorgehensanpassung beantwortet und eine Portfolioentscheidung gefällt werden.

Die Governance sollte alle aktiv bearbeiteten Industrien parallel bewerten, um ein Gefühl dafür zu entwickeln, welche Erfolge und Misserfolge industriespezifisch sind, welche an der eigenen Organisation hängen und welche an der richtigen Einschätzung von Produkt und Marktreife.

Tabelle 15.13 Fragen zur Überprüfung der Marktstrategie im „Where“

Where	Bin ich in der Lage, das „Where“ konkret zu beantworten? Oder habe ich meinen Zielmarkt vielleicht nicht richtig beschrieben und abgegrenzt? Kann ich meinen Erfolg oder Misserfolg an messbaren Eigenschaften des Zielmarkts festmachen? Wer das „Where, Why, What, How“-Prinzip angewandt hat, sollte das können, wer nicht, erkennt spätestens jetzt, dass das ein Fehler war.
Why	Warum reagieren Kunden positiv oder zögerlich? Das Kundenverhalten darf nicht nur beobachtet, sondern will auch verstanden werden. Das bedeutet, dass sich die Teilnehmer der Governance ein Bild machen können müssen, auf dass sie sich auch untereinander einigen können. Diese intellektuelle Leistung wird in den meisten Unternehmen sträflich vernachlässigt, stattdessen machen sich die Beteiligten gegenseitig Vorwürfe und Schuldzuweisungen.
What	Gibt es ein klares Verständnis des Produktes und seiner Wirkung im Kundenkontext? Im komplexen Gefüge eines Industrieunternehmens gibt es in transformativen Situationen fast immer Verständnisprobleme. Besonders, wenn es sich bisher daraufhin optimiert hat, ein bewährtes Produkt mit einem bewährten Modell zu Markte zu bringen.
How	Wie gut funktioniert die eigene Organisation? Aus der Perspektive des Kunden gedacht: Was geschieht in der Organisation, um das Angebot in Marketing, Vertrieb und Umsetzung zu vermitteln?

15.4.4.2 In welche Richtung geht es weiter?

Das Finden der richtigen Richtung in einer Marktsituation und ihrer Dynamik ist eine umstrittene Angelegenheit. Visionen und Meinungen, Perspektiven und Erfahrungen prallen aufeinander. Aus einer konkreten Kundensituation heraus sieht der „richtige Weg“ häufig anders aus als aus der Perspektive der Strategie oder des Produkts.

Der Kompass für die Richtungsentscheidung sollte immer die Kernkompetenz sein. Die Verführungen, von ihr abzuweichen, sind aber groß, besonders in Situationen der Transformation.

In der Transformation öffnen sich permanent neue Potenziale. Ein Anbieter ist aber nur in der Lage, eine klar begrenzte Zahl dieser Potenziale wirklich zu bedienen, und eine Unternehmenskultur ist auf bestimmte Geschäftstypen ausgelegt. Ein Unternehmen, das komplexe Lösungen für die Industrie verkauft, ist nur selten in der Lage, ein Produkt für den Massenmarkt erfolgreich zu machen. Die Industriegeschichte ist voller Beispiele dazu, etwa Siemens. Obwohl die Produkte gut und erfolgreich waren, hat es das Unternehmen nicht geschafft, sich als Handyhersteller im Geschäft zu behaupten. Die Unternehmenskultur war einfach nicht auf Konsumgüter ausgelegt.

Die Kernkompetenz ist ein gutes Kriterium, um verführerische Richtungsvorschläge schnell zu bewerten und zu entscheiden. Wichtig ist dabei allerdings, dass man die Kernkompetenz kennt und in der Lage ist, die im Umfeld einer sich ändernden Welt zu formulieren und zu beschreiben.

Was ist die Kernkompetenz eines Gabelstaplerherstellers? Man könnte sagen, das Herstellen von Gabelstaplern. Man könnte auch sagen, die Unterstützung interner Logistikprozesse in Unternehmen oder man könnte sagen, kundenorientiertes Gerätemanagement. Je nachdem sollte sich das Unternehmen anders entwickeln.

Wenn es vorwiegend um das Herstellen geht, sollte das Unternehmen sich darauf fokussieren und die geeigneten Partner suchen, diese Produkte als besonders zuverlässige Elemente von Logistikketten anzubieten.

Wenn es die internen Logistikprozesse sind, sollte der Hersteller sich bemühen, diese Prozesse in ein gut abgegrenztes vollständiges Angebot umzuwandeln, zu dem ein Kunde die Entscheidung fällen könnte, diesen Geschäftsprozess besser an einen Partner auszulagern. Dazu gehören Geräte, Datenaustauschportale, Serviceprozesse und Abrechnungsmodelle.

Ist es kundenorientiertes Gerätemanagement, sollte der Hersteller sich überlegen, ein Portfolio zu erweitern und auch Geräte anderer Hersteller, etwa solcher Hersteller, die sich mehr als Produzenten sehen, aufzunehmen. Ziel wäre dann, das Management aller notwendigen unterstützenden Geräte in einer Branche als Service anzubieten und so zum Flottenbetreiber zu werden.

Die Richtungen sind unterschiedlich und haben einen großen Einfluss auf Unternehmen. Es kann aber immer nur eine Richtung geben, sonst droht das Unternehmen, zerrissen zu werden. Die Frage nach dem „Richtungs-Where“, dem „Wohin“, hängt also an den Themen:

- Welche Geschäftspotenziale öffnen sich in sich transformierenden Märkten?
- Wie ist die Perspektive dieser Geschäftspotenziale und welcher Unternehmenstyp ist der richtige, sie zu bedienen?
- Was ist die eigene Kernkompetenz und wie sehr passt sie zu den Potenzialen und Perspektiven?

Übungen zur „Beobachten und Lernen“-Phase:

Hinterfragen Sie regelmäßig und kritisch den Fortschritt Ihrer digitalen Transformationsinitiative und leiten Sie, wo nötig, kurzfristig Korrekturen ein.

How

- Was denken und erfahren die Kunden?
- Was denken und erfahren Partner?
- Was denken und erfahren die eigenen Teams vor Ort bei den Kunden?
- Was denkt und erfährt die eigene Produktentwicklung?

What

- Welche Produkteigenschaften werden als wichtig eingestuft?
- Welche machen Schwierigkeiten?
- Kann man das Produkt zuschneiden?
- Wo gibt es regelmäßig Engpässe?
- Wie reden Kunden mit Dritten über das Angebot?

Why

- Was bewirkt das Produkt bei den Kunden?
- Wo entstehen neue Potenziale oder Gefahren?
- Wie verhält sich der Wettbewerb?
- Wie verhalten sich Branchenvereinigungen?
- Wie entwickeln sich Kaufentscheidungen?

Where

- Stimmen Annahmen und Wirklichkeit zu den Märkten überein?
- Wo öffnen sich unerwartete Potenziale?

16 Übergang in eine lernende Organisation

Die konsequente Anwendung des „Where, Why, What, How“-Prinzips führt in einem Unternehmen selbst zu einer Transformation und damit zu Widerstand.

Manager werden sich wehren, werden die Fragen lächerlich finden, werden sagen, sie wüssten das alles längst. Die meisten Manager haben dabei auch auf den ersten Blick recht, doch es ist in den allermeisten Fällen nur ihre eigene Wahrheit. Sie haben, jeder für sich, ihr eigenes Bild, nach dem sie ihre eigenen Dinge managen aber es ist kein geteiltes Bild. Es ist keine Grundlage von Entscheidungen von Gruppen und kein Mittel, eine Strategie zu finden. Doch genau das ist der Anspruch des „Where, Why, What, How“-Prinzips, und der ist in einer Phase der Transformation dringend nötig.

Es wird den Vorwurf der Theoretiker geben. Sätze wie „Da ist nicht genug Fleisch am Knochen“ oder „Wir müssen handeln, keine Konzepte machen“, Aussagen wie „Ja, aber ...“ sind gängige Antworten. Und sie haben meistens auch irgendwie recht. Die Erkenntnis daraus ist: Auch diese Transformation muss klein anfangen, muss Ergebnisse liefern und Beispiele, muss zeigen, dass sie nützlich ist, sich erklären können und Spaß machen. „Where, Why, What, How“ als Vorgehen eignet sich insofern gut als Ansatz, weil es so einfach verständlich ist und weil nahezu jedes Thema, in diese vier Fragen verpackt, auf einmal viel verständlicher wird. Es einfach immer wieder zu benutzen und so zur überraschenden Klärung unübersichtlicher Situationen zu kommen, macht die Menschen damit vertraut.

Es wird zerkaut werden. Leute werden anfangen, andere „W-Fragen“ hineinzumischen, etwas das „Who“ oder das „When“, oder die Reihenfolge ändern. Sie zollen damit einerseits dem Modell der simplen W-Fragen Respekt, andererseits zerstören sie so die Konsistenz des Ansatzes, dessen eine wichtige Eigenschaft ist, über die immer wieder gleichlautende Fragestellung eine sich verändernde Organisation zu beherrschen. Da gibt es die Gefahr der Besserwisserei, des Neides und der Gereiztheit, der man nur mit Gelassenheit gegenübertreten kann.

Es wird zugeschüttet werden. Andere werden mit übergroßen Listen kommen, was alles getan werden muss. Sie werden einen ernst anblicken und sagen, wenn man das nicht strukturiert angehe, wäre das alles nur eine nette Idee. Und sie werden ebenfalls recht haben, denn die Dinge brauchen Struktur und Nachvollziehbarkeit. Nur braucht Struktur auch Akzeptanz, und eine Struktur, die nicht verstanden wird, bekommt die nicht. Wieder andere werden Formulare bauen, die andere ausfüllen sollen, aber nicht verstehen, und so wollen es alle richtig machen, und vor lauter Richtigmachen machen es alle falsch.

16.1 Die größten Fallen

Transformation ist immer eine schmerzhafte Angelegenheit in einem Unternehmen, und jedes Unternehmen ist anders. In der digitalen Transformation in der Industrie sind zwei besonders typische Fallgruben ans Licht gekommen, die ich hier noch einmal besonders beleuchten will: die „PoC Trap" und die „Silo Trap" (Bild 16.1):

- Die **„PoC Trap"** ist technischer Natur und wurde bereits ein paar Mal erwähnt. Ausgeschrieben ist es die „Proof-of-Concept-Falle", wenn eine transformative Idee unter Laborbedingungen getestet und als machbar vorgeführt wurde und sich anschließend der weitere Entwicklungspfad als voller Hindernisse erwiesen hat, sodass das Team aufgibt.
- Die **„Silo Trap"** ist stark organisatorischer Natur und öffnet sich, wenn eine Veränderung aus einem Geschäftsbereich in andere überschwappt und es zum Kultur- und Machtkonflikt zwischen beiden Bereichen kommt.

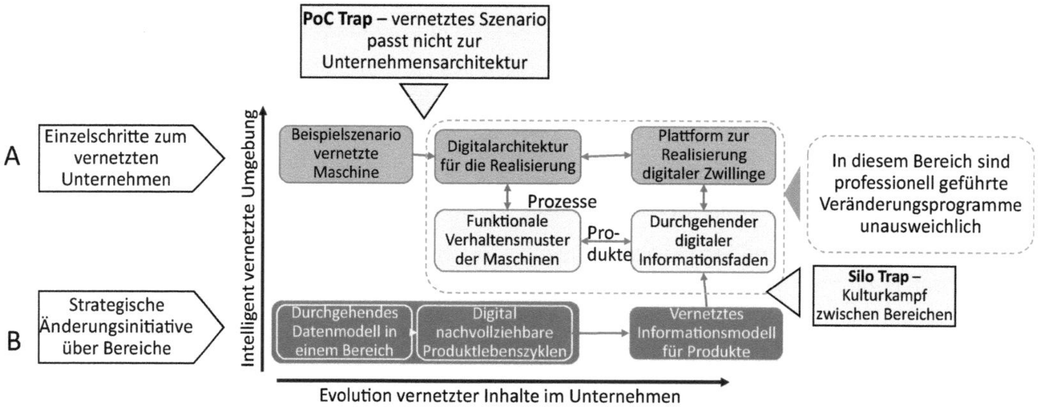

Bild 16.1 Fallen auf dem Weg der digitalen Transformation innerhalb des Unternehmens

Ein Beispiel: Ein Maschinenhersteller möchte seine Maschinen mittels digitaler Überwachung und Kontrolle zu einem stark serviceorientierten Angebot weiterentwickeln. Dazu kann er zwei unterschiedliche Wege einschlagen:

- Weg A geht über den „Proof of Concept", die beispielhafte Realisierung eines Vernetzungskonzepts anhand einer Maschine und ihres Anwendungsfalls.
- Weg B geht über eine strategische Veränderungsinitiative in der Produktabteilung, die systematisch so umgebaut wird, dass sie ihre Produkte aus einem Servicegedanken heraus entwirft und baut.

Bei **Weg A** wird nach wenigen Monaten eine eindrucksvoll vernetzte Maschine auf einer Messe stehen, Vorstände werden sie Kunden und Pressevertretern erklären, und eine vernetzte Zukunft wird ausgerufen. Doch nach der Messe beginnt die Phase der Ernüchterung. Sowohl die eigenen Bereichsverantwortlichen wie auch die Kunden werden sagen, das sei als kommerzielles Produkt so nicht umsetzbar. Es gäbe keine durchgehende Digitalarchitektur, um den Datenfluss von der Maschine vor Ort zu den Produktverantwortlichen im eigenen Haus sinnvoll abzubilden. Dazu gäbe es keine Plattform und keine Standardformate, wie ein digitaler Zwilling zwischen Kunde und Hersteller betrieben wird. Auch sei der Datenaustausch zwischen den Fachabteilungen im Haus, der Entwicklung, der Produktion, dem Vertrieb, dem Service, nicht gewährleistet, und es gäbe auch kein Konzept, wie überhaupt die Beschreibung aussehen soll, was eine Maschine leisten soll und wie Fehler erkannt werden.

Die Fülle von Hürden wird die Begeisterung für den „Proof of Concept" erschlagen, und das Unternehmen wird sich schnell dem Tagesgeschäft zuwenden und das schöne Messemodell für einige Jahre im Firmenfoyer als Ausstellungsstück pflegen. Das ist die **„PoC Trap"**. Der „Proof of Concept" endet als „Staubfänger".

Bei **Weg B** werden sich innovative Techniker mit viel Überlegung daran machen, wie das Produkt in einen stabilen Überwachungs- und Steuerungsmodus geführt werden kann, wenn es denn eines Tages in Betrieb ist. Sie werden feststellen, dass sie das Produkt auf einem durchgehenden Datenmodell aufbauen müssen, das bis in den Betrieb beim Kunden reicht. Dann werden sie das Datenmodell so umsetzen, dass sie die wichtigen Informationen des Lebenszyklus abbilden und langfristig steuern können. Sie werden das so weit treiben, dass sie aus der Beobachtung des Produkts lernen und es kontinuierlich verbessern können. So werden sie mit einem vernetzten Informationsmodell in die Vermarktung gehen, das ein durchgehendes serviceorientiertes Betriebsmodell für die Maschinen unterstützt.

Dann wird es krachen.

Denn weder die Vertriebs- noch die Serviceorganisation ist darauf eingestellt. Die Produktion hat keine Mechanismen, um die digitale Ausrüstung der Maschinen zu gewährleisten, und das Kundenmanagement ist nicht darauf vorbereitet, einen regelmäßigen Datenfluss mit den Kunden zu organisieren, rechtlich wie technisch.

Das ist die **„Silo Trap"** – die Falle der neu zu organisierenden Kooperation zwischen Geschäftsbereichen. Das Produktkonzept wird prototypenhaft eingeführt und verzweifelt mit überforderten Teams betrieben, bis die Geschäftsleitung erkennt, dass das viel zu teuer ist und die Notbremse zieht.

Beide Fallen werden immer wieder zuschnappen. Doch sie sind auch die Gelegenheiten zu lernen und herauszufinden, wie die eigenen Schritte zur digitalen Transformation aussehen können, was die eigenen Kompetenzen sind, was von anderen benötigt wird und vielleicht auch noch nicht zur Verfügung steht, und wie die eigene Stärke im sich verändernden Umfeld am wirkungsvollsten zur Geltung kommen kann. Es macht in den meisten Fällen Sinn, sich als Unternehmen in diesen Phasen professionell begleiten zu lassen. Die eigenen Leute sind sehr gute Leute, doch sie werden sich schwertun, den Abstand zu entwickeln, den es braucht, um Veränderung zu bewerten und zu beschreiben, auch mit der Nüchternheit zu verstehen, was die eigene Kompetenz ist und wo man lieber andere einbezieht.

Mit dem Prinzip des „Where, Why, What, How" können beide Fallen umgangen werden.

■ 16.2 Verstehen und Umsetzen

In einem klassischen, effizienten Unternehmen gibt es klare Rollenaufteilungen und Schnittstellen, und jede Person hat ein klares Verständnis ihrer Aufgabe in einem Prozess. Diese Organisation kann gut umsetzen, denn die Dinge haben eine Ordnung. In der Transformation ist die Ordnung abhandengekommen, das liegt an ihrer Natur. Die Transformation hat zum Ziel, eine Ordnung in eine andere Ordnung zu überführen, und auf dem Weg dahin ist die Ordnung erst einmal weg. Die wichtigste Aufgabe in einer Transformation ist daher das immer wieder neue Herstellen von Ordnung.

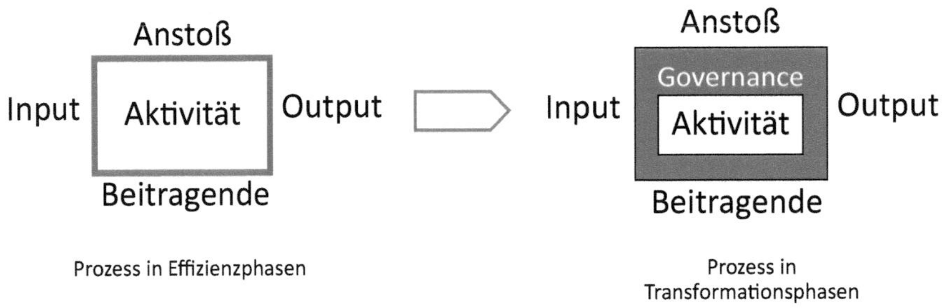

Bild 16.2 Governance ermöglicht, Transformation in einer Organisation zu steuern

Das Einzige, was in Phasen eines Ordnungsübergangs den Weg ins Chaos verhindert, ist ein Verständnis darüber, was gerade geschieht, und die entsprechende Führung, die die Dinge zusammenhält. Im Falle der digitalen Transformation ist das die Governance (Bild 16.2).

Die Governance sitzt über implementierten Strukturen und hat die Aufgabe, diese zu überwachen, in ihrer Arbeitsweise genauso wie in ihren Ergebnissen. Die Governance ist der Anteil an einer Organisation, der nicht in einen Prozess gegossen und im Sinne eines Programms nicht „programmiert" werden kann. Sie muss das Unklare erkennen, reflektieren, verstehen und in etwas Klares überführen, das dann wieder in Strukturen und Programmen umgesetzt werden kann.

In klassischen Organisationen ist es ein gutes Ziel, die Governance zu minimieren. Es ist ein Zeichen dafür, dass die Organisation „geschmiert" läuft und wenig Zeit und Energie für Entscheidungsprozesse verwendet. Entscheidungen sind klar geregelt und können durch Experten oder durch Systeme gefällt werden.

In Transformationsphasen ist das allerdings anders. Hier muss ständig die Lage neu sondiert werden, es gibt für die auftretenden Probleme keine Experten, und hinter den Entscheidungen liegt eine hohe Verantwortlichkeit für den unternehmerischen Erfolg. Andererseits kann die Governance auch nicht beliebig in den Unternehmensstrukturen, Abläufen und Prioritäten herumwühlen, sondern sollte möglichst gut eingebettet sein, dass ihre Entscheidungen mit wenig Schmerz und hoher Wirkung umgesetzt werden können.

Digitale Transformationsaktivitäten müssen in einem Prozess abgebildet werden, damit sie überhaupt in ein Unternehmen integrierbar sind. Die Governance sollte sich an diesen Prozessstrukturen orientieren, auf unterschiedlichen Ebenen und innerhalb dieses jeweiligen Umfangs Dinge verstehen und die notwendigen Änderungen entscheiden und umsetzen. Damit entsteht ein funktionierendes Muster von Ordnung, die für die Umsetzung benötigt wird, und Verständnis, das für die Veränderung benötigt wird (Bild 16.3).

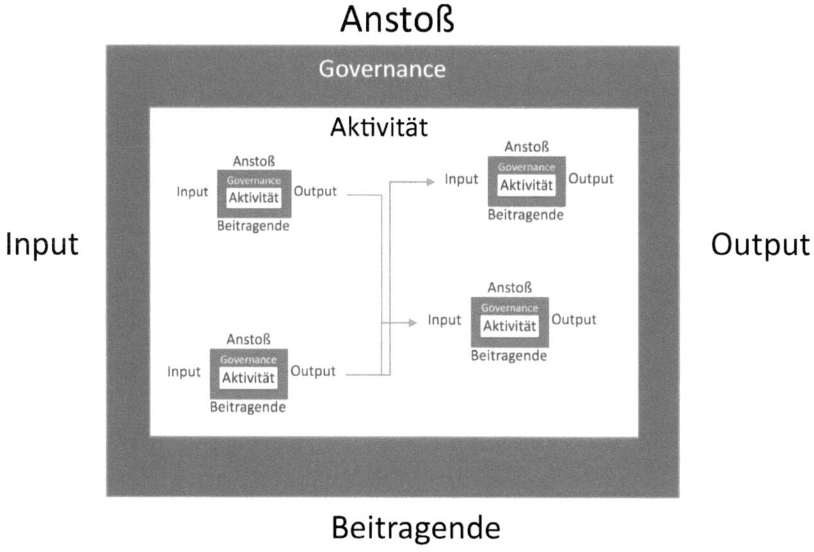

Bild 16.3 Governance-Einbettung in eine Prozessstruktur

Eine Governance orientiert sich im Allgemeinen am „RACI"-Konzept.

- R = Responsible
- A = Accountable
- C = Contributing
- I = Informed

RACI beschreibt die Rollen der Teilnehmer in einer Governance und hilft, in Projekte und Programme Struktur und ein klares Rollenverständnis zu bringen. In Programmen der digitalen Transformation ist die Zuordnung der Rollen eine heikle Angelegenheit, geht es doch darum, eine Organisation selbst in der Phase einer Veränderung zu respektieren und zusammenzuhalten:

- **Responsible:** Verantwortlich sind die, die etwas tun. Die einen Prozess, sei es eine Umsetzung oder eine Veränderung, vorantreiben, ihn inhaltlich überblicken, verstehen und gestalten.
- **Accountable:** Rechenschaftspflichtig sind die, die die Investition wollen. In Phasen der Transformation ist es oft schwierig, die „Accountables" zu identifizieren. Tatsächlich sind es die Kunden der Veränderung. Diejenigen, die ziehen, dass ein Ergebnis entsteht. Solange eine Transformationsidee es nicht schafft, „Accountables" zu identifizieren und in ihre Rolle zu bringen, ist es keine Transformation, sondern eine Idee.
- **Contributing:** Beitragende sind die, die zu etwas ihre Unterstützung einbringen, wobei die Verantwortlichkeit woanders liegt. Contributoren können sehr mächtig sein, und doch kommt es häufig vor, dass sich Contributoren lieber in der Rolle des Verantwortlichen sähen, weil sie sich zu einem Thema als kompetenter betrachten als die Verantwortlichen. Es geht hier aber nicht um Macht, sondern darum, wie eine Organisation funktioniert. Wenn Contributoren das verstehen, werden sie feststellen, dass sie ihre Macht besser ausüben können, als wenn sie dagegen ankämpfen.
- **Informed:** Informiert sind alle, die mit der Veränderung leben müssen. Sie werden häufig übersehen und als unwichtig eingestuft, doch sind sie der Maßstab für den Erfolg der Transformation. Nur wenn die Information zu ihnen wirklich funktioniert und ankommt, wirkt die Transformation. Die „Informed"-Gruppe sind, wie die Accountables, die Kunden, nur sind sie nicht die, die ziehen, sondern sie sind die, die von allein mitmachen sollten. Und um die muss geworben werden.

16.3 Kommunikationsanker, Regeln und Prinzipien

Wie konnten die alten Römer ein Weltreich über viele Jahrhunderte zusammenhalten: ohne Internet, ohne Telefon, ohne Buchdruck und richtiges Papier? Sie hatten eine ausgeklügelte Kommunikationskultur, basierend auf klaren, einfachen Botschaften und Prinzipien, die die Menschen sich merken konnten. Das Wissen in den Köpfen war ungefähr das, worüber die Leute am Forum in Rom und im Senat sprachen, und das wurde geteilt. Eine effektive Methode, denn die Menschen verstehen einander, wenn sie das gleiche Wissen und die gleiche Vorstellung teilen.

Das Leben im Informationszeitalter leidet unter zu viel Information. Man kann zwar alles nachschlagen und nachlesen, alles ist bis ins Detail dokumentiert und zerlegt, doch das große gemeinsame Bild fehlt, und in der täglichen Auseinandersetzung mit Veränderung sieht auch niemand in den Detaildokumenten nach.

Eine der Regeln des Erfolgs in der digitalen Transformation lautet daher:

> Kommunikationsregel in der digitalen Transformation: Reduziere das Wissen auf eine Menge und eine Form, die sich die Leute merken können!

Das „Where, Why, What, How"-Prinzip ist die Form dazu: der Kommunikationsrahmen.

Jeder im Unternehmen hat eine eigene Vorstellung zu „Where, Why, What und How", und die Kunst der Transformationsmanagements ist, aus diesen unterschiedlichen Vorstellungen eine gemeinsame zu machen. Dazu dient die Governance, dazu dient die regelmäßige Anpassung der Antworten gemäß sich entwickelnder Situationen und innerhalb der Hierarchie der Governance.

Eine weitere Regel der digitalen Transformation ist:

> Energieregel in der digitalen Transformation: Verbinden statt Erfinden!

Erfindungen stören erst einmal, wenn sie nicht in die Umgebung passen. Auch wenn sie an sich gute Ideen sind, verlangen sie dem Umfeld viel Energie ab, sich auf die Erfindung einzulassen.

Erfinden sollte man also Dinge nur, wenn es wirklich Sinn macht, und das zu prüfen ist ebenfalls Teil des „Where, Why, What, How"-Prinzips. Meist ist es effektiver und effizienter, erst zu prüfen, welche vorhandenen Initiativen und Energien da sind, und diese sinnvoll miteinander zu verknüpfen, als etwas Neues hinzuzustellen. Das verlangt aber Überblick und ein klares Verständnis einer Organisation.

Das „Where, Why, What, How“-Prinzip verschafft auch für die eigene Organisation diesen Überblick und hilft, die Energie der unterschiedlichen Abteilungen so zu verbinden, dass sie sich nicht gegenseitig behindern, sondern gemeinsam in Richtung unternehmerischen Erfolg arbeiten.

Es ist eine menschliche Eigenschaft, auf eigene Erfindungen stolz zu sein. Das ist auch eine wichtige Motivation, sich kreative und innovative Gedanken zu machen. Es ist aber auch eine mögliche Blockade, sich in einem Unternehmen auf gemeinsame Prinzipien zu einigen.

Auch wenn die Beschreibung einer Erfindung noch so gut ist, jede Person, der man diese Erfindung erklären soll, wird sich als Erstes die Frage „Where“, „Why“, „What“ und „How“ stellen.

Bild 16.4 „Where?“, „Why?“, „What?“ und „How?“ – zentrale Fragen, die beantwortet werden müssen

Für „Erfinder“ ist es schmerzhaft, ihre Botschaft in so ein Gerüst einzubetten, weil sie ein wenig ihrer Einmaligkeit verliert und sich einfügt. Für die Nutzer ist es jedoch einfacher. Und für beide Seiten ist es hilfreich, denn durch das vereinigte Kommunikationsprinzip achtet man auch gleich genauer darauf, wie sich die Neuerung im betrieblichen Kontext einfügt.

Das führt zu einer weiteren Regel der digitalen Transformation oder besser einem Prinzip:

> Präzisionsprinzip der digitalen Transformation: Akupunktur – finde den richtigen Punkt mit der größten Wirkung!

Transformation ist Stress, anstrengend und energieintensiv, und Transformation selbst bringt noch keine Ergebnisse, sondern erst ihr Ergebnis sorgt für unternehmerische Ergebnisse und damit neue Energie.

Das Akupunkturprinzip funktioniert nach dem Muster, das Objekt der Veränderung gut zu beobachten, seinen Zustand und seine Wechselwirkungen zu verstehen und daraus abzuleiten, welche Veränderungen möglich sind und wie diese so herbeigeführt werden können, dass möglichst wenig Störeffekte auftreten und die systeminternen Energien aktiviert und nicht bekämpft werden.

Das Akupunkturprinzip ist kein Prinzip für Helden. Es funktioniert unspektakulär, und es gibt keine Schlachtfelder und keine Dramen. Aber es erzeugt mit wenig Energieeinsatz hohe Wirkung. Die „Where, Why, What, How"-Methodik ist die Grundlage für das Akupunkturprinzip in der digitalen Transformation der Industrie. Und sollte auch in genau dieser Reihenfolge angewandt werden.

Zu Beginn Digitalisierungswelle gab es das Motto „Start with Why". Das war damals die „Technologie sucht Sinn"-Phase, als es jede Menge Innovation gab, aber kein klares Bild, wozu die gut sein könnte. Die Frage nach dem Warum hat damals die grundsätzliche Nutzendiskussion ausgelöst und die Mehrwertdebatte in den Vertrieb gebracht. Doch wer mit dem „Why" startet, beginnt, aus einer eigenen Veränderungsidee heraus zu denken. Mit einem selbst entwickelten Wunsch, den aber andere erfüllen sollten, indem sie sich verändern.

Das führt zur vierten Regel der digitalen Transformation:

> Einstiegsregel der digitalen Transformation: Start with Where! ■

Erst wer das „Where" voranstellt und das Objekt der Veränderung beobachtet, wird das „Why" aus Kundenperspektive denken, vom Veränderungsobjekt her. Und kann dann erfolgreich sein.

> **Übungen**
>
> **Governance**
>
> Versuchen Sie, für Ihr Transformationsprojekt eine Governance zu entwerfen:
>
> - Formulieren Sie einen Auftrag für das Transformationsprojekt im Sinne einer Vision und einer Mission.
> - Benennen Sie die betroffenen Rollen und teilen Sie sie nach „RACI" auf.
> - Benennen Sie namentlich Personen für diese Rollen.
> - Formulieren Sie einen Auftrag an die Governance.
> - Formulieren Sie eine Agenda für Treffen der Governance und einen zeitlichen Rhythmus.
> - Notieren Sie, wie sie die betroffenen Personen überzeugen können, ihre Rolle wahrzunehmen.
>
> ■

17 Grundlegende Industriekonzepte

In zehn Jahren Industrie 4.0 sind einige grundlegende Industriekonzepte entstanden, die jeder kennen sollte, der sich unternehmerisch mit der digitalen Transformation befasst. Sie bilden das Fundament vieler Initiativen wie Catena-X oder dem Industrial Digital Twin, denn ohne eine gemeinsame Sprache und Architektur sind vernetzte Industrieszenarien nicht möglich.

■ 17.1 Internet of Production

Das „Internet of Production“ (Bild 17.1) ist eine grundlegende Referenzarchitektur, die aus dem Umfeld der RWTH Aachen unter Prof. Günther Schuh, Prof. Christian Brecher und dem Fraunhofer Institut IPT entstanden ist. Es baut im Wesentlichen auf drei Schichten in der einen Dimension und in Lebenszyklusphasen in der anderen Dimension.

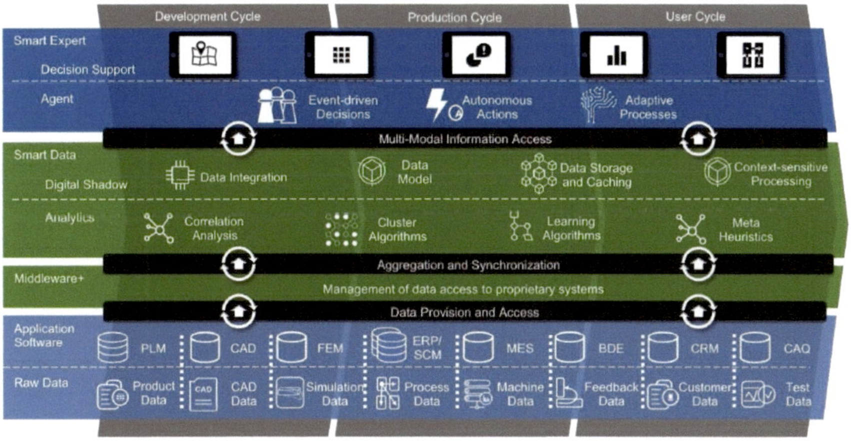

Bild 17.1 Internet of Production (Bild: © Werkzeugmaschinenlabor WZL der RWTH Aachen)

Die Schichten sind die datenhaltenden Systeme und Objekte, die integrierenden und datenverarbeitenden Systeme und die Anwenderschnittstellen. Die Lebenszyklusphasen sind Entwicklungsphase, Produktionsphase und Nutzungsphase, wobei diese Achse bewusst offengehalten ist, etwa wenn es darum geht, Recycling und Kreislaufwirtschaft anzugehen. Letztendlich muss die Informationsverfügbarkeit und Informationsverwaltung durch die drei Schichten hindurch sowie über alle Phasen durchgängig und nachvollziehbar sein.

Kernidee ist, dass durch die Trennung von Daten, Applikationen und Benutzerschnittstelle ein flexibler, modularer Aufbau einer Digitalarchitektur möglich ist, wobei an jeder Stelle Systeme unterschiedlicher Hersteller eingesetzt werden können.

Das „Internet of Production" ist im Rahmen vieler konkreter Industrieprojekte im Umfeld des Business Campus der RWTH Aachen entstanden und wurde in diesem Rahmen mehrfach erweitert, branchenbezogen interpretiert und mit Systemen ausgestattet. Grundsätzlich hat es dabei eine gute praktische Reife erlangt.

■ 17.2 RAMI und Verwaltungsschale

Auf Initiative der Deutschen Bundesregierung wurde, wie ich in Kapitel 14„Die Rolle der Politik", bereits erwähnt habe, die Plattform Industrie 4.0 gegründet als Einrichtung, die die industrieübergreifenden Konzepte bei der digitalen Transformation koordinieren und überwachen soll. Eines der wichtigsten Ergebnisse der Plattform Industrie 4.0 ist das „RAMI 4.0"-Architekturkonzept und das dazugehörige Konzept der „Verwaltungsschale". Diese Konzepte sind mächtig und umfangreich und werden in Teilen von weiteren anwendungsbezogenen Konsortien erprobt und in Referenzarchitekturen umgesetzt.

Wer als Industrieunternehmen oder als Anbieter von Lösungen Elemente der digitalen Transformation aufbauen will, sollte in jedem Fall prüfen, ob die Konzepte im Einklang mit RAMI 4.0 und der Verwaltungsschale sind, denn sie bilden den gemeinsamen Nenner, auf die sich langfristig alle Digitalstrategien einigen werden. Sie sind damit die Voraussetzung, dass eine industrielle Vernetzung über die Wertschöpfungskette in Zukunft zuverlässig realisiert werden kann.

17.2.1 RAMI 4.0

RAMI 4.0 ist ein generisches und umfassendes Architekturkonzept, das als langfristige Strategie angelegt ist (Bild 17.2). Es beinhaltet wie das „Internet of Production" unterschiedliche Schichten der Informationsverwaltung, Verarbeitung und Nutzung sowie eine Lifecycle-Dimension. Zusätzlich erstreckt es sich über die vorhandenen Architekturkonzepte in der industriellen Produktion und der unterschiedlichen Abstraktionsebenen vernetzter Einheiten.

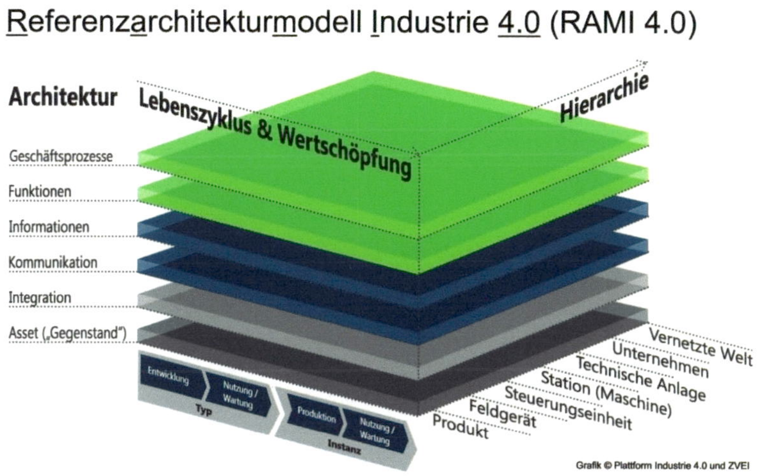

Bild 17.2 RAMI-Architekturmodell der Plattform Industrie 4.0 (Bild: Plattform Industrie 4.0)

17.2.2 Verwaltungsschale

Die sogenannte Verwaltungsschale ist ein auf ein konkretes industrielles Objekt ausgelegter Informationsspeicher (Bild 17.3). Man könnte es als einen Aktenordner bezeichnen, in dem über die Lebenszeit der Maschine alle angefallenen Daten nachvollziehbar abgelegt werden: Produktionskennziffern und Leistungsdaten ebenso wie Wartungsinformationen, Problemfälle, Reparaturen und Umbauten.

Die Verwaltungsschale dient dazu, dass sowohl Menschen wie Systeme zu jeder Zeit einen zuverlässigen und vollständigen Überblick über den Zustand einer Maschine haben. Sie ist damit die Voraussetzung, um mit der Maschine langfristig in intelligent vernetzte Prozessketten einzusteigen.

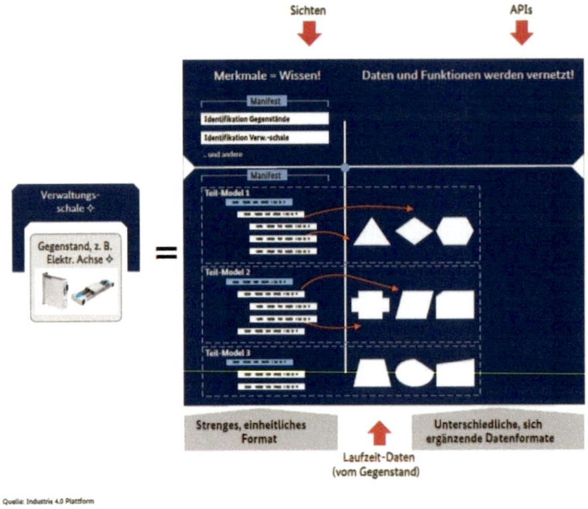

Bild 17.3 Die Verwaltungsschale enthält alle Informationen zu einem realen Produkt (Bild: Plattform Industrie 4.0)

■ 17.3 Der Industrie 4.0 Maturity Index

Als Anfang der Zehnerjahre der Begriff Industrie 4.0 durch die Acatech, die deutsche Akademie der Technikwissenschaften, geschaffen wurde, schwebte den geistigen Urhebern rund um Henning Kagermann eine Vision vor, in der die Industrie durch Nutzung von Daten und Information deutlich leistungsfähiger wird und für den globalen Wettbewerb besser gerüstet ist.

Die technische Vision stieß dann schnell auf die Hartnäckigkeit der Wirklichkeit. Den Autoren der Vision fehlten die Industrieszenarien, die Architekturkonzepte, die Entwicklungspfade und die Anleitungen für den Wandel. Die Folge war eine ernüchternde Proof-of-Concept-Phase, in der viele Unternehmen zwar die prinzipielle technische Machbarkeit visionärer Ansätze bewiesen, mit deren Durchführung aber steckenblieben. Zu groß waren die jeweiligen Fragezeichen, die sich aus ungeklärten Rahmenbedingungen, fehlenden Branchenkonzepten, internen Kulturkonflikten, mangelnder Detailkenntnis, wechselnden Prioritäten und einer unklaren Rechtssituation ergaben.

Der Industrie 4.0 Maturity Index hat diese Situation an einer Stelle konstruktiv aufgegriffen und in ein Transformationsprogramm gegossen, das als Open-Source-Quelle zur Verfügung steht. Gleichzeitig wurde dieses Programm durch das „Industrie 4.0 Maturity Center“ am Industrie-Campus der RWTH Aachen von den Erschaffern des Index als Beratungsleistung angeboten.

Der Industrie 4.0 Maturity Index fokussiert sich auf die Transformation der eigenen Produktion, also auf einen Transformationsprozess innerhalb des eigenen Hauses. Er ist damit ein gutes Werkzeug, erste Schritte der digitalen Transformation unter Anleitung zu üben (Bild 17.4).

Bild 17.4
Industrie 4.0 Maturity Index (Acatech 2017)

Die Grundidee des Industrie 4.0 Maturity Index ist, schnell und effektiv auf Ereignisse und Veränderungen reagieren zu können. Dazu wird die Phase zwischen dem Eintreten eines Ereignisses und einer wirksamen umgesetzten Maßnahme herangezogen. Sie wird in Phasen zerlegt, und es werden Methoden und Strukturen vorgestellt, um diese Phasen schnell und wirksam zu gestalten (Bild 17.5 und Bild 17.6).

Die Methoden sind:

- Integration: Echtzeitfähiger Datenfluss durch konsequente Integration von Systemen in einem „digitalen Faden" oder auch einem „digitalen Netz", in dem Information fließen und verarbeitet werden kann.
- Automatisierter Erkenntnisgewinn – Big Data Analytics und Machinc Learning: Aus bekannten Phänomenen Schlüsse ziehen, etwa zu Problemursachen und mögliche Problemfolgen (Big Data) und Dazulernen durch kontinuierliches Einspielen neuer Datenpunkte und Effekte (Machine Learning).
- Entscheidungsunterstützungssysteme: Entscheidungsvorschläge aus Analyse und Wissensdatenbanken sowie die Visualisierung von Entscheidungssituationen und deren vollständigem Kontext zur schnellen Situationserfassung durch einen oder mehrere Experten.

- Vertikale und horizontale Integration von Prozessen und Systemen und Cyberphysische Systeme: Das sind Mittel und Wege, um Entscheidungen auch schnell umzusetzen, auch über große Distanzen hinweg, etwa indem man Technikern vor Ort mittels Augmented Reality Handlungsanweisungen zukommen lässt.

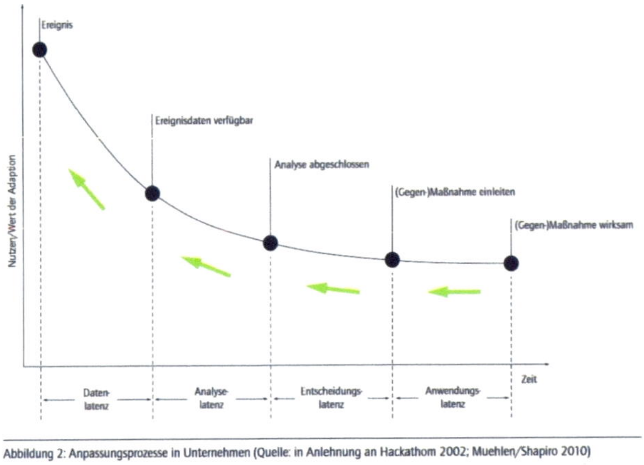

Bild 17.5 Zwischen dem Auftreten eines Ereignisses und der Wirksamkeit einer angemessenen Maßnahme liegt Zeit. Je mehr Zeit verstreicht, desto geringer ist der Nutzen der Anpassung (Acatech 2017)

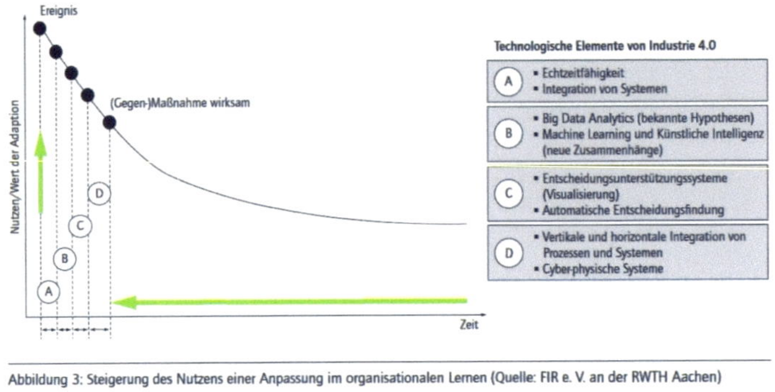

Bild 17.6 Der Index schlägt Industrie-4.0-Elemente vor, um die Phase zwischen Ereignis und wirksamer Anpassung zu verkürzen und damit den Nutzen zu steigern (Acatech 2017)

Das Modell des Industrie 4.0 Maturity Index orientiert sich an einem Reifegradschema, das sich über die Themengebiete Informationssysteme, Kultur, Organisationsstruktur und Ressourcen erstreckt. Diese werden mit dem Ordnungsrahmen des Unternehmens einerseits und mit den laufenden Anwendungen andererseits in Verbindung gebracht und auf die Funktionsbereiche des Unternehmens angewandt (Bild 17.7).

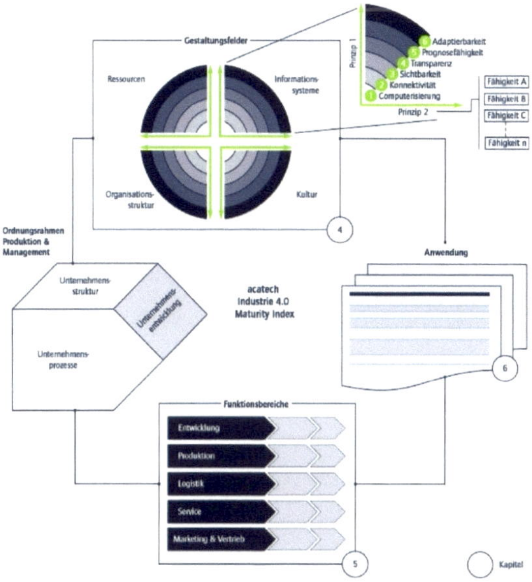

Bild 17.7 Modellaufbau des Industry 4.0 Maturity Index (Acatech 2017)

Der Index steht auf der Internetseite des Industrie 4.0 Maturity Centers ebenso wie auf der Internetseite der Acatech und der weiteren beteiligten Partner zur Verfügung.

18 Basistechnologien und Anwendungen

Die Liste der Technologien und Anwendungsfälle von Industrie 4.0 und damit der digitalen Transformation in der Industrie erscheint oft endlos und unverständlich. Tatsächlich bilden die wichtigsten Technologien und Anwendungsfälle, die von den meisten Unternehmen genutzt werden, eine überschaubare Menge.

Gemeinsam mit dem Deutschen Digitalverband Bitkom habe ich einen Digitalisierungsradar geschaffen, der einen Überblick über Technologien und Anwendungsszenarien sowie den Zusammenhang geben soll. Im Folgenden werden die zentralen Technologien und Anwendungen vorgestellt. Die meisten davon sind dem Digitalisierungsradar (Bild 18.1) entnommen.

	INDUSTRIE 4.0 TECHNOLOGIEN						
USE CASES	5G	Additive Fertigung	Augmented Reality (AR)	Edge Computing	Industrielle KI	IoT-Plattform	Lifecycle Management
Connected Worker	■		■	■	□	■	□
Digital Twin	□	■	□	■	■	■	■
Predictive Maintenance	□			■	■	■	■
Product-as-a-service	□	■		■		■	■
Remote Control	□		■	□	□	□	□
Smart Products	□			□	■	■	

■ Empfohlene Kombination □ Option für Erweiterung

Bild 18.1 Bitkom Digitalisierungsradar – Überblick (Bitkom 2023)

18.1 Drahtlose Netzwerke und 5G

Warum?	5G stellt eine zukunftssichere Schlüsseltechnologie für Industrie 4.0 dar, zur funkbasierten, hochperformanten, zuverlässigen und sicheren Vernetzung von Maschinen und Menschen - lokal in der Fabrik, auf dem Campus und auch global.
Was kann es?	5G ermöglicht die sichere, flexible Vernetzung in Produktion und Logistik mit höchster Verfügbarkeit durch die Nutzung des lizensierten Funkspektrums. Das Netz kann gemeinsam mit oder unabhängig von Mobilfunkbetreibern z. B. für ein Produktionsgelände realisiert werden. 5G ermöglicht volle Endgerätemobilität und Flexibilität („keine Kabel"), hohe Übertragungsraten, ultrakurze Reaktionszeiten (Steuerung) und die Anbindung einer hohen Anzahl von Sensoren. Die Qualität der Services kann für Anwendungen garantiert werden.
Was bewirkt es?	Flexibilität für den Aufbau von z. B. Produktion (Fertigungsinseln, Shopfloor-Logistik), ermöglicht Datensammlung und Analyse in Echtzeit für Produktionssteuerung, kann drahtgebundene (Ethernet) oder andere drahtlose Technologien (WiFi) bei höherer Leistungsfähigkeit ersetzen bzw. komplementär ergänzen, erhöht die Verfügbarkeit in der Produktion, ermöglicht die Lokalisierung von Objekten
Mehrwert	Produktivitätssteigerung, Flexibilisierung, Remote Services, Automatisierung und Integration von Prozessen
Anwendungsfälle	Digitaler Zwilling (Echtzeit), Connected Worker, Preventive und Predictive Maintenance, Remote Support (via AR), AGVs etc.
Einführung	Angefangen mit kleinsten Installationen („1 Raum 50 m × 50 m") skalierbar für ganzen Campus („n * km^2")
Voraussetzung	Lizenz für 5G-Spektrum („n * 100 €/10 Jahre") oder Partnerschaft mit einem Mobilfunknetzbetreiber, 5G-fähige Werkzeuge/Maschinen/Modems (auch brownfield), Ressourcen für Planung, Aufbau und Betrieb des Netzes (Dienstleister oder eigene Fachkräfte)
Marktreife	2 - 4 (vgl. Tabellen 10.1 und 10.2, Reifegrade) In kommerziellem Einsatz seit 2020, mehrere Hundert Referenzen weltweit, mehrere Anbieter, großes wachsendes Ecosystem
Alternativen	Vorgängertechnologie LTE/4G (durch 5G ersetzt), [industrial] WiFi (limitierte Endgeräte/Mobility/QoS), WiFi6
Quelle: Bitkom Radar 2022	

18.2 IoT-Plattform

Warum?	IoT-Plattformen bilden die nächste Generation kommerzieller Software in der Industrie. Mit ihrer Fähigkeit zur Vernetzung bilden sie den Zugang zu deutlich wettbewerbsfähigeren Produkten, Vorgehensweisen und Geschäftsmodellen.
Was kann es?	Eine konfigurierbare Software vernetzt Produkte, Maschinen, Prozesse, Datenbasen, Systeme und Menschen mittels Konnektivitätsschicht zu Dingen und Systemen, einer konfigurierbaren Geschäftslogik und variablen Benutzerschnittstellen.
Was bewirkt es?	Verändert Geschäftsabläufe von einem traditionellen Prozessfluss entlang einzelner Stationen zu einem interaktiven und nachvollziehbaren Arbeiten in Netzwerken mit hoher Flexibilität, kurzen Entscheidungswegen und lokaler Automatisierung.
Mehrwert	Kurzfristig: Verbessertes Monitoring und Fernzugriff senken Maschinenausfallzeiten. Mittelfristig: Erhöht bessere Prozesssteuerungsqualität und -flexibilität und senkt Wartungs- und Servicekosten. Langfristig: neue serviceorientierte Geschäftsmodelle.
Anwendungsfälle	Maschinenmonitoring und vorausschauende Wartung, Digital Twin, Steuerung/Wartung aus der Ferne, Product-as-a-Service
Einführung	Wird üblicherweise anhand eines architektonischen Zielbilds auf eine vorhandene Unternehmens-IT/OT-Architektur aufgesetzt. Mittelfristig werden entlang einer Lernkurve darunterliegende Altsysteme ersetzt.
Voraussetzung	High-Level-Geschäftsstrategie für Digitalisierung und Digitalarchitektur. „Make or buy"-Entscheidung zu Kernkompetenzen.
Marktreife	3 - 4 (vgl. Tabellen 10.1 und 10.2, Reifegrade) Stehen am Beginn einer Konsolidierungsphase. Es gibt noch viele Nischenhersteller, die Konzepte insgesamt sind weitgehend ausgereift. Standardisierungsgremien existieren und haben erste nachhaltige Ergebnisse erarbeitet (z. B. RAMI).
Alternativen	Eigenentwicklung von Vernetzungsarchitekturen erscheinen kurzfristig billiger, ziehen aber einen großen Kostenblock an Wartung und Aktualisierung nach sich. Sollte nur als differenzierende Kernkompetenz gemacht werden.

Quelle: Bitkom Radar 2022

18.3 Cloud/Software as a Service

Warum?	Aufwände für Wartung und Aktualisierung von Unternehmenssoftware sind hoch und wenig wertschöpfend, digitale Prozessketten für flexible Zusammenarbeit mit Dritten werden wettbewerbskritisch.
Was kann es?	Unternehmensprozesse und die dazugehörige Software werden vom Anbieter auf Rechenzentren verwaltet und gepflegt und stehen den Anwender via Internet zur Nutzung zur Verfügung.
Was bewirkt es?	Global einheitliche Softwarestände ohne Pflegeaufwand sparen Kosten, ermöglichen reibungslose Zusammenarbeit mit Dritten und vermeiden Fehler, die durch Prozessbrüche entstehen.
Mehrwert	Kostenersparnis, verbesserte Fokussierung, erleichterte Einbettung in digitale Geschäftsmodelle und Prozessketten
Anwendungsfälle	Eigene digitale Basisinfrastruktur, den Rest übernimmt der Anbieter. „As a Service" bedeutet auch eine starke Standardisierung von Daten und Prozessen als notwendige Voraussetzung für eine reibungslose Zusammenarbeit mit Dritten.
Einführung	Überprüfung der digitalen Infrastruktur und der internen Prozesse auf „as a Service"-Readiness, ggf. Anpassung individueller Bedürfnisse.
Voraussetzung	Anbieter sind „as a Service"-fähig. Prozesse und Schnittstelle sind entsprechend angepasst.
Marktreife	3 - 4 (vgl. Tabellen 10.1 und 10.2, Reifegrade)
Alternativen	Eigenbetrieb von Softwarelösungen und Prozessen.

Quelle: Bitkom Radar 2022

18.4 Künstliche Intelligenz

Warum?	Die Fähigkeit von Künstlicher Intelligenz (KI), auf Basis gesammelter Daten Vorhersagen zu treffen oder in klar beschriebenen Systemen Entscheidungen zu unterstützen und Optimierungen durchzuführen, ist inzwischen auch im (industriellen) Internet der Dinge erfolgreich anwendbar.
Was kann es?	Industrielle KI erhöht den Autonomiegrad von Maschinen mittels akkurater Interpretation von Echtzeitdaten (z. B. Anomalieerkennung, Mustererkennung), der Fähigkeit zur Vorhersage und Anwendung geeigneter Aktivitäten zur Lösung einer vorgegebenen Aufgabe sowie Interaktionsfähigkeit mit Menschen.
Was bewirkt es?	Es beschleunigt und transformiert Arbeitsabläufe durch die (Teil-) Automatisierung komplizierter kognitiver Aufgaben, erhöht die Qualität durch Überwachung von ausgewählten Produktionsschritten und ermöglicht somit Mitarbeitenden, sich auf Kernaufgaben zu konzentrieren.
Mehrwert	Zunächst Effizienz- und Qualitätsgewinne sowie verringerte Aufwände für Konfiguration und Inbetriebnahme, im Zuge dessen Flexibilisierung (hin zu Losgröße 1) der industriellen Wertschöpfung sowie langfristig Transformation der Geschäftsmodelle
Anwendungsfälle	Qualitätssicherung, vorausschauende Wartung, selbstlernende/autonome Systeme, digitale Assistenten (z. B. mittels Wissensgraphen) ...
Einführung	Schnell umsetzbare Pilotprojekte für die genannten Anwendungsfälle bei Vorhandensein geeigneter Datensätze, begleitend Analysen, um systematisch Potenziale zu erkennen, sowie Training von Mitarbeitenden bzgl. Möglichkeiten und Grenzen des maschinellen Lernens
Voraussetzung	Benötigt geeignete Daten für Pilotprojekte sowie Anwenderwissen. Für eine breite Einführung von KI empfiehlt sich eine ganzheitliche Datenstrategie, Prioritätenliste für Anwendungsfälle sowie der Aufbau von internem Expertenwissen.
Marktreife	1 - 3 (vgl. Tabellen 10.1 und 10.2, Reifegrade) Große Spreizung: Einige Anwendungsfälle in einigen Domänen sind bereits seit Längerem etabliert (z. B. Qualitätsüberwachung/vorausschauende Wartung), viele weitere in der Validierung von Mach- und Skalierbarkeit.
Alternativen	Je nach Anwendungsfall sind Methoden der Statistik, Robotik, regelbasierten Programmierung weniger performant, aber leichter zertifizierbar/überprüfbar.

Quelle: Bitkom Radar 2022

18.5 Augmented Reality

Warum?	Die Vernetzung aus menschlicher Intuition und datenbasierter Präzision schafft Optimierungspotenzial für Unternehmen. Als Brückentechnologie verbindet AR die reale und digitale Welt miteinander, indem durch die digitale Bereitstellung kontext- und zeitrelevanter Informationen manuelle Arbeitsprozesse aufgewertet werden.
Was kann es?	Der Einsatz von Datenbrillen und anderen Wearables macht Informationen für den industriellen Werker unmittelbar dann zugänglich, wenn er sie benötigt, und dies bei gleichzeitig freibleibenden Händen. Zusätzlich stellen AR-Anwendungen digitale Tools wie Videoanrufe oder Mittel zur automatisierten Dokumentation zur Verfügung. Papierbasierte und analoge Prozesse fallen weg.
Was bewirkt es?	Kosteneffizienz, steigende Prozessqualität, flexibler Einsatz von Werkern, verbesserte Trainingsmöglichkeiten
Mehrwert	Schnellere Prozesse, Fehlervermeidung, Vermeidung von Ausfallzeiten, Verbesserung der Ergonomie
Anwendungsfälle	Entlang der industriellen Wertschöpfungskette: Unterstützung manueller Arbeitsprozesse in Logistik, Schritt-für Schritt-Anleitungen in Produktion und Wartung, AR-Remote-Support für Echtzeitunterstützung aus der Ferne
Einführung	Einen einfachen Einstieg bietet der Use-Case Remote-Support (via AR). Hier wird lediglich eine mobile Daten- bzw. Internetverbindung benötigt, um den bidirektionalen Videoanruf aufzubauen. Generell gilt: Bei Anbietern ganzheitlicher AR-Plattformen lassen sich die verschiedenen Lösungen meist flexibel miteinander kombinieren, sodass sie sich problemlos auf weitere Geschäftsbereiche ausweiten lassen. Vor Projektstart muss definiert werden, ob es einer Integration in bestehende Systeme (z. B. ERP, WMS) zum Abrufen von Informationen bedarf. Die Erstellung von Schritt-für-Schritt-Anleitungen kann mithilfe von Web-Editoren erfolgen.
Voraussetzung	WiFi bzw. mobile Datenverbindung
Marktreife	2 – 4 (vgl. Tabellen 10.1 und 10.2, Reifegrade) Kommerzieller Einsatz seit 2014, bereits als Standardlösung bei Kunden etabliert
Alternativen	„Vorgängermethoden" sind vor allem papierbasierte Handbücher, Checklisten, Trainingsunterlagen sowie externe und stationäre Dokumentationsgeräte. Im Servicekontext werden Telefonanrufe und persönliche Reisen zum Einsatzort ersetzt.

Quelle: Bitkom Radar 2022

18.6 Lifecycle-Management

Warum?	Industrielle Leistungsfähigkeit hängt vom systematischen Beherrschen von Zusammenhängen ab, gerade wenn Produkte, Lieferketten, Regularien und Geschäftsmodelle komplexer und vernetzter werden.
Was kann es?	Alle produktrelevanten Informationen (Anforderungen, Ziele, Beschreibungen, Zusammenhänge, Varianz, Veränderungen, Tests, Vorkommnisse) zu einem Produkt nachvollziehbar verwalten und verfügbar machen.
Was bewirkt es?	Die Beteiligten am Produktlebenszyklus arbeiten in einem systemtechnisch hinterlegten Prozess an einer gemeinsamen Produktbeschreibung, die sicherstellt, dass alle die für sie relevanten Informationen haben und Abläufe und Änderungen effizient gesteuert und nachvollziehbar dokumentiert sind.
Mehrwert	Professionalisiert Teams, Arbeitsweisen und Abläufe. Das führt zu Fehlervermeidung, Effizienzgewinnen, abgesicherten Entscheidungen, Qualitätsgewinnen, Transparenz.
Anwendungsfälle	Geordnete Datenhaltung durch Lifecycle-Management ist Grundvoraussetzung für die meisten Konzepte der Digitalisierung (KI, AR, Digital Twin, As-a-service-Modelle ...) in der Fertigungsindustrie.
Einführung	Einführung ist ein signifikanter Entwicklungsschritt für ein Unternehmen, da ein einheitlicher Rahmen über Rollen, Prozesse, Architekturen und Daten gelegt wird. Kompromissbereitschaft zwischen bewährten eigenen Methoden und dem, was die bewährten Praktiken der Systeme unterstützen, ist notwendig.
Voraussetzung	Digitalstrategie, Prozess und Organisationskonzept, inhaltliche Auseinandersetzung mit Lifecycle-Management als Konzept, mit den Anbietern und der Einführung (Beratungsprojekt).
Marktreife	4 (vgl. Tabellen 10.1 und 10.2, Reifegrade) Ausgereifte Konzepte und Lösungen, vergleichsweise hohe Standardisierung, aber dennoch weiterhin hohe Komplexität des Themas, harter inhaltlicher Wettbewerb und daher aufwendige Entscheidungsprozesse
Alternativen	keine
Quelle: Bitkom Radar 2022	

18.7 3D-Druck

Warum?	Die additive Fertigung erlaubt es, neue Ideen und Designs von Produkten umzusetzen, eine kostengünstige Produktion von Einzelteilen, Kleinserien bis hin zur Serienproduktion aufzubauen, Produkte zu individualisieren (Werkzeugbau [Greifer], Zahnmedizin, Orthesen, Prothesen), Lieferketten zu verkürzen und zu stabilisieren (Suez-Kanal-Unfall, Fukushima oder Pandemien).
Was kann es?	Die Vorzüge der additiven Fertigung liegen darin, dass Fertigung ohne Werkzeug und ohne Form erfolgen kann. Das gewünschte Teil wird direkt aus 3D-CAD-Daten erzeugt. Der Stoffzusammenhalt wird Schicht für Schicht durch Aufschmelzen oder chemische Verbindungen geschaffen. Es ist sogar möglich, verschiedene Bauteile mit gleichen Materialeigenschaften auf einer Maschine zeitgleich zu fertigen. Da die Fertigung werkzeuglos erfolgt, ist es möglich, Teile zu individualisieren. Die additive Fertigung führt zu einem hohen Automatisierungs- und Digitalisierungsgrad der Produktion.
Was bewirkt es?	Produktivitätssteigerung, Flexibilisierung, Automatisierung und Digitalisierung von Prozessen vom Design bis hin zur Fertigung des physischen Produkts, Verringerung der Time-To-Market
Mehrwert	Durch lokale Produktion von Gütern können Abfall, Transport von Gütern, Energieverbrauch bzw. Umweltbelastung deutlich reduziert werden. Das additive Fertigungsverfahren erlaubt es durch den hohen Digitalisierungsgrad, schnell auf Marktveränderungen zu reagieren.
Anwendungsfälle	Maschinenbau, Komponenten für Luft- und Raumfahrt, Werkzeug- und Formenbau, Medizintechnik (Orthesen, Prothesen, Zahnmedizin, Implantate etc.), Produktentwicklung (vom Prototypen bis zur Serie)
Einführung	Additive Fertigung beginnt mit der Identifizierung von Teilen in der aktuellen Produktpalette und dem damit verbunden Redesign des Produkts zur Verbesserung der Teileeigenschaften (Gewichteinsparung, Leistungssteigerung, Kostenreduzierung etc.)
Voraussetzung	CAD-SW, 3D-Hardware, Software zur Integration in die bestehenden MES oder Produktionsinfrastruktur
Marktreife	3 (vgl. Tabellen 10.1 und 10.2, Reifegrade) Additive Fertigungsverfahren sind eine Alternative zu klassischen Fertigungsverfahren und auf dem Weg in die Serienproduktion.
Alternativen	Aktuelle Fertigungsverfahren – subtraktive Fertigung, Kunststoffverarbeitungsverfahren (Spritzguss, Extrusion etc.)

Quelle: Bitkom Radar 2022

18.8 Edge Computing

Warum?	Edge Computing ist eine wichtige Voraussetzung, um Industrial-IoT-Anwendungen zu ermöglichen. Dabei stellt Edge Computing das lokale Bindeglied zwischen den existierenden Anwendungen oder Geräten und der Cloud dar.
Was kann es?	Edge Computing ermöglicht das Betreiben von Anwendungen (z. B. Datenanalyse, -auswertung, -aufbereitung, -filtern) vor Ort, bevor deren Daten weiter in die Cloud gesendet werden. Des Weiteren können diese Anwendungen aus der Cloud „ferngesteuert" werden und ermöglichen damit eine zentrale Verwaltung der Anwendungen auf globaler Ebene. Dabei werden die Anwendungen meistens in sogenannte „Container" verpackt, was die Kompatibilität, die Installation und die Wartung erheblich vereinfacht.
Was bewirkt es?	Der Nutzer hat die Flexibilität, selbst zu entscheiden, welche Anwendungen vor Ort und welche in der Cloud betrieben werden und welche Daten wohin fließen. Damit kann er die Anwendungen gezielt optimieren, um Kosten zu sparen und Latenzen (= Laufzeiten) zu minimieren. Des Weiteren können sensitive Geräte, Daten und Anwendungen durch Firewalls und Zugriffsrechte geschützt werden.
Mehrwert	Datensicherheit, Produktivitätssteigerung, Flexibilisierung, Remote Services, Automatisierung und Integration von Prozessen
Anwendungsfälle	Condition Monitoring, Datenstandardisierung, unternehmensübergreifender Datenaustausch, Erzeugen eines Digital Twins, Product-as-a-Service, Connected Worker, vorbeugende und vorausschauende Wartung, Machine Learning
Einführung	Angefangen mit kleinsten Installationen (1 Edge Gateway) skalierbar auf beliebig viele Gateways (auch im Cluster) und Standorte
Voraussetzung	Internetverbindung, separate Firewall, Datenarchitektur, Wired- oder Wireless-Datenübertragung
Marktreife	4 (vgl. Tabellen 10.1 und 10.2, Reifegrade) In kommerziellem Einsatz seit 2016, Hunderte Referenzen weltweit, mehrere Anbieter, großes, wachsendes Ecosystem
Alternativen	keine
Quelle: Bitkom Radar 2022	

18.9 Autonome Devices

Warum?	Bei der Herstellung komplexer und individueller Produkte sowie dem Betrieb komplexer Anlagen ist die zuverlässige Bereitstellung des richtigen Materials am richtigen Ort eine oft kaum mehr beherrschbare Aufgabe.
Was kann es?	Selbstfahrende elektrische Kleinfahrzeuge sind mit Produktions- und Betriebsmaterial ausgerüstet und liefern es bedarfsbezogen in geschlossenen Umgebungen zur richtigen Zeit an den richtigen Ort.
Was bewirkt es?	Materialverfügbarkeit in flexiblen Betriebs- und Produktionsumgebungen.
Mehrwert	Starre Produktionsanlagen und Prozesse können flexibilisiert werden, kurzfristige Umplanungen werden ermöglicht.
Anwendungsfälle	Fertigung und Betrieb in Anlagen mit hoher Änderungsdynamik bei stark individuellen Produkten, etwa bei Nutzfahrzeugen oder in der Intralogistik
Einführung	Aufbau eines flexiblen Produktionskonzepts mit durchgängiger Dokumentation in einer Digitalarchitektur. Digitalisierung der Betriebsanlagen.
Voraussetzung	5G-vernetzte Werke, durchgängige Digitalarchitektur in der Produktion.
Marktreife	3 – 4 (vgl. Tabellen 10.1 und 10.2, Reifegrade) Erste autonome Devices sind bereits im industriellen Einsatz.
Alternativen	Traditionelle Bereitstellung von Materialien

Quelle: Bitkom Radar 2022

19 Beispielhafte Anwendungsszenarien

Die Zahl der Anwendungsszenarien zur digitalen Transformation ist nicht ermittelbar, und je nach Unternehmen und Geschäftsmodell werden die Szenarien abweichen. Ich möchte dennoch mit ein paar beispielhaften Anwendungsszenarien eine Vorstellung erzeugen, was heute in Unternehmen umgesetzt wird. Gemäß dem Fortschrittsgrad der digitalen Transformation siedeln sich die Szenarien in der Mehrzahl noch innerhalb von Unternehmen an, bevorzugt in der Produktion, andere gehen in den Service über, verlassen also bereits die Unternehmensgrenzen.

Die Liste der Szenarien ist in Zusammenarbeit mit dem Arbeitskreis „Industrie 4.0 Markt und Strategie“ des Bitkom entstanden, dem ich an dieser Stelle herzlich für Erlaubnis danke, sie hier vorzustellen.

19.1 Vorausschauende Wartung

Warum?	Zusätzliches Wissen über den zu erwartenden Zustand und das Verhalten von Maschinen und Anlagen mit konkreten Handlungsempfehlungen führt zu einer Entlastung der Betreiber, besserem Verständnis der Maschine/Anlage, Effizienzsteigerungen, Risikovermeidung und flexibler Wartung.
Was kann es?	Ein integrierter Algorithmus, der anhand von Sensorik und Daten der Maschinensteuerung das Maschinenverhalten überwacht und unerwartete Abweichungen detektiert, die Maschinenschäden vorankündigen.
Was bewirkt es?	Maschinenbetreiber werden frühzeitig zu Risiken informiert, Serviceplaner können sich am Servicebedarf orientieren.
Mehrwert	Verbessert die Effizienz, verringert Wartungskosten, verbesserte Workflows und optimierte Prozesse, senkt Risiken
Aufbau	Aufbau Datenmodell und Modellanpassung mit historischen Betriebsdaten, Datenschnittstelle zum DCS/zur zentralen Datenbank, Maschinensteuerung ggf. Anbringung zusätzlicher Sensoren. Aufbau einer IT-Architektur für Maschinenvernetzung mit einer IoT-Plattform.
Einführung	Erfassen der Ziele und Festlegung der IT-Architektur sowie eines Pilotierungszeitraums. Start mit einer Pilotanwendung für eine konkreten Anlage bzw. abgrenzbaren Anlagenteil
Voraussetzung	Digitalstrategie für Maschinen/Anlagen, Bereitstellung von Personal und Budget
Marktreife	4 (vgl. Tabellen 10.1 und 10.2, Reifegrade) Architekturen und Technologien sind verfügbar, Prototypen befinden sich bereits im Einsatz, Skalierbarkeit teilweise abgeschlossen. Teilelemente sind bereits massentauglich.
Alternativen	herkömmliche Methoden der Zustandsüberwachung, Wartung und Service.
Quelle: Bitkom Radar 2022	

■ 19.2 Vernetzter Arbeiter

Warum?	Vielfalt und Komplexität von Aufgaben in Produktion, Wartung und Service nehmen zu, während qualifizierte Mitarbeitende seltener werden. Das macht das schnelle und zuverlässige Erledigen von Aufgaben vor Ort und auch das Training oft teuer oder unmöglich.
Was kann es?	Qualifiziertes Personal wird bei der Aufgabenerfüllung optimal durch Daten, Hinweise und Expertenwissen unterstützt. Arbeitsanweisungen werden den Mitarbeitenden aufgabenbezogen beispielsweise mittels Augmented Reality (Brille oder Bildschirm) direkt am Objekt übermittelt. Die Daten dazu kommen von Remote-Experten oder aus digitalen Planungssystemen.
Was bewirkt es?	Alle notwendige Information, um eine Aktion auszuführen oder vorzubereiten, steht vollständig zur Verfügung. Echtzeitfehleranalyse und Vermittlung von Expertenwissen für unerwartete Vorfälle, Qualitätsprüfung ist sofort und automatisierbar möglich.
Mehrwert	Kurzfristig: steigert Arbeitsqualität, senkt Ausfallzeiten. Der Personal- und Experteneinsatz kann bestmöglich gesteuert werden. Die Sicherheit beim Arbeitseinsatz wird erhöht. Senkt Reisekosten, Verbesserung der First-Time-Fix-Rate. Mittelfristig: senkt Wartungs- und Servicekosten, optimiert Wissenstransfer. Langfristig: neue serviceorientierte Geschäftsmodelle.
Aufbau	In allen Bereichen der Produktion oder Logistik einsetzbar. Fernwartung und Reparatur von Maschinen sowie anderen Objekten. Einfache Übermittlung von Expertenwissen durch digitalen Wissenstransfer. Erweiterung von Servicevereinbarungen um AR-Unterstützung möglich. Training von Mitarbeitenden. Überwachung der Lebensfunktionen von Mitarbeitenden (sofern zulässig).
Einführung	Auswahl des zu unterstützenden Prozesses bzw. Arbeitsablaufs und des relevanten Personals. Identifikation der erforderlichen Daten und Informationen für den Support des Personals. Konzeptionierung der geeigneten Lösung (sollte ausbaubar sein).
Voraussetzung	Drahtlose Datenverbindung. Zentrale Datenquelle. Anwendungstaugliche Applikationen. Enge Einbeziehung des Personals.
Marktreife	4 (vgl. Tabellen 10.1 und 10.2, Reifegrade)
Alternativen	Connected Worker ist ausbaufähig je nach individuellem Bedarf und Mehrwerten.

Quelle: Bitkom Radar 2022

19.3 Remote Support

Warum?	Die schnelle und ortsunabhängige Verfügbarkeit von Expertenhilfe ist notwendig für bestimmte Geschäftsprozesse: sowohl in Ausnahmesituationen als auch für planmäßige Aufgaben.
Was kann es?	Mithilfe von Remote Support (via Augmented Reality) sieht ein Experte aus der Ferne genau das, was der Techniker vor Ort sieht. Die Situation lässt sich in Echtzeit analysieren und jedes Problem mit punktgenauer Live-Interaktion lösen - ohne extra zum Einsatzort reisen zu müssen. AR-Tracker, die Objekte im Video fixieren, farbige Markierungen und die Bereitstellung weiterer Inhalte (Bilder, Videos, PDF-Dateien) direkt im Sichtfeld unterstützen Mitarbeitende während des Anrufs bestmöglich. Mit Datenbrillen bleiben die Hände des Technikers für seine Tätigkeit frei.
Was bewirkt es?	Echtzeitfehleranalyse, Vermeidung von Maschinenstillständen, Verbesserung der First-Time-Fix-Rate, Vermittlung von Expertenwissen, Minimierung von Wartungszeiten, Steigerung der Kundenzufriedenheit dank schnellerer Serviceleistungen, Senkung von Reisekosten, flexibler Mitarbeitereinsatz.
Mehrwert	Kurzfristig: senkt Ausfallzeiten. Mittelfristig: senkt Wartungs- und Servicekosten, optimiert Wissenstransfer. Langfristig: neue serviceorientierte Geschäftsmodelle.
Anwendungsfälle	In allen Bereichen der Fernwartung und Reparatur von Maschinen sowie anderer Objekte. Einfache Übermittlung von Expertenwissen durch digitalen Wissenstransfer. Erweiterung von Servicevereinbarungen um AR-Unterstützung.
Einführung	Gemeinsam mit einem erfahrenen Lösungsanbieter sind folgende Fragen zu klären: Welchen Prozess möchte ich unterstützen? Welche Anforderungen habe ich an die Lösung? Brauche ich spezielle technische Funktionalitäten (AR-Tracker, Einbindung in Systeme)? Welches Endgerät eignet sich für meinen Prozess? Soll der Prozess freihändig sein? Nachdem die Lizenz gekauft und die Applikation auf dem Endgerät der Wahl installiert wurde, bedarf es nur einer intakten Internetverbindung, um zu starten. Eine Integration in bestehende Systeme kann sinnvoll sein, wenn die Anrufe zu Dokumentationszwecken aufgezeichnet oder Medien entsprechend abgelegt werden sollen. Die Ausdehnung auf weitere Geschäftsbereiche ist mit ganzheitlichen Lösungsplattformen einfach umsetzbar.
Voraussetzung	Eine mobile Datenverbindung oder WLAN, Augmented Reality
Marktreife	4 (vgl. Tabellen 10.1 und 10.2, Reifegrade)
Alternativen	Einfache Videotelefonie, ohne AR-Markierungen im Live-Video und fehlendes freihändiges Prinzip
Quelle: Bitkom Radar 2022	

19.4 Intelligente Produkte

Warum?	Smart Products lassen sich mit den während ihrer Nutzung gewonnenen Daten verbessern und immer weiter individualisieren. Zudem können mithilfe der Daten digitale Zusatzdienste entwickelt werden, die die Produktnutzung z. B. erleichtern oder erweitern. Smart Products können damit sowohl Anbietern als auch Kunden großen Mehrwert bieten.
Was kann es?	Smart Products liefern während ihres Einsatzes permanent Daten, die dem Anbieter Einblicke in die jeweilige Nutzung des Produkts durch die Kunden eröffnen und ihm damit nicht nur Möglichkeiten zur Verbesserung/Individualisierung des Produktes aufzeigen, sondern ihm auch die Entwicklung digitaler Zusatzservices erlauben. Weiterhin können sie gemäß der individuellen Situation ihr Verhalten anpassen und mit Dritten abstimmen.
Was bewirkt es?	Bessere und auf die individuellen Bedürfnisse des Kunden zugeschnittene Produkte; Datenlieferant und (physische) Plattform für digitale Zusatzservices.
Mehrwert	Für den Anbieter: Verbesserte und preisgünstig individualisierte Produkte, Erschließung neuer Erlösquelle durch das Angebot digitaler Zusatzservices. Für die Kunden: Höherer Nutzen durch bessere, um digitale Zusatzservices angereicherte und seinen individuellen Bedürfnissen angepasste Produkte.
Aufbau	Die Daten der vom Kunden genutzten Smart Products werden laufend - ggf. in Echtzeit - an den Anbieter transferiert (z. B. per 5G oder WLAN) und von ihm analysiert (beispielsweise mit KI). Die Analyseergebnisse werden vom Anbieter zur Verbesserung bzw. Individualisierung des Produkts sowie zur Entwicklung der digitalen Zusatzservices genutzt.
Einführung	Beim Anbieter: Auswahl und Erprobung einer skalierbaren Konnektivitätstechnologie, Aufbau der Strukturen zum Betrieb der Produkte. Beim Kunden: Sicherstellen einer digitalen Infrastruktur für den Einsatz von Smart-Products-Angeboten.
Voraussetzung	Abstimmung und Validierung der Geschäftsmodelle mit Kunden und Partnern; Bereitschaft des Kunden, dem Anbieter Zugang zu den Daten des von ihm genutzten Smart Product zu gewähren.
Marktreife	3 - 4 (vgl. Tabellen 10.1 und 10.2, Reifegrade) Erste Angebote existieren zwar bereits auf dem Markt, bilden das Smart Product aber noch nicht vollumfänglich ab.
Alternativen	keine

Quelle: Bitkom Radar 2022

19.5 Digitaler Zwilling

Warum?	Zustand und Verhalten von Produkten und Anlagen zu kennen, ist ein wettbewerbsentscheidender Vorteil hinsichtlich Leistung, Mehrwert, Betriebsabsicherung und serviceorientierter Geschäftsmodelle.
Was kann es?	Ein digitaler Repräsentant (= Zwilling) der relevanten Eigenschaften eines „Dings“ (z. B. Maschine, Fabrik, Produkt). Zeigt den Zustand auf, ermöglicht Kontrolle, das Teilen von Wissen, Problemvorhersage und Lernprozesse für Verbesserungen.
Was bewirkt es?	Unterstützt ferngesteuertes Management und die Einführung serviceorientierter Geschäftsmodelle.
Mehrwert	Erhöht Verfügbarkeit und Qualität, verringert Service- und Wartungskosten durch Vorhersage und Fernwartung und erhöht Einnahmen mit dem „Product as a service“-Modell. Ermöglicht die Simulation von Produktionsabläufen vor deren Realisierung.
Aufbau	Verbindung zur Maschinensteuerung per Schnittstellen und Anbau zusätzlicher Sensoren. Aufbau einer Digitalarchitektur für Maschinenvernetzung mit einer IoT-Plattform. Entwurf neuer Geschäfts- und Betriebsmodelle und stufenweiser Ausbau, um als Organisation zu lernen.
Einführung	Erfassen der Geschäftsziele und Skizzierung einer Digitalarchitektur sowie einer Roadmap. Start mit stark abgegrenzten Anwendungsfällen mit wenigen beteiligten Anwendergruppen, um zu lernen.
Voraussetzung	Digitalstrategie für Produkte und/oder Prozesse. Auswahl einer IoT-Plattform. 5G-Anbindung für Echtzeitfähigkeit (optional).
Marktreife	3 – 4 (vgl. Tabellen 10.1 und 10.2, Reifegrade) Architekturen und Technologien sind verfügbar, Markt am Beginn einer Konsolidierung, Standardisierung teilweise abgeschlossen. Teilelemente sind bereits massentauglich.
Alternativen	Verzicht auf die Mehrwerte, herkömmliche Methoden von Zustandsüberwachung, Wartung und Service.

Quelle: Bitkom Radar 2022

19.6 Intelligenter Service

Warum?	Serviceleistungen sind teuer und zeitaufwendig, Serviceintervalle müssen so gestaltet werden, dass Risiken ausgeschlossen und eine hohe Verfügbarkeit der Maschinen gewährleistet werden kann.
Was kann es?	Eine Maschine wird per Sensorik zur Laufzeit überwacht und ihr Zustand und ihr Servicebedarf an den Hersteller oder Betreiber vermittelt. Serviceumsetzung wird per Remote-Support aufwandsarm gestaltet.
Was bewirkt es?	Reduziert Serviceaufwände auf den tatsächlichen Bedarf, spart unnötige Reisen und reduziert Ausfallzeiten.
Mehrwert	Hohe Maschinenverfügbarkeit und geringe Servicekosten.
Aufbau	Ein digitaler Zwilling einer Maschine dient als Kontrollabbild für die Ermittlung des Servicebedarfes. Künstliche Intelligenz erkennt frühzeitig kritische Situationen. Zusätzlich werden mit Augmented-Reality-Technologie vor Ort Techniker unterstützt, Servicearbeiten vorzunehmen.
Einführung	Aufbau einer Digitalarchitektur für vernetzte Maschinen nach den Prinzipien des digitalen Zwillings. Etablieren Augmented-Reality-gestützter Serviceprozesse und sukzessiver Ausbau der unterstützten Anwendungsfälle.
Voraussetzung	Digitalstrategie für Produkte und/oder Prozesse. Auswahl einer IoT-Plattform. 5G-Anbindung für Echtzeitfähigkeit (optional), Product Lifecycle Management
Marktreife	2 – 3 (vgl. Tabellen 10.1 und 10.2, Reifegrade) Architekturen und Technologien sind verfügbar, Markt am Beginn einer Konsolidierung, Standardisierung noch nicht abgeschlossen und auch Geschäftsmodelle noch nicht standardisiert. Teilelemente sind bereits massentauglich.
Alternativen	Klassische Servicekonzepte für Maschinen und Anlagen.
Quelle: Bitkom Radar 2022	

19.7 „Produkt as a Service" – Produkt als Dienstleistung

Warum?	Das neue Geschäftsmodell des „Product-as-a-Service" bietet sowohl Anbietern als auch Kunden große wirtschaftliche Vorteile und hat daher das Potenzial, zum neuen Paradigma im verarbeitenden Gewerbe aufzusteigen.
Was kann es?	Das Produkt wird nicht mehr vom Kunden gekauft, sondern gegen eine Gebühr vom Anbieter gemietet. Die Höhe der zu entrichtenden Gebühr richtet sich nach der Nutzung des Produktes durch den Kunden (Pay per use).
Was bewirkt es?	Intensivere Kunden-Anbieter-Beziehung durch wiederkehrende Transaktionen; Erfolgs- und Risikoteilung zwischen Kunde und Anbieter; Wechsel des Erlösmodells beim Anbieter; beim Kunden werden Kapital- zu Betriebskosten.
Mehrwert	Der Kunde schont seine Liquidität, indem aus einmaligen (relativ hohen) Kapitalkosten regelmäßige (relativ niedrige) Betriebskosten werden; die Einnahmen des Anbieters werden durch wiederkehrende Erlöse verlässlicher.
Aufbau	Das beim Kunden stehende Produkt muss (z. B. über eine IoT-Plattform) vernetzt werden, um seine Nutzung erfassen und entsprechend abrechnen zu können sowie die Betriebsaufgaben des Anbieters zu ermöglichen.
Einführung	Beim Anbieter: Umsetzung erster Piloten bei ausgewählten Kunden, Sicherstellung der Skalierbarkeit (z. B. durch Einsatz einer IoT-Plattform), Strategien zum Wechsel des Geschäftsmodells. Beim Kunden: Ausprobieren von „Product-as-a-Service"-Angeboten.
Voraussetzung	Bereitschaft des Anbieters, das etablierte Geschäftsmodell umzustellen und dafür vorübergehend geringere Erlöse in Kauf zu nehmen; Bereitschaft des Kunden, sein Nutzungsverhalten durch den Anbieter überwachen zu lassen.
Marktreife	3–4 (vgl. Tabellen 10.1 und 10.2, Reifegrade) Die erforderlichen Infrastrukturen und Technologien existieren bereits (insbesondere IoT-Plattformen), erste Angebote sind seit Längerem auf dem Markt verfügbar, branchenbezogene Digitalarchitekturen sind derzeit im Aufbau.
Alternativen	Fortführung des klassischen Geschäftsmodells (direkter oder indirekter Verkauf des Produkts an den Kunden)

Quelle: Bitkom Radar 2022

19.8 Digitale Qualitätskontrolle

Warum?	Qualitätsprüfung ist bei komplexeren und individuelleren Produkten ein wettbewerbskritisches und aufwendiges Unterfangen und findet meist zu spät im Prozess statt.
Was kann es?	Produktions-Soll-Zustände sind in einem digitalen Modell festgehalten. Augmented-Reality-Technologie erkennt Ist-Zustände und vergleicht sie mit dem digitalen Modell. Dokumentation und Fehlerwarnung sind automatisch. Das kann sowohl unmittelbar an den Produktionszellen als auch bei einer systemgeführten Endkontrolle geschehen.
Was bewirkt es?	Zuverlässige und automatisierte Qualitätsdokumentation ersetzt manuelle Arbeit durch Produktionsfachkräfte. Folgeprozesse werden mit gesicherter Qualität unterstützt.
Mehrwert	Aufwendige manuelle Dokumentation fällt weg, was die Produktionsprozesse beschleunigt. Schadhafte Bauteile werden frühzeitig aussortiert und so Folgeschäden vermieden. Dokumentation ist zuverlässig und vollständig.
Aufbau	Product Lifecycle Management für Bereitstellung der Digitalmodelle und Dokumentation. IoT-Plattform für Vernetzung in die Werke, Augmented-Reality-System mit Kameras vor Ort.
Einführung	Einführung von Lifecycle-Management als Grundlage und Aufbau einer durch eine IoT-Plattform unterstützte Digitalarchitektur für Entwicklung und Produktion. Schrittweise Qualitätsautomatisierung bei den kritischsten Teilen.
Voraussetzung	Erarbeiten einer Digitalstrategie, die Entwicklung und Produktion gemeinsam umfasst.
Marktreife	2 - 3 (vgl. Tabellen 10.1 und 10.2, Reifegrade) Die erforderlichen Bestandteile sind verfügbar und reif, die Umsetzung der Anwendung ist in der Industrie erst in Ansätzen bei stark sicherheitskritischen Produkten erkennbar.
Alternativen	Klassische Dokumentation und Qualitätsprüfung

Quelle: Bitkom Radar 2022

19.9 Industrielles Metaversum

Warum?	Schnelle Kommunikation und Problemlösung zu industriellen Fragestellungen nimmt wegen zunehmender Komplexität an Bedeutung zu, während Fachleute zunehmend örtlich entfernt und Reisen aufwendig und teuer sind.
Was kann es?	Gemeinschaftliche Problemlösung am digitalen Zwilling. Durch Kombination digitaler Modelle, digitaler persönlicher Stellvertreter und realer physischer Objekte in Echtzeit einen Begegnungsraum schaffen, in dem konkrete technische Fragen live am Objekt besprochen und dokumentiert werden.
Was bewirkt es?	Schnelle gemeinsame Sicht auf Probleme, abgestimmte Problemlösung, Dokumentation
Mehrwert	Schnelles und preisgünstiges Mittel zur Zusammenarbeit. Hilft, Missverständnisse zu vermeiden, dokumentiert Entscheidungen
Aufbau	Virtual- und Augmented-Reality-Technologie für räumliche Objekterkennung und Darstellung digitaler Inhalte, Avatar-Technologie zur digitalen Darstellung dritter Personen im virtuellen Raum, optional Lifecycle-Management zur Ad-hoc-Bereitstellung relevanter Produktdaten und Ergebnisdokumentation.
Einführung	Stufenweise möglich mit einfachen Augmented-Reality-Szenarien als Einstieg und stufenweise Ausbau von Avatar-Bereitstellung sowie Integration in Unternehmensumgebungen für Produktdatenbereitstellung.
Voraussetzung	Prozessentwicklung und -validierung, Absicherung der Technologie im Unternehmenskontext, Realisierung digitaler Zwillinge als zentraler Inhalt
Marktreife	1 - 2 (als Gesamtansatz) 3 - 4 bei den Einstiegskomponenten (vgl. Tabellen 10.1 und 10.2, Reifegrade)
Alternativen	Klassische Meetings, Zusammenarbeit rein auf Basis AR-Technologie
Quelle: Bitkom Radar 2022	

20 Zusammenfassung und Ausblick

Die Zukunft vorhersagen können nur diejenigen, die einen konkreten Glauben an eine Idee oder eine zwingende Logik haben. Doch auch bei ihnen wissen wir nicht, ob sie recht haben.

Zusammenfassend lässt sich über digitale Transformation sagen:

- Digitale Transformation ist weniger Fortschritt als Umbau.
- Digitale Transformation muss immer vom Kontext aus gedacht werden, denn der soll die Veränderung annehmen.
- Digitale Transformation spielt sich im Umgang mit den Kunden ab, also in Strategie und Vertrieb.
- Digitale Transformation muss vom Ende her gedacht werden, auch wenn das Ende stets offen ist.
- Digitale Transformation ist eine Angelegenheit von Netzwerken und Kooperationen.
- Digitale Transformation erfordert einen konkreten Fokus auf die eigenen Kernkompetenzen.

Die digitale Transformation der Industrie ist geprägt von vielen Einflüssen. Sie ist weder ein Selbstzweck noch folgt sie einem gegebenen Konzept; eher ist sie etwas Evolutionäres, bei dem die einzelnen Teilnehmer die Summe der einwirkenden Kräfte nicht überblicken können.

Ein wichtiger Unterschied: Die Evolution ist ein passiver Prozess, geprägt von Überleben und Vererbung. Die digitale Transformation dagegen ist ein aktiver Prozess, in dem Menschen und Unternehmen ihre Umgebung gestalten.

Eine wichtige Gemeinsamkeit ist der Aspekt des Ökosystems. Alles hängt voneinander ab, doch alle Beteiligten handeln eigenständig, aus ihrer Perspektive und aus ihren Motiven heraus. Dazu zählen Weltenretter genauso wie Verbrecher, Genies genauso wie verwirrte Gestalten, Pragmatiker ebenso wie Zauderer. Die Natur, die generelle wie die menschliche, folgt nicht dem Prinzip der Verbesserung, sondern dem Prinzip des „Sich Durchsetzens“, und sie hat einen langen Atem.

„Survival of the fittest“ bedeutet auch, sich zu ducken, bis ein Spuk vorbei ist, wenn zwischendurch ein Phänomen ausufert.

Es ist daher immer wichtig zu unterscheiden, was möglich ist und was geschieht. Das Mögliche ist der Laborbetrieb, die Vision im geschützten Raum. In der Realität verhalten sich die Dinge meist unvorhersehbar anders.

Es gibt aber Dinge, die verändern die Welt nahezu unumkehrbar. Sie werden Kulturkompetenzen, dazu gehören technische Kompetenzen wie der Ackerbau ebenso wie die Schrift und das Geld. Viele der Kompetenzen der digitalen Transformation fallen in diese Kategorie. Es sind Dinge möglich, die vorher nicht möglich waren, und solange es Elektrizität gibt auf dieser Welt, werden sie auch gemacht werden. Gesellschaften werden sich aber dazu Regeln aufstellen und so Dinge ermöglichen, die ihnen nützen, und Dinge verbieten, die ihnen schaden. Und Gesellschaften bestehen nicht nur aus ein paar wenigen sehr erfolgreichen Menschen, sondern aus der Vielfalt von Menschen und ihrer Sehnsucht nach einem guten Leben.

Für Unternehmer und Gestalter der digitalen Transformation geht es auch darum, diese Dinge zu erkennen. Was hat Bestand und was ist ein digitales Strohfeuer, das kurz auflodert und dann wieder verschwindet? Entweder, weil es nicht funktioniert, oder weil die Menschen es nicht wollen? Der Vergleich der Systeme mit China macht deutlich, in welch unterschiedliche Richtungen digitale Vernetzung führen kann, je nachdem, was eine Gesellschaft anstrebt. Bei der Rechtsprechung für Digitales ist Europa führend. Wie weit sich das in einer zu erwartenden multipolaren Welt durchsetzen wird, ist allerdings nicht vorhersagbar.

Wir sind weiterhin geblendet von zwei Gruppen. Einerseits den frühen Pionieren, die im unbesiedelten Raum der Digitalisierung schnell stark wachsen konnten, allen voran die Gründer von Microsoft und Facebook, Google und Apple oder Amazon und andere aus der ersten Generation des digitalen Adels. Andererseits die Futuristen, die uns weiterhin ein Weltbild vermitteln, das aus einer technischen Vision besteht, aber wenig mit der sozialen und ökonomischen Realität zu tun hat. Heilsprediger der künstlichen Intelligenz und der einfachen Sicherheit des Alltags.

Die Welt wird aber kompliziert bleiben, denn nur so bleibt sie ein Ökosystem, das sich ständig voller Widersprüche erneuert und verwandelt. Und sie wird unberechenbar bleiben, denn jede Idee wird mehr Folgeideen nach sich ziehen.

Bereits jetzt erleben wir die Empfindlichkeit vernetzter digitaler Systeme. Einerseits setzen Kriminalität und kriegerische Handlungen einer grenzenlos vernetzten Vision konkrete Grenzen, andererseits wird deutlich, dass auch die hohe Dynamik der Innovation dem Wachstum Grenzen setzt. Wenn Dinge sich unabhängig voneinander entwickeln, passt oft morgen schon nicht mehr zusammen, was heute noch funktioniert hat. Die nächsten Jahre werden nicht nur von Innovation geprägt sein, sondern genauso von Standardisierung und dem Schaffen robuster Grundlagen, die auch Angriffen und Veränderungen gewachsen sind.

Und solange wir uns in dieser Phase der Transformation befinden, wird es als Allerserstes darauf ankommen zu verstehen, was um uns herum geschieht. Das gilt es zu spiegeln mit dem, was wir besonders gut können. Daraus entstehen dann Strategien und ihre Umsetzung. Where, Why, What, How.

Literaturverzeichnis

Acatech: *Industry 4.0 Maturity Index*. 2017, *https://www.i40mc.de/de/services/acatech-industrie-4.0-maturity-index/*

Berger, Roland: *Kompass für Deutschland*. 2022, *https://www.rolandberger.com/de/Insights/Publications/Globale-Krisen-und-ihre-Auswirkungen-auf-Unternehmen-und-Wirtschaft.html*

Bitkom: *So Digital sind Deutschlands Fabriken*, Studie. 2022, *https://www.bitkom.org/sites/main/files/2023-01/221125StudieIndustrie-40-1.pdf*

Bitkom: *Digitalisierungsradar Industrie 4.0*. 2022, *https://www.bitkom.org/Industrie-4-0-Digitalisierungsradar*

Catena-X Association. 2022, *https://catena-x.net/de/*

Doujak, Alexander: *Systemisches Transformations-Management. SBi Workbook 2021*, *https://doujak.eu/media/dcgbnxia/sbi-workpackage-transformation-2021_preview_djk-website.pdf*

Finke, Björn: *„Hinter uns liegt nur Dunkelheit"*. Interview mit Margarete Vestager. In: Süddeutsche Zeitung vom 29. Oktober 2022

Heitger, Barbara; Doujak, Alexander: *Harte Schnitte – Neues Wachstum*. 2002, Redline Wirtschaft bei Ueberreuter

Moore, Geoffrey A.: *Crossing the Chasm – Marketing and Selling Disruprive Products to Mainstream Customers*. 3. Auflage. 2014, Collins Business Essentials

Moore, Geoffrey A.: *Zone to Win – Organizing to Compete in an Age of Disruption*. 2015, Diversion Books

PwC Germany: *The Digital Factory Transformation Survey*. 2022, *https://www.pwc.de/en/strategy-organisation-processes-systems/operations/digital-factory-transformation-survey-2022.html*

Der Autor

Als ich am 1. Juni 1992 meine erste Stelle in der Digitalindustrie angetreten habe, hatte ich keine Ahnung, auf was ich mich einlasse. Ich hatte nur schon ziemlich bald das Gefühl: „Das wird groß."

Ich bin dann 30 Jahre durch die Digitalisierung der Industrie gereist, mit Höhen und Tiefen, in vielen verschiedenen Rollen, vom Techniker über den Berater bis zum Strategen, in den Vorstandsetagen großer Unternehmen ebenso wie in den Fluren der Werke und den IT- und den Ingenieursabteilungen. Ich hatte das Privileg, sowohl die Digitalwirtschaft als auch die Industrie von vielen Seiten und in vielen Ländern und Kontinenten zu sehen. In zehn Jahren als Entwicklungs- und Produktmanager in einem Start-Up konnte ich die Begeisterung mit Innovation und Erfolg ebenso erleben wie das Anschleichen von Niederlagen. Im Großkonzern IBM habe ich das Consulting-Handwerk erlernt und in internationalen Konzernen der Automobilindustrie große Veränderungsprojekte betreut. Bei PTC habe ich die strategische Entwicklung in der Digitalen Transformation ebenso mit den Kunden wie im eigenen Hause betrieben und gestaltet, mit wunderbaren Erfolgen und gelegentlichen Rückschlägen. In Meetings, in Fachbereichen, in kritischen Sitzungen von Inner-Circles und in Tagen und Nächten voll von immer wieder neuen Herausforderungen, in Europa, Asien und den USA. Ich habe in Gremien um Vereinbarungen gerungen, bin auf Konferenzen an der Gläubigkeit meiner Kundschaft an die Technik verzweifelt und habe auf Bühnen und in Unternehmensfluren Menschen vom gemeinsamen strategischen Denken überzeugt.

Denn eines hatte ich begriffen: Die wirkliche Kunst ist nicht, Technik zu erschaffen. Die wirkliche Kunst ist, Technik zu beherrschen und sie als nützliches Werkzeug an Menschen zu vermitteln.

Die Digitalwirtschaft ist eine junge Disziplin, und sie hat in ihrem jugendlichen Übermut die Welt in kürzester Zeit erobert und auf den Kopf gestellt. Sie hat sich vom hilfreichen Geist in die vorherrschende Disziplin verwandelt und setzt nun Regeln und Gesetze, von denen sie selbst weiterhin überfordert ist.

Auf meiner Reise durch die Entwicklung dieser Welt konnte ich viele Erfahrungen mitnehmen und Ansätze entwickeln, mit den neuen Herausforderungen umzugehen. Und ich habe festgestellt, dass es wertvoll ist, diese Erfahrungen aufzuschreiben und mit all denen zu teilen, die in der Digitalen Transformation Verantwortung übernehmen wollen. Denn auch wenn ich nicht immer recht habe: Nichts ist wichtiger als eine gemeinsame Sprache zu finden in der Bemühung, große Herausforderungen zu bewältigen.

Derzeit verantworte ich bei PTC die Rolle als Leiter des globalen Customer Strategy Office. Es geht hier um die Weiterentwicklung der Partnerschaft zwischen einem Digitalunternehmen in der Digitalen Transformation und dessen sich selbst ebenfalls transformierenden Kunden in der Industrie.

Diese Tätigkeit ergänze ich durch die Rolle als Vorsitzender des Arbeitskreises Industrie 4.0 beim Digitalverband Bitkom. Hier arbeiten Digital- und Industrieunternehmen gemeinsam am Erfolg des Digitalen Wandels mit dem Ziel, Vertrauen und Sicherheit für die notwendigen Investitionen zu schaffen.

Dank

Dieses Buch ist aus einer Lebenserfahrung entstanden und aus einem mehrjährigen Projekt, einen Strategieansatz für die Digitale Transformation in der Industrie zu schaffen und umzusetzen. Aus der Perspektive eines Softwareunternehmens, doch immer im engen Bezug zur Industrie, die sich selbst transformiert und sich häufig im Wandel zum Digitalunternehmen wiederfindet.

Viele haben diese Arbeit begleitet, und ich möchte einige davon hier nennen, denen ich besonderen Dank aussprechen will für die jahrelange Bereitschaft, immer wieder um den richtigen Weg zu ringen. Allen voran meine Kollegen bei PTC, Markus Hannen, André Schwarz, Florian Harzenetter, Sarah Schönen, Christian Gamber, Kerstin Nagel, Laura Michels und Peter Mair, mit denen ich lange vertrauensvoll in dieser Mission zusammengearbeitet habe. Außerdem Angelina Marko, Horst Angerer, Fabian Schmidt und Anja Vedder, mit denen ich im Verbandswesen immer wieder an der Gestaltung der Digitalen Transformation feile, sowie ganz besonders Ina Milenovic, meiner Ehefrau, die mich als Transformationsexpertin kritisch beraten und niemals lockergelassen hat. Nicht zuletzt Lisa Hoffmann-Bäuml und Christina Kubiak vom Carl Hanser Verlag, die dieses Werk überhaupt ermöglicht und auf sehr professionelle und freundliche Weise kritisch begleitet haben.

Index

I

J

K

L

M